中国科协学科发展预测与技术路线图系列报告

中国科学技术协会　主编

景观生态学
学科路线图

中国生态学学会◎编著

中国科学技术出版社

·北　京·

图书在版编目（CIP）数据

景观生态学学科路线图 / 中国科学技术协会主编；中国生态学学会编著 . -- 北京：中国科学技术出版社，2023.8

（中国科协学科发展预测与技术路线图系列报告）

ISBN 978-7-5046-8843-9

Ⅰ. ①景… Ⅱ. ①中… ②中… Ⅲ. ①景观学—生态学—学科发展—研究报告—中国 Ⅳ. ① Q149

中国版本图书馆 CIP 数据核字（2020）第 199294 号

策　　划	秦德继
责任编辑	王　菡
装帧设计	中文天地
责任校对	邓雪梅
责任印制	李晓霖

出　　版	中国科学技术出版社
发　　行	中国科学技术出版社有限公司发行部
地　　址	北京市海淀区中关村南大街 16 号
邮　　编	100081
发行电话	010-62173865
传　　真	010-62173081
网　　址	http://www.cspbooks.com.cn

开　　本	787mm×1092mm　1/16
字　　数	397 千字
印　　张	22.75
版　　次	2023 年 8 月第 1 版
印　　次	2023 年 8 月第 1 次印刷
印　　刷	河北鑫兆源印刷有限公司
书　　号	ISBN 978-7-5046-8843-9 / Q·240
定　　价	127.00 元

本书委员会

序　言

景观生态学是由生态学、地理学等多学科交叉、渗透而形成的一门新的综合学科。自 20 世纪 80 年代以来，景观生态学在国际上便迅速发展，为综合解决资源与环境问题提供了新的理论和方法，成为现代生态学中内容最丰富、最为活跃的学科之一。近年来，景观生态学研究成果已在城市与区域规划、生态保护与修复、生态环境风险预警、风景园林设计与旅游开发等方面取得广泛应用，对区域可持续发展发挥重要作用。

1982 年，我在读研究生时第一次接触这一学科领域，便引起了我的浓厚兴趣和密切关注。在之后的学习和工作中，长期围绕景观生态学领域开展科学研究和人才培养。有幸较为完整地经历了中国景观生态学从起步到快速发展的 40 余年历程。中国景观生态学在跟跑欧洲和美国景观生态学前沿的过程中，研究队伍不断发展壮大，国际影响力不断提升，并紧密围绕国家发展重大需求开展研究，切实服务于中国生态文明建设，已成为国际景观生态学领域的中坚力量。

由中国生态学学会编著、彭建教授等学者撰写的《景观生态学学科路线图》为中国景观生态学学科提出了发展方向，并制定了中国景观生态学学科发展路线图，从 5 个方面 22 个专题角度讨论了中国景观生态学在自然资源、生态环境等科学研究和管理领域的具体研究方向。通过系统谋划面向 2035 年发展蓝图的中国景观生态学学科发展布局，不仅有助于促成生态学多学科的协同创新，而且能够为国家和区域生态文明建设提供综合性的理论方法支撑和科学指引，对推动中国景观生态学的学科发展具有重要积极作用。

四十不惑。走过不惑之年的中国景观生态学逐渐成熟，发展成了具有中国特色的研究领域，取得了一批重大创新成果。本书的出版将为中国景观生态学的进一步发展指明方向，为国土、规划、生态保护等行业实践应用提供重要的理论指导。希望能在本书的引导下，中国景观生态学学者更加坚定信心、奋力拼搏，深入探索景观生态学前沿，不断推动学科发展与创新，并运用景观生态学理论和方法，为国家生态文明建设和区域可持续发展作出更大贡献。

傅伯杰

2023 年 5 月

前　言

　　中国景观生态学的发展大致分为五个阶段：摸索与酝酿阶段（20世纪80年代以前）、吸收与消化阶段（1980—1988年）、实践与迅速发展阶段（1989—2000年）、发展与思索阶段（2001—2010年）、思考与创新阶段（2011—2020年）。面向新时代国际学科发展动向和新时期国家发展的需求，由中国生态学会牵头组织领域内多位专家讨论并凝练得到中国景观生态学学科发展路线图。

　　我国景观生态学学科发展中短期路线图的总体任务是从概念之间松散连接到逻辑链条基本量化。在理论层面，需要揭示格局与过程之间的多要素互馈路径，在生态系统服务研究中达成社会过程和生态过程的链接，通过全面刻画大自然对人类的贡献，切实提升景观可持续性，塑造生态安全格局，服务于国土安全，实现城乡统筹与陆海统筹。在技术层面，需要以研究尺度的相互衔接为目标，深化空间数据融合方法体系，融合多维景观指标构建空间模拟算法和模型，加强机理模型的研发，并且更充分地嵌入社会过程，从而完整实现景观多功能性评估，以空间流动的视角进一步定量化景观服务，为可持续发展目标的达成提供空间视角；同时，在可持续发展的动态理念下注重空间恢复力的提升，并在多维景观指标中予以反映。在应用层面，需要基于国土空间承载力与适宜性评价，助力国土空间用途管制，依托空间模型的研发明确不同用途管制情景对生态环境修复的影响，纳入自下而上的社区实践智慧，强化生态补偿的区域实践，并注重景观尺度上补偿的精准性，更有效地发挥自然资源的资产价值，以全域全要素协同的逻辑体系开展国土空间规划，实现对景观格局的地理设计，从而在国土空间用途管制中贯彻全域全要素协同的管理途径。

　　我国景观生态学学科发展中长期路线图的总体任务是逻辑链条基本量化到社会生

态系统整合。在理论层面，需要全面服务于现代化的空间治理体系，从社会与生态空间关系出发为实现美丽中国提供充分科学支撑，面向不同尺度揭示景观格局与社会生态过程耦合机制，构建紧密联结的社会生态系统网络，厘清生态系统服务在不同尺度景观中的传输路径，发展生态智慧理论并强调对不同群体的深层关怀，从而在经济、社会、环境等各个层面推动可持续发展，并强调自适应的能力，使景观格局具有强大的恢复力应对气候变化和人类干扰。在技术层面，需要基于时空大数据研究途径，以实现景观尺度推绎为目标，采用代表性指标表征社会生态系统的空间结构，深化远程耦合计量方法，解构相互交织的社会生态过程，研发人地耦合系统模型，嵌入局地、近程、远程的社会生态要素与过程关联路径，在不同时空尺度上模拟人地系统功能，构建情景并提出系统优化策略，辅助空间治理中的各级决策，从而塑造具有强大社会生态系统恢复力的可持续景观。在应用层面，我国景观生态学学科发展中长期发展任务为全面推进景观生态学服务于国家生态文明建设，在空间上明晰山水林田湖草生命共同体的刻画指标与方法，在生命共同体理念框架下细化社会生态互馈路径，搭建景观管理实践中的系统思维方式，并研发相对应的综合评价指标体系，以自然保护地体系、国家公园等作为区域景观生态管理的重要抓手，结合区域地方实践经验，构建上下联动的空间治理体系，推进地域功能优化，通过人地系统治理途径的区域践行，以景观为对象塑造美丽中国。

专题论述中，将我国景观生态学学科发展分为五个方面。在景观生态学学科范式、技术及实践方面，论述了景观生态学学科范式、新兴技术，讨论了景观生态学科研与实践之间的错位及解决机制；在推陈出新的景观生态学核心命题方面，阐述了景观格局与过程耦合理论与方法，提出了三维景观的研究途径；在面向学科体系重构的景观生态学新兴领域方面，展望了城市景观生态学、海洋与海岸带景观生态学、景观可持续性、景感生态学、景观遗传学、多功能景观的发展前沿；在强化学科贡献下的景观生态学交叉方向方面，讨论了生态系统服务、景观恢复力、景观格局优化、复合种群生态学与景观保护、景观规划设计、景观生态的社会文化视角等重要研究方向；在面向国家需求的景观生态学实践应用方面，提出了国土空间生态保护与修复、国土空间规划、乡村景观生态建设、自然保护地体系与国家公园、环境污染与治理等实践需求。

总之，中国景观生态学研究近年来呈现出蓬勃发展的局面，高水平的研究成果不断涌现，我国学者已准确把握了当前景观生态学的前沿问题，成为国际景观生态学界一支重要研究队伍。

全书分为六章二十五节，各章节撰写人员如下。第一章：第一节和第二节为钱雨果和周伟奇，第三节为彭建和刘焱序。第二章：第一节为周锐、彭建和孔繁花，第二节为张志明和刘世梁，第三节为王志芳。第三章：第一节为孙然好、孙龙和苏旭坤，第二节为刘淼和孔繁花。第四章：第一节为周伟奇和李俊祥，第二节为李杨帆和李艺，第三节为黄庆旭，第四节为岳涛，第五节为杨军和王红芳，第六节为刘焱序。第五章：第一节为巩杰和郭青海，第二节为李艺和李杨帆，第三节为欧维新和岳跃民，第四节为张娜，第五节为常青和李达维，第六节为王志芳。第六章：第一节为彭建，第二节为刘淼和刘珍环，第三节为刘云慧和赵清贺，第四节为刘世梁和周锐，第五节为杨磊和王聪。李秀珍、吴志峰和王玉刚参加了书稿内容设计和文字校对。全书由彭建和刘焱序统稿。

由中国生态学学会组织编撰的《景观生态学学科路线图》将为国际景观生态学以及生态学、地理学、可持续科学等相关学科的发展起到重要助推作用。中国景观生态学与国家相关政策关联紧密，在具体实践应用中一定将遇到不同的区域实际问题，这种人地矛盾将贯穿始终，也凸显了景观生态学为空间决策服务的学科应用特色。希望我国景观生态学学科发展为国家生态文明建设提供更多科学支撑。

中国生态学学会

2023 年 3 月 3 日

目 录

第一章　绪论

第一节　引言

一、景观生态学学科内涵

1939 年，特罗尔（Troll）在利用航空相片解译研究东非土地利用时，首次提出了"景观生态学"这一新的生态学研究范畴——在几平方千米至几千平方千米的地域空间，运用地理学和生态学相结合的方法，研究景观的结构、过程、功能、动态特征及其尺度效应。进入 20 世纪 70 年代后期，景观生态学的研究在全球范围内得到普遍关注，逐渐成为一门新兴的生态学分支学科。景观生态学在中国的发展可以大致分为五个阶段：摸索与酝酿阶段（20 世纪 80 年代以前）、吸收与消化阶段（1980—1988 年）、实践与迅速发展阶段（1989—2000 年）、发展与思索阶段（2001—2010 年）、思考与创新阶段（2011—2020 年）（陈利顶等，2014）。

随着时代的发展，景观生态学的内涵也一直在发展变化。早在 1968 年，特罗尔就正式提出了景观生态学的定义："景观生态学是研究一个给定景观区段中生物群落及其环境间的复杂因果关系的科学"；这些关系在区域分布上有一定的空间格局（景观镶嵌体、景观格局），在自然地理分布上具有等级结构（Wu，2007）。透纳（Turner）等将景观生态学定义为："研究空间格局和生态过程相互关系，或不同尺度上空间异质性的原因和后果的生态学分支学科"（Turner，2005a）。我国景观生态学家傅伯杰早在1991 年就提出了："景观生态学以整个景观为对象，通过物质流、能量流、信息流与价值流在地球表层的传输与交换，通过生物与非生物要素以及人类之间的相互作用与转化，运用生态学原理和系统方法研究景观结构与功能、景观动态变化以及相互作用机制，研究景观的美化格局、优化结构、合理利用和保护"（傅伯杰等，1991）。2003年，我国景观生态学家肖笃宁提出："景观生态学是研究景观空间结构与形态特征对生物活动与人类活动影响关系的科学"（肖笃宁等，2003）。2006 年，邬建国把景观生态学定义为："研究和改善空间格局与生态和社会经济过程相互关系的整合性交叉科学"（Wu，2006）。

二、景观生态学主要分支

景观生态学在发展过程中衍生出了一系列的学科分支。其中，根据研究对象或景观类型的不同可以大致分为城市景观生态学、森林景观生态学、海洋景观生态学等。这类分支主要根据不同景观 / 生态系统类型的特征来研究格局 – 过程 – 尺度的关系。另外一类主要的分支是景观生态学与其他应用学科的交叉融合。目前，与景观生态学结合较多的学科分支包括景观服务 / 生态系统服务、景观恢复力、景观规划设计、景观优化等。景观生态学是应用性非常强的学科，尤其是对于遥感（RS）和地理信息系统（GIS）技术的应用，可以为许多其他学科提供技术方法的支撑。此外，近年来景观生态学也涌现一批新兴的分支，如景感生态学、景观可持续性科学、多功能景观、景观遗传学等。

1. 基于不同研究对象的分支

（1）城市景观生态学

城市景观生态学是以城市生态系统 / 景观为对象，将城市生态学的理论与研究范式同景观生态学的研究思路与方法相结合，重点研究城市区域人（及其他生物）与环境相互关系的科学（李秀珍等，1995）。城市景观生态学的学科交叉特点明显，其研究重点既包括城市生态学研究中的景观结构 – 过程 – 功能 – 服务的相关内容，也可视为景观生态学的理论方法在城市区域的应用。城市景观生态学的主要特点是其关注城市，是以人类活动占绝对主导的景观类型，其研究将人的社会、经济、政治等活动视为影响生态系统格局与过程的最关键因素。复杂的人类活动导致了城市景观具有高度的空间异质性和复杂性、高度的动态性和适应性，以及"社会 – 经济 – 自然"复合的特征等，这些特点正是城市景观生态学的研究重点（马世骏和王如松，1984；Zhou等，2017）。此外，城市景观生态学也是一门面向实践应用的学科，通过景观规划、设计、优化与管理来支撑城市的可持续发展。

（2）海洋与海岸带景观生态学

海岸带景观生态学的概念最早由美国景观生态学者于 20 世纪 80 年代提出，主要关注环境变化和人类活动对海岸带景观格局的影响（Paine 和 Levin，1981；Steele，1989）。海岸带管理在 1990 年被国际景观生态学会（IALE）明确列为景观生态学十大工作组内容之一（Hobbs，1997；傅伯杰等，1991）。索安宁首次在国内提出"海洋景观生态学"的概念，探讨了景观生态学在海洋赤潮灾害、海洋溢油灾害、海洋污染、海域使用、滨海湿地、海岛等方面中可能的应用领域，以及海洋景观生态学的主要理论发展和应用方向（索安宁，2016）。

　　2. 与其他应用学科交叉融合的分支

　　（1）景观服务/生态系统服务

　　景观服务是景观为满足人类需求所提供的直接或间接的产品和服务。Mander 在其《多功能的土地用途，以满足未来对景观产品和服务的需求》（*Multi-functional Land Use Meeting Future Demands for Landscape Goods and Services*）一书中也提出，景观服务的定义和内涵随着生态系统服务研究的深入而不断发展。尽管景观服务的概念与生态系统服务相似，但是景观服务更强调空间特征，比如景观空间格局以及景观空间配置对景观服务的影响。景观服务/生态系统服务研究，基于景观生态学的理论方法耦合了自然的生态过程、功能与人类的福祉，是服务于人居环境改善和可持续性科学发展的重要景观生态学方向（Wu，2013）。

　　（2）景观规划设计

　　景观规划设计是指以景观生态学原理为基础，把构成景观整体的要素作为规划设计的主要变量，通过不同要素在空间上的配置来控制生态过程，进而提升景观能够提供的生态系统服务和价值，减少城市的生态风险，提升人类社会的福祉。景观规划设计最早源于英国著名规划师麦克哈格的生态规划（McHarg，1969）和捷克景观学家发展的景观综合规划（LANDEP）（Ruzicka 等，1990）。哈佛大学景观生态学家福尔曼（1995）提出了"大集中、小分散"的景观生态规划格局，优化景观总体布局。在前人建立的景观生态规划设计理论方法的基础上，我国学者俞孔坚针对生物多样性保护，开展了景观生态规划的实践探索，以构建景观安全格局的目标提出了最小阻力模型，为保护区域生物资源的生态安全格局规划设计提供了新的思路（Yu，1996）。

　　（3）景观优化管理

　　景观优化管理是将基于景观生态评价的对策、基于景观生态规划设计的方案以及基于社会调查的反馈落实到明确的景观空间单元上，并通过学科综合、部门协调、技术规范及政策引导，为相关管理的具体实施提供决策支持（Liu 等，2002；傅伯杰等，2011）。景观优化管理的目标是保护异质景观中的物种、生态系统多样性、维持景观的关键生态过程，并结合社会经济发展需求合理开发利用景观资源，保持和恢复景观的健康、生产力，维持可持续景观（邬建国，2000）。

3. 新兴领域分支

（1）多功能景观

多功能景观强调景观是兼具生态、文化、美学、教育等多重功能的空间单元。该概念在20世纪80年代提出（Niemann，1986），在2000年10月丹麦罗斯基勒召开的多功能景观国际会议中，首次明确了其学科领域（Brandt，2003）。在2007年7月荷兰举行的第七届国际景观生态学会大会中，景观多功能性被列为一个主要讨论议题，标志着多功能景观成了景观生态学研究的重要组成部分（张雪峰等，2014）。

（2）景观遗传学

景观遗传学由景观生态学和种群遗传学结合而成，旨在研究景观格局特征与微遗传过程的关系，如基因流、基因漂移和选择之间的相互作用等（Balkenhol等，2009；Holderegger等，2008）。该学科在2009年左右才被定义为一个独立的研究领域（Stéphanie等，2009），因其在生物多样性保护和自然保护区管理等方面的巨大潜力，现已成为一个热点领域，吸引了大量研究者（薛亚东等，2010）。景观遗传学将景观生态学研究的研究尺度拓展到分子水平，为景观生态学的理论和应用提供了新的思路和方法。

（3）景感生态学

景感生态学是景观生态学的衍生和发展，是从人的感觉和心理来认知景观格局、过程与功能，具有鲜明的人文特征和应用导向。景感生态学以可持续发展为目标，基于生态学的基本原理，从自然要素、物理感知、心理反应、社会经济、过程与风险等相关方面，研究土地利用规划、建设与管理的科学（Zhao等，2015）。该方向近年来在国际生态规划和自然历史景观保护研究方面受到关注，我国古代城市规划和建筑设计中的"风水"实际上就是景感生态学的应用。

三、景观生态学发展需求

基础理论与研究范式的发展。景观生态学的研究一直采用经典的理论范式，如传统的"斑块－廊道－基底"范式、"格局－过程"范式等。随着研究的不断深入以及学科的交叉融合，需要发展新的理论范式来丰富学科的理论体系和应用前景。如使用"源－流－汇"理论研究景观格局中生态过程、物质流、能量流、信息流；"格局－过程－设计"范式研究可使景观生态学的研究成果成为景观可持续性研究的支撑，提升景观格局和过程研究成果的应用价值；使用景观连续体和梯度分析范式揭示景观过程和功能在时空尺度上的连续性和整体性，有助于深化格局与过程相互作用的认识，进而推动景观生态学的发展。

技术方法的发展。遥感和 GIS（地理信息系统）是推动景观生态学发展的重要技术。近年来，随着高分遥感数据、无人机载数据如高光谱、激光雷达三维数据的普及，以及各类大数据如移动通信数据、社交媒体数据、智能刷卡数据、定位导航数据、物联网传感数据等的日益发展，需要发展相应的多源异构数据处理的技术方法。具体包括数据的收集与同化、数据的存储与集成、数据的有效信息提取、数据的可视化、数据的建模、数据与各应用场景结合等。新的技术方法将有助于获取景观格局和演变更加丰富的信息，从多个视角刻画景观的格局特征，揭示多维度、精细尺度的景观空间格局特征和生态过程。

面向国家和地方需求。景观生态学是面向应用的学科，需要紧随时代变化而不断发展，以回答时代发展中产生的新问题和重大问题，如国土生态安全格局的构建、生态红线的划定、国土整治与生态修复、国土空间规划、乡村振兴/田园综合体、国家公园（或自然保护地）的规划设计、环境污染的治理、景观服务/生态系统服务权衡与景观可持续性、快速城市化的生态环境效应等。如何将景观生态学的理论方法合理地应用于解决实际问题中，目前仍是处于不断探索的阶段。尽管在不少方面都取得了突出的成绩，但在许多方面如生态系统生产总值核算、规划设计的定量化指标阈值等，还需要进一步探索和实践。

第二节　国内外发展现状与挑战

一、国内外景观生态学发展现状

以近三十年（1989—2019 年）为时间跨度，通过在中国知网（CNKI）数据库中以"景观生态"为关键词检索，得到中文文献共 5402 篇。通过在 Web of Science 核心合集数据库中以"Landscape Ecology"（景观生态学）为主题词检索，得到英文文献共 17247 篇。本文使用 CiteSpace 软件和 CNKI、Web of Science 网站的分析功能，对已获得的文献，通过计量分析展现景观生态学的发展进程。

1. 国内研究现状

总体上看，近三十年来国内的景观生态学经历了先快速增长，后趋于平稳的发展状态。在经历了 21 世纪初的快速发展之后，中国景观生态学工作者每年发表的中文文献数量虽然存在波动，但基本稳定在 300 ～ 450 篇之间。通过分析来自中国学者的英文文献，发现虽然其数量不及中文文献，但总体呈波浪式上升（见图 1-1），特别是在中文文献数量趋于稳定的同时，英文文献数量仍然呈上升趋势，表明我国学者越来越重视英文论文的发表，也表明我国景观生态学的研究水平不断提高，越来越得到国际期刊的认可。

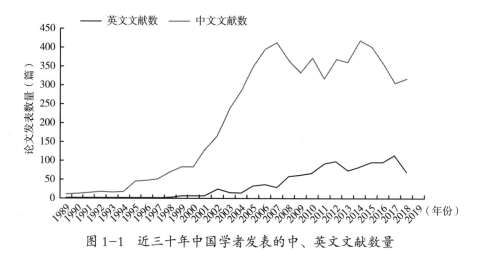

图 1-1　近三十年中国学者发表的中、英文文献数量

国内景观生态学论文多发表在生态学（29.23%）、城乡规划与市政（20.88%）、环境（11.11%）、城市经济（9.11%）、地理（6.25%）、林学（3.78%）等领域。除了以上传统领域之外，中国学者发表的论文还涉及了农业经济（3.50%）、观赏园艺与园林（2.99%）、旅游经济（2.17%）、交通运输（1.10%）等方面，表明景观生态学与很多行业和领域都存在交叉，尤其是规划设计、旅游等应用领域。

从发表中文论文的完成单位来看，发表中文论文较多的机构与发表英文论文较多的机构并不重合，表明不同科研单位的研究视角、关注重点等存在差异。

2. 国际研究现状

近三十年来国际景观生态学研究一直稳步发展，全球英文文献数量逐年上升，预计文献数在今后还会逐年增加（见图 1-2，2019 年因尚未计算完全，数量较少）。由图 1-2 中全球学者与中国学者发表的英文文献数，可以得到中国学者发表的英文论文占全球的比例，如图 1-3 所示。我国学者发表英文论文的比例虽然起伏程度较大，但

总体呈波动式上升。从数据上看，从最初的 1% 上升到 10% 左右（见图 1-3），并且
未来有继续上升的趋势。表明我国学者对全球景观生态学的贡献力逐年提高，已逐步
向景观生态学"大国"迈进。

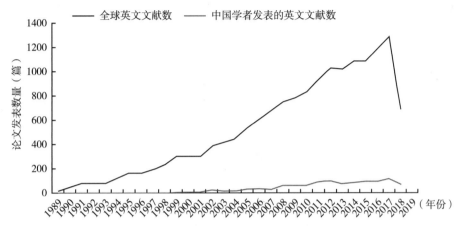

图 1-2　近三十年景观生态学全球英文文献数与中国学者发表的英文文献数

（中国学者发表的英文文献即在国际期刊上发表的文献）

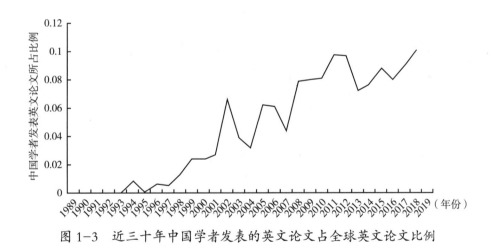

图 1-3　近三十年中国学者发表的英文论文占全球英文论文比例

国际景观生态学论文大多发表在生态学（47.82%）、环境科学（18.97%）、生物
多样性保护（12.76%）、自然地理学（10.77%）、地球科学（8.03%）、动物学（7.57%）
等领域（参考 Web of Sciences 学科分类）。可以看出国际上对于景观生态学更关注基
础理论的研究，更加关注动物、植物、生物多样性等领域，而对于景观生态学的实践
应用关注较少。

从发表英文论文的完成单位来看，中国科学院的论文数量排名第三，表明我国科

研机构在景观生态学学科已具备较强的国际竞争力。

从发表英文论文的国家来看，美国以7154篇的庞大数量位列第一，近三十年来其论文总数占比高达41.55%。中国以1140篇位列第五，论文数量占近三十年来论文总数的6.62%。值得一提的是，在1979—1999年的20年中，中国学者发表的英文论文数量仅有8篇，仅占1979—1999年所有论文总数0.60%。而在2000—2019年，中国的论文发表数大幅提升，贡献率增长为20年前的十倍，一跃至世界排名第五位。这表明中国的景观生态学虽起步较晚，但是发展速度十分迅猛。

从国家间合作发表文章看（见图1-4），比利时、法国、英国、德国等欧洲国家与他国合作发表文章的频率最高，而论文发表数量排名靠前的美国、澳大利亚、加拿大的节点并不突出。这反映了北美和欧洲学派的景观生态学发展特色：北美学派的研究相对独立，而欧洲学派的研究有比较多的交叉融合。

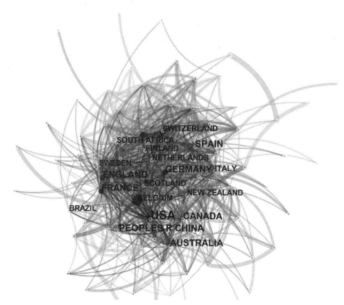

图1-4 近三十年景观生态学论文发表国家共现网络图

二、国内外景观生态学最新热点

使用CiteSpace软件进行词频分析（以五年为间隔）、关键词突现性分析、被引文献突现性分析、被引文献聚类分析，得到各发展阶段的十大中文热词、十大英文热词、最具爆炸性的十大中文和英文热词、最具爆炸性的被引文献、被引文献关键词聚类关系图等。词频分析是在文献信息中提取能够表达文献核心内容的关键词和主题词，频次排名越靠前表明越可能是该领域研究热点。CiteSpace 突现性是指某关键词或某篇文献的使用频次在短期内有很大变化，用以发现某一关键词或文献衰落或兴起的情况，了解不同阶段的引领性词汇或文献。文献聚类分析是将具有相同研究方向的文献聚合为一类，用以刻画学科的发展进程。

1. 阶段性研究热点分析

国内文献的词频分析结果显示：景观（生态）格局和景观生态规划一直是各个阶段的研究热词。不仅如此，景观格局自 2000 年开始就始终处于十大热词的第一位，说明我国学者一直很关注景观格局方面的研究（见表 1-1）。从发展的阶段性特征看：2000 年之前国内主要关注景观生态建设、规划以及景观生态学的基础理论，例如景观生态类型、系统、环境；2001—2010 年，"GIS""遥感"等技术方法开始融入景观生态学，推动了景观生态学的发展，同时与应用相关的"可持续发展""城市绿地""生态建设"开始涌现；2010 年后，景观生态学更加关注国家重大需求，除了持续关注格局、设计、规划领域外，"生态风险""生态修复"的相关研究也大量涌现。

表 1-1 景观生态学不同发展阶段十大中文热词

1989—2000 年	2001—2010 年	2011—2019 年	1989—2019 年
景观生态建设	景观格局	景观格局	景观格局
景观规划	景观生态规划	生态设计	景观生态规划
生态规划	生态设计	景观设计	生态设计
景观生态类型	城市景观	景观生态规划	景观设计
景观生态系统	GIS	土地利用	GIS
景观生态环境	遥感	风景园林	城市景观
生物多样性	地理信息系统	生态风险	土地利用
景观生态规划	可持续发展	GIS	可持续发展
空间格局	城市绿地	生态修复	生态安全
北美洲	生态建设	生态安全	生态环境

国外文献的词频分析结果显示："保护""生物多样性""格局""种群""森林"等一直以来都是研究热点。从发展的阶段性特征看，2000 年之前国外的研究较少关注管理相关的内容；而 2000 年以后，管理一直是景观生态学的热词；在 2011 年以后，全球气候变化成了景观生态学的国际研究热点。这表明国际景观生态学日益关注管

理应用和国际热点问题。对比国内与国际的研究，大家都很重视对"格局"的探讨。不同的是国际研究更注重对于生物的保护，如"生物多样性""栖息地""森林""植被"等都是国际上各研究阶段的热词；而国内研究更偏向于规划设计的应用，如"设计""规划""土地利用"等都是国内各阶段研究的热词（见表1-2）。

表 1-2　景观生态学不同发展阶段十大英文热词

1989—2000 年	2001—2010 年	2011—2019 年	1989—2019 年
Pattern（格局）	Conservation（保护）	Conservation（保护）	Conservation（保护）
Dynamics（动力学）	Pattern（格局）	Biodiversity（生物多样性）	Biodiversity（生物多样性）
Conservation（保护）	Biodiversity（生物多样性）	Pattern（格局）	Pattern（格局）
Vegetation（植被）	Habitat（栖息地）	Climate Change（气候变化）	Management（管理）
Population（人口）	Dynamics（动力学）	Management（管理）	Habitat（栖息地）
Forest（森林）	Management（管理）	Habitat（栖息地）	Dynamics（动力学）
Diversity（多样性）	Population（人口）	Population（人口）	Population（人口）
Habitat（栖息地）	Forest（森林）	Forest（森林）	Forest（森林）
Community（社区）	Vegetation（植被）	Community（社区）	Community（社区）
Disturbance（干扰）	Model（模型）	Dynamics（动力学）	Vegetation（植被）

2. 研究热点突变性分析

从爆炸性热词的出现时间上来看（见表1-3和表1-4），国际上的第一个爆炸性热词出现在1989年，而中国的第一个爆炸性热词出现在1994年，表明国内的景观生态学发展起始时间较晚。国际与国内从2010年后出现爆炸性热词的频率明显提高，说明2010年后国际和国内同时进入景观生态学研究的快速发展阶段。

从爆炸性程度上来看，国际上十大爆炸词的爆炸程度均大于国内，大约是国内爆炸程度的三倍。这一方面是因为国际上的文献数量较大，本身较易出现研究方向的重叠；另一方面说明国际上的文献在不同时期的研究关注点具有一致性，这可能是源于国际学者之间交流合作，或者各国处于景观生态学研究的相同阶段。

从爆炸性热词内容来看，国际与国内的十大热词本身不尽相同，这与前文分析的各阶段热词对比的结果相一致。国际上2010年以前出现了景观生态学基础研究的相关热词，如"空间格局""景观结构""空间尺度""分布"等，2010年之后"生态系统服务""气候变化""影响"等词出现，表明景观生态学逐渐发展到应用研究阶段，同时也反映了 2010 年之后的生态环境热点发生了变化,"气候变化""生物多样性保护"相关研究增多。国内在 2001 年和 2002 年相继出现了"遥感"和"地理信息系统"的相关文献,这可作为该技术最早应用于国内景观生态学研究的标志。随后在 2003—2014 年出现了"城市绿地""土地管理""生态风险""风景园林""设计"这些与城市生态学紧密相关的热词,说明了景观生态学的应用研究在这个时段开始深入。2015 年和 2016 年"最小阻力模型""生态修复"相继出现,反映了学科的应用需求不断提升。

表 1-3 近三十年最具爆炸性的十大中文热词

开始年份	结束年份	突现性强度	突现性关键词
1994	2006	12.392	景观生态建设
2001	2010	11.9201	遥感
2002	2008	12.5667	地理信息系统
2003	2010	10.2142	城市绿地
2008	2014	9.4648	土地整理
2014	2019	15.6811	生态风险
2014	2019	10.9055	风景园林
2015	2019	10.8399	设计
2015	2019	9.144	最小累积阻力模型
2016	2019	14.6467	生态修复

[强度是由 Kleinberg 提出的突变检测算法计算得到,可以用于检测一个学科内研究兴趣的突然增长,数值越高增长幅度越大(Kleinberg,2003),开始和结束为该文献突然增长的开始和结束年份。]

表 1-4 近三十年最具爆炸性的十大英文热词

开始年份	结束年份	突现性强度	突现性关键词
1989	2008	45.3027	Spatial Pattern(空间格局)
1992	2005	28.0654	Landscape Structure(景观结构)
2001	2009	34.3523	Spatial Scale(空间尺度)
2001	2007	30.3692	Stream(流动)
2009	2013	34.0592	Distribution(分布)
2013	2019	65.5277	Ecosystem Service(生态系统服务)
2014	2019	35.7652	Climate Change(气候变化)
2015	2019	34.2583	Impact(影响)
2015	2019	32.5866	Evolution(演变)
2016	2019	38.4148	Biodiversity Conservation(生物多样性保护)

3. 引领性文献分析

引领性文献是指一定时期内的被引次数经历了爆炸式增长的文献，这类文献的被引总次数可能并不是最多，但是在特定时期内被引用次数极高。结合 Citespace 分析，挑选出的近三十年爆炸性的被引文献（文献的获取方式：在 Web of Science 的 "Cited Reference Search（引用参考搜索）" 选项中，输入被引文献信息进行检索）。通过分析这些在不同时期影响力最大的文章，可以更加详细、具体地了解景观生态学的学科发展过程（下述举例均来自该表格中的文献，见表 1-5）。

表 1-5　近三十年全球最具爆炸性的被引文献

被引文献信息	强度	开始	结束
LEVIN SA, 1992, ECOLOGY, V73, P1943	54.11	1995	2000
WIENS JA, 1993, OIKOS, V66, P369	63.92	1995	2001
GUISAN A, 2000, ECOL MODEL, V135, P147	49.73	2003	2008
WU JG, 2002, LANDSCAPE ECOL, V17, P355	50.30	2004	2010
FAHRIG L, 2003, ANNU REV ECOL EVOL S, V34, P487	77.81	2007	2011
TURNER MG, 2005, ANNU REV ECOL EVOL S, V36, P319	53.18	2008	2013
GRIMM NB, 2008, SCIENCE, V319, P756	48.88	2013	2016
BATES D, 2015, J STAT SOFTW, V67, P1	73.94	2017	2019

［被引文献信息包括作者、发表年份、期刊、卷号、页码；强度是由 Kleinberg 提出的突变检测算法计算得到，可以用于检测一个学科内研究兴趣的突然增长，数值越高增长幅度越大（Kleinberg，2003）；开始和结束为该文献突然增长的开始和结束年份。］

2000 年之前，国际景观生态学较为关注格局与尺度和景观生态学的理论框架问题。Levin 于 1992 年指出，格局和尺度问题是研究生态学、实现种群生物学和生态系统科学的统一，进行基础和应用生态学结合的核心问题（Levin，1992）。1993 年，Wiens 等提出景观生态学是研究景观镶嵌的空间构型对多种生态现象的影响，为景观生态学建立一个严格的理论和经验基础是至关重要的。该文章提出了一种研究方法，侧重于研究景观异质镶嵌中个体水平的机制是如何影响生态格局，并在建立的理论框架中考虑了斑块之间种群的密度和分布（Wiens 等，1993）。这与 2000 年之前的热词，如 "格局" "动力学" "保护" 等相匹配。

2000 年之后国际景观生态学进入另一发展阶段，开始大量使用分析模型来解决定性问题，同时也不断整理和发展着景观生态学的理论体系。该时期随着新的强大的统计技术和 GIS 空间分析工具的出现，生态学预测生境分布模型发展迅速。目前已经发展出了一系列应用广泛的模型，涵盖生物地理学、保护生物学、气候变化研究、栖息地或物种管理等多方面。学者们使用的各种统计技术正在增加，较多关注物种分布建模的方法，以及检测模型准确性的新统计方法，如非阈值依赖的测度和重采样技术等（Guisan 和 Zimmermann，2000）。

同时，景观生态学的理论体系也在不断发展。2002 年邬建国教授归纳了景观生态学发展的几大主题（Wu 和 Hobbs，2002）。在 2001 年召开的第十六届美国景观生态学年会上公布了"21 世纪景观生态学十大研究专题"。该文章将多元化、广泛性的视角归纳为 6 个一般性重点问题和 10 个重点研究课题。6 个一般性重点问题包括：①突出交叉学科性和跨学科性；②基础研究与实际应用的整合；③发展和完善概念与理论体系；④加强教育与培训；⑤加强国际学术交流与合作；⑥加强与民众和决策制定者的交流及协作。10 个重点研究课题是：①景观斑块中的生态流；②土地利用和土地覆盖变化的原因、过程和后果；③非线性科学和复杂性科学在景观生态学中的应用；④尺度；⑤方法论的发展；⑥将景观指数和生态过程联系；⑦将人类与人类活动整合到景观生态学；⑧景观格局的优化；⑨景观可持续性；⑩数据采集和准确性评估。它反映了学者们对景观生态现状和未来可能走向的广泛愿景。Turner 发表在 *Annual Review of Ecology Evolution and Systematics*（《生态进化与系统论年鉴》）期刊上的文章完善了生境破碎化、格局与过程、空间异质性的理论体系（Turner，2005b）。

2005 年至今，一些全球性问题成为了研究热点，如城市变暖。Grimm 等于 2008 年发表在 *Science* 上的文章指出，城市是在多尺度上引起环境变化的热点地区。在日益城市化的世界里，城市本身既是问题所在，也是应对可持续发展挑战的解决方案（Grimm 等，2008）。这与爆炸性热词中"全球变化"的出现相吻合。此外，景观生态学的模型和方法也更加趋于专业和严谨。如在 *Journal of Statistical Software*（简称 JSS）的期刊上，出现了景观生态学的文章，讨论了如何使用 lme4 拟合线性混合效应模型。这也是在近 30 年来最具爆炸性文章中唯一一篇刊登在统计学期刊上的文章（Bates 等，2015）。

2010 年前后，景观遗传学逐渐兴起，成了研究热点。以"Landscape Genetics（景观遗传学）"为主题词在 Web of Science 进行检索，共检索到 3678 篇文献，高被引文献数 64 篇。景观遗传学的被共同引用的次数仅次于景观结构，被引时间也最新，表明当前景观遗传学研究的影响力较大，研究内容较为新颖。景观遗传学致力于提供景观特征和微遗传过程，如基因流、基因漂移和选择之间的相互作用的信息（Manel 等，2003）。景观遗传学的定义被不同学者不断重新阐述、修正和完善。例如，Holderegger 和 Wagner 认为景观遗传学是将适应性或中性的种群遗传特征与反映景观组成、空间配置以及基底信息的数据融合在一起的研究（Holderegger 和 Wagner，2008）。然而，Storfer 等认为景观遗传学明确地量化景观组成、构成和基质质量对基因流和（或）空间的（基因）变异的影响（Storfer 等，2007）。景观遗传学与景观生态学有相互促进的协同关系：景观遗传学促进了景观生态学核心概念的应用，将景观生态学研究的尺度延展到了分子水平，为景观生态学提供了新的分析方法；景观生态学为景观遗传学研究打破了种群遗传学认识上的局限，为理解环境对遗传和进化的影响提供了理论框架和方法，在生物多样性保护等实践应用中起到桥梁作用（见图1-5）。

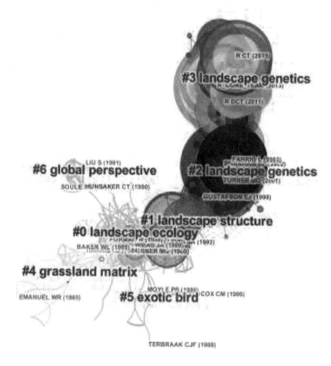

图 1-5　近三十年景观生态学论文被引文献关键词聚类关系图

（将被引文献关键词进行聚类，分为 6 个共被引集群，这些集群使用来自引用者的索引术语进行标记。共被引集群越大，表明该术语被共同引用的次数越多，在某一时期的影响越大。根据被共引次数的多少将这 6 个集群进行排名，排名顺序依次为：landscape ecology，landscape structure，landscape genetics，grassland matrix，exotic bird，global perspective）

三、国内外景观生态学现有挑战

景观格局和过程的研究一直以来都是景观生态学的研究重点，同时也是研究的难点。随着观测技术方法的发展，更多尺度上景观格局与过程能够被观测和量化，如何有效利用新技术来准确刻画景观格局与生态过程是景观生态学的重要挑战。比如对于城市景观，如何准确刻画其高度破碎化的景观要素及其高频的动态变化？如何结合社会经济大数据来刻画城市的社会经济格局特征？如何刻画城市内部热环境、大气颗粒物等的形成和扩散过程？对于森林景观，如何有效识别不同的植被群丛、群系，以及入侵物种的时空分布格局？如何准确估算森林生物量？对于生物多样性保护，如何刻画鸟类迁徙和栖息的时空过程？如何识别不同物种的潜在生境？

在景观格局量化的基础上，如何利用景观格局指数来研究生态过程、联系规划设计，也是景观生态学一直以来的挑战。景观格局指数是景观空间格局分析的重要方法，使生态过程与空间格局相互关联的度量成为可能，在景观格局分析与功能评价，以及景观规划、设计与管理等领域都具有重要作用（丁圣彦和梁国付，2004）。自20世纪70年代以来，不同景观生态学家提出了众多的景观格局指数。近年来，相关领域学者围绕众多景观格局指数的有效性进行了反思，被普遍关注的因素包括以下四点：尺度效应、数据源准确度、生态意义可解释性和相关性（彭建，2006）。目前，很多研究只关注景观格局几何特征的分析和描述，但忽略了对景观格局社会 – 生态意义或内涵的理解，这种趋势因数字化景观数据的可获取性和GIS的广泛应用而进一步得到加强（Haines-Young 和 Chopping，1996）。

在应用方面，如何面向国家重大需求，为解决实际问题提供科学支撑是景观生态学的重要挑战。具体包括：如何基于景观格局的量化，准确计算生态系统的服务功能，核算生态系统服务的货币价值；如何利用景观生态学的原理、景观格局 – 过程 – 功能范式、源 – 汇景观范式等，支撑国土生态安全格局的构建、生态红线的划定、国家公园（或自然保护地）的规划设计、城市双修的方式等；如何利用景观生态评价来支撑生态文明考核制度的建立，以及生态监测管理的业务化运行。

第三节 学科发展路线图

基于"格局 – 过程 – 服务 – 可持续"的理论范式，对比路线图内中短期目标和中长期目标结合当前我国景观生态学发展状态的提升程度，在路线图中也列出了学科发展的现状内容，并具体分为理论范式、技术方法、实践应用三个角度进行阐述（见图1-6）。

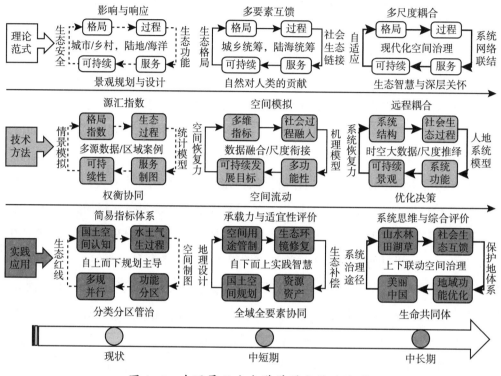

图1-6　中国景观生态学学科发展路线图

一、景观生态学学科发展路线图的出发点

在研究范式上，传统的斑块－廊道－基质范式和格局－过程－尺度范式为描述景观生态学科学规律提供了直观的支撑。而面向当代自然科学与社会科学的高度融合，生态系统服务作为耦合自然过程与社会过程的桥梁与纽带，为人地系统耦合研究提供了新的理论支撑。以生态系统服务为核心，近年来学者们在探讨景观格局与生态过程作用机制、辨析生态系统服务权衡协同机制及其与景观可持续性互馈关系中，逐渐形成了"格局－过程－服务－可持续性"的研究范式（Fu和Wei，2018；赵文武等，2018）。然而在目前阶段，"格局－过程－服务－可持续性"的研究范式尚处于理论凝练阶段，其研究内容、技术体系与实践支撑远未定型，概念之间尚处于松散连接的状态。

　　在理论层面，景观格局与生态过程间的耦合被景观生态学者所关注，但大量研究对景观格局与过程的研究仍然局限于单向性，即关注格局对过程的影响或格局对过程的响应，且很少关注同一区域同一要素的影响与响应过程。例如，景观格局对土壤侵蚀过程有重要影响，景观格局变化也同时响应于土壤侵蚀过程，但大多数研究仅单独分析其影响过程或响应过程，很少同步刻画其双向规律。对热力过程、污染物循环过程更是如此，且主要集中在格局对过程的影响研究方面。生态过程直接影响着生态系统服务，事实上很多生态系统服务评估需要借助生态过程模型。但在景观尺度研究中，生态功能作为生态过程与生态系统服务的概念桥梁，其测度方式并不十分清晰，导致生态系统服务的计算存在极大不确定性，不同方法得出的结果难以对比。从概念逻辑出发，生态系统服务代表大自然对人的贡献，有助于景观可持续性的提升。但在具体景观规划与设计中对生态系统服务的考虑不足，影响了景观可持续性评价指标的准确性。以保障生态安全为目标，由于景观可持续性评估指标体系不清晰，导致生态安全的理念难以与具体景观格局关联起来。如何建立能够保障区域生态安全的景观格局作为中国景观可持续性研究的重要内容仍未能在学科层面实现范式的推广。此外，在研究对象上，虽然城市、乡村、陆地、海洋等景观类型都有中国学者进行探索，但是复合景观对象的研究仍不多见，城乡关系、陆海关系有待进一步明晰。

　　在技术层面，众多景观指数已成为景观生态学研究者的常用工具，而对景观格局指数不能有效表征生态过程的质疑也从未停止。我国学者所提出的景观源汇指数为景观格局指数表征生态过程提供了新思路（陈利顶等，2003）。但并非所有的生态过程都能直接识别出空间关系明确的源和汇，其阻碍了源汇指数的跨学科应用。在生态系统服务制图中，现有研究致力于更多生态过程的纳入，但很少涉及生态学机理模型，所嵌入的生态系统服务评估参数多限于对已有统计规律的总结。考虑到区域之间景观要素特征千差万别，区域统计规律在具体尺度的适用性值得被质疑，而准确的参数又难以获取，导致了服务制图巨大误差。在基于生态系统服务分析景观可持续性时，现有研究对服务之间权衡协同关系的度量多基于本地，忽视了服务所具有的空间流动性，因而服务之间关系的度量并未很好地形成对景观整体可持续性评价的支撑。此外，景观可持续性思路导向虽然有助于景观格局构建情景的设计，但在情景优选中仍然会遇到指标定量化困难的问题，如果之前提到的模型构建和空间尺度的问题未能解决，则在情景优选中判定规则是难以具备决策说服力的。此外，在当前研究中多源空间数据的应用已不鲜见，区域研究案例大量涌现，但数据融合的接口问题和区域到局地尺度的衔接问题仍然未能有效解决，降低了研究案例的说服力。

在应用层面，学界已充分认识到对国土空间的认知需要系统性。然而，在对水土气生过程的具体认知中，由于涉及水文、土壤、大气、生态等不同学科，往往在空间认知中并不具备这种系统性。加之景观规划和管理的从业人员对景观生态学了解不够深入，在定量中往往选择简易的指标体系，加重了水土气生过程刻画的不确定性。这种生态过程评估的不确定性将直接传递到各种空间制图中。显然，对异质性景观的管理应当强调分类分区管治，而从简易的格局分析走向较为精确的功能评价，生成相对应的空间制图单元，是合理分类分区的根本依据。上述水土气生过程描述的不确定性直接影响着景观规划管理中空间功能分区的可靠性。由于规划管理中指标的精度不一、模型多样，且反映着不同管理部门的诉求，导致了景观规划中存在多规并行的状态。近年来"多规合一"思想被反复强调，但是由于不同规划的尺度不一，尺度之间相互衔接的节点不明，导致多规合一的成功案例尚比较少见。在多规融合中，当前一些生态红线、基本农田红线的划定工作可以有力推动国土空间认知的系统化，但红线规模、质量与位置的合理性仍然是实践中讨论的焦点，尚未达成统一认识。此外，当前针对景观管理的工作多为自上而下的规划主导，本地居民意愿的反映相对不足，居民本地实践中的宝贵经验有待被更充分地融入规划过程中。

二、景观生态学学科发展中短期路线图

在研究范式上，我国景观生态学学科发展中短期路线图所实现的总体任务是从概念之间松散连接到逻辑链条基本量化，其理论、技术和应用层面的发展任务、关键问题与发展难点包括以下三个方面。

在理论层面，以揭示格局与过程之间的多要素互馈路径，在生态系统服务研究中达成社会过程和生态过程的链接，通过全面刻画大自然对人类的贡献，切实提升景观可持续性，塑造生态安全格局，服务于国土安全，实现城乡统筹与陆海统筹。可能面临的关键问题为揭示景观格局对水土气生过程的影响，并同步刻画其对应的反馈过程；基于生态过程估算生态系统服务的同时更多融入社会过程指标，理解社会过程下的生态系统服务需求；在景观尺度厘清生态系统服务与人类福祉的关系，全面评估自然对人类的贡献；建立面向景观可持续性提升的生态安全格局构建理论体系，在景观尺度上统筹城乡关系、陆海关系。理论发展的难点为：景观格局与不同生态过程相互作用的特征尺度不一，影响作用的有效观测尺度和响应作用的有效观测尺度可能是不一

致的，增加了同步观测影响和响应过程的难度，成为理解多要素互馈的障碍；生态过程与社会过程链接中，生态过程一般在空间上相对容易刻画，但是社会过程在统计中容易以行政区进行量化，二者空间关系的不对应导致了建模的困难，以至于生态系统服务供给端与需求端未能紧密匹配；在描述自然对人类的贡献时，该贡献不一定是局地的，而域外效应将成为量化的难点；以城乡统筹、陆海统筹的视角构建生态安全格局，需要首先界定安全和不安全的界限，这一界限的量化将成为生态安全格局理论能否推广的重要难点议题。

在技术层面，以研究尺度的相互衔接为目标，深化空间数据融合方法体系，融合多维景观指标构建空间模拟算法和模型，加强机理模型的研发，并更充分地嵌入社会过程，从而完整实现景观多功能性评估，以空间流动的视角进一步定量化景观服务，为可持续发展目标的达成提供空间视角，同时在可持续发展的动态理念下注重空间恢复力的提升，并在多维景观指标中予以反映。可能面临的关键问题为研发空间模型，基于多种景观格局指标如三维景观等更有效地融入社会过程；改进机理模型，更有效地解决社会过程嵌入后的尺度衔接问题，强化景观多功能性评估中的机理依据；在景观多功能性评估中重点刻画景观服务的空间流动性，明晰其流向、流量、流速；衔接国家、区域可持续发展目标与景观多功能性，发挥景观的多种功能以达成对多种可持续发展目标的共同满足；基于可持续发展目标的要求，提升景观尺度的空间恢复力，则成为新景观指标研发的重要方向。该方法发展的难点为：在多维指标的选取中，很多指标对社会过程的影响不一定是本地性的，如绿地景观的社会效应可以是社区、全市乃是更大区域范围的，无疑增加了空间模拟的难度；将社会过程融入机理模型，需要首先理解社会学机理过程，但该过程往往是非空间的，如何对应于景观多功能性评估的空间尺度成为方法难点；强化景观多功能性可以服务于可持续发展目标在概念上完全成立，但可持续发展涉及的众多社会目标如何在景观尺度上展示仍然存在技术瓶颈；此外，何种景观指标能够更有效地反映空间恢复力依然存在争议，针对区域资源环境现实问题的空间恢复力指标构建成为重要研究方向，而恢复力指标是否具有异地可移植性仍不易预判。

在应用层面，为基于国土空间承载力与适宜性评价，助力国土空间用途管制，依托空间模型的研发明确不同用途管制情景对生态环境修复的影响，纳入自下而上的社区实践智慧，强化生态补偿的区域实践，并注重景观尺度上补偿的精准性，更有效地发挥自然资源的资产价值。以全域全要素协同的逻辑体系开展国土空间规划，实现对景观格局的地理设计，从而在国土空间用途管制中贯彻全域全要素协同的管理途径。可能面临的关键问题为确定承载力与适宜性评价的指标体系，定量化其与空间用途管制的衔接关系，以及对生态环境修复的区域贡献；对比自然资源资产核算的不同方法，确立合理的生态补偿标准、对象、年限；从区域整体的水土气生要素协同角度出发，强化国土空间规划的系统性；为区域和局地地理设计提供可操作方案，服务于不同景观尺度的空间用途管制。应用发展的难点为：承载力的阈值、适宜与不适宜的分界线在量化中有较大的不确定性，影响了空间用途管制目标的确定；生态环境修复的效应具有长期性，而生态补偿对社区的扶持往往是针对当代人，时间上的协调方式尚需讨论；自然资源资产在不同方法下的评估结果各异，不合理的资产价值量将对全域全要素的开发保护优先级判定产生误导；从国土空间规划到地理设计的转换中，自下而上的社区实践智慧与自下而上规划目标之间可能存在碰撞，为局地国土空间用途管制造成干扰。

三、景观生态学学科发展中长期路线图

在研究范式上，我国景观生态学学科发展中长期路线图所实现的总体任务是逻辑链条基本量化到社会生态系统整合。其理论、技术和应用层面的发展任务、关键问题与发展难点包括以下三个方面。

在理论层面，为全面服务于现代化的空间治理体系，从社会与生态空间关系出发为实现美丽中国提供充分科学支撑，面向不同尺度揭示景观格局与社会生态过程耦合机制，构建紧密联结的社会生态系统网络，厘清生态系统服务在不同尺度景观中的传输路径，发展生态智慧理论并强调对不同群体的深层关怀，从而在经济、社会、环境等各个层面推动可持续发展，并强调自适应的能力，使景观格局具有强大的恢复力应对气候变化和人类扰动。可能面临的关键问题为格局与过程多尺度耦合的特征尺度识别，尺度之间的转换路径识别；借助复杂网络等交叉学科概念，在社会过程与生态过程相结合的基础上刻画社会生态系统网络结构；在生态系统服务刻画中强化不同群体视角，明确生态智慧和深层关怀在不同区域的空间机制；以景观可持续性全面提升为导向，构建可持续的景观格局提升对气候风险、灾害风险、生态风险等多重风险的自适应能力。发展的难点为社会过程的特征尺度不易与生态过程对应，多尺度现象所对应的跨尺度关联机制较难揭示；复杂网络构建的繁简需要把控，网络过于复杂则社会生态过程的定量困难，网络简单则不能有效反映真实的社会生态系统结构；生态智慧

和深层关怀理论如何承载于定量指标上仍存在讨论，不同群体间可持续性的达成中如何保障公平性是一项跨学科问题；由于风险源之间存在相互叠加，面向多重压力的系统自适应机制在对象、指标、路径、尺度等方面都存在广泛的讨论空间。

在技术层面，为基于时空大数据研究途径，以实现景观尺度推绎为目标，采用代表性指标表征社会生态系统的空间结构，深化远程耦合计量方法，解构相互交织的社会生态过程，研发人地耦合系统模型，嵌入局地、近程、远程的社会生态要素与过程关联路径，在不同时空尺度上模拟人的系统功能，构建情景并提出系统优化策略，辅助空间治理中的各级决策，从而塑造具有强大社会生态系统恢复力的可持续景观。可能面临的关键问题为表征社会生态系统结构的指标析取，特定指标在局地、近程、远程空间中对社会生态过程的刻画能力；人地耦合系统模型中的社会生态要素与响应过程的关联路径、社会生态过程之间的关联路径，以及关联路径的不同尺度推绎能力；人地耦合系统模型在不同空间尺度上对系统功能的表达精度，以及情景模拟的准确性；可持续景观的优化目标、路径与决策的可行性，以及构建可持续景观达成社会生态系统恢复力在不同尺度的全面提升。发展的难点为：尺度推绎过程中的有效时空大数据需要遴选，需以尽量简单高效的指标表征系统结构；远程耦合降尺度到具体景观中，需要保障其精度损失在一定范围内；人地系统模型对社会生态过程的刻画需要吸纳足够全面的空间指标，从而在局地尺度上更好地刻画过程之间的关联路径；系统功能的受益对象具有空间特征、时间特征和尺度特征，有必要提出相对一致的评判标准；在情景优化与区域决策中需要对可持续景观有明确的界定，提出可持续或不可持续的边界阈值；测度社会生态系统恢复力过程中，需要考虑多重风险的叠加效应，以及对多重压力的应对途径。

在应用层面，为全面推进景观生态学服务于国家生态文明建设，在空间上明晰山水林田湖草生命共同体的刻画指标与方法，在生命共同体理念框架下细化社会生态互馈路径，搭建景观管理实践中的系统思维方式，并研发相对应的综合评价指标体系，以自然保护地体系、国家公园等作为区域景观生态管理的重要抓手，结合区域地方实践经验，构建上下联动的空间治理体系，推进地域功能优化，通过人地系统治理途径的区域践行，以景观为对象塑造美丽中国。目前，可能面临的关键问题为解构生命共同体宏大理论思想的具体结构特征，提出兼具系统思维又可服务于区域景观管理实践的综合评价体系；从社会生态互馈的视角出发，为自然保护地体系和国家公园建设提供多主体、多尺度、多情景的管理决策支撑；厘清地域内外建设工程和生态工程的相互关系，以及工程建设与人类福祉间的相互关系；以建设美丽中国为总体目标，将人地系统治理的具体途径落实到景观空间上。其发展的难点为：生命共同体的宏大视角如何与具体的指标衔接实现综合评价，山水林田湖草空间格局与具体社会生态过程互馈机制的关联方式如何量化；在自然保护地体系与国家空间构建中，上下联动的空间治理中如何更有效地避免多主体之间目标不一致所产生的矛盾；地域功能优化在域内与域外、短期与长期、经济与生态之间如何寻找平衡点；最后，在人地系统治理途径的空间实施中，如何统筹效率和公平，让美丽中国建设能够全民受益，仍需要在目标确立和指标选取方面进一步破题。总之，我国景观生态学学科发展中长期路线图将为国家生态文明建设提供直接科学支撑，由于紧跟政策，在具体实践应用中将遇到不同的区域实际问题，也凸显了景观生态学为空间决策服务的学科应用特色。

参考文献

［1］ Balkenhol N, Gugerli F, Cushman S A, et al. Identifying future research needs in landscape genetics：where to from here?［J］. Landscape Ecology, 2009, 24（4）：455-463.

［2］ Bates D, Mächler M, Bolker B, et al. Fitting Linear Mixed-Effects Models Using lme4［J］. Journal of Statistical Software, 2015, 67（1）：133-199.

［3］ Forman R T T. Land Mosaics：The Ecology of Landscapes and Regions［M］. Cambridge：Cambridge University Press, 1995.

［4］ Fu B J, Wang S, Su C H, et al. Linking ecosystem processes and ecosystem services［J］. Current Opinion in Environmental Sustainability, 2013, 5（1）：4-10.

［5］ Fu B J, Wei Y P. Editorial overview：Keeping fit in the dynamics of coupled natural and human systems［J］. Current Opinion in Environmental Sustainability, 2018, 33：A1-A4.

［6］ Grimm N B, Faeth S H, Golubiewski N E, et al. Global Change and the Ecology of Cities［J］. Science, 2008, 319（5864）：756-760.

［7］ Guisan A, Zimmermann N E. Predictive habitat distribution models in ecology［J］. Ecological Modelling, 2000, 135（2-3）：147-186.

［8］ Haines-Young R, Chopping M. Quantifying landscape structure：a review of landscape indices and their application to forested landscapes［J］. Progress in Physical Geography, 1996, 20（4）：418-445.

［9］ Hobbs R. Future landscapes and the future of landscape ecology［J］. Landscape and Urban Planning, 1997, 37（1-2）：0-9.

［10］Holderegger R，Wagner H H. Landscape genetics ［J］. BioScience，2008，58（3）：199-207.

［11］Jesper Brandt. Multifunctional landscapes-perspectives for the future ［J］. Journal of Environmental Sciences（China），2003，15（2）：187-192.

［12］Kleinberg J. Bursty and hierarchical structure in streams ［J］. Data Mining and Knowledge Discovery，2003，7（4）：373-397.

［13］Levin S A. The Problem of Pattern and Scale in Ecology ［J］. Ecology，1992，73（6）：1943-1967.

［14］Liu J，Taylor W V V. Integrating Landscape Ecology into Natural Resource Management ［J］. South African Journal of Wildlife Research，2002，5（3）：140-143.

［15］Manel S，Schwartz M K，Luikart G，et al. Landscape genetics：Combining landscape ecology and population genetics ［J］. Trends in Ecology & Evolution，2003，18（4）：189-197.

［16］Naveh Z. What is holistic landscape ecology? A conceptual introduction ［J］. Landscape and Urban Planning，2000，50（1-3）：7-26.

［17］Niemann E. Polyfunctional landscape evaluation-aims and methods ［J］. Landscape and Urban Planning，1986，13：135-151.

［18］Pickett S T A，Cadenasso M L，Grove J M，et al. Beyond Urban Legends：An Emerging Framework of Urban Ecology，as Illustrated by the Baltimore Ecosystem Study ［J］. BioScience，2008，58（2）：139-150.

［19］Ruzicka M，Miklos L. Basic Premises and Methods in Landscape Ecological Planning and Optimization ［M］// Changing Landscapes：An Ecological Perspective. New York：Springer New York，1990.

［20］Steele J H. The ocean "landscape" ［J］. Landscape Ecology，1989，3（3）：185-192.

［21］Stéphanie M，Segelbacher G. Perspectives and challenges in landscape genetics ［J］. Molecular Ecology，2009，18（9）：1821-1822.

［22］Storfer A，Murphy M A，Evans J S，et al. Putting the "landscape" in landscape genetics ［J］. Heredity，2007，98（3）：128-142.

［23］Turner，M G. Landscape ecology in North America：Past，present，and future ［J］. Ecology，2005a，86（8）：1967-1974.

［24］Turner，M G. Landscape ecology：What is the state of the science? ［J］. Annual Review of Ecology Evolution and Systematics，2005b，36（1）：319-344.

［25］Wiens J A，Stenseth N C，Ims H R A. Ecological Mechanisms and Landscape Ecology ［J］. Oikos，1993，66（3）：369-380.

［26］Wu J，Hobbs R. Key issues and research priorities in landscape ecology：An idiosyncratic synthesis ［J］. Landscape Ecology，2002，17（4）：355-365.

［27］Wu J. Landscape Ecology，Cross-disciplinarity，and Sustainability Science［J］. Landscape Ecology，2006，21（1）：1-4.

［28］Wu J. Landscape sustainability science：Ecosystem services and human well-being in changing landscapes［J］. Landscape Ecology，2013，28（6）：999-1023.

［29］Wu J. Past，present and future of landscape ecology［J］. Landscape Ecology，2007，22（10）：1433-1435.

［30］Yu K. Security patterns and surface model in landscape ecological planning［J］. Landscape and Urban Planning，1996，36（1）：0-17.

［31］Zhao J，Liu X，Dong R，et al. Landsenses ecology and ecological planning toward sustainable development［J］. International Journal of Sustainable Development & World Ecology，2015，23（4）：293-297.

［32］陈利顶，傅伯杰，徐建英，等. 基于"源-汇"生态过程的景观格局识别方法——景观空间负荷对比指数［J］. 生态学报，2003，23（11）：2406-2413.

［33］陈利顶，李秀珍，傅伯杰，等. 中国景观生态学发展历程与未来研究重点［J］. 生态学报，2014，34（12）：3129-3141.

［34］丁圣彦，梁国付. 近20年来河南沿黄湿地景观格局演化［J］. 地理学报，2004，59（5）：653-661.

［35］傅伯杰，陈利顶，马克明，等. 景观生态学原理及应用［M］. 北京：科学出版社，2001.

［36］傅伯杰，王仰麟. 国际景观生态学研究的发展动态与趋势［J］. 地球科学进展，1991，6（3）：56-61.

［37］欧阳志云，王如松. 生态系统服务功能、生态价值与可持续发展［J］. 世界科技研究与发展，2000，1（5）：45-50.

［38］彭建. 土地利用分类对景观格局指数的影响［J］. 地理学报，2006，61（2）：157-168.

［39］索安宁，关道明，孙永光，等. 景观生态学在海岸带地区的研究进展［J］. 生态学报，2016，36（11）：3167-3175.

［40］邬建国. 景观生态学：格局、过程尺度与等级［M］. 北京：高等教育出版社，2000.

［41］肖笃宁，李秀珍. 景观生态学的学科前沿与发展战略［J］. 生态学报，2002，23（8）：1615-1621.

［42］薛亚东，李丽. 景观遗传学：概念与方法［J］. 生态学报，2010，31（6）：1756-1762.

［43］张雪峰，牛建明，张庆，等. 整合多功能景观和生态系统服务的景观服务制图研究框架［J］. 内蒙古大学学报：自然科学版，2014，45（3）：329-336.

［44］赵文武，刘月，冯强，等. 人地系统耦合框架下的生态系统服务［J］. 地理科学进展，2018，37（1）：139-151.

第二章 景观生态学学科范式、技术及实践

第一节 景观生态学学科范式

研究范式是从事科学研究、构建科学体系和运用科学思想的坐标、参照系与基本方式，是科学体系的基本模式、结构与功能，是常规科学的理论基础和实践规范，是科学群体在开展特定领域研究时所共同遵守的准则（宋长青，2016）。范式有不同的应用范畴，涉及生态学领域的范式有平衡范式、多平衡范式等，而生态学中又包括学科范式，如景观生态学范式。认识景观生态学学科范式的内涵对景观生态学的理论发展与实践应用具有极为重要的意义（Pickett 等，1994；邬建国，1996，2017）。

一、范式及范式变迁

作为现代科学和哲学中一个极为重要的概念（Cohen，1985，1994；Pickett 等，1994），范式（Paradigm）的概念和理论由美国著名科学哲学家托马斯·库恩（Thomas Kuhn，1962）提出，并在《科学革命的结构》（*The Structure of Scientific Revolutions*）一书中加以系统阐释，表述为"在一定时期内可以向研究者群体提供的典范性问题及解法的普遍公认的科学业绩"（李双成，2013）。英国学者马格丽特·马斯特曼（Margaret Masterman，1987）对库恩的范式观作了系统的考察，并将其概括为三种类型：哲学范式或元范式、社会学范式、人工范式或构造范式。目前，范式主要是指从事某一科学的研究群体所共识并运用的，由世界观、置信系统以及一系列概念、方法和原理组成的体系（邬建国，1996，2017）。作为科学理论产生的媒介，范式在一定意义上也是科学群体所共享的"最大理论"（Kuhn，1970；Pickett 等，1994）。因此，"范式"和"理论"的界线有时是相对的，从而导致两词在某些时候可以替换使用（邬建国，2017）。范式有不同的存在和应用范畴，从而形成"范式等级系统"（Paradigm Hierarchy），如现代科学整体范式 – 单学科范式 – 分支学科范式等。就整个现代科学来说，范式包括唯物论、因果论、简化论和整体论等（邬建国，2017）。

科学范式不是一成不变的，而是随着社会的不断进步、人类科学认知水平的不断提高和新问题的不断出现，新的理论、概念和方法将逐渐涌现，旧范式将被新范式所取代，这一过程就是所谓的范式变迁（Paradigm Shift）（李双成，2013）。新范式的提出，标志着学科中新的理论、概念、结构框架、科学方法和思维方式的建立（李笑春，2000），并推动学科的发展。因此，范式变迁既是科学进步的动力，也是其必然产物（邬建国，2017）。

二、生态学范式及其变迁

生态学领域中范式包括平衡范式、非平衡范式以及多平衡范式等（邬建国，1996）。而根据学科不同，又可将生态学领域范式划分为种群生态学范式、生态系统生态学范式、景观生态学范式等。认识生态学范式的丰富内涵和实质，对于景观生态学在理论与应用方面的提升和完善具有重要的意义。纵观生态学发展历史，范式变迁对于生态学理论体系的完善和实践应用价值的提升具有重要意义（Pickett 等，1994；邬建国，2017）。生态学范式和理论发展及其相互关系如图 2-1 所示。

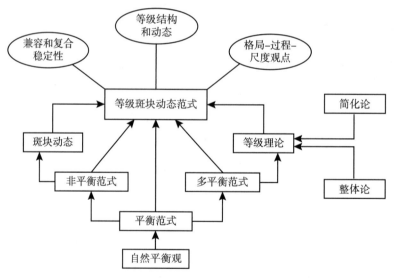

图 2-1　生态学范式、理论发展及其相互关系

本章节主要介绍生态学中几个对其理论和应用具有显著作用的范式，即平衡范式（或经典生态学范式）、非平衡范式、多平衡范式、等级斑块动态范式，包括各范式的主要特点、彼此间的联系及变迁等。

1. 平衡范式（经典生态学范式）

生态学的平衡范式可以追溯到普遍地根植于人们自然观中的自然均衡观。自然均衡是生态学中历史最悠久，影响最广泛、最深远的传统观点，在生态学领域常被解释为自然界在不受人类干扰情况下总是处于平衡稳定状态（Wu 和 Lucks，1995；邬建国，2017）。自然均衡思想在近几十年内被广泛地应用到了生态学的各个领域，从而形成了平衡范式。经典生态学中的平衡范式是把生态系统看作是封闭的、具有内部自我调控机制的、可预测的以及确定型的系统（邬建国，1996，2017），强调生态系统的平衡和稳定性。但近几十年来的生态学研究表明，自然界并非处于平衡和稳定状态，甚至可以说自然界中几乎不存在所谓的平衡和稳定状态。生态学家逐渐发现经典的平衡范式往往难以解释自然界实际存在的众多生态学现象（Botkin，1992），例如 Hall（1988）曾采用一批支撑平衡模型的实际数据，对几个最有影响的生态学平衡模型进行细致分析，结果发现所有的实际数据均与模型预测值相差甚远。而随着生态学家对平衡范式缺陷和无效性的逐渐认识，才促进了平衡范式向多平衡范式或非平衡范式的变迁和发展。

2. 多平衡范式

生态系统中存在多种非线性的生物和非生物作用，这些与过程相关的复杂性和空间异质性可能使生态系统具有多平衡态特征。多平衡范式作为经典的生态学平衡范式的一种扩展或补充，可有效解释自然界中的许多生态学现象，尤其是对生态系统中多物种共存和多样性问题提供了比较满意的解释。例如，Holling（1973）基于许多水生和陆生生态系统实例研究证明了多平衡状态的存在，并指出随机气候变化和干扰可使生态系统从一个平衡状态转移到另一个平衡状态。以 Clements 演替理论为依据的顶级群落理论被"状态和过渡"模式取代，该模式明确指出草地生态系统具有多种相对平衡状态，而气候变化和管理方式都可以使其从一种状态转变为另一种状态。

3. 非平衡范式

非平衡范式强调生态系统的非平衡动态、瞬时变化状态、开放性以及外部环境与生态系统之间的相互作用（邬建国，1996）。自然界中的生物群落不存在全局的稳定性，生物群落内的物种始终处在不断变化之中。平衡范式强调的是在一个相对封闭的系统内，系统处于平衡点或平衡点附近时的性质，对于影响系统变化的时间和变异性注意不够；而非平衡范式则强调在一个开放系统内，那些与生态系统相关的物理环境的随机作用，同时也强调了长期性的环境变化和群落的历史因素，即强调了时间和变异性在整个生态系统中的作用（李笑春，2000）。平衡范式强调了系统在平衡态及其附近的行为，而非平衡范式则着重强调了系统的瞬变态特征（Caswell，1978）。经典的生态学平衡范式并未认为生态系统是一个静止不变的绝对稳定的系统，现代生态学中的平衡范式同样也强调生态系统是一个不断变化之中的动态开放系统。非平衡范式也不否认系统平衡态的存在，只是强调在自然界中几乎所有的生态系统很少或根本不会停留在某一固定的平衡点或一定的范围之内。

现代景观生态学（尤指其北美学派）关注格局－过程－尺度，强调空间异质性、人为和自然干扰过程以及不同时空尺度空间格局与生态过程的相互作用，这一基本概念构架显然超越了传统的平衡范式。而欧洲景观生态学学派突出生物控制论的观点，在一定程度上延伸了传统平衡范式中的一些概念和理论（邬建国，2017）。

4. 等级斑块动态范式

生态学中长期以来关于平衡和非平衡、稳定性和不稳定性的争议可归因为：①定义多异，用法混淆；②对于空间异质性在生态学过程中作用的认识和表达不同；③缺乏对时空尺度效应的考虑；④研究方法的理论基础不同，如简化论与整体论的区别，或然论与确定论的区别，以及个体论与超有机体的区别等（Pickett 等，1987；Wu 和 Loucks，1995）。

近年来的大量研究表明，生态学理论的发展必须明确认识广泛存在的时空斑块性以及尺度的重要性（邬建国，1996）。平衡范式、非平衡范式及多平衡范式的一个重大缺陷就是未能考虑空间异质性以及格局与过程的多尺度性，所以不足以提供一个能将异质性、尺度和多层次关联作用整合为一体的概念框架（邬建国，2017）。因此，建立一种能将平衡范式、非平衡范式和多平衡范式统一在一起的生态学范式就成为生态学发展的必然。自 20 世纪 80 年代以来，斑块动态理论、等级理论在生态学多个领域广为应用，为理解生态系统结构、功能和动态的复杂性提供了一个新的理论构架，并促进了新方法、新视角的产生和发展。基于对生态学已有范式和理论的分析和归纳，Wu 和 Loucks（1995）指出，生态学正在经历着又一次范式变迁，这一新范式是以斑块动态理论和等级理论的高度综合为特征，称为等级斑块动态范式，这一范式的要点包括以下 5 个方面：①生态系统是由斑块镶嵌体组成的包容型等级系统；②系统动态是各个尺度上斑块动态的总体反映；③格局－过程－尺度观点，即过程产生格局，格局作用于过程，研究二者关系时必须考虑尺度效应；④非平衡观点，与传统平衡范式不同，等级斑块动态范式把非平衡和随机过程作为生态学系统稳定性的组成部分；⑤兼容机制和复合稳定性概念，兼容和复合稳定性二者相互联系但又有所区别，其来源均与等级理论和非平衡态热力学有关。

因此，现代生态学经历了一个由平衡范式、多平衡范式、非平衡范式和等级斑块动态范式为代表的范式变迁（见表2-1）。等级斑块动态范式的产生和发展是建立在已存在的不同生态学范式和理论基础之上的，而其中最重要的和最直接的思想来源是斑块动态理论和等级理论。传统的生态学平衡范式的重大缺陷在于未能考虑空间异质性和格局与过程的尺度效应，非平衡和多平衡态范式能够解释一些平衡理论所不能解释的生态学现象，但其概念构架的局限性有碍于发展生态学统一性理论（邬建国，1996）。等级理论综合了简化论和整体论的独到之处，并吸取了现代系统论、信息论和控制论的许多特点。斑块动态理论与等级理论的高度综合为生态学理论和方法的发展提供了一个具有普遍性和启发性的概念构架（邬建国，2017）。

作为生态学领域的一个年轻的学科分支，景观生态学具有等级斑块动态思想，强调格局与过程的异质性和多尺度性，有利于促进生态学内部各学科的整合，并对野外实验研究具有指导意义，其发展趋势反映了等级斑块动态范式的积极作用（Wiens等，1993；Reynolds and Wu，1999）。

表2-1　生态学领域主要范式对比		
范式名称	核心理论或概念	产生背景
平衡范式	密度相关理论、顶级群落理论、平衡理论、稳定性	最早可追溯至1916年的自然均衡观
非平衡范式	密度无关假说、密度模糊控制理论、非平衡理论	20世纪70年代，自然界并非处于均衡状态
多平衡范式	多平衡态理论、状态和过渡模式	20世纪70年代，作为平衡理论的扩展或补充
等级斑块动态范式	斑块动态理论、等级理论	20世纪80年代，时空斑块性和尺度重要性日益受到重视

三、景观生态学主要范式

景观生态学作为生态学的一个处于发展时期且应用广泛的分支学科，强调尺度重要性，考虑格局与过程关联的异质性、多层次性和多尺度特征，使其不但代表着一门新兴学科，同时也代表了一种新观点、新概念构架，其发展趋势反映了等级斑块动态范式观点和思想。近年来，景观生态学的观点和方法在种群生态学、群落生态学和生态系统生态学以及地理学、土壤学等相关领域受到了广泛应用（邬建国，2017）。当今景观生态学处于多种研究范式并存的阶段，根据研究理论的日益完善、研究方向的不断深化以及学科发展的现实需求，可将景观生态学的主要研究范式概括为斑块－廊道－基质范式、格局－过程－尺度范式和格局－过程－服务－可持续性范式。

1. 斑块－廊道－基质范式

格局、过程（功能）与尺度是景观生态学研究中的核心内容（傅伯杰等，2011），景观格局主要是指构成景观的生态系统或土地利用/土地覆被类型的形状、比例和空间配置（傅伯杰等，2003）。Forman和Godron认为组成景观的结构单元不外乎有三种：斑块、廊道和基质。所有的景观格局都是由斑块、廊道和基质这些最基本的景观要素组成，即所谓"斑块－廊道－基质"模式（Forman和Godron，1986）。"斑块－廊道－基质"模式理论是关于景观空间形态的理论，是基于岛屿生物地理学和群落斑块动态研究而发展起来的，是描述景观空间格局的一个基本范式，这种范式有利于我们分析景观结构与功能之间的相互关系，比较其在时间上的变化（Forman，1995）。基于"斑块－廊道－基质"理论范式发展起来的景观格局指数是景观格局分析的主要工具，但由于理论基础的表观性，导致景观指数在应用中存在较大的局限性（李秀珍等，2004；Tischendorf，2001；Wiens，1989），如景观指数与生态过程相关关系的不一致性、对景观功能特征不敏感等。因此，需要新的理论范式来完善景观格局的研究。以生态过程和生态功能为导向的格局分析，日益成为景观格局研究的热点方向。

2. 格局－过程－尺度范式

景观格局与生态过程之间存在紧密的相互作用关系，这是景观生态学研究的基本前提（Gustafson，1998），而深入了解和把握这种关系则是景观生态学研究的主要议题（陈利顶等，2008；Fortin，2005）。景观格局的形成反映了不同的景观生态过程，与此同时景观格局又在一定程度上影响着景观的演变过程；但要正确解析格局与过程的关系，必须要考虑尺度效应，因为格局与过程的相互作用具有尺度依赖性。从某种意义上说，景观格局是各种景观生态演变过程的瞬态表现（胡巍巍等，2008）。格局－过程－尺度范式是指景观格局与生态过程的相互作用及其尺度效应（苏常红和傅伯杰，2012），它一直是景观生态学研究的核心内容。但是，格局与过程相互作用及其尺度依赖性中蕴含着相当的复杂性和不确定性，景观生态学的未来发展也因此面临着众多的机遇和挑战（傅伯杰等，2011）。

3. 格局－过程－服务－可持续性范式

近十余年来，景观生态学得到了快速发展，研究内容包括学科理论与技术方法、景观格局－生态过程－尺度的相互作用机制、景观生态学的行业应用等。在全球气候变化背景下，景观的生态功能和生态系统服务与权衡、景观可持续性已成为新的研究热点，因此，景观生态学研究范式逐渐从早期注重探讨不同尺度景观格局与生态过程的作用机制转变至"格局－过程－尺度－服务－可持续性"的新范式。格局－过程－尺度－服务－可持续性范式是指探讨景观格局与生态过程作用机制，进行生态系统服务／景观服务权衡与协同分析，辨析生态系统服务／景观服务形成机理及其与景观可持续性的互动机制，进而为景观规划与建设提供科学依据（赵文武和王亚萍，2016）。这一新范式将生态系统／景观服务、景观可持续性引入到格局－过程－尺度范式，有利于自然科学与社会科学的结合。格局－过程－服务的级联分析，对有效提升景观可持续性具有重要意义。

四、景观生态学学科范式发展方向

具有等级斑块动态思想的景观生态学是当前宏观生态学领域的研究热点，以"格局－过程－尺度"研究范式为核心的景观生态学代表了一种新观点、新概念框架的发展，其思想和方法有利于促进生态学其他分支学科的发展和整合，并对生态学理论应用于实践具有重要的指导意义。目前国内外景观生态学的研究主要重视景观格局变化的量化研究、不同尺度下格局－过程的定量关系、景观格局演变的生态环境效应等方面的描述性和基础性研究。但如何将这些理论成果应用于实践，解决如气候变化、城市化、人口增长等带来的一系列社会和自然环境问题，往往显得力不从心，无法给出较为系统和定量的结论，进而难以科学指导城市规划设计、景观规划设计和服务政府决策等。此外，近年来随着对地观测技术、信息通信技术、物联网技术的迅猛发展，人类社会已进入大数据时代，多源大数据无疑将为景观生态学研究的深化和从景观生态学途径解决社会需求问题都提供了一种新的思路，并促进学科研究范式的变革。

1. 格局－过程－设计范式

2002 年景观可持续性初步成为景观生态学的研究议题（Wu，2002），至今已成为景观生态学的热点话题（Kajikawa 等，2007）。景观可持续性是指特定景观所具有的、能够长期而稳定地提供景观服务、从而维护和改善本区域人类福祉的综合能力（邬建国等，2014），对人类更好地生存和发展具有非常重要的意义。传统景观生态学研究主要聚焦于景观格局和生态过程的关系，但将这些知识应用到涵盖社会维度的景观可持续性研究上则缺乏效率（赵文武和房学宁，2014）。因此，Nassauer 和 Opdam

（2008）提出将景观设计引入到景观生态学的格局－过程范式，形成格局－过程－设计新范式。格局－过程－设计新范式将促进科学家和实践者可以有意识地将景观生态学理论应用于社会实践，为解决景观生态学理论与社会实践需求脱节问题提供新思路。新范式中的景观设计是指为了保证景观持续性地提供生态系统服务/景观服务满足社会需求，而有意识地改变景观格局的过程，景观设计将成为连接科学理论与实践应用的纽带。引入景观设计的景观格局－过程－设计新范式，将有助于推动可持续性科学与景观生态学的有机结合，促进景观可持续性科学的发展，因此，可看作是未来景观生态学学科范式的一个重要发展方向。此外，需要说明的是在全球生态环境不断恶化、人地关系更加复杂的背景下，传统的凭经验和直觉来分析现状和规划未来的景观规划与设计方法，已暴露出许多问题，如何更好地促进设计与格局－过程融合是目前亟待解决的难题。地理设计是近年来规划设计及自然科学领域学者共同提出的一个新概念和新方法，对实现可持续发展具有重要意义（杨言生和李迪华，2013）。但无论是景观设计还是地理设计，其核心都是基于格局与过程的关联，进而实现景观可持续性设计。

2. 地理大数据范式

景观生态学在过去 30 年来取得了快速发展，其中 3S 技术无疑发挥了至关重要的作用。近年来，随着信息通信、物联网和互联网技术的高速发展，各类大数据和大数据技术井喷式涌现，"大数据时代"已经来临。大数据不仅意味着更大的数据量，更反映了数据背后的自然规律。*Nature* 和 *Science* 杂志分别于 2008 年和 2011 年出版大数据专辑，介绍了大数据在自然科学、社会科学、人文科学和工程学等各个领域的应用。传统的景观生态学研究大多限制在某一特定的区域、特定的环境背景下，大数据时代的到来使得全球尺度、国家尺度的景观生态学研究成为可能。可以预测，大数据技术、方法和平台将成为未来推动景观生态学发展变革和范式转变的重要抓手，地理大数据将加快推动景观生态学研究向数据密集型范式转变。近年来，生态学家已逐渐开展了一些突破性的研究工作，但景观生态学领域的研究相对较少。在景观生态学研究中，如何利用地理大数据解释景观异质性、发现景观格局与生态过程的作用规律等都是全新的问题。地理大数据将为景观生态学研究的深化、从景观生态途径解决社会需求问题等提供了一种新的思维范式。在应用大数据的研究过程中，需要注意两个问题：一是数据挖掘，二是多尺度聚类（宋长青，2016）。地理大数据范式的核心是解析格局与过程的时空联系和互动机制，揭示数据背后的多要素协同演化规律及其发生的本质，并结合深度学习、复杂网络、多智能体等方法，监测和预测未来景观格局与功能的发展趋势。地理大数据范式将促进景观生态学由传统封闭系统的假设，转向数据驱动的研究。同时，以大数据范式为纽带，强化景观生态学与信息科学、城乡规划学、地理学和计算科学的结合。地理大数据研究范式是一种新的探索，有可能为景观生态学研究的深化与延伸提供全新的路径。因此，未来有必要基于大数据思维重新审视景观生态学研究的理论探索与实践应用问题。

第二节　景观生态学新兴技术

一、景观生态学与新兴技术

现代景观生态学的发展在很大程度上归功于遥感 RS 和地理信息系统 GIS 的发展（Steiniger 和 Hay，2009）。景观生态学是一门典型的交叉学科，其主体是生态学和地理学的结合，这决定了在地理学研究领域有重要地位的 3S 技术，包括遥感技术（Remote sensing，RS）、地理信息系统（Geographic Information Systems，GIS）、全球定位系统（Global Positioning Systems，GPS），在景观生态学领域内同样大放异彩。于 Web of Science 网站的 WoS 核心数据库中以词条 "TS=（landscape ecology AND technology）" 检索并过滤 "ARTICLE OR REVIEW OR PROCEEDINGS PAPER" 以外的文献，得到 596 个结果。根据获得的文献数据集利用 CiteSpace 软件进行文献计量分析，得到共现词频率排序。结果显示，对景观生态学研究最大技术推动来源于 3S 技术，"REMOTE SENSING""GIS" 和 "GPS" 都占有很大的权重且贯穿始终（见图 2-2）。其在景观生态学研究中的占比先增加而后在近几年有所下降，这说明在 3S 技术与景观生态学结合的前期（2000 年之前）尚处于探索阶段，中期（2001—2015 年）由于技术方法的逐渐成熟和硬件的改良迎来爆发，而后期（2015 年后）在其他新兴技术的冲击下势头有所下降。3S 技术与景观生态学研究结合的中期，大量的研究开始结合 3S 技术，这在 RS 方面显得尤为突出，这可能与一系列地面观测卫星的卫星影像数据产生以及计算机技术的飞速发展有关。因此，获得了很多之前难以获得的大范围景观观测数据。在后期，一些近些年来新兴技术手段被引入到景观生态学的研究领域中，展现出巨大的潜力，如图 2-2 所示，近年来"云计算""测序技术""激光雷达"等技术已经运用于景观生态学研究的多个方面，推动已有领域的发展和催生了新学科领域的产生。

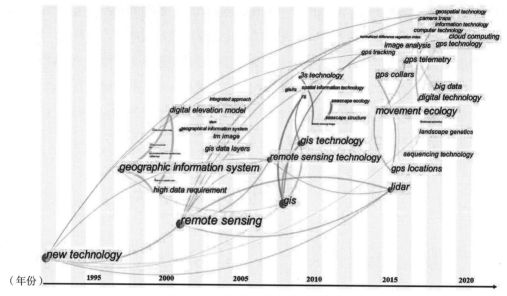

图 2-2　主题词条演化时区图

（连线表示相互关系，粗细表示关系强弱，节点大小反映该词条在整个时间跨度的发生频率，所在位置为第一次检测发现的年份。）

在新兴技术的带动下，景观生态学研究的思维已发生了转变，从以往利用景观指标定量地、宽泛地对景观要素进行特征描述逐渐转变为更多考虑其背后的生态学意义，以及其能揭示的生态过程（傅伯杰等，2008）。这主要是由于新兴技术所带来的数据红利促使景观生态学研究者重新审视景观生态学的研究范式。新兴技术对景观生态学研究范式的转变所带来的影响主要体现在：景观数据采集获取的技术手段的变化；存储传输新型景观数据的技术革新；分析处理新型景观数据技术方法的升级。

二、新兴技术在景观生态学中的应用进展

近年来，景观数据采集手段的多样化直接丰富了景观监测的数据类型，使数据层面发生了巨大的转变。如从老式的航片、卫片到无人机近地面遥感影像、高分辨率卫星影像转变，从定点观测数据到大范围激光雷达点云数据，从实地调查估测数据到基因组数据等。计算机硬件技术和数据传输技术的高速发展也为现在存储传输大规模的景观调查数据提供了便利。网络技术和数据存储技术的革新，也给利用大数据实现更大尺度上的景观生态学分析提供了平台（Potter 等，2016）。从数据特征出发，大数据分析、机器学习等处理分析技术在景观生态学的研究中变得更加可行。以下围绕数据

本身出发，从数据的采集方法、存储传输、处理分析三个方面介绍几种近几年在景观生态学研究中出现的新兴技术及在景观生态学中的应用进展。

1. 景观数据采集获取的新兴技术

（1）无人机技术

用遥感技术获取的多时相大面积连续数据，有助于景观生态学家了解和区分其研究区域土地覆盖类型的多样性和异质性，并更好地评估景观在时间维度上的变化（Coops 和 Tooke，2017）。但传统的卫星遥感影像受分辨率和重访周期的影响，难以满足局域尺度、时间序列上生态学研究的更高需求（张志明等，2017）。近年来无人机（Unmanned Aerial Vehicle，UAV）技术快速发展，凭借其轻便灵活，可搭载多种传感器，便于实现近地面遥感获取种类丰富、信息充足的数据等特点，在多个领域内的成功运用，使之进入了景观生态学家的视野之中。无人机按照气动布局一般分为固定翼和旋翼两种，根据动力来源不同又有油动和电动之分（郭庆华等，2018；胡健波和张健，2018）。在景观生态的研究中，以上类型的无人机都有被使用过，不同类型无人机的使用取决于研究的对象和观测的尺度。固定翼无人机续航时间长、监测范围大、载荷大，适用于对较大范围的景观遥感数据进行获取。旋翼无人机操作简便、场地限制小、行高低、时效性高，适用于对小范围的局域景观进行连续监测。

无人机技术带来的直接好处就是遥感数据空间分辨率的大幅提升，使得景观要素的刻画更加精准，提取精细化景观对象成为可能。利用无人机搭载各类近地面遥感传感器（可见光传感器、多光谱传感器、高光谱传感器、激光雷达、热红外传感器等）获取局域尺度上的景观要素信息，既可以实现高时间分辨率的重访，也能在多云天气作业，并且能够在多种工况下采集数据，使之成为卫星遥感、有人机航测等传统手段的有力补充。

（2）激光雷达技术

激光雷达（Light Detection and Ranging，LiDAR）技术也是近年来景观生态学研究的热门手段（Mclean 等，2016）。激光雷达技术的最大特点是能够获取被测对象连续的空间结构信息。比起传统被动遥感，激光雷达可以通过激光脉冲穿透植物冠层，获取林下地形数据和植被结构（冠幅、叶型、树高等）数据。这是以往遥感影像数据和实地调查数据所无法达成的，这为实现三维景观空间分析、规划三维景观格局、开发新的景观指标提供了强有力的支撑（Preez，2014；Jjumba 等，2015）。

根据挂载平台的不同可分为地基激光雷达、背包激光雷达、机载激光雷达等。不同类型激光雷达在景观生态学研究中的运用场景各有不同。地基激光雷达获取到的点云数据量大，对细节刻画明显。如在森林景观调查中对冠层下结构还原较好，适用于林下物种类型单一（如北方针叶林）的森林群落结构信息获取（Li 等，2018）。背包激光雷达不需要固定支架，整个系统集成在背包上，可以通过人背负的方式在测区进行激光雷达点云数据获取，这在城市生态学研究中有很大的运用潜力。而机载激光雷达技术结合了无人机技术的优势，可在被测景观对象上空对局域尺度上的连续空间结构数据进行获取。现阶段，地基激光雷达和机载激光雷达最为常见，而背包激光雷达还不多见。

传统景观指数多数是描述空间中景观要素的二维投影，没有将高度这一重要空间结构因素考虑进去，而往往这一因素在关于生态过程对景观格局塑造中有重大影响（Liu 等，2017），高度、坡度等竖直维度的表征对生态过程也产生十分重要的影响（陈利顶等，2008）。三维重建技术和激光雷达技术的发展使得精细化的三维结构参数得以获取，这为利用该类数据创建和开发三维景观指标创造了更多可能，是景观生态学三维空间分析重要技术手段。在高度梯度表面生成 3D 景观空间格局指标，量化了那些传统斑块镶嵌和平面度量无法量化的部分（Kedron 等，2019）。如三维景观指数的开发能为研究城市热岛效应，防止鸟类与建筑物撞击等提供指标支撑（Kedron 等，2019）。

（3）测序技术

传统的景观遗传学融合了种群遗传学和景观生态学的研究方法，已经成为一个灵活的分析框架，测序技术（Sequencing Technology）是进一步研究种群遗传学的基础，它将适应性遗传变异的模式与环境异质性联系起来（Holderegger 和 Wagner，2008；Schoville 等，2012）。在生境破碎化的背景下，景观遗传学的重点是通过将基因流模式与景观结构联系起来，评估景观对生物运动（景观连通性）的促进程度。

测序技术（Sequencing Technology）是进一步研究种群遗传学的基础。随着新一代测序技术的最新进展，其越来越多地可用于非模式生物，使得生物体的局部适应的基因组研究成为可能。同时，由于地理信息系统和制图技术的迅猛发展，地球几乎每个角落都有可用的空间数据。这些技术的发展形成了整合地理和基因组数据的"景观基因组学"（Storfer 等，2018）。尽管自术语诞生以来，人们对景观基因组学的兴趣与日俱增，但这方面的研究仍然很少。景观基因组学已经成为一种强有力的方法来扫描和确定在种群（大多数）和个体（很少）水平上导致物种复杂适应性进化的基因。目前，景观基因组学研究中的遗传信息通常依赖于使用快速读取的下一代测序技术（例如 Illumina）生成的全基因组 SNP 标记集。在过去几年中，这种简化表示方法中使用最广泛的可能是 RAD seq（Li 等，2017；Storfer 等，2018）。而地理信息系统（GIS）由于其显示方式的高效性、灵活性和对地理数据的管理，增加了遗传信息与环境数据叠加在一起的可能性，这意味着，利用地理信息系统，我们可以潜在确定物种适应特定地理条件或气候变化的遗传基础。

2. 景观大数据的存储传输技术

（1）云计算

多层次（卫星、航片、无人机）的遥感影像是实现景观在不同时空尺度下量化可比的重要手段。遥感数据使得广泛区域上的精细生态数据越来越容易获得，甚至为实现全球尺度级别景观生态分析提供了可能（Potter 等，2016；Ritters 等，2016）。然而在大的地理区域和精细的粒度级别上计算这样的度量需要大量的计算资源（Deng 等，2019）。遥感数据的爆发、历史资料数据的整合、物联网等共同成就了大数据在景观生态学上的火热（Franklin 等，2017；Morrison 等，2017）。大数据的处理和统合成为棘手的问题，急需能够高效存储和运算的技术支持，并实现可视化。

云计算（Cloud Computing）平台是集成了监控设备、存储设备、分析工具、可视化的网络云平台，其提供的基于成本的模式将使企业和用户能够从任何地方按需访问应用程序。Google Earth Engine（GEE）是一个面向全球尺度的地理空间分析云平台，基于 Google 强大的云计算能力、大量可公开获取的卫星影像数据库和丰富的遥感 2 级以上数据产品（如土地覆盖、地形等），大大降低了用户用于与数据管理相关的成本，也减轻了景观生态学科研工作者在卫星遥感预处理上的负担（Gorelick 等，2017）。为全球尺度景观生态学研究的数据存取和分析处理提供了很好的支撑（Callaghan 等，2018；Jansen 等，2018）。基于此，Ritters 等人利用 GEE 平台获取了 2000—2012 年的全球森林变化数据集，借此评估了 12 年间森林破碎化与森林面积变化的关系（Ritters 等，2016）。此外，云计算平台的搭建在城市景观生态学也有很大的运用潜力（Hua 等，2017）。

（2）物联网和遥测技术

物联网（the Internet of Things，IoT）终极目的是实现"万物互联"，借助各类传感器通过互联网将人与物品联系起来。人类周围很多物体都以某种形式存于网络中，通过该网络，可以获得用户（人）的主观意识信息，这是其他观测手段所无法获取的。

如人群在城市中的消费情况、移动轨迹、设施使用、停留时间等信息，将通过物联网被记录。景观生态学家可以从社会上获得关于人类在某个地方经历的数据，社交媒体、智能手机和物联网为全球的个人活动提供了一瞥。物联网技术已经成为景感生态学研究的不可替代的重要技术手段，基于此进行城市景观生态设计和国土空间规划具有良好的前景。物联网技术的成熟直接推动了景感生态学的发展，对主观或客观的"感"的记录，形成的观测数据，在景观层面实现预测、预警、规划（Zhao 等，2016）。

除了被动记录，主动遥测技术也是当今在景观生态研究中的重要技术手段。通过为监测对象安装近距离测量传感器进行实时监测，并借助通信系统或 GPS 系统将被测信息进行远距离传输，以实现远程获取研究对象参数。该技术能够全天候实现被测对象的监测，常见的为 GPS 遥测技术。GPS 遥测技术在物种迁徙、生境地选择、城市格局等多个领域的研究中被使用，其在对被测对象空间动态连续记录有明显优势，能反映对象在景观空间动态特征。基于 GIS 可以完成空间动态分析，并与景观参量相结合进一步分析物质流、能量流、信息流等。

3. 处理分析新型景观数据的新兴技术手段

（1）基于三维重建技术

近年来高分辨可见光传感器发展迅猛，利用获取的高分辨率影像数据获取更为细致的地物信息，精准量化景观要素，这有助于对更精细的小生境景观要素的提取，提高量化景观结构的准确性。这一技术利用重叠影像交会原理，重构三维模型（3D Reconstruction），为景观生态学三维景观分析带来了更大可能（Gomez 等，2015）。基于生成的三维模型，能将多张连续影像在大范围上镶嵌为正射影像，实现对景观对象的近地面遥感。而不管是对于机器学习还是对于神经网络，影像质量是影响分类精度的一个重要因素（Bayr 和 Puschmann，2019）。所以 RTK（Real-time kinematic）载波相位差分技术最近在多种平台上实现集成，在近地面遥感和近地面摄影测量过程中提供了所需的精准的空间信息参数，保证了高精度数据的采集，为三维重建提供了更强大的助力。另外，集成型多光谱、高光谱、热红外等传感器获取的影像数据，也因三维重建技术的成熟和定位技术的升级而更加精准和便利。衍生的事后差分技术、免像控技术等降低了外业工作的成本，提升了对景观对象近地面遥感的效率，生成的多种近地面遥感产品为景观生态的监测和数据的整合拓宽了维度。

实际景观中斑块之间的界限并不总是截然分明（张秋菊等，2003），格局中的"小生境"（如灌木、行道树、零散树丛等）和斑块之间的"梯度"（景观过渡带）经常被忽略，这导致景观格局的异质性被低估。三维重建技术的最新进展有可能填补这一空白，高分辨率影像的三维重构数据可以帮助提取细化景观要素，是精确量化景观结构的重要手段（Caynes 等，2016）。Hou 和 Walz（2016）使用航片和机载激光雷达数据从景观层面提取小生境斑块，利用机载激光雷达数据提供的精细高程信息，与基于三维模型生成的高分辨率正射影像结合，成功量化精细景观单元。

（2）机器学习

对景观格局的量化是基于对景观要素类别的正确识别基础上的，明白各类别空间配置关系的前提是我们已经成功地分类了各个景观组分。这涉及基于遥感数据对景观进行地物识别或土地利用分类，在众多机器学习分类器（Classifier）中，随机森林（Random Forest，RF）和支持向量机（Support Vector Machine，SVM）是现在数据量庞大、种类繁多、特征丰富的背景下运用最广泛的。RF 实际上是集成了多个决策树分类结果，这些若干决策树的训练样本是从原始训练样本中随机且有放回地抽取，这样集成和随机的特征赋予了 RF 准确率高、数据不需要降维、不易过拟合等特点，这很好地满足了现在景观生态学研究中面临大数据对精度和泛用度的需求。相比 RF 对参数的不敏感（Du 等，2015），SVM 有更多的参数需要调节，但具备处理小样本数据的能力，这取决于以径向基（RBF）作为核函数所带来的数据泛用性（李盼池等，2005）。总而言之，RF 和 SVM 于景观要素识别工作，前者具有参数调节容易，训练成本低的优势；而后者具有在样本数不多时依然能够完成构建具有鲁棒性模型的特点。两者的分类精度较之其他同类机器学习分类器都有更好的表现，所以在景观生态学研究中应根据研究对象和期望进行选择。RF 和 SVM 的这两种非参数模型优势还体现在不要求输入的数据服从正态分布，支持多元变量进行分类，更适用于高分辨的遥感影像。这些综合的特点是景观生态学家广泛使用的主要原因，利用 Web of Science 检索对这两个分类器和词条"景观生态学（Landscape Ecology）"近十年的"与"逻辑检索，一共出现了 1327 篇文章，且呈现逐年递增的趋势（见图 2-3）。

对利用遥感数据在景观层面上进行分类的景观生态学家来说，通常涉及需要识别大量相似特征的重复劳动，近年来大尺度高分辨率的遥感影像数量不断增加，卷积神经网络（Convolutional Neural Networks，CNN）逐渐成为大规模生态系统分析的重要工具，广泛在生态学领域使用（Norouzzadeh 等，2018；Webb，2018；Fairbrass 等，2019）。CNN 在生态学中的应用主要体现在三个方面：图像识别、目标检测、语义分割（Brodrick 等，2019）。在景观生态学研究中，结合高分辨遥感影像和多特征样本，

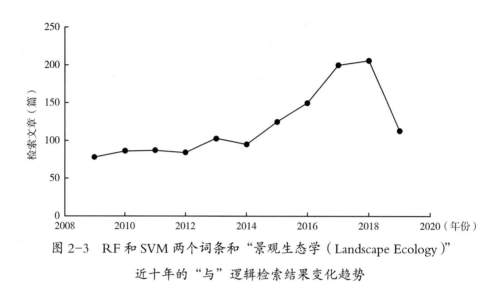

图 2-3　RF 和 SVM 两个词条和"景观生态学（Landscape Ecology）"
近十年的"与"逻辑检索结果变化趋势

图像识别能够精准地完成对地物的识别和土地利用的分类。而语义分割能为每个类生成概率图，根据概率阈值可以将概率梯度二值化以实现对景观要素的切割，这对于之后景观格局的分形计算尤为关键。在众多的深度学习结构中，CNN 由于具有提取空间特征的能力，特别适合于图像分析（Bayr and Puschmann，2019），这为更深一步了解景观要素在异质景观中的空间配置提供强有力的帮助。而且满足分类精度的神经网络一旦成功构建便可以重复利用，甚至可以一直训练以适应不同景观的变异带来的误差。Bayr 和 Puschmann（2019）利用 CNN 技术对景观重复监测照片进行木本植物识别，其结果在木本植物和非木本植物的区分中表现良好（准确率为 87.7%），虽然受到影像质量的干扰，但是在大趋势上完成了识别多期监测照片的木本植物变化这一目标。这不仅再次验证了 CNN 在处理景观生态数据中的强大能力，更令人感到兴奋的是这一技术有助于传统景观生态观测的数据进一步深度挖掘。但深度学习目前的主要缺点是前期特征提取过程需要投入大量成本（Kamilaris and Prenafeta-Boldú，2018），特别是到物种尺度，前期工作往往需要大量训练数据。近地面遥感提供的高分辨率影像数据在构建训练数据样本上非常有用（Räsänen and Virtanen，2019）。Zhang 等人在极地冻土带就利用超高分辨率航拍影像数据对冰楔多边形这一景观要素进行识别（Zhang 等，2018），通过 CNN 技术绘制了冰楔多边形在景观上的空间分布，这为量化和描述不断变化的苔原景观奠定了基础。

（3）景观虚拟仿真技术

伴随着经济社会的快速发展和人们对生态环境改善的重视，对于生态空间的管理规划、城市规划建设、景观绿地规划等项目的日益增加，景观尺度上的虚拟仿真行业随之得到长足发展与进步，从事虚拟仿真、情景规划、沙盘模拟或者景观表现相关工作的人员也越来越多，这也是景观设计各项工作中的一个重要任务，目前虚拟仿真技术主要用到设计方面，在景观生态学科研实践中，进一步需要利用计算机虚拟现实技术、仿真技术、智能控制技术和交互设备，进行三维立体的展览展示，辅助专业教学和科研工作，建设人机实时交互操作的体验教学系统和实验、试训平台，满足学校的教学、科研及产业合作等综合功能，从而实现虚拟景观、虚拟照明、虚拟修建和虚拟情景互动等，因此景观生态学中的虚拟仿真技术将发展有较大的发展。

目前，虚拟仿真等技术需要地理信息平台支持，在景观中，虚拟现实的园林设计，虚拟生态旅游等都已经兴起。地理信息平台的相关技术可以提供了强大的实时数据支持能力，可以对接物联网中各种类型的传感器，并对接入的实时数据进行高效处理和分析，特别是 ArcGIS 平台的实时能力全面提升，可以支持实时大数据，包括实时大数据的接入、处理、可视化和实时历史数据挖掘。另外，三维能力是地理信息平台最重要的能力之一，如 ArcGIS 平台推出开放的三维标准——I3S 标准，推出新的服务类型——三维服务，多种开发形式，可以实现浏览器端应用的开发，ArcGIS Runtime SDKs 支持跨平台、跨操作系统的应用开发等。

（4）景观生态学与遥感数字图像 + 大数据 +AI 技术的耦合应用

目前，随着对国土空间规划管理、生态系统监测、自然资源与保护等的要求日益提高，在景观与生态系统尺度上提出更多的要求。需要利用更多的新兴技术开展相关的工作，特别是相关的交叉学科的一些工作。遥感数字图像和大数据的研究目前是地理科学和生态学等研究的热点，如利用多源遥感数据开展生态要素的空间提取、城市信息的提取等，利用城市夜间灯光遥感数据与微博签到（互联网大数据）的空间叠加，研究景观尺度上国土开发与管理的对策等。如利用等值线树算法对上海市夜间灯光遥感数据进行提取分析和定量分析研究上海市的城市空间结构，提取城市中心边界。随着数据量和数据类型的增加，传统的人为处理手段已经不能满足任务量的需求，人工智能（Artificial Intelligence，AI）技术逐步成为处理大数据和遥感数据的一个手段。AI 是研究、开发用于模拟、延伸和扩展人的智能的理论、方法、技术及应用系统的一门新的技术科学。它可以生产出一种新的以人类智能相似的方式做出反应的智能机器，该领域的研究包括机器人、语言识别、图像识别、自然语言处理和专家系统等。人工智能从诞生以来，理论和技术日益成熟，应用领域也不断扩大。在地理科学领域，主要应用于遥感图像处理、空间决策和只能数据处理等方面。目前，在生态学中 AI 智能识别技术已经应用到如植被类型的智能识别、生态遥感分类等方面。在景观生态学研究中心，未来将有更大的应用空间，如基于深度学习的高分辨率的遥感生态场景分类研究、基于人工智能的景观生态空间的评价研究，这些领域的研究都需要相关技术的支撑。

三、总结与展望

1. 新兴技术支撑下的景观生态学研究

Wu（2013）在 2002 年列出的十大景观生态学研究课题的基础上提出了新的十大研究课题，从景观格局 – 过程关系、景观连接度和破碎化、尺度和尺度推移、空间分析和景观模型、土地利用和土地覆盖变化到景观可持续等，这些研究方向几乎都是基于数据驱动。其研究的深度、广度、精度取决于数据的类型、数量和质量，因此发展新兴技术进行数据获取和数据分析为生态学家进一步发展景观生态学提供了途径。强调新兴技术并不指在景观生态学研究领域内诞生新型的技术手段，而更多是结合其他领域内已经成熟的技术化解景观生态学范畴下那些以往难以解决的难题。对前人经验和方法的总结和改良，尝试其与生态学研究相结合，这在景观生态学应用研究中被倡导（杨德伟等，2013）。正如过去 30 年 3S 技术的发展，促进了现代景观生态学发展一样，在现在和未来新兴技术也会成为景观生态学进一步发展的强力引擎。

2. 当前面临的问题和挑战

（1）多源数据产品的融合

目前，我国遥感事业高速发展，越来越多的卫星获取不同的数据，而且具有更高的分辨率和灵活性，如高分卫星的发射、碳卫星的发射、极地卫星等。另外，随着航空摄影和无人机的发展，相关数据也有爆发式的增长，可以获得更多的景观生态参量。在绘制和提取异质景观中的景观要素时，融合多源数据（包含但不仅限于光学、地形、植被结构信息）可以提高分类精度（Sankey 等，2018；Prošek 和 Šímová，2019）。Räsänen 和 Virtanen 在芬兰北部的实验证明了这一点。但如何将各类数据进行科学有效的整合，实现多源异构数据的融合是现在研究的一大难题。每种数据本身有其独特的优势，而不是简单将数据混合或提取相关信息输入至模型中就能达到研究目的。多种数据相互之间存在共线性或自相关性，不同来源数据间尺度不匹配，这都影响到多源数据的融合。

（2）技术与方法不匹配

新的技术产生和引进，不代表完成了与景观生态学的结合。一个典型的例子是，景观格局的研究前提是对异质性景观中的景观要素进行量化，基于遥感分类数，利用景观格局指标分析是当今研究景观格局最广泛的手段，但景观格局指标的发展却陷入多指标、类型少、多冗余、低效益的尴尬境地（陈利顶等，2008）。尽管景观生态学家的注意力已经渐渐从使用景观指数泛泛描述景观要素特征过渡到更多关注造成景观格局背后的生态过程和形成机制，但依然面临着景观格局特征指示性弱、指标生态学意义模糊的困境。可以说，传统遥感数据的价值没有被彻底挖掘和发挥。所以我们需要科学认知新兴技术本身和其产生的数据，在重新评估传统景观指标在景观要素量化和生态学过程研究中效用的同时，还需要重新审视传统处理分析方法在新数据上的准确性、合理性和适用性。

（3）跨学科合作

如上所述，景观生态学和景观生态分支领域都有新的技术方法运用其中，有时一个研究涉及多学科多领域的技术，但学科背景的差异导致在使用这些技术时无法掌握核心内容，达到实验目的。如 Leempoel 等指出："许多不熟悉地理信息系统相关概念和地理信息系统软件使用的生物学家，在进行景观遗传分析时经常开发不足和滥用。"这反映出多学科交叉、多领域结合的挑战，而新兴技术，特别是跨专业、跨领域的多种技术是否能在景观生态的研究范畴中被正确表达？这既是难点，也是新兴技术在景观生态学研究中的关键点，解决好这个矛盾才能将新兴技术在景观生态学更大范围和更深层次的研究中取得突破性进展。

3. 展望

了解和刻画景观格局与潜在生态过程之间的相互作用关系是景观生态学研究的主要目标（陈利顶等，2008；Wu，2013）。过去几十年里，量化景观要素的特征（组分与结构）是这项工作中的重要内容（Lopez 和 Frohn，2017）。尽管现代景观生态学的研究手段和视角已经发生变化（肖笃宁和李秀珍，2003），但依然面临着量化不精准、尺度不匹配、过程揭示不清楚等挑战（Wu，2013）。为了解决这些问题，除去在已有认知基础上的升级和优化，通过新兴技术的发展来促进景观生态学研究的进步这一通路依然可行。且纵观自然科学进程，技术的革新能促进学科的发展（张志明等，2017），现在的景观生态学也正经历着由新兴技术带来的冲击和变化。近十年来，技术的进步和分析方法的改进为生态学家提供了快速获取和分析丰富数据的工具和手段。复杂的数据和先进的分析能力可能已经将生态学推向了一个数据驱动的多学科交叉的新时代。正如 McCallen 等（2019）研究指出，生态学研究正在转向严重依赖大型、复杂数据集和专业技术的领域。

尽管景观生态学的学科内涵随着时代的发展在不断变化，但编者认为其研究的内容和探究的终极诉求不变，即基于生态学理论体系对景观范围内生物（包括人）与非生物要素的景观结构、过程、功能的研究，优化各类景观要素在特定时间定位上的空间配置，实现整个系统最完整的功能表达。认清这一点后并结合现阶段新兴技术在景观生态学中应用现状，不难看出景观生态学的发展需要在景观对象监测、空间处理、辅助决策中一方面或多方面有明显优势的技术。那么是否还有其他方法可以借鉴呢（Costanza 等，2019）？伴随着计算机技术、网络技术和大数据的成熟，应该将思维从传统的收集数据转为生产数据，数据的产生不仅存在于客观事实，还能从已有的数据中挖掘出来，加大对现有数据和历史资料数据的挖掘，特别对社会经济数据进行重新处理，也是一条可行之路。

第三节　景观生态学科研与实践之间的错位及解决机制

自 2012 年以来，中国的景观生态学发展面临着莫大的实践需求与机遇。中国进入以生态文明为基础的美丽中国建设新时期，生命共同体、系统思维指引下的生态规划与生态修复成为时代发展的重要议题。景观生态学作为景观尺度的生态学研究体系，能够为生态规划与生态修复实践提供综合的理论与技术途径，理应成为当前生态文明建设的重要学科支撑。然而由于景观生态学科研的相关实践应用涉及其他很多学科，目前尚存在景观生态学研究与相关实践并行发展、互相错位的现象。一方面，中国过去几十年蓬勃发展的景观生态科研已经产生大量的研究成果；另一方面，这些成果少数有所应用，但大多数都被束之高阁停留在象牙塔式的科学探索里，并未能有效指导中国的生态实践（Wu 等，2014）。如何强化景观生态学从科学到实践的转化将是中国生态文明建设的重要破题之处。

一、景观生态学科研与实践错位

景观生态学科研与实践之间的错位，从本质而言和其他生态学科有很大的相似之处，只是尺度与对象不同。本文在综述研究现状时，引入参考了生态学大领域内"生态科研与生态实践之间的错位", 以期从更大的视角借鉴相关错位解决途径与方法。其中, "生态科研"涵盖广义上的各类生态科学以及相关研究, 是和生态相关的各类学术与研究探索的总称。同样, "生态实践"也是一个广义概念, 它涵盖各种对生态进行改变的各种手法与尝试, 包括政策、管理、规划、设计以及工程措施等多方面的行动 (Nassauer 和 Opdam, 2008)。任何对生态环境产生影响的实际行动都可以称为生态实践, 大到宏观政策, 小到一个地方地形的改造。相对应地, "景观生态科研"以及"景观生态实践"特指以景观为对象开展的各类学术探索以及对生态环境进行改变的实际行动。

国外学者多数用"GAP"来界定生态研究与生态实践的差异。GAP 直译为差距、缺口或是间隙, 但是本文认为"错位"是更好的意译。从生态位的角度讲, "错位"是指错开生态位发展, 错开竞争, 是生物进化的一种自然规律。但自然界虽有生态位错位发展, 不同生态位之间也互有交集, 形成一个完整的生态系统。同时"错位"也指离开原来的或应有的位置, 将生态科研与生态实践之间的差异表述为错位, 既强调两者应该错位发展, 又表明这种错位发展需要互相促进, 形成一个有机的互动体系, 不能偏离系统各自为政, 并行无交互。本文将生态科研与生态实践错位定义为: "生态科研与生态实践在错开竞争的过程中过度并行发展, 彼此之间缺乏应有的互动与交集, 从而无法延续整体生态系统完整性, 无法实现科研指引实践的现象。"

特别说明的是, 生态实践与科研之间的这种矛盾在景观尺度、城市地域体现得尤为明显。其他尺度的生态问题, 特别是小尺度的生态问题以及生态修复, 可能其科研与实践的错位不是特别突出, 因为单一的生态问题, 完全可以依赖生态科研以及自然本身的自我修复能力解决。城市地域景观尺度的物质环境改变由于社会因素的介入而变得多维复杂, 生态科研与生态实践之间平行发展、互相错位的现象愈发突出 (Nassauer, 2012; Opdam 等, 2013)。

二、国内外研究现状

1. 生态科研与生态实践错位

生态科研与实践错位的相关思考从 1990 年前后就开始有人提及, 但直到 2010 年左右才逐渐作为世界性的难题, 受到越来越多的重视。近年来《科学》杂志接连发表了一系列文章谈论生态环境问题中实践与科研的错位及可能的应对建议 (Briggs and Knight, 2011; Grimm 等, 2008; Nisbet and Mooney, 2007), 其他重要杂志也有一些"科研－实践"的探索（Beunen 和 Opdam，2011；Braunisch 等，2012；Opdam 等，2013；Wang 等，2014），例如 Biotropica 在 2009 年以及《应用生态学期刊》（*Journal of Applied Ecology*）在 2014 年都有专辑文章探索生态科研向实践转换的阻力、挑战以及机遇。大多文章试图从理论和实际操作层面对如何解决两者之间的错位给出提议和尝试。整体而言，欧美国家对于生态科研与生态实践错位的研究比较多，其他国家相对较少。

生态科研与生态实践之间的错位存在多方面的表象，各国学者从不同角度都提出了不同的看法。2008 年 Biological Reviews 中的一篇文章（Bertuol-Garcia 等，2018）综述了 122 篇相关文章，将两者之间的错位分为两大类：单向（One-way）与双向（Two-way）错位。单向错位主要体现在知识产生中的问题（包括碎片化的研究与科研问题、尺度问题、解构主义研究方法、时间周期长、不相干、过度抽象复杂等），以及知识传播中的问题（包括相关知识并不为决策者所知、文化差异、盲目使用成果、无效传播等）。双向的错位主要体现在两个群体之间的互动不足，认知体系差异以及不同协会组织需求差异等。国内对于该问题的讨论刚刚起步，这种错位被归结为多个层面的差异（见表 2-2）。

表 2-2　景观生态科研与实践错位的表象

	科　研	实　践
基本原则	可持续发展	
出发点	科研问题	现实问题
预期目标	事实、关系或是理论	地方问题的解决之道
方法	解构、还原主义	整体、场地决策
语汇	数据和统计分析	图纸和白话文字
时间	长期研究	短期决策
不确定因素	控制、回避	直面、恐惧

现代生态科研与生态实践之间存在明显错位，而错位最根本的问题源于生态科研的"解构"性与生态实践的"整体"性。生态科研的"解构"性体现在生态学科分类的细化以及研究问题的聚焦性。比如按照所研究的生物系统结构分类，有个体生态学、种群生态学、群落生态学以及生态系统生态学、景观生态学，而其应用分支有农

业生态学、产业生态学、城市生态学等。生态科研拟解决的问题大多较为明确，比如生物多样性维持、景观格局优化、水质治理、水量控制等。生态科研的解构与细化源于现代科学对于还原主义（Reductionism）的强化，认为复杂系统以及复杂事物可以被化解为小的组成部分来加以理解和描述。而景观生态实践却完全不同，在城市设计、景观规划设计层面，政府管理部门以及设计师面对的问题永远是着眼于某一块场地的"整体"决策，比如滨水公园设计、旧城改造、居住区景观设计、湿地公园规划等。这种以场地为对象的解决途径需要综合考虑多种问题以及多种思路。显而易见，单一问题（或单要素）的生态科研以及多种问题（或多要素）混合的景观生态实践之间缺乏有效的沟通与衔接。除去部分与整体之间的差别，景观生态科研与实践还存在多方面的不同，包括其出发点、预期目标、所用语汇、耗费时间以及对于不确定因素的态度等（王志芳等，2017，2019）。传统科研的成果一般只在专业期刊上发表，研究问题可能并不针对实践需求，且缺乏具体的景观实践指导建议。分散的成果甚至片段化的成果、晦涩不具实践性的语言以及针对过去以及关系的研究成果进一步限制了生态科研的实践应用可能（Cortner 2000；Wyborn 等 2012；王志芳等，2016）。

2. 景观生态科研实践错位的解决途径

在讨论错位表象和成因的同时，来自世界各国的学者开始不停地反思与尝试试图解决生态科研与实践之间的错位，但也尚处于各自表述的状态，未有普适的框架与体系。概括而言，目前有三个层面的探索，聚焦于发现问题、解决方法以及实践应用。

探索之一，以问题为切入点，强化如何从基本出发点衔接科研问题与实践问题。例如，Sayles 等（2017）学者探索了如何让流域恢复研究更好地运用到实践中，强调很多实践中亟待解决的问题并没有受到科研的重视，且开始反思这当中到底是科研还是实践出了差错。其他学者也开始探讨基于城市河流实践需求的最关键科学问题，并反思由科研人员提出的水资源利用实践手法在实际应用中的可行性，以期更好地应对河流退化与污染（Baumgart-Getz，2012；Ahiablame 等，2012）。还有学者针对实践过程中的不确定性，强调如何在科研框架中避免确定性的陷阱，以更好地衔接科研与实践（Paschen 和 Beilin，2015）。

探索之二，以知识为切入点，强调如何将还原主义的研究成果进行重新整理，以更好地指导生态实践。这类探索主要以"集成（synthesis）"研究为主。目前，美国自然科学基金已经支持了两轮生态研究集成中心，以期对生态科研从数据到成果进行全方位的集成，进而促进与实践决策接轨。第一轮的集成中心建立于 2011 年，其生态研究集成的部分成果以及生态研究集成过程中的问题与挑战都已经得以初步归纳总结（Palmer 等，2016）。欧盟也支撑了多个科研项目，探索跨学科交流机制，其中一个项目的核心内容就是集成方法的研究（Dicks 等，2018）。

探索之三，以过程为切入点，强化如何从过程中融合生态研究与生态实践。例如，最近几年跨学科实践的过程与思路正在蓬勃涌现，开始反思不同学科的跨学科合作以及边缘机构（boundary organization）存在的必要性（Bednarek 等，2018；Crouzat 等，2018；Gustafsson and Lidskog，2018）。除科研界，国外规划与设计行业也开始探索专业科学性的途径，以及理论与实践综合的方法。理念上，国外不少设计者开始倡导从"设计景观（design for landscape）"转向"凭借景观设计（design through landscape）"。即物质景观环境是所有变化的载体，景观是一个设计的过程与媒介，而不仅仅是设计的结果，所有变化都必须经由景观设计过程实现。将"凭借景观设计"上升到理论层面并和传统生态科研接轨的早期主要文章是 2008 年发表的"科学中的设计：拓宽景观生态学的范畴"（Nassauer 和 Opdam，2008）。其基本的论点就是将设计融入科学，设计应该是景观生态科学的重要组成部分，设计师应该是科学研究的主要参与者。如图 2-4 所示，科学研究自成体系，但设计能够成为其中的重要组成部分。在各种城市建设决策与实践过程以及科学研究之间，设计过程本身是一个重要的界面，是打通科研以及物质景观真实变化的桥梁。以此为基础，后续一些探索都围绕景观如何能够成为城市生态设计的媒介以及过程（Nassauer 和 Opdam，2008；Musacchio，2011），以及在景观尺度如何构建能够指导实践的科学框架与过程（Ahern，2011；Opdam 等，2013）。

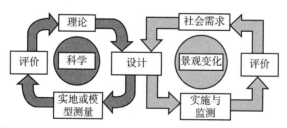

图 2-4　设计是景观生态科学与景观变化之间的桥梁（Nassauer 和 Opdam，2008）

三、应对科研与实践错位的景观生态学发展方向

总体而言，生态科研与实践之间的错位在国际上讨论较多，在城市地域景观尺度上，这种错位也日益受到重视，但国内的相关探索几近空白。与此同时，生态文明建

设的大背景亟待景观生态学实现从科学到实践的有机整合。鉴于目前国内外尚缺乏完善的整合途径与机制，基于国外的一些探索，并结合国内的实际情况与发展需求，建议景观生态学研究至少从研究内容与研究方法两个层面进行拓展，注重"寻解生态研究（practice-driven Eco-research）"，即强调景观生态学研究的重点是为了生态实践决策服务，而不仅仅是揭示一个现象或是解释一些关系。

1. 研究内容：走进景观生态"实践过程"这个黑箱

景观生态学科研所关注的景观格局与功能及其时空异质性原因常常基于自然或是社会经济数据进行分析，这些数据可能只是景观格局变化的少部分或是间接原因，最直接导致景观格局变化的"实践过程"，对于景观生态研究而言则如同一个黑箱，很少介入，也基本不予考虑。景观生态"实践过程"指的是将景观生态学相关知识与发现进行应用实施的各种过程，即可能涉及非理性的设计过程（创新地在不可预知的未来里寻找新方向），也包含理性的决策过程（对一组已知解中的优化逻辑作出响应）（Le Masson 等，2016；Hatchuel 和 Weil，2009）。景观生态实践的设计决策过程需要以已有的概念与知识体系为基础，进行"增量适应（incremental adaptation）"（Kates 等，2012；Vogt 等，2016），以实现一个重新构建的发明测试循环，是一系列活动的整体过程。典型的景观生态实践过程包括景观规划设计、城市规划、相关法律以及景观管理手段等，其核心特点是未来发展的不确定性以及所涉及利益相关者的相对复杂性。在中国土地公有制以及自上而下的决策占优势地位的情况下，实践过程对于景观生态学的应用至关重要，因为如何以及能否有效介入设计决策直接决定了景观生态学相关成果能否得到有效应用；同时各类设计与决策直接引导了景观格局的变化，是景观格局变化的直接影响因素。

未来的景观生态学研究即使不能全方位介入所有的景观生态实践过程，至少应该关注实践过程中比较重要的一些因素，并将其视为新的研究变量，纳入已有的科研体系。着眼于景观生态实践过程的核心特点：不确定性以及利益主体复杂性，并考虑将已有实践尝试变成变量带入景观生态科研，本文建议以下三个研究议题与方向。

（1）景观生态过程中的不确定性与应对措施

不确定性是景观生态实践不可避免的因素，同时在实际项目完成过程中也存在"因为无知所以无畏"的生态破坏，以及"因为知道所以害怕"的举步不前。景观生态科研如果能够很好地剖析景观生态过程中的各种不确定因素并提出应有的应对措施，将大大推进景观生态科研成果的应用转化。目前国内对于不确定性的探索，仅仅有少数文献提及方法上的不确定性（陈建军，2005；于贵瑞等，2011）或是景观风险的不确定性（付在毅等，2001；彭建等，2015），具体实证研究以及相关应对措施并未受到重视。未来中国的相关研究应该借鉴国际思路，加大力度探索景观生态过程中的不确定性，并与相关实践人员以及利益相关者沟通不确定性的影响，进而更好地应对不确定性（Neuendorf 等，2018）。

（2）不同利益群体的景观服务需求差异及权衡

实践过程永远要面对不同的利益群体，上层管理者、基层管理者、科学家以及居民对于景观功能以及服务的诉求也可能存在本质上的不同。实践过程需要在这些不同的诉求中寻找平衡，但首先需要研究者清晰解剖不同利益群体的景观服务需求差异。国外已有不少关于不同利益群体的探索，为中国的研究提供了基本方法与思路，但国内的研究需要结合地方实际情况，有针对性地进行探索，因为不同地区以及不同项目的利益群体本身就存在很大差异。

（3）不同实践途径对于景观生态过程及功能的影响机制

景观生态过程及功能的影响机制研究中，需要科研界将实践途径与方法变成生态研究的一个变量，以更好地测试现有实践途径的有效性，进而指导实践。各种实践途径，从规划、设计到管理以及政策，都可以成为研究变量。例如，结合当前中国的实际情况，一些更为具体的议题包括"海绵城市建设对于景观功能的影响""生态功能区划对于生态系统服务的影响""绿道建设对于景观过程及功能的影响"等。这类研究既可以拓展景观生态学研究的范围，又可以直接反馈生态建设实践。与此同时，在有可能的情况下，科研学者可以进一步介入实践过程，直接将实践变成科研的一部分。就是将已有的理论和结果视为生态实践假设，将其应用到空间规划设计实践中构想未来，并根据假设确立想要实现的目标。针对生态问题，国际设计界近年出现了几个新的词汇——"实验设计""设计生态"等（Seastedt 等，2008；Suding 等，2004；Angelstam 等，2013）。这些概念的核心，就是设计项目是生态理论实践的过程与途径，空间设计可以作为理论科研的小型"试验场"，进而在建设过程中以及之后推演其生态影响。类似的想法完全可以在城市地域景观尺度实现，但却要求景观生态学研究像其他生态学科一样，通过介入实践过程，把实践变成其科研实验的载体，并监测其结果。

2. 研究方法：由"解构复杂"走向"整体简化"

无数研究表明，农耕文明下的生态科研与实践是一体的，是经验 Raymond 主义下的整体决策（Naesse，1989；Wang 等，2019）。而现代科学体系以还原主义为基础，景观生态学研究也日益走向细节与解构，各种研究方法越来越多，越来越复杂。经验主义与还原主义之间的关系是对立还是互补的，传统经验主义在现代生态应用体系下是否尚有其应用价值都亟待进一步探讨。本文将此议题概括为以下两个方面。

（1）地方生态智慧的研究方法与现代应用途径

地方生态智慧的研究方法与现代应用途径是在传统经验语境下，以认同整体地方经验为前提进行的整合性研究。国内外的研究已经发现，世界各地都有很多建立在经验主义基础上的整体生态智慧，例如中国的风水、玛雅人的有机农业体系（王志芳等，2016；Diemont 和 Martin，2009）等。这些地方生态智慧虽行之有效，且是传统文化的有机组成部分，但大多都是以农耕文明为基础的，如何在现代社会有效认知并充分利用值得深入探索（Wang 等，2019）。这类研究可能更多地依赖于质性研究与分析途径，例如景观人类学等，并辅以现代科学分析方法进行深化。如何有机地结合这些地方生态智慧，将自下而上的整体性经验决策变成景观生态科学的一部分将进一步拓展景观生态学的内涵，引导景观生态学从专家为主的研究走向社会大众的共同决策。

在现代科研语境下，想要推进景观生态学的实践应用，其研究方法需要直面科研与实践的核心错位。景观区域与城乡可持续发展是公认的棘手问题（wicked problems），涉及利益主体多元，没有明确的解决方案，充满不确定性（Dronova，2019；Davison 等，2016）。景观生态实践需要综合系统地去解决这一系列问题，这就涉及前文所谈论的"整体实践"与"解构科研"的错位。解决这个错位的方法有很多，但其中最为重要的一个是景观服务。相较于地表温度、生物多样性等方面的研究，景观服务是一个相对整体的概念，能够更好地应对实践需求。

（2）面向实践决策的景观服务关系及影响因素

面向实践决策的景观服务关系及影响因素是在现代科学语境下，以接受景观服务可以被解构为不同类型为前提，开展以不同类型服务关系为基础的整合性研究。国内外已有不少研究从协同、权衡以及博弈的角度来探索景观服务抑或生态系统服务之间的关系，这些关系常常是一些数理关系，一般都认为几种服务都高就是协同，一种低一种高就是权衡。与已有研究不同的是，这里所倡导的景观服务关系研究需要面向实践并从实践决策的角度理解这些不同服务之间的关系，例如两种价值都高这对实践意味着什么？是这个地区景观服务特别好需要重要保护，还是这个地方景观服务存在潜在竞争，需要有效的管理策略来协调？哪些因素可能会导致刚刚提及的两个矛盾性决策思路？这类思考与问题需要和实际场地以及实践需求紧密结合，探索景观服务之间的数理关系、背后对应的实践决策关系。

参考文献

［1］Ahern J. From fail-safe to safe-to-fail: Sustainability and resilience in the new urban world ［J］. Landscape and Urban Planning, 2011, 100（4）: 341-343.

［2］Ahiablame L M, Engel B A, Chaubey I. Effectiveness of low impact development practices: Literature review and suggestions for future research ［J］. Water, Air and Soil Pollution, 2012, 223（7）: 4253-4273.

［3］Angelstam P, Elbakidze M, Axelsson R, et al. Knowledge production and learning for sustainable landscapes: Forewords by the researchers and stakeholders ［J］. Ambio, 2013, 42（2）: 111-115.

［4］Baumgart-Getz A, Prokopy L S, Floress K. Why farmers adopt best management practice in the United States: A meta-analysis of the adoption literature ［J］. Journal of Environmental Management, 2012, 96（1）: 17-25.

［5］Bayr U, Puschmann O. Automatic detection of woody vegetation in repeat landscape photographs using a convolutional neural network ［J］. Ecological Informatics, 2019, 50: 220-233.

［6］Bednarek A T, Wyborn C, Cvitanovic C, Meyer R, Colvin R M, et al. Boundary spanning at the science-policy interface: The practitioners' perspectives ［J］. Sustainability Science, 2018, 13（4）: 1175-1183.

［7］Bertuol-Garcia D, Morsello C, El-Hani C N, Pardini R. A conceptual framework for understanding the perspectives on the causes of the science-practice gap in ecology and conservation ［J］. Biological Reviews, 2018, 93（2）: 1032-1055.

［8］Beunen R, Opdam P. When landscape planning becomes landscape governance, what happens to the science? ［J］. Landscape and Urban Planning, 2011, 100（4）: 324-326.

［9］Botkin D B. Discordant Harmonies: A new ecology for the twenty-first century. Oxford University Press, Oxford, 1992.

［10］Braunisch V, Home R, Pellet J, et al. Conservation science relevant to action: A research agenda identified and prioritized by practitioners ［J］. Biological Conservation, 2012, 153: 201-210.

［11］Briggs S V, Knight A T. Science-policy interface: Scientific input limited ［J］. Science, 2011, 333（6043）: 696-697.

［12］Brodrick P G, Davies A B, Asner G P. Uncovering ecological patterns with convolutional neural networks ［J］. Trends in ecology & evolution, 2019, 34（8）: 734-745.

［13］Callaghan C T, Major R E, Lyons M B, et al. The effects of local and landscape habitat attributes on bird diversity in urban green spaces ［J］. Ecosphere, 2018, 9（7）: e02347.

［14］ Caswell H. Predator-mediated coexistence: A nonequilibrium model. American Naturalist, 1978, 112: 127-154.

［15］ Caynes R J C, Mitchell M G E, Wu D, et al. Using high-resolution LiDAR data to quantify the three-dimensional structure of vegetation in urban green space ［J］. Urban Ecosystems, 2016, 19（4）: 1749-1765.

［16］ Cortner H J. Making science relevant to environmental policy ［J］. Environmental Science and Policy, 2000, 3（1）: 21-30.

［17］ Costanza J K, Riitters K, Vogt P, et al. Describing and analyzing landscape patterns: where are we now, and where are we going? ［J］. Landscape Ecology, 2019, 34: 2049-2055.

［18］ Crouzat E, Arpin I, Brunet L, Colloff M J, Turkelboom F, et al. Researchers must be aware of their roles at the interface of ecosystem services science and policy ［J］. Ambio, 2018, 47（1）: 97-105.

［19］ Davison A, Patel Z, Greyling S. Tackling wicked problems and tricky transitions: Change and continuity in cape town's environmental policy landscape ［J］. Local Environment, 2016, 21（9）: 1063-1081.

［20］ De Knegt H J, van Langevelde F, Coughenour M B, et al. Spatial autocorrelation and the scaling of species-environment relationships ［J］. Ecology, 2010, 91（8）: 2455-2465.

［21］ Deng J, Desjardins M R, Delmelle E M. An interactive platform for the analysis of landscape patterns: a cloud-based parallel approach ［J］. Annals of GIS, 2019, 25（2）: 99-111.

［22］ Dicks L, Failler P, Ferretti J, et al. What does the science say? The diversity of methods to synthesize knowledge ［C］//ECCB2018: 5th European Congress of Conservation Biology. 2018, Jyväskylä, Finland.

［23］ Diemont S A W, Martin J F, Levy-Tacher S I. Emergy evaluation of lacandon maya indigenous swidden agroforestry in Chiapas, Mexico ［J］. Agroforestry Systems, 2006, 66（1）: 23-42.

［24］ Dronova I. Landscape beauty: A wicked problem in sustainable ecosystem management? ［J］. Science of the Total Environment, 2019, 688: 584-591.

［25］ Du P, Samat A, Waske B, et al. Random forest and rotation forest for fully polarized SAR image classification using polarimetric and spatial features ［J］. ISPRS Journal of Photogrammetry and Remote Sensing, 2015, 105: 38-53.

［26］ Du Preez C. A new arc-chord ratio（ACR）rugosity index for quantifying three-dimensional landscape structural complexity ［J］. Landscape Ecology, 2014, 30（1）: 181-192.

［27］ Etherington T R, Holland E P, O'Sullivan D. NLMpy: a python software package for the creation of neutral landscape models within a general numerical framework [J]. Methods in Ecology and Evolution, 2015, 6 (2): 164-168.

[28] Fairbrass A J, Firman M, Williams C, et al. CityNet—Deep learning tools for urban ecoacoustic assessment [J]. Methods in Ecology and Evolution, 2019, 10 (2): 186-197.

[29] Franklin J, Serra-Diaz J M, Syphard A D, et al. Big data for forecasting the impacts of global change on plant communities [J]. Global Ecology and Biogeography, 2017, 26 (1): 6-17.

[30] Fish R, Church A, Winter M. Conceptualising cultural ecosystem services: a novel framework for research and critical engagement [J]. Ecosystem Services, 2016, 21: 208-217.

[31] Forman R T T. Land mosaics: The ecology of landscapes and regions [M]. Cambridge, UK: Cambridge University Press, 1995.

[32] Forman R T T, Godron M. Landscape Ecology [M]. New York, Wiley, 1986.

[33] Gardner R H, Milne B T, Turnei M G, et al. Neutral models for the analysis of broad-scale landscape pattern [J]. Landscape Ecology, 1987, 1 (1): 19-28.

[34] Gergel S E, Turner M G. Learning landscape ecology: a practical guide to concepts and techniques (second edition). Switzerland: Springer, 2017, pp. 3-19.

[35] Gomez C, Hayakawa Y, Obanawa H. A study of Japanese landscapes using structure from motion derived DSMs and DEMs based on historical aerial photographs: New opportunities for vegetation monitoring and diachronic geomorphology [J]. Geomorphology, 2015, 242: 11-20.

[36] Gorelick N, Hancher M, Dixon M, et al. Google Earth Engine: Planetary-scale geospatial analysis for everyone [J]. Remote Sensing of Environment, 2017, 202: 18-27.

[37] Grimm N B, Faeth S H, Golubiewski N E, et al. Global change and the ecology of cities [J]. Science, 2008, 319 (5864): 756-760.

[38] Gustafson E J. Quantifying landscape spatial pattern: what is the state of the art? Ecosystems, 1998, 1: 143-156.

[39] Hamil K A D, Iannone Ⅲ B V, Huang W K, et al. Cross-scale contradictions in ecological relation-ships [J]. Landscape Ecology, 2016, 31 (1): 7-18.

[40] HanssonL, Fahrig L, Merriam G. Mosaic landscapes and ecological processes. Chapman and Hall, London. 1995.

[41] Hatchuel A, Weil B. C-K design theory: an advanced formulation [J]. Research in Engineering Design, 2009, 19 (4): 181.

[42] Holderegger R, Wagner H H. Landscape genetics [J]. BioScience, 2008, 58 (3): 199-207.

[43] Holling C S. Cross-scale morphology, geometry, and dynamics of ecosystems. Ecological Monographs,

1992，62：447-502.

［44］ Holling C S. Resilience and Stability of Ecological Systems. Annual Review of Ecology and Systematics，1973，4：1-23.

［45］ Hou W，Walz U. An integrated approach for landscape contrast analysis with particular consideration of small habitats and ecotones［J］. Nature Conservation，2016，14：25-39.

［46］ Iannone B V，Potter K M，Hamil K A D，et al. Evidence of biotic resistance to invasions in forests of the Eastern USA［J］. Landscape Ecology，2016，31（1）：85-99.

［47］ Jjumba A，Dragićević S. Spatial indices for measuring three-dimensional patterns in a voxel-based space［J］. Journal of Geographical Systems，2016，18（3）：183-204.

［48］ Kamilaris A，Prenafeta-Boldú F X. Deep learning in agriculture：A survey［J］. Computers and electronics in agriculture，2018，147：70-90.

［49］ Kates R W，Travis W R，Wilbanks T J. Transformational adaptation when incremental adaptations to climate change are insufficient［J］. Proceedings of the National Academy of Sciences of the United States of America，2012，109（19）：7156-7161.

［50］ Kedron P，Zhao Y，Frazier A E. Three dimensional（3D）spatial metrics for objects［J］. Landscape Ecology，2019，34（9）：2123-2132.

［51］ Klaasen，Ina T. A scientific approach to urban and regional design：research by design［J］. Journal of Design Research，2007，5（4）：470-489.

［52］ Kuhn T. The Structure of Scientific Revolutions. 1st ed. University of Chicago Press，1962.

［53］ Kuhn T. The Structure of Scientific Revolutions. 2nd ed. University of Chicago Press，1970.

［54］ Le Masson P，Hatchuel A，Weil B. Design theory at Bauhaus：teaching "splitting" knowledge［J］. Research in Engineering Design，2016，27（2）：91-115.

［55］ Li X，He H S，Wang X，et al. Evaluating the effectiveness of neutral landscape models to represent a real landscape［J］. Landscape and Urban Planning，2004，69（1）：137-148.

［56］ Liu M，Hu Y M，Li C L. Landscape metrics for three-dimensional urban building pattern recognition［J］. Applied geography，2017，87：66-72.

［57］ Lopez R D，Frohn R C. Remote sensing for landscape ecology：new metric indicators：monitoring，modeling，and assessment of ecosystems［M］. CRC Press，2017.

［58］ May R M. Thresholds and breakpoints in ecosystems with a multiplicity of stable states. Nature，1977，269：471-477.

［59］ Mayer-Schönberger V，Cukier K. Big Data：A revolution that will transform how we live，Work，and Think. Houghton Mifflin Harcourt，Boston，2013.

［60］Mccallen E B, Knott J, Nunezmir G C, et al. Trends in ecology: shifts in ecological research themes over the past four decades［J］. Frontiers in Ecology and the Environment, 2019, 17（2）: 109-116.

［61］McLean K A, Trainor A M, Asner G P, et al. Movement patterns of three arboreal primates in a Neotropical moist forest explained by LiDAR-estimated canopy structure［J］. Landscape Ecology, 2016, 31（8）: 1849-1862.

［62］MA. Millennium Ecosystem Assessment, Ecosystems and human well-being: Synthesis［R］. Washington DC: Island Press, 2005.

［63］Mimet A, Houet T, Julliard R, et al. Assessing functional connectivity: a landscape approach for handling multiple ecological requirements［J］. Methods in Ecology and Evolution, 2013, 4（5）: 453-463.

［64］Musacchio L R. The grand challenge to operationalize landscape sustainability and the design-in-science paradigm［J］. Landscape Ecology, 2011, 26（1）: 1-5.

［65］Naesse L O, Newell P, Newsham A, et al. Climate policy meets national development contexts: Insights from kenya and mozambique［J］. Global Environmental Change-Human and Policy Dimensions, 2015, 35: 534-544.

［66］Nassauer J I, Opdam P. Design in science: Extending the landscape ecology paradigm［J］. Landscape Ecology, 2008, 23: 633-644.

［67］Nassauer J I. Landscape as medium and method for synthesis in urban ecological design［J］. Landscape and Urban Planning, 2012, 106（3）: 221-229.

［68］Neuendorf F, von Haaren C, Albert C. Assessing and coping with uncertainties in landscape planning: an overview［J］. Landscape Ecology, 2018, 33（6）: 861-878.

［69］Nisbet M C, Mooney C. Framing Science［J］. Science, 2007, 316（5821）: 56.

［70］Norouzzadeh M S, Nguyen A, Kosmala M, et al. Automatically identifying, counting, and describing wild animals in camera-trap images with deep learning［J］. Proceedings of the National Academy of Sciences of the United States of America, 2018, 115（25）: 5716-5725.

［71］O' Neill R V, Gardner R H, Milne B T, et al. Heterogeneity and spatial hierarchies. In: Kolasa J and Pickett S T（eds）. Ecological Heterogeneity, Springer-Verlag, New York. 1991, 85-86.

［72］Opdam P, Nassauer J I, Wang Z, et al. Science for action at the local landscape scale［J］. Landscape Ecology, 2013, 28（8）: 1439-1445.

［73］Palmer M A, Kramer J G, Boyd J, et al. Practices for facilitating interdisciplinary synthetic research: The national socio-environmental synthesis center（sesync）［J］. Current Opinion in Environmental

Sustainability, 2016, 19: 111-122.

［74］Palmer M A. Menninger H L, Bernhardt E. River restoration, habitat heterogeneity and biodiversity: a failure of theory or practice? ［J］. Freshwater Biology, 2010, 55（s1）: 205-222.

［75］Paschen J A, Beilin R. Avoiding the certainty trap: A research programme for the policy-practice interface ［J］. Environment and Planning C-Government and Policy, 2015, 33（6）: 1394-1411.

［76］Pickett S T, kolasa A J, Jones C G. Ecological understanding: The nature of theory and the theory of nature. Academic Press, San Diego, 1994.

［77］Potter K M, Koch F H, Oswalt C M, et al. Data, data everywhere: detecting spatial patterns in fine-scale ecological information collected across a continent ［J］. Landscape Ecology, 2016, 31（1）: 67-84.

［78］Prošek J, Šímová P. UAV for mapping shrubland vegetation: Does fusion of spectral and vertical information derived from a single sensor increase the classification accuracy? ［J］. International Journal of Applied Earth Observation and Geoinformation, 2019, 75: 151-162.

［79］Räsänen A, Virtanen T. Data and resolution requirements in mapping vegetation in spatially heterogeneous landscapes ［J］. Remote Sensing of Environment, 2019, 230: 111-207.

［80］Ricardo D L, Robert C F. Remote sensing for landscape ecology: New metric indicators ［M］. 2nd edition. Boca Raton: CRC Press, 2017: 1-4.

［81］Riitters K, Wickham J, Costanza J K, et al. A global evaluation of forest interior area dynamics using tree cover data from 2000 to 2012 ［J］. Landscape Ecology, 2016, 31（1）: 137-148.

［82］Sankey T T, McVay J, Swetnam T L, et al. UAV hyperspectral and lidar data and their fusion for arid and semi - arid land vegetation monitoring ［J］. Remote Sensing in Ecology and Conservation, 2018, 4（1）: 20-33.

［83］Sarah E G, Monica G Turner. Learning landscape ecology: a practical guide to concepts and techniques ［M］. 2nd edition. // Nicholas C C and Thoreau R T. Introduction to Remote Sensing. New York: Springer, 2017: 3-4.

［84］Sayles J S, Baggio J A. Social-ecological network analysis of scale mismatches in estuary watershed restoration ［J］. Proceedings of the National Academy of Sciences of the United States of America, 2017, 114（10）: E1776-E1785.

［85］Schoville S D, Bonin A, François O, et al. Adaptive genetic variation on the landscape: methods and cases ［J］. Annual Review of Ecology, Evolution, and Systematics, 2012, 43: 23-43.

［86］Sciaini M, Fritsch M, Scherer C, et al. NLMR and landscapetools: An integrated environment for simulating and modifying neutral landscape models in R ［J］. Methods in Ecology and Evolution,

2018，9（11）：2240–2248.

［87］Seastedt T R，Hobbs R J，Suding K N. Management of novel ecosystems：are novel approaches required?［J］. Frontiers in Ecology and the Environment，2008，6（10）：547–553.

［88］Smith J W，Smart L S，Dorning M A，et al. Bayesian methods to estimate urban growth potential［J］. Landscape and Urban Planning，2017，163：1–16.

［89］Steiniger S，Hay G J. Free and open source geographic information tools for landscape ecology［J］. Ecological Informatics，2009，4（4）：183–195.

［90］Storfer A，Patton A，Fraik A K. Navigating the interface between landscape genetics and landscape genomics［J］. Frontiers in Genetics，2018，9：68.

［91］Stuber E F，Gruber L F，Fontaine J J. A Bayesian method for assessing multi–scale species–habitat relationships［J］. Landscape ecology，2017，32（12）：2365–2381.

［92］Suding K N，Gross K L，Houseman G R. Alternative states and positive feedbacks in restoration ecology［J］. Trends in Ecology & Evolution，2004，19（1）：46–53.

［93］van Strien M J，Slager C T J，de Vries B，et al. An improved neutral landscape model for recreating real landscapes and generating landscape series for spatial ecological simulations［J］. Ecology and evolution，2016，6（11）：3808–3821.

［94］Vogt N，Pinedo–Vasquez M，Brondizio E S，et al. Local ecological knowledge and incremental adaptation to changing flood patterns in the amazon delta［J］. Sustainable Science，2016，11（4）：611–623.

［95］Wang Z，Jiang Q，Jiao I. Traditional ecological wisdom in modern society：Perspectives from terraced fields in Honghe and Chongqing，Southwest China. Robert Young and Bo Yang eds. In Innovative Approaches to Socio–Ecological Sustainability［J］. Ecological Wisdom Series Publications，2019：125–148.

［96］Wang Z，Tan P，Zhang T，et al. Perspectives on narrowing the action gap between landscape science and metropolitan governance：Practice in the US and China［J］. Landscape and Urban Planning，2014，125：329–334.

［97］Wang Z. Evolving landscape–urbanization relationships in contemporary China［J］. Landscape and Urban Planning，2018，171：30–41.

［98］Webb S. Deep learning for biology［J］. Nature，2018，554（7693）：555–557.

［99］Wenger S J，Roy A H，Jackson R，et al. Twenty–six key research questions in urban stream ecology：an assessment of the state of the science［J］. Journal of the North American Benthological Society，2009，28（4）：1080–1098.

［100］Wu J. Key concepts and research topics in landscape ecology revisited：30 years after the Allerton Park workshop［J］. Landscape Ecology, 2013, 28（1）：1-11.

［101］Wu J. Urban ecology and sustainability：The state-of-the-science and future directions［J］. Landscape and Urban Planning, 2014, 125（2）：209-221.

［102］Wu J, Loucks O L. From balance-of-nature to hierarchical patch dynamics：A paradigm shift in ecology［J］. Quarter Review of Biology, 1995, 70：439-466.

［103］Wu J, Xiang W, Zhao J. Urban ecology in China：Historical developments and future directions［J］. Landscape and Urban Planning, 2014, 125：222-233.

［104］Wyborn C, Jellinek S, Cooke B. Negotiating multiple motivations in the science and practice of ecological restoration［J］. Ecological Management & Restoration, 2012, 13（3）：249-253.

［105］Zhang W, Witharana C, Liljedahl A, et al. Deep convolutional neural networks for automated characterization of arctic ice-wedge polygons in very high spatial resolution aerial imagery［J］. Remote Sensing, 2018, 10（9）：1487.

［106］Zhao J, Liu X, Dong R, et al. Landsenses ecology and ecological planning toward sustainable development［J］. 2016, 23（4）：293-297.

［107］陈建军, 张树文, 郑冬梅. 景观格局定量分析中的不确定性［J］. 干旱区研究, 2005, 22（1）：63-67.

［108］陈利顶, 李秀珍, 傅伯杰, 等. 中国景观生态学发展历程与未来研究重点［J］. 生态学报, 2014, 34（12）：3129-3141.

［109］陈利顶, 刘洋, 吕一河, 等. 景观生态学中的格局分析：现状、困境与未来［J］. 生态学报, 2008, 28（11）：5521-5531.

［110］付在毅, 许学工, 林辉平, 等. 辽河三角洲湿地区域生态风险评价［J］. 生态学报, 2001, 21（3）：365-373.

［111］傅伯杰, 吕一河, 陈利顶, 等. 国际景观生态学研究新进展［J］. 生态学报, 2008, 28（2）：798-804.

［112］郭庆华, 吴芳芳, 胡天宇, 等. 无人机在生物多样性遥感监测中的应用现状与展望［J］. 生物多样性, 2016, 24（11）：1267-1278.

［113］胡健波, 张健. 无人机遥感在生态学中的应用进展［J］. 生态学报, 2018, 38（1）：20-30.

［114］胡巍巍, 王根绪, 邓伟. 景观格局与生态过程相互关系研究进展［J］. 地理科学进展, 2008, 27（1）：18-24.

［115］李盼池, 许少华. 支持向量机在模式识别中的核函数特性分析［J］. 计算机工程与设计, 2005, 26（2）：302-304.

［116］李双成.自然地理学研究范式［M］.北京：科学出版社，2013.

［117］李笑春.生态学范式的变迁［J］.内蒙古大学学报（人文社会科学版），2000，32（4）：80–85.

［118］吕一河，陈利顶，傅伯杰.景观格局与生态过程的耦合途径分析［J］.地理科学进展，2007，26（3）：1–10.

［119］彭建，党威雄，刘焱序，等.景观生态风险评价研究进展与展望［J］.地理学报，2015，70（4）：664–677.

［120］宋长青.地理学研究范式的思考［J］.地理科学进展，2016，35（1）：1–3.

［121］苏常红，傅伯杰.景观格局与生态过程的关系及其对生态系统服务的影响［J］.自然杂志，2012，34（5）：277–283.

［122］王志芳.生态实践智慧与可实践生态知识［J］.国际城市规划，2017，32（4）：16–21.

［123］王志芳.图解景观设计实践与现代科研的错位与解决途径［J］.景观设计学，2019，6（5）：66–71.

［124］王志芳，李明翰.如何建构风景园林的“设计科研”体系？［J］.中国园林，2016，32（4）：10–15.

［125］邬建国.景观生态学——格局、过程、尺度与等级（第二版）［M］.北京：高等教育出版社，2017.

［126］邬建国.生态学范式变迁综论［J］.生态学报，1996，16（5）：449–459.

［127］肖笃宁，李秀珍.景观生态学的学科前沿与发展战略［J］.生态学报，2003，23（8）：1615–1621.

［128］杨德伟，赵文武，吕一河.景观生态学研究：传统领域的坚守与新兴领域的探索——2013厦门景观生态学论坛述评［J］.生态学报，2013，33（24）：7908–7909.

［129］于贵瑞，王秋凤，朱先进.区域尺度陆地生态系统碳收支评估方法及其不确定性［J］.地理科学进展，2011，30（1）：33–45.

［130］张健.大数据时代的生物多样性科学与宏生态学［J］.生物多样性，2017，25（4）：355–363.

［131］张秋菊，傅伯杰，陈利顶.关于景观格局演变研究的几个问题［J］.地理科学，2003，23（3）：264–270.

［132］张志明，徐倩，王彬，等.无人机遥感技术在景观生态学中的应用［J］.生态学报，2017，37（12）：4029–4036.

［133］赵文武，房学宁.景观可持续性与景观可持续性科学［J］.生态学报，2014，34（10）：2453–2459.

［134］赵文武，王亚萍.1981—2015年我国大陆地区景观生态学研究文献分析［J］.生态学报，2016，36（23）：7886–7896.

第三章 推陈出新的景观生态学核心命题

第一节 格局与过程耦合

一、格局、过程与格局－过程耦合

景观格局指景观单元的空间结构特征，包括景观单元的类型、数目以及空间分布与配置（傅伯杰，2008）。生态过程是景观中生态系统内部和不同生态系统之间物质、能量、信息的流动和迁移转化的总称，强调事件或现象的发生、发展的动态特征（傅伯杰，2014）。景观生态学将不可见的、复杂的各种生态过程（如水文过程、热量过程等），与可见的、模式化的景观空间格局（如斑－廊－基格局）相关联，通过格局的改变来维持景观功能、物质流和能量流，即通过优化空间格局来调控生态过程（康世磊和岳邦瑞，2016）。景观格局和过程是景观生态学的核心研究内容（傅伯杰，2010），关注景观格局与生态过程的相互作用、相互调控及其尺度效应（邬建国，2004；吕一河等，2007；陈利顶等，2014）。

现实景观中，景观格局与生态过程是不可分割的客观存在。景观格局是生态过程的载体，格局变化会引起相关的生态过程改变，而生态过程中包含众多塑造格局的动因和驱动力，其改变也会使格局产生一系列的响应。景观格局与生态过程两者相互作用，驱动着景观的整体动态（徐延达等，2010；陈利顶等，2014）。二者相互作用表现出一定的景观生态功能，而这种相互作用受空间尺度的制约。然而，这些景观格局与生态过程关系的论述多是概化的理论总结，但某种特定的格局是否与某种特定的生态过程互为因果，应该具体问题具体分析（吕一河等，2007）。即需要清晰地认识各种反映景观格局指标的适用性、局限性，并基于具体的生态过程及其机制，深入分析并合理构建景观格局指数与生态过程变量间的联系（刘宇等，2011）。因此，明确景观格局与生态过程关系的存在性仅仅是基础，探求具体的哪种格局与哪种过程相关、程度如何、怎样调控等才是根本（吕一河等，2007）。

景观格局与生态过程耦合主要通过两种途径来实现，分别是直接观测和系统分析与模拟（傅伯杰等，2010；苏常红等，2012）。直接观测的耦合通常在较小的空间尺度上开展，但是观测成果可以作为较大尺度系统分析与模拟的基础。尺度广泛存在于生态学现象中，尺度效应与尺度转换是景观生态学研究面临的挑战，探讨格局与过程之间相互作用机理与尺度特征是为解决尺度问题提供理论依据的必然途径（傅伯杰等，2010）。格局和过程的影响是相互的，其研究方法主要通过对格局变化情景的输入和过程模拟来研究格局对过程的影响和作用分析（傅伯杰等，2008）。景观尺度上，过程对格局的影响需要较长时间尺度的观测或模型系统分析。在短时间尺度上，过程对格局的影响，如森林火烧之后植被斑块的变化及其相应的种子库的变化（傅伯杰，2014）。此外，次降雨过程在时间尺度上来说比较"快"（康世磊与岳邦瑞，2017），特别是在干旱和半干旱地区，短命植物的响应可以形成不同的群丛和斑块（王朗等，2009）。对于人类活动来说，研究土地利用变化过程及其生态效应，也是一种过程对于格局的影响，但是这种影响往往会涉及几年或者几十年的时间尺度，因此"快"的生态过程对景观格局的影响在时间尺度上具有滞后性。

二、格局 - 过程耦合的国内外发展现状

1. 格局–过程研究的发展趋势

在 Web of Science 中检索到 52626 条结果关键词（Landscape Pattern）（见图 3-1），其中，15597 条结果涉及主题（Landscape Pattern）AND 主题（Process），而仅有 4665 条结果涉及主题（Landscape Pattern）AND 主题（Ecological Process）。对于中文刊物，

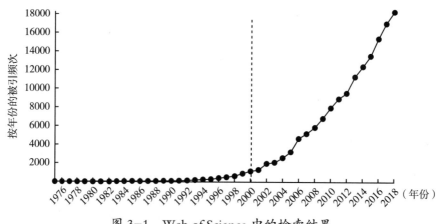

图 3-1　Web of Science 中的检索结果

在 CNKI 中检索主题景观格局有 11088 条结果，而"景观格局""生态过程"有 1245 条结果（见图 3–2）。

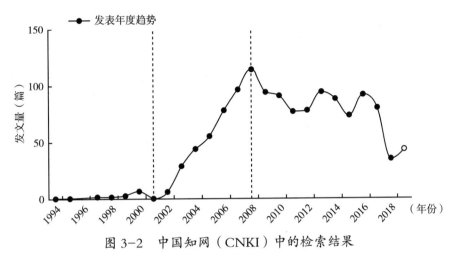

图 3–2 中国知网（CNKI）中的检索结果

2. 格局–过程研究中存在的主要问题

（1）景观格局 – 生态过程的量化方法

量化方法主要包括景观格局分析方法与模型分析方法。景观格局分析方法是指利用景观指数、技术分析景观格局的时空异质性，从而实现对生态过程的研究。其目的是从看似无序的景观要素镶嵌中，发现潜在的有意义的规律性，并确定产生和控制空间格局的因子和机制。目前，景观格局分析主要通过指数实现。模型分析是指利用数学、计算机技术等，建立景观格局 – 生态过程各影响因子之间的相互关系。

景观格局指数分析存在的问题如下：①指数对景观格局变化的响应以及格局指数与某些生态过程的变量之间的相关关系不具一致性；②景观指数对数据源（遥感图像或土地利用图）的分类方案或指标以及观测或取样尺度敏感，而对景观的功能特征不敏感；③很多景观指数的结果难以进行生态学解释。这将导致研究缺乏科学性，同时为今后的景观格局—生态过程研究带来了新的机遇和挑战。

目前模型研究存在的问题如下：①模拟的尺度依赖性。模型应该是基于各种不同的时间和空间尺度的系统分析，但在现实研究中出现两种倾向：一方面，在小尺度模型中，忽视了景观功能和结构的复杂性；另一方面，在大尺度模型中，简化了土地利用系统，不易确定格局生态过程的关键过程。②模拟的数据问题。模型分析问题的原理是：输入 – 加工 – 输出。在模型合理科学的情况下，输入数据的选择和输出数据的运用就成了关键，处理不好将可能产生不一致的或低效率的评估结果，最终导致错误的结论，目前还没有找到令人满意的方法来解决。③模型的固定与现实变化性之间的矛盾。景观格局的驱动力往往是复杂、间接的，模型不能穷尽所有的影响因子，因此在分析过程中会出现偏差。结果可能没有在预测的时间和地点出现（吕一河等，2007）。

（2）景观格局－生态过程关系研究

景观格局与生态过程的关系研究中有以下两种主要的倾向，即就格局论格局，忽视了格局的生态学意义及其与生态过程和功能的关系，虽然考虑到了景观格局与生态过程的关系，却把相关关系与因果关系混为一谈。过程塑造格局，格局又反作用于过程。空间格局与生态过程的关系极其复杂，表现为非线性关系、多因素的反馈作用、时滞效应及一种格局对应多种过程的现象等（康世磊与岳邦瑞，2017）。但是特定的景观空间格局并不必然地与某些特定的生态过程相关联，而且即便相关的话也未必是双向的相互作用（朱槐文等，2010）。因此，理清格局－过程关系的逻辑（相关或因果等）和方向（单向、双向）是深入研究的基础。

景观格局与生态过程耦合的问题还在于在格局与过程两个变量在尺度上的不匹配（胡巍巍等，2008）。这种不匹配表现为建立相对静态的格局与相对动态的过程之间的联系或者相反，例如，在时间尺度上，相对静态的森林景观与相对动态的近地表水文过程之间的联系，再比如火烧迹地导致景观格局快速变化与缓慢响应的生态过程之间的联系等；在空间尺度上，样地尺度上决定水分入渗的关键因子通常不是流域尺度上的水分输移过程的主控因子。这种尺度上的不匹配，加之景观格局与生态过程影响的不必然性和滞后性，导致笼统地建立两者之间的联系，难免出现系统性误差（刘怡娜等，2019）。

景观格局与现实中的生态过程之间的关系因景观本身而异，应针对特定的生态过程来改进景观格局分析的方法。当前的景观指标，包括斑块大小、形状、景观多样性和连接度，最初是基于斑块的几何形状及其空间关系进行研究。景观格局与生态过程的关系大多是通过统计分析建立起来的或者是根据指数结果来进行生态过程的推测，这些指数中存在冗余。而且这些景观指数以斑块－基质范式（Patch-Mosaic Model，PMM）为基础，以可视化、几何形状为导向，没能考虑生态过程（Chen 等，2019）。例如，已有研究表明植被斑块能够增加土壤含水量，而增加的水分和增加的生物量之间的定量关系如何并不明确；在半干旱地区斑块和坡面尺度上，虽然明确了降雨量的大小对植被斑块的生长有促进作用，但是降雨量的阈值并不明确（王朗等，2009）。

3. 格局－过程耦合的生态安全目标

生态安全格局指景观中存在某种潜在的生态系统空间格局，它由景观中的某些关键节点、敏感空间和空间联系所构成（陈利顶等，2018）。生态安全格局对维护或控制特定地段的某种生态过程有着重要的意义。不同区域具有不同特征的生态安全格局，其研究与设计依赖于对空间结构的分析，以及研究者对其生态过程的了解程度。研究生态安全格局的最重要的生态学理论支持是景观生态学，而这一点正为景观生态学所擅长。生态安全格局在宏观尺度上主要指构成景观、区域等尺度上生态系统和土地利用类型的形状、比例和空间配置（傅伯杰，2001）。其中存在某些关键的由点、线、面的位置关系所构成的潜在格局，对于维护和控制某些生态过程、保护生态系统结构功能的完整性、生态系统服务的维持具有重要意义（马克明等，2004；俞孔坚，1999）。早期生态安全格局构建的主要目的是保护生物多样性，但随着生态系统服务评估的发展，以及社会经济问题与生态安全的关系（Blaikie，2008），其研究逐步转向以自然生态系统为主，与社会经济耦合的协同格局发展趋势，主要侧重在全球变化和人类活动扩张所造成的区域性生态问题背景下，进行生态系统功能及过程研究，生物多样性与生态系统服务评估与协同关系，生态保护与恢复，自然与社会经济系统耦合分析（Liu 等，2015；Motesharrei 等，2016；Dong 等，2016），以及生态安全的政策研究（Pickard 等，2015）。

国际上围绕生态安全格局研究主要关注于保护地体系的建立，并按照保护严格程度，划分为从最为严格到可持续利用等不同的类型。自 20 世纪 90 年代以来，国内生态安全研究在跟踪国外研究的过程中，逐渐从早期有关概念的探讨、理论研究阶段，发展到生态风险、生态系统评价（付在毅等，2001；杜巧玲等，2004；杨庆媛，2003），特别是生态安全格局，成为生态安全面向应用与管理的研究热点领域（俞孔坚，1999）。我国有关生态安全格局的研究主要集中在格局的识别与构建领域，例如基于案例生态评价来划分空间生态安全等级（蒙吉军等，2011；董世魁等，2016），采用空间叠加、目标优化等方法构建生态安全格局（俞孔坚等，2009；蒙吉军等，2012），以及格局的功能、服务评估及相互关系研究等（王亚飞等，2016）。

生态安全格局是指对维护生态过程的健康和安全具有关键意义的景观元素、空间位置和联系，包括连续完整的山水格局、湿地系统、河流水系的自然形态、绿道体系，以及中国过去已经建立的防护林体系等，它是一个多层次的、连续完整的网络，包括宏观的国土生态安全格局、区域的生态安全格局和城市及乡村的微观生态安全格局。宏观对应的是全国尺度，生态安全格局被视为水源涵养、洪水调蓄、生物栖息地网络等维护自然生态过程的永久性地域景观，用来保护城市和家园的生态安全，定义城市空间发展格局和城市形态。中观对应的是区域和城市尺度，在这个尺度上，生态安全格局能够以生态基础设施的形式落实在城市中，一方面用来引导城市空间扩展、定义城市空间结构、指导周边土地利用；另一方面，生态基础设施可以延伸到城市结构内部，与城市绿地系统、雨洪管理、休闲游憩、非机动车道路、遗产保护和环境教育等多种功能相结合。这个尺度上的生态安全格局边界更为清晰，其生态意义和生态功能也更加具体。微观对应的是城市街区和地段尺度，生态基础设施作为城市土地开发的限定条件和引导因素，落实到城市的局部设施中，成为进行城市建设的修建性详细规划的依据，将生态安全格局落实到城市内部，让生态系统服务惠及每一个城市居民。

生态安全格局的构建与完善是在社会经济发展背景下，针对气候变化和人类活动干扰因素，以关键生态问题为对象，结合不同需求级别下的生态保护和恢复活动，进行生态安全格局评估，设计和构建综合生态安全格局及宏观布局方案。生态安全格局作为一个宏观、抽象的生态学问题，所涉及的内容多样且具有复杂性（见图 3-3）。

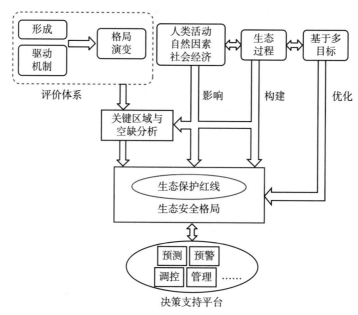

图 3-3　生态安全格局研究的主要内容与构建思路

近年来，在结合我国自身特征上陆续开展了生态区划、生态功能区、主体功能区、保护优先区划分等研究，为生态区的保护发展与管理提供了依据（孙然好等，2018）。随着十八大的召开，"生态安全格局构建"的明确提出，全社会都将进一步理解和贯彻这一精神。生态安全格局的最终成果应该通过相关政策实现永久性的保护，使之成为保障国土、区域和城市生态安全的永久性格局,并引导和限制无序的城市扩张和人类活动,并成为我国划定生态用地、完善和落实生态功能区划、主体功能区划等区域调控政策的有效工具,在国家、省市、区县等各个尺度上达成一致,成为生态保护的关键性格局(景永才等,2018)。

三、格局-过程耦合的发展方向

量化景观格局和生态过程之间的相互作用对可持续景观的利用和管理至关重要。景观生态学研究在深度和广度上得到加强,促进了新的学科生长点的产生和发展:广度上,开始注重自然与社会经济、人文因子的综合,以解析景观的复杂性;深度上,注重宏观格局与微观过程的耦合,深入的微观观测和实验为宏观格局表征和管理策略的制定提供可靠依据,而宏观格局的规划和管理反过来强化了微观研究的实践意义(傅伯杰等,2008)。因此,景观生态学的进一步发展在很大程度上取决于实现景观格局与生态过程的全面科学的整合。

景观格局与生态过程的研究有多方面的侧重点(见图3-4),有不同的演进和发展阶段,景观格局从指数化、针对性和尺度性等逐步完善,而生态过程的关注焦点也从过程动态、过程效应和过程机理逐步深化,两者的耦合特点和发展路径也存在不同组合。例如:区域的综合和区域内的异质性研究;多学科的区域综合实验研究,区域综合的方法与模型;区域内景观多样性、景观格局与生态过程研究;景观生态过程方面的重点是生态水文过程、生物地球化学循环过程、人地相互作用过程、物种迁徙过程等;尺度推绎与转换;模型的发展;非线性科学和复杂性科学在景观生态研究中的应用;景观生态过程模型的发展,模型的有效性检验与验证等(胡巍巍等,2008)。首先,格局与过程的耦合研究要加强野外长期观测和综合调查,它是理解过程机理和发展模型的必要途径;其次,从尺度效应上来考虑,需要加强将遥感和地面观测调查

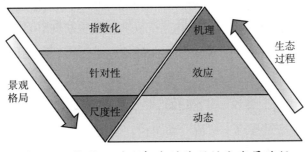

图 3-4 格局-过程耦合的阶段性和发展路径

相结合，将不同尺度的研究进行同化、综合，从而得出更加科学的理解；再次，要进一步深化生态－地理过程研究，并在此基础上开发模型进行模拟和预测；最后，格局是认识世界的表观，过程是理解事物变化的机理，耦合格局与过程是理解和研究地表过程的重要方法，是相关科学综合研究的有效途径（傅伯杰，2014）。

1. 格局－过程耦合基本理论提升

引入相关学科知识，巩固景观格局－生态过程理论基础，开拓研究视野。景观生态学作为一门综合性学科，应该不断地容纳其他学科的理论及研究方法来解决景观格局与生态过程耦合的核心问题。完善与更新已有的景观格局与生态过程耦合的理论框架，任何生态过程都以一定的景观空间为依托，景观对于生态过程而言具有宏观的控制作用，因此生态过程与景观空间在现实世界中相互交融在一起而表现出复杂性特征。在不同尺度上，生态过程研究的侧重点有所差异：在生态系统以下的组织尺度，通常所关注的是传统意义上的生态学过程，包括物质循环、能量流动、种群动态、种间关系等，人类活动的相关过程被作为外在干扰来处理；在景观或区域尺度，人类可以被看成内生成分，因而人类行为及其背后的社会、经济、文化过程也成为重要研究内容，而传统生态学过程的研究成为宏观尺度上景观生态过程研究的基础，即格局－过程的耦合应兼具自然科学视角和人文社会科学视角。

由于格局与过程通常在不同时间尺度内发生变化且两者相互影响的滞后性，因此相比建立静态与动态之间的联系，更易于建立静态与静态之间的联系。比如景观类型上的景观指数与流域内输沙量具有相关性，但不能正确指示土壤侵蚀的变化（孙天成等，2019）。再比如景观格局可以用来估算水源涵养量或产流量，但却很难解释涵养或产流过程。而景观格局与流域水分平均滞留时间之间存在相关性，流域水分平均滞留／储存时间可以用来表征水分在流域内的输移过程（Hrachowitz 等，2009）。因此，筛选能够反映生态过程的静态指标，并建立它们与相对静态的景观格局指数之间的关系，为深入理解格局－过程耦合提供了一个可行的视角。基于 PMM 构建的景观格局指数很难将景观格局与生态过程相关联。针对景观格局分析中的这一难点，源－流－汇景观格局分析范式（Source-Pathway-Sink Model，SPSM）被提出来，即从源、流和汇的角度重新认识景观及其形成的景观格局。以生态过程为导向的范式为深入耦合景观格局与生态过程提供了途径。SPSM 范式基于景观格局分析，明确景观单元的"源"与"汇"，并通过生态过程这一"流"动路径，构建"源"与"汇"的联系，将生态过程融入到景观格局分析中，比如在流域非点源污染的景观格局影响，城市热量传导过程的景观格局影响等。SPSM 分析范式面向特定的生态过程，具有针对性，为开展景观格局分析提供了一种新的视角（Chen 等，2019）。

2. 多元研究方法的耦合途径

改进完善现有景观格局分析的主要手段为景观指数，目前已有的景观格局指数尚不能完全表达景观格局演变，因此需要在两个方面进行改进：①完善指数的生态学意义，在已有指数的选择和新指数的构建过程中，应该更注意其生态内涵，指数的生态学意义还有待进一步研究。同时在研究中，应处理好指数 – 格局 – 过程三者的相互关系，使它们相互联系起来（陈利顶等，2003）。②多种景观指数联合应用。随着新技术的发展，一些新的景观格局指数不断产生。在将来的研究中，通过建立指数集，达到既可以全面反映景观格局特征，又与具体生态过程联系的目的。在构造指数集的过程中，有必要建立一套利用遥感图像计算景观格局指数的标准步骤。在模型分析中，处理好尺度转换和时间衔接等问题，今后的模型分析，针对现今的不足，应重点解决大尺度与小尺度之间的转换、尺度依赖性、模拟的数据、模型的固定与现实变化性之间的矛盾等问题，使模型分析成为一个科学、合理的研究方法。加强格局 – 过程相互关系的研究，格局 – 过程之间存在关系已经得到生态学界的认同，虽然目前对它们之间的关系研究很少，但将来必会成为研究的热点。

多源、时序的海量遥感数据的开放为生态系统服务时间序列的动态变化、生态安全格局分析提供了数据支撑，便于从大尺度上实现区域间的生态系统服务供需流的研究；国内地图服务厂商的多类型数据的支撑（POI 数据，建筑物、绿地、景区等数据集）为实现城市内部生态系统服务计算与生态安全构建提供了数据支撑；大数据与机器学习方法的发展为生态系统服务评价、生态安全格局构建及模拟提供了更加强大的技术支持。在生态安全格局构建中应该更加注重综合利用开源平台与数据的支撑，进一步提升生态安全格局构建的实践和指导意义（景永才等，2018）。

3. 研究对象与尺度的耦合

针对不同的生态系统进行景观格局与生态过程耦合相关研究。例如城市生态系统、水生态系统、森林生态系统、湿地生态系统、农田生态系统和草地生态系统等，然而不同生态系统之间的相互作用与相互影响并没有得到关注。因此，在未来更加注重典型区域（生态脆弱区、干旱半干旱区等）内不同类型生态系统内及不同生态系统间的景观格局与生态过程的耦合研究，即从单一生态系统向复合生态系统拓展（陈利顶等，2014）。比如介于城市生态系统与乡村生态系统之间的城郊生态系统，其景观格局的交叉、梯度变化及其生态过程的复杂性，决定着其不同于自然或城市等单一的生态系统（Zhu等，2017）。然而，城郊生态系统以自然生态系统为基底，融合了大量的人类活动，使其成为符合生态系统扩展研究的一种典型情景，加强不同生态系统之间的相互作用与相互影响研究。不同系统之间的格局－过程耦合研究同时为格局－过程研究的尺度扩展问题提供理论依据。此外，在一定研究尺度内对研究对象的综合、归类或者异质性分析等，为准确理解格局与过程提供一种可行途径。例如，在分析域景观格局与生态系统水质净化服务关系时，将具有相似优势景观特征的汇水单元聚类，再比较两者关系，对流域生态系统水质净化服务的保护和恢复更具有实际意义（孙然好等，2017；刘怡娜等，2019）。

研究尺度包括时间尺度与空间尺度，针对不同的研究尺度应用不同的研究方法，尺度转换或尺度推绎是生态学中的一个关键问题，景观格局与生态过程的耦合研究也不可避免地会遇到尺度和尺度转换问题，在上述研究框架中应该得到足够重视。一定的生态过程通常也就会在一定的时空尺度或尺度域的范围内发生。在景观格局和生态过程的耦合研究中，至少要考虑三个层次的尺度域，即核心尺度域及其小尺度组分和大尺度背景。具体实例如：一系列位于澳大利亚北部样带（超过600km）的研究，通过气象气候数据、航空航天遥感地表数据驱动下的地表及其生态系统模型和中尺度大气模型相耦合，实现1km分辨率的日碳、水收支模拟，并尺度上推到区域，借助航空遥感方法验证模型输出，并尺度下推，与叶片到样地尺度的生态监测和地气通量数据相关联，实现耦合模型的参数化和校验（吕一河等，2013；Beringer等，2011）。

4. 自然－人文－社会视角的耦合

景观格局与社会经济、文化过程相互影响。例如海上丝绸之路对沿海城市格局的重塑，而重塑后的城市景观格局，提升了地区人文、社会、经济的现状及需求，进而形成了城市生态系统的"扩散－聚集－再扩散"的扩张模式（禹丝思等，2017）。城市生态系统的扩张，反过来促进形成了新的城郊生态系统，进一步压缩了自然生态系统的空间、改变了自然生态系统的边界及其生态系统服务能力（陈利顶等，2014）。

自然生态系统供给的清洁水源、新鲜空气及生产原材料等，通过城郊生态系统的加工生产，供给城市生态系统消耗。而城市生态系统产生的废水、气、物等，部分会经过自然生态系统沉积、净化（Zhu等，2017）。而不同生态系统间的属性及差异，决定了其供给（食物、原材料等）、调节（气候、水文等）及文化（美感的享受、提升及精神放松等）等服务功能与景观格局的联系。不断变化、重塑的景观格局，通过影响生态系统的服务功能，影响人的生理、心理健康。景观格局与社会经济和文化过程、人类生理和心理健康的相互影响，说明综合自然、人文和社会视角的景观格局与生态过程的耦合，具有重要的现实意义。自然 – 人文 – 社会视角下的格局与过程耦合，丰富了生态安全的含义。生态安全不仅限于传统意义的生态系统的健康和完整，更重要的是通过构建多视角下的格局 – 过程耦合，维护供给、调节、文化与支持服务的和谐、平衡（刘世梁等，2019），最终实现人类福祉。

5. 格局 – 过程耦合的管理和调控

在景观或区域尺度，格局 – 过程耦合不仅从单一生态系统向复合生态系统过渡，更重要的是人类活动格局 – 过程耦合的主体之一，分为以下三种情景：景观格局 – 人类活动影响的生态过程之间的耦合；人类活动改变的景观格局 – 生态过程之间的耦合；人类活动改变的景观格局 – 人类活动影响的生态过程之间的耦合。在这三种情景下，人类活动不是格局 – 过程耦合的干扰因子，而是格局、过程变化的驱动力或者是响应，例如黄土高原植树造林后的减流减沙效应；洪水、泥石流等的灾后重建；海上丝绸之路建设下的城市扩张。

景观格局与过程相互作用表现出一定的景观功能，而这种相互作用和功能表现又随时空尺度的不同产生变异。生态系统服务和景观功能具有同源性。因此，将生态系统服务与景观多功能性研究紧密结合既有现实基础又能够深化彼此研究的定量化水平，并进一步提出了生态系统服务与景观多功能性综合定量研究的整体性框架（吕一河等，2013）。景观格局 – 生态过程耦合的管理和调控，应以生态环境问题为着力点，以景观格局优化为途径，以生态系统服务价值的综合提升为导向，以人类福祉为根本（吕一河等，2013；彭建等，2015；景永才等，2018）。因此，基于景观格局与生态过程的关系，探求格局与过程关系的作用对象、程度、影响阈值，从而为合理调控格局与过程关系夯实基础。

第二节　三维景观

一、三维景观相关概念

景观生态学研究的核心目标是分析空间格局变化和空间异质性与生态过程之间的关系。格局刻画是景观生态学研究的基础，直接决定着格局与过程关系研究的准确性，如复杂地形地区和城市内部（张小飞等，2007；Liu 等，2017）。传统的格局获取都基于遥感或相关土地利用 / 覆被图，均为投影到二维平面的空间数据。投影技术定义的二维坐标平面虽然减少了数据量，降低了数据获取难度，但物质、能量以及信息是在三维空间中不断运动，二维景观格局研究不可避免的丢失部分空间信息进而导致结论存在偏差，这种偏差在复杂地形地貌地区分析中尤为严重，如在地形复杂地区对地表面积的统计会产生较大误差，对于林线或边界的研究会产生较大影响；在城市区域二维投影格局不能定量研究反映垂直尺度上的变化。

三维景观涉及广泛，当前还没有统一的定义。在景观生态学中应分为广义和狭义的概念定义。广义三维景观概念为：涉及三个维度的现实景观信息构建均可以称为三维景观，例如以谷歌和百度街景为代表的虚拟现实的三维景观，规划和园林中的三维建模；地下信息三维建构，道路三维景观，植被三维模型等。景观生态学的概念为研究景观单元的类型组成、空间格局及其与生态学过程相互作用的综合性学科（肖笃宁，1991；邬建国，2004）。狭义的三维景观应以景观生态学概念和研究范畴为背景进行定义，可以定义为：在考虑垂直尺度下定量刻画景观单元和类型组成及三维尺度上格局与生态环境学过程相互作用的研究。

二、三维景观研究进展

1. 三维景观研究发展特点

20 世纪 90 年代开始探讨已有二维研究方法在三维层面扩展的可能性（Chiba 等，1994）。除中国外，美国、澳大利亚和英国是对三维景观格局重点研究的国家，研究方向以植被群落格局、复杂地表提取刻画、动物昆虫分布与栖息地格局变化、土壤地质演变以及大气水体土壤污染为主，更关注生态环境的时空变化与生物生存活动之间的关系。不同于国外，国内最初涉及三维的研究以植被群落的生态位和分布情况分析为主（蒋有绪，1982），但随着研究深入逐渐进入多元化快速发展阶段：研究以城市景观格局、森林景观格局、土地利用变化、城市气候变化为主，数据多采用 DEM、光学卫星图像或雷达扫描成像（张楚宜等，2019）。总体上，目前对城市及其他复杂地表的建模研究仍是主要关注的技术难点。由于三维空间内各种信息及其相互关系难以被系统完整描述，以及不同地区生态格局的复杂差异，三维景观格局变化与生态过程关联的研究还缺乏研究范式。

另外，三维地表信息提取技术与刻画方法的不断成熟为三维景观格局的研究提供了有力支撑：从早期需要大量时间和人力的实地勘测到激光点云以及无人机等动态监测方法，遥感技术的发展使得快速获取多时空三维地表信息成为可能；建模技术从模型分析到建立多元数据集成平台，对格局的刻画也更贴近真实三维空间。从整体上看，三维景观格局研究正不断吸纳其他领域理论技术进行探索实践，但由于相关技术数据的时相问题和高昂价格，三维景观的相关研究发展要比其他领域稍晚，同时研究规模也较小，相关研究仍有待进一步深入（Wu 等，2017）。

经过 30 多年的发展，三维景观研究逐渐成为一个新兴并且具有活力的研究领域。平均每年有 16 篇关于三维景观的中英文论文发表，平均每篇论文的引用次数超过 25 次。这些论文由 1734 位学者在 250 种期刊上发表，其中约 96% 的学者合作了三维景观的研究。值得注意的是，在过去的近 30 年中，英文论文的发表数量占压倒性的优势，其总量约为中文论文的 11.7 倍。此外，英文论文的篇均作者人数也明显高于中文论文，前者是后者的 1.8 倍。美国作者关于研究三维景观的发表论文遥遥领先于其他国家，其发表论文数是发表论文第二的中国的 4 倍，这些文献计量结果表明，虽然国际学术界对三维景观研究的兴趣日益增长，但是国内对此概念的接受和应用还在起步阶段（见图 3-5，图 3-6，表 3-1）。

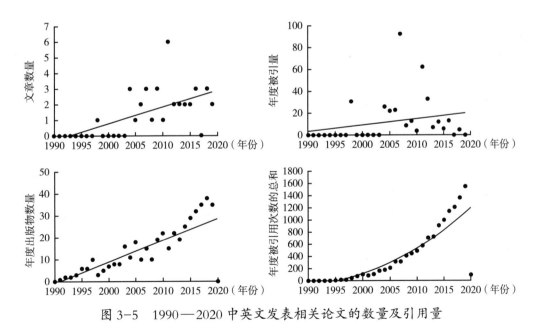

图 3-5　1990—2020 中英文发表相关论文的数量及引用量

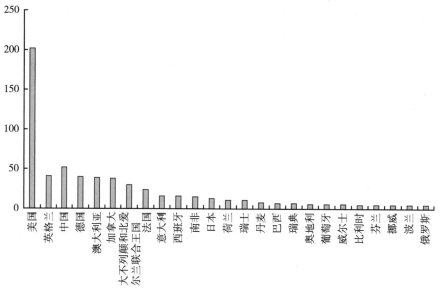

图 3-6　1990—2020 年各国作者英文发表相关论文的数量

表 3-1　1990—2020 年中英文发表的三维景观研究论文

	英文论文	中文论文	整体集
时间段	1990—2020	1990—2020	1990—2020
文章数量	432	37	469
期刊数量	214	36	250
作者数量	1657	77	1734
平均每篇论文被引次数	28.32	9.68	26.85
平均每篇文章的作者人数	3.84	2.08	3.70
单独撰写文章的作者人数	56	19	75
多人合作撰写文章的作者人数	1601	58	1659

［英文论文的发文数来源于 web of science；中文论文数量来自中国知网检索。检索词为三维景观（three dimensional landscape）。］

2. 三维景观研究方向

自然界存在着多种多样的垂直地带性或垂直梯度变化，从地上动植物垂直地带性分异，到水文变化、地下土壤微生物及根系分布变化及大气污染浓度等。在早期的相关研究中，投影的二维层面用来分析生态过程变化，必然导致结果的不确定性。但随着诸如激光雷达和数字高程模型等三维数据获取表达技术的应用，在不同方向上已积累部分三维格局研究案例。

（1）复杂地形三维植被格局研究

由于山区植被垂直地带性差异明显，三维特征突出，因此山区植被是三维景观格局在地形复杂地区的重点研究对象。按照研究对象大小，复杂地形植被三维格局大致分为三个方向：森林个体高度模型建立、山地林木线变化研究以及山地森林景观格局研究。

以往山地森林调查需要大量的野外观测，且离散的样点数据不利于整体分析，现在研究数据获取方式以地面和机载激光雷达为主，绘制冠层高度，刻画山区地表三维景观，在三维森林组成研究中发挥了重要作用。激光雷达技术在热带和高寒区的植被绘制中发挥了重要作用，但实际研究仍需要根据森林植被类型选择不同季节并利用其他信息加以辅助；通过无人机遥感影像以及其他数据叠合建立集成化三维森林景观可视化平台为未来山地森林景观研究带来更广阔的发展前景。当前的研究关注于复杂地表三维景观格局变化的案例较多，但较少关于三维格局与生态过程关系的探讨分析（张志明等，2017）。

（2）地下三维格局

与地上空间植被生长情况类似，地下也具有明显的垂直变化趋势，这一趋势在根系空间分布中尤为明显。细根是生态过程中碳、土壤养分快速循环的重要组成，生长能力强、分解快，这对研究地下生态过程具有重大意义。已有草和树木共存的根系特征研究结论从最开始普遍认同的两层生态位分化假说转变成重叠生态龛位，这是一个三维变化的过程，非生物和生物结构相互依赖（Moon 等，2017）。但以往的研究缺少亚热带稀疏草原生态系统中根系在三维景观尺度上的研究，对于地上草本向木本转变时地下根系的格局变化也有待进一步研究（Zhou 等，2018）。

目前水文研究以二维数据研究水质和土壤侵蚀为主，或从生物生态学角度对水下植被动物进行相关分析（Witman 等，2003），景观生态角度的三维格局与过程研究还很少见。值得注意的是，已有学者对海底景观生态安全格局进行三维重建研究（Su等，2018）。但水下三维数据获取技术难度高，真正对于水下三维景观格局的研究还处在早期探索阶段。另外，尽管长期小规模的运动研究很少利用多年土地覆盖数据，但对于物候影响敏感的迁徙类物种的研究以及匹配景观指标的生境地表纹理研究，DEM 数据发挥重要的作用，并为跨物种和生态系统的研究提供新的思路（Neumann等，2015）。激光雷达技术推动了对动物和昆虫精细运动路径和生境的分析，这使景观功能连通性研究具有重要的生态学意义，但数据获取成本较高。

（3）城市三维格局

城市是人类活动中心，是三维格局最受关注区域。城市具有高空间异质性且地表景观变化迅速，二维层面在这种背景下对生态过程变化的研究已显乏力。因此高时空分辨率三维信息提取刻画，成为解决这些难题的首要挑战（付凤杰等，2019）。目前，摄影测量、激光扫描和已有二维数据三维重建是城市景观格局研究中主要的数据获取手段（李清泉等，1998），高分辨率遥感影像也成为最主要的数据源（张培峰等，2013）。

城市从早期平面扩张发展到具有明显三维特征，变化迅速，但目前国内外城市景观格局三维扩张研究仍处于初期阶段。我国在过去几十年的城市发展中，城市内部改造重建剧烈，建筑物高度和密度发生重大变化，对三维格局变化刻画及其生态环境影响的研究是当前的热点（Xu 等，2019）。三维格局刻画的研究方面，有学者参考建筑学和景观生态学景观指数构建了三维格局指标体系（Kedron 等，2019；Liu 等，2017）和城市建筑三维景观扩展（陈探等，2015）。当前，对于三维格局与生态环境过程的研究主要集中在环境过程，特别是热岛和大气污染研究。热岛的研究包括三维格局指数与热岛的空间统计分析（Berger 等，2017；Zheng 等，2017），分析城市建筑物垂直绿化对地表温度影响（Peng 等，2020），小尺度上建立过程模型模拟不同三维表面温度差异（Gusson 和 Duarte，2016；Crank 等，2018）。在大气污染研究中将城市三维作为下垫面的粗糙度进行建模分析，同时分析建筑和植被三维格局与各大气污染指标空间分布关系，特别是雾霾（PM2.5）的研究，建构减缓大气污染的优化格局或理想规划（宫继萍等，2015）。城市三维格局对大气环境影响最主要在微气候尺度，其数据获取可分为两种方法，一是现场测量、卫星遥感和风洞实验等测量方法，二是利用能量平衡模型（EBM）和计算流体动力学（CFD）等方法进行模拟（Kanda，2007）。后者相比于前者，虽然不是实测数据，但可以根据不同情景对数据进行比较分析，因此更受研究人员的青睐。CFD 的应用尺度十分广泛，中尺度上结合城市案例进行三维大气过程分析（Blocken 等，2012），微尺度中研究建筑群体周围的风环境、城市小气候人居的适宜性以及污染物扩散等（Lateb 等，2015）。另外，室内通风研究也逐渐受到重视，并有学者将这一尺度与其他尺度结合进行更详细的城市小气候过程分析（Hooff 等，2013）。

三、三维景观研究未来发展方向

总体而言，国际上三维景观的研究方兴未艾，处于起步阶段。我国三维景观的研究同样处于起步阶段，城市方向研究案例已高于国际水平。当前，三维景观发展限制或研究不足主要包括：大尺度上精确数据获取技术、具有生态环境意义的三维格局指数构建、三维格局与生态环境过程机理研究、以减缓生态环境为目标的格局优化或空间规划。

当今人类正面临越来越严峻的资源环境挑战，"生态优先原则"正在成为普遍共识。我国近年来的生态文明建设、国土空间规划和"三线划定"有力推动生态优先理念的落地。然而，国土空间规划中如何科学保证生态环境过程优化和"三线划定"中生态红线如何构建优化格局都需要"格局与过程"的理论支撑。在城市及更小的尺度上，三维格局与过程的关系应纳入考虑范畴，将对城市未来发展起到重要引领作用，特别是指导我国城市内部大规模改造方式。另外，景观生态学大部分研究关注格局对生态环境过程影响，考虑三维格局可以提高研究的准确性，拓展景观生态学的理论和方法。借助遥感技术，三维数据获取逐渐向高时空分辨率发展，使得景观研究更贴近真实景观环境。同时刻画方法的进一步研究也加深了对格局在生态学意义中的理解，进而对格局与过程关系这一景观生态学重点问题的探讨起到推进作用。简而言之，在三维景观研究中，获取三维数据是基本前提，刻画三维景观是重要手段，格局与过程研究是核心目标。三者循序渐进，相辅相成，因此这几个方向可为未来三维景观研究的重点方向。

1. 大尺度三维景观数据获取

（1）中短期目标——三维格局遥感大尺度提取方法

近年，基于高分遥感影像三维信息的提取是被广泛使用的一种方式，通过对太阳信息参数、卫星信息参数、建立图像阴影长度与建筑物高度的几何关系，从而提取出地物的三维信息，主要的方法包括基于像元的分类方法和目视解译方法。基于像元的分类方法计算原理是利用像元光谱值的特性对地物进行统计分类；利用目视解译的方法提取地物信息，这需要丰富的背景知识和大量时间成本，当前只在要求精度较高的研究中使用。利用高分辨率遥感影像数据提取三维地物信息是当前技术和数据限制的结果。当前技术条件下其他的数据获取方式，如利用航空摄影测量获取地物三维信息，不适合大范围的信息采集，此外航空影片往往受限于天气因素，限制了航空摄影测量技术的发展；传统遥感影像提取地物信息，由于分辨率精度较低，造成提取误差较大；激光雷达影像提取三维地物信息，提取精度较高，同时可以获得高程信息，但是对二维特征的反映较差，且一般激光雷达数据价格较高，广泛利用比较困难。

遥感技术的快速进步将直接推动数据能力的增加和成本的下降。雷达遥感卫星的观测、航空摄影测量、无人机技术，以及利用机载激光扫描的不断普及和成本下降，越来越多的数据源将可以应用到三维数据获取和研究中。雷达遥感卫星技术不断发展，以美国的 COSMO–SkyMed 和 ATLAS/ICESat–2 L3A、日本的 ALOS–2、德国的 TerraSAR–X 和我国的高分三号卫星为代表的一系列雷达遥感卫星在时间和空间分辨率上不断提高，当前能提供最高分辨率为 1 米的卫星雷达数据、为高精度三维地形信息提供了新的数据源。相对于卫星雷达数据，当前无人机技术的成熟和普及，基于无人机平台搭载倾斜摄影和雷达等，在小尺度上以其低成本和实时性特点将会得到广泛应用。

当前的研究多在小尺度上进行，只有实现大尺度上连续数据获取才能进一步推动该方向发展。结合多种数据源实现在较大尺度上对三维格局进行数据提取方法实现和验证应为该方向中短期目标。

（2）中长期目标——多数据源大数据方法支持下多时空尺度快速提取

景观生态学是一门研究"人 – 地"关系的学科。遥感技术为提取地表信息提供便利，而飞速发展的大数据技术方法为多时间、多空尺度人类活动信息的快速提取提供了可能。人类活动产生海量大数据，如导航数据、GPS、兴趣点（Point of Interest., POI）、手机、公交卡、出租车等数据快速发展。这些海量数据部分能为三维格局提供直接数据，如百度地图和谷歌地图中的建筑物轮廓数据，但这些数据并非分开数据，难以获得。海量的 POI 数据可以提供间接数据，与遥感数据结合可以推导相关数据产品，如结合夜间灯光数据计算高分辨率的人口空间分布数据，从而结合相关遥感数据可以推导三维城市空间信息（Ye 等，2019）。这使得研究者可以不单单依赖一种线性的社会经济或其他数据，而是将人类活动的过程考虑进对地表格局的影响中。

遥感大数据平台，如谷歌地球引擎（Google Earth Engine，GEE）的发展，运算能力将得到质的突破，同时遥感存档数据不断增加，各种三维数据获取手段不断丰富。与其他行业共享交通工具、共享通信设备以及共享员工相类似的，三维景观数据的提取也将不再繁复。数据共享时代，依托于 GEE 等平台的集成，三维数据应具有更统一提取的标准，更灵活的使用权限，更多元化的处理方法。与此同时，随着景观可视化集成平台逐渐完善并超越物理可感知的环境，三维可视化将与气候变化、自然扰动、生态学以及其他与景观和自然环境相关的模型联系起来，成为未来环境预测的重要工具。

在今后的研究中，多时间尺度大尺度上高分辨率的海量三维数据获得和分析定将会成为发展方向（Triantafyllou 等，2017）。

2. 三维景观刻画

（1）中短期目标——三维格局指数构建

过去几十年遥感、GIS 及计算机技术的发展，景观生态学中景观格局的定量分析方法得到发展，主要的刻画方法为景观空间格局指数，从 20 世纪 90 年代以来发展较慢。景观空间格局指数高度浓缩了景观格局信息，其可以反映景观结构组成和空间配置等特征，是一种简单的定量化指标，并且是最经常用来研究景观格局构成与特征的静态定量分析方法，最常用的分析工具为景观格局分析软件（FRAGSTATS）（陈利顶等，2014）。

由于技术等原因，目前三维景观格局指数的研究还处于早期阶段：方法以结合雷达遥感数据度量三维空间的指数和利用 DEM 推算真实地表信息带入已有二维指数计算对比二维指数在三维拓展的可能性为主；应用集中在对自然复杂地貌景观功能和城市景观格局分析，同时结合研究目标对指数的生态学意义进行了初步探索（Liu 等，2017；Kedron 等，2019）。但同二维景观格局对尺度的敏感性类似，三维景观格局指数同样受建模刻画级别不同的影响，因此对地表三维信息刻画方法的研究以及指数敏感度研究也成为相关学科探讨的重点之一。

综上，中短期三维格局刻画的发展方向为建构能够反映特征、聚集度、多样性、破碎化和联通性等各个方面的三维格局指标体系，以及开发类似 FRAGSTATS 的三维格局指数计算软件，以统一和规范各指标的计算方法和推广应用。

（2）中长短期目标——三维格局指数生态环境意义

大量研究发现景观指数可解释性等方面存在缺陷，同时大多数二维景观格局指数的数理统计和几何表达特点导致其生态学意义缺乏，因此近年利用多维景观指数集合方法描述各种生态系统服务和景观功能方面研究成为研究热点，但这方面研究进展较慢（Wu，2012）。

在复杂地形地区，三维景观格局指数可更精准度量高度、表面积等信息，同生态指标也具有更良好的相关性，这说明三维指数具有更重要的生态学意义。另外，三维提取技术的提高使得表面纹理的研究也得到发展，这在水文循环、动植物空间分部和城市微气候研究中将发挥重要作用（Du，2015）。

一方面，随着提取技术进步数据更贴近真三维，但随之而来的问题是三维数据的冗余也逐渐增多。从材料工程角度考虑，景观表面的不同特别是在三维激光点云技术提取下的三维表面，确实具有不同的功能以及影响。但从生态学角度考虑，是否有必要对全部提取的数据进行刻画还有待进一步研究。目前的研究，无论是从理论方法还是实际运算效力上，有选择的刻画仍旧是研究的重点。因此对于三维数据的筛选以及关键具有生态学意义信息的提取也是未来研究的一个方向（Kedron，2019）。

另一方面，在目前的大多数三维表面度量标准中，许多度量标准是针对材料工程或者规划设计开发的，缺乏相似的生态学度量标准，特别是对邻接关系的表达（Ritters，2018），这使得三维景观研究中生态学意义模糊。不同数据源在生态模型中或相关软件上由于数据格式或其他原因影响，导致数据无法应用或兼容，又进一步影响接下来的研究中对生态学意义的解释。因此，建立可衔接三维数据与生态学分析平台的刻画指标在今后的研究中也值得重点关注。

总之，同二维景观指数一样，随着三维提取刻画手段的进步，结合不同生态过程的动态监测模拟与评估来确定三维景观格局指数的生态环境学意义，以及不同数据源的衔接是未来重要发展方向。

3. 三维景观格局与生态环境过程关系机理研究

（1）中短期目标——基于过程模型的三维格局效应分析

三维景观格局是研究景观格局演变与生态环境效应之间关系的有效途径，目前在生物多样性、大气污染、热岛效应、动植物的栖息迁移、美学和区域生态安全等方面都有一定进展。随着我国城市化进程不断加剧和城市生态环境问题不断突出，城市三维扩展的生态环境效应及优化成为未来的研究热点。中短期重点的研究热点和方向应为基于过程模型的三维格局效应分析，重点方面可能包含以下几个方面：

复杂地表三维表面与生态过程研究。遥感和无人机技术的快速发展使得复杂地表的重建越来越容易。垂直尺度上不同景观的空间过渡及生态效应，是山地景观最突出特征之一，对养分流动和生物多样性有重要作用。由于传统斑块－廊道－基质的格局研究对三维结构考虑不足，连续大范围三维山地植被格局成为主要研究方向（Periman，2005）。在中短期的研究方向或许为观测实验或野外调查数据与复杂地表的三维格局之间的关系研究。

城市三维景观格局与地表热环境的定量关系研究。城市三维景观格局影响着城市微气候效应。由于人口的聚集程度变大、工业生产规模扩大，城市建设用地不但向水平方向扩展，同时也向垂直方向扩展。水泥、沥青等材料建造的人工地貌逐渐取代草地、农田、林地、水塘的郊区自然生态环境。城市下垫面的热力学、动力学特征从根本上被改变了。城市的高层建筑会影响局地风速，热量很难扩散，热岛效应容易产生，因此城市密集区的气温显著高于郊区（张淑平等，2016）。目前，分析土地利用 / 覆盖类型及其变化与城市热岛效应的关系的研究已经被采用定性或定量的方法，同时研究者也提出了概化的建议，例如增加水体、植被等景观类型，以及采用合适的建筑材料等方式来缓解热岛效应。然而，从景观格局入手来分析城市热岛效应的问题可以看出，现有的传统景观指数在加入了城市建筑景观的高度、间距等特征后，无法进行具体的刻画及模拟，亟需二维或者三维模型来进行描述。但是目前还没有合适的描述二维至三维特征的综合景观格局指数或方法，使之能有效地刻画城市三维景观格局及与城市热岛效应的关系。

城市三维景观格局对城市大气环境的影响研究。城市景观三维格局的演变影响着局地大气污染，城市大气污染物主要来源于城市内工业生产、交通运输、生活灶炉、采暖锅炉排放等，污染物在大气中的迁移和扩散也与城市下垫面演变紧密相关。城市内的土地利用状况和建筑物的高度和密度决定着城市下垫面的状况，且其异质性会改变城市小尺度局地环流、大气湍流等大气运动方式，大气环境中能量和物质的交换过程也会受到影响，从而影响着大气污染的空间格局。街区峡谷（街谷）位于城市内部大气环境相对特殊，主要由于建筑物的阻隔，形成了相对独立于整个城市大气边界的微气候类型，街谷内部大气污染物的扩散及分布在微气候中的影响比在整个大气层内更明显。城镇的不断扩张也会影响不同地区间污染物的相互输送及污染物的浓度分布状况，污染物不断沿延伸的三维廊道传送，使污染范围扩大，城市生态环境受到严重危害。不同尺度上综合的三维景观格局与大气污染过程关系将是研究的重点。

当前最有效的研究方法为基于机理过程模型的模型模拟方法，将下垫面的三维地表作为模型的参数，得到研究的生态环境过程二维或三维空间分布，进行分析三维格局与生态环境过程的关系，这种研究范式在还有待于进一步提高精度和验证，是中短期发展的目标。

（2）中长期目标——基于大尺度长时间序列观测的机理分析

目前人类所面临的各种环境问题实质上是地球各圈层相互作用的结果，一方面把地球作为一个由各圈层或子系统相互作用的复杂系统来开展研究，地球表面的生态系统是地球系统的重要组成部分，是与人类活动最为密切的生物圈的核心（傅伯杰等，2014）。三维地表格局研究是地表生态系统圈层研究的重要内容，结合全球的观测系统长时间序列数据能够提供更加可靠的研究成果。

另一方面，将价值观念引入技术评估和景观管理，以便在应用过程中促进人类个体或群体在决策和使用中的参与度。将分析得到的改善或预测人地关系发展的结果及可供管理操作的方法进行可视化，将有助于未来决策者制定更好的规划方案并获得更积极的来自公众的反馈，并有助于研究人员使用更加系统化、更轻松的方法对比分析景观格局，同时也会为格局与过程关系的进一步探索带来更大的便利。

当前，国际生态系统观测研究网络的观测尺度从站点走向流域和区域，关注的对象从生态系统扩展到地表系统，逐渐将自然生态要素与社会经济相结合，深化了联网观测和联网研究；在观测手段上实现了地面观测和遥感多尺度观测的有机结合，日益注重数据共享和集成。国家尺度的观测研究网络如德国的 TERENO（Terrestrial Environmental Observatories），美国的 NEON（The National Ecological Observatory Network），澳大利亚的 TERN（Terrestrial Ecosystem Research Network）和我国的 CERN（Chinese Ecosystem Research Network）。全球尺度的监测系统当前有：全球环境监测系统（Global Environmental Monitoring System，GEMS）、全球陆地观测系统（Global Terrestrial Observation System，GTOS）、全球综合地球观测系统（Global Earth Observation System of Systems，GEOSS）、国际长期生态学研究网络（International Long-term Ecology Research，ILTERN）和国际通量网（FLUXNET）为代表的全球生态系统相关的观测研究网络。应用国际生态系统观测数据集，在尺度上和长时间序列上分析地表三维格局与生态环境过程和机理应为三维景观研究的中长期目标。

参考文献

［1］ Berger C，Rosentreter J，Voltersen M，et al. Spatio-temporal analysis of the relationship between 2D/3D urban site characteristics and land surface temperature ［J］. Remote Sensing of Environment，2017，193：225-243.

［2］ Beringer J，Hutley L B，Hacker J M，et al. Patterns and processes of carbon，water and energy cycles across northern Australian landscapes：From point to region ［J］. Agricultural and Forest Meteorology，2011，151（11）：1409-1416.

［3］ Blaikie P. Epilogue：Towards a future for political ecology that works ［J］. Geoforum，2008，39（2）：765-772.

［4］ Blocken B，Janssen W D，Hooff T. CFD simulation for pedestrian wind comfort and wind safety in urban areas: General decision framework and case study for the Eindhoven University campus [J]. Environmental Modelling & Software, 2012, 30: 15–34.

[5] Chen L, Sun R, Lu Y. A conceptual model for a process–oriented landscape pattern analysis [J]. Science China Earth Sciences, 2019, 62 (12): 2050–2057.

[6] Chiba N, Muraoka K, Takahashi H, et al. Two–dimensional visual simulation of flames, smoke and the spread of fire [J]. Computer Animation & Virtual Worlds, 1994, 5 (1): 37–53.

[7] Crank P J, Sailor D J, Ban–Weiss G, et al. Evaluating the ENVI–met microscale model for suitability in analysis of targeted urban heat mitigation strategies [J]. Urban climate, 2018, 26: 188–197.

[8] Dong S, Kassam K A S, Tourrand J F, et al. Building resilience of human–natural systems of pastoralism in the developing world [M]. Switzerland: Springer, 2016.

[9] Du Preez C. A new arc–chord ratio (ACR) rugosity index for quantifying three–dimensional landscape structural complexity [J]. Landscape Ecology, 2015, 30 (1): 181–192.

[10] Gusson C S, Duarte D H S. Effects of built density and urban morphology on urban microclimate-calibration of the model ENVI–met V4 for the subtropical Sao Paulo, Brazil [J]. Procedia Engineering, 2016, 169: 2–10.

[11] Hooff T V, Blocken B. CFD evaluation of natural ventilation of indoor environments by the concentration decay method: CO_2 gas dispersion from a semi–enclosed stadium [J]. Building & Environment, 2013, 61 (3): 1–17.

[12] Hrachowitz M, Soulsby C, Tetzlaff D, et al. Regionalization of transit time estimates in montane catchments by integrating landscape controls [J]. Water Resources Research, 2009, 45 (5): W05421.

[13] Kedron P, Zhao Y, Frazier A E. Three dimensional (3D) spatial metrics for objects [J]. Landscape Ecology, 2019, 34 (9): 2123–2132.

[14] Lateb M, Meroney R N, Yataghene M, et al. On the use of numerical modelling for near–field pollutant dispersion in urban environments– A review [J]. Environmental Pollution, 2016, 208: 271–283.

[15] Liu J, Mooney H, Hull V, et al. Systems integration for global sustainability [J]. Science, 2015, 347 (6225): 1258832.

[16] Liu M, Hu Y M, Li C L. Landscape metrics for three–dimensional urban building pattern recognition [J]. Applied Geography, 2017, 87: 66–72.

[17] Kanda M. Progress in urban meteorology: A review [J]. Journal of the Meteorological Society of Japan. Ser. II, 2007, 85: 363–383.

［18］Malanson G P, Resler L M, Bader M Y, et al. Mountain Treelines: a Roadmap for Research Orientation ［J］. Arctic, Antarctic, and Alpine Research, 2011, 43（2）: 167-177.

［19］Marchi N, Pirotti F, Lingua E. Airborne and Terrestrial Laser Scanning Data for the Assessment of Standing and Lying Deadwood: Current Situation and New Perspectives ［J］. Remote Sensing, 2018, 10（9）: 1356.

［20］Mcdowall P, Lynch H J. The importance of topographically corrected null models for analyzing ecological point processes ［J］. Ecology, 2017, 98（7）: 1764-1770.

［21］Mills G. Micro-and mesoscale climatology ［J］. Progress in Physical Geography, 2008, 32（3）: 293-301.

［22］Moon S, Perron J T, Martel S J, et al. A model of three-dimensional topographic stresses with implications for bedrock fractures, surface processes, and landscape evolution ［J］. Journal of Geophysical Research: Earth Surface, 2017, 122: 823-846.

［23］Motesharrei S, Rivas J, Kalnay E, et al. Modeling sustainability: population, inequality, consumption, and bidirectional coupling of the Earth and Human Systems ［J］. National Science Review, 2016, 3（4）: 470-494.

［24］Neumann W, Martinuzzi S, Estes A B, et al. Opportunities for the application of advanced remotely-sensed data in ecological studies of terrestrial animal movement ［J］. Movement Ecology, 2015, 3（1）: 8.

［25］Peng L, Jiang Z, Yang X, et al. Cooling effects of block-scale facade greening and their relationship with urban form ［J］. Building and Environment, 2020, 169: 106552.

［26］Periman R D. Modeling landscapes and past vegetation patterns of New Mexico's Rio del Oso Valley ［J］. Geoarchaeology-an International Journal, 2005, 20（2）: 193-210.

［27］Petras V, Newcomb D J, Mitasova H. Generalized 3D fragmentation index derived from lidar point clouds ［J］. Open Geospatial Data, Software and Standards, 2017, 2（1）: 9.

［28］Pickard B R, Daniel J, Mehaffey M, et al. EnviroAtlas: A new geospatial tool to foster ecosystem services science and resource management ［J］. Ecosystem Services, 2015, 14: 45-55.

［29］Sohn G, Dowman I. Data fusion of high-resolution satellite imagery and LiDAR data for automatic building extraction ［J］. ISPRS Journal of Photogrammetry and Remote Sensing, 2007, 62（1）: 43-63.

［30］Strahler A H. Hypsometric（area-altitude）analysis of erosional topography ［J］. Geological Society of America Bulletin. 1952, 63（11）: 1117-1142.

［31］Su Y, Wang Z. 3D Reconstruction of Submarine Landscape Ecological Security Pattern Based on Virtual Reality ［J］. Journal of Coastal Research, 2018, 83（sp1）: 615-620.

［32］Sun R，Zhang B，Chen L. Regional-scale identification of three-dimensional pattern of vegetation landscapes［J］. Chinese Geographical Science，2014，24（1）：104-112.

［33］Triantafyllou A，Watlet A，Bastin C. Geolokit：An interactive tool for visualising and exploring geoscientific data in Google Earth［J］. International Journal of Applied Earth Observation and Geoinformation，2017，62：39-46.

［34］Wang W，Xu Y，Ng E，et al. Evaluation of satellite-derived building height extraction by CFD simulations：A case study of neighborhood-scale ventilation in Hong Kong［J］. Landscape and Urban Planning，2018，170：90-102.

［35］Witman J D，Genovese S J，Bruno J F，et al. Massive prey recruitment and the control of rocky subtidal communities on large spatial scales［J］. Ecological Monographs，2003，73（3）：441-462.

［36］Wu J. Thirty years of Landscape Ecology（1987-2017）：retrospects and prospects［J］. Landscape Ecology，2017，32（12）：2225-2239.

［37］Wu Q，Guo F，Li H，et al. Measuring landscape pattern in three dimensional space［J］. Landscape and Urban Planning，2017，167：49-59.

［38］Wu Z，Wei L，Lv Z. Landscape pattern metrics：An empirical study from 2-D to 3-D［J］. Physical Geography，2012，33（4）：383-402.

［39］Xu Y Y，Liu M，Hu Y M，et al. Analysis of three-dimensional space expansion characteristics in old industrial area renewal using GIS and Barista：A case study of Tiexi District，Shenyang，China［J］. Sustainability，2019，11（7）：1860.

［40］Ye T N，Zhao X. Yang Z，et al. Improved population mapping for China using remotely sensed and points-of-interest data within a random forests model［J］. Science of the Total Environment，2019，658：936-946.

［41］Zheng Z，Zhou W，Wang J，et al. Sixty-year changes in residential landscapes in Beijing：A perspective from both the horizontal（2D）and vertical（3D）dimensions［J］. Remote Sensing，2017，9（10）：992.

［42］Zhou Y，Boutton T W，Wu X B，et al. Rooting strategies in a subtropical savanna：a landscape-scale three-dimensional assessment［J］. Oecologia，2018，186（4）：1127-1135.

［43］Zhu Y G，Reid B J，Meharg A A，et al. Optimizing Peri-URban Ecosystems（PURE）to re-couple urban-rural symbiosis［J］. Science of the Total Environment，2017，586：1085-1090.

［44］陈爱莲，孙然好，陈利顶. 基于景观格局的城市热岛研究进展［J］. 生态学报，2012，32（14）：4553-4565.

［45］陈春娣，Douglas MC，吴胜军，等. 城市湿地景观格局与生态—社会过程研究进展［J］. 湿地

科学与管理, 2014, 10 (1): 57-61.

[46] 陈利顶, 傅伯杰, 徐建英, 等. 基于"源-汇"生态过程的景观格局识别方法——景观空间负荷对比指数 [J]. 生态学报, 2003, 23 (11): 2406-2413.

[47] 陈利顶, 景永才, 孙然好. 城市生态安全格局构建: 目标、原则和基本框架 [J]. 生态学报, 2018, 38 (12): 4101-4108.

[48] 陈利顶, 李秀珍, 傅伯杰, 等. 中国景观生态学发展历程与未来研究重点 [J]. 生态学报, 2014, 34 (12): 3129-3141.

[49] 陈利顶, 刘洋, 吕一河, 等. 景观生态学中的格局分析: 现状、困境与未来 [J]. 生态学报, 2008, 28 (11): 5521-5531.

[50] 陈探, 刘淼, 胡远满, 等. 沈阳城市三维景观空间格局分异特征 [J]. 生态学杂志, 2015, 34 (9): 2621-2627.

[51] 董世魁, 吴娱, 刘世梁, 等. 阿尔金山国家级自然保护区草地生态安全评价 [J]. 草地学报, 2016, 24 (4): 906-909.

[52] 杜巧玲, 许学工, 刘文政. 黑河中下游绿洲生态安全评价 [J]. 生态学报, 2004, 24 (9): 1916-1923.

[53] 付凤杰, 刘珍环, 黄千杜. 深圳市福田区三维城市景观格局变化特征 [J]. 生态学报, 2019, 39 (12): 4299-4308.

[54] 付在毅, 许学工. 区域生态风险评价 [J]. 地球科学进展, 2001, 16 (2): 267-271.

[55] 傅伯杰. 地理学综合研究的途径与方法: 格局与过程耦合 [J]. 地理学报, 2014, 68 (9): 1052-1059.

[56] 傅伯杰. 景观生态学原理及应用 [M]. 北京: 科学出版社, 2001.

[57] 傅伯杰, 吕一河, 陈利顶, 等. 国际景观生态学研究新进展 [J]. 生态学报, 2008, 28 (2): 798-804.

[58] 傅伯杰, 徐延达, 吕一河. 景观格局与水土流失的尺度特征与耦合方法 [J]. 地球科学进展, 2010, 25 (7): 673-681.

[59] 宫继萍, 胡远满, 刘淼, 等. 城市景观三维扩展及其大气环境效应综述 [J]. 生态学杂志, 2015, 34 (2): 562-570.

[60] 胡巍巍, 王根绪. 湿地景观格局与生态过程研究进展 [J]. 地球科学进展, 2007, 22 (9): 969-975.

[61] 蒋有绪. 川西亚高山森林植被的区系、种间关联和群落排序的生态分析 [J]. 植物生态学与地植物学丛刊. 1982 (4): 281-301.

[62] 景永才, 陈利顶, 孙然好. 基于生态系统服务供需的城市群生态安全格局构建框架 [J]. 生

态学报，2018，38（12）：4121-4131.

［63］康世磊，岳邦瑞. 基于格局与过程耦合机制的景观空间格局优化方法研究［J］. 风景园林理论，2017，33（3）：50-55.

［64］李春林，胡远满，刘淼，等. 城市非点源污染研究进展［J］. 生态学杂志，2013，32（2）：492-500.

［65］李清泉，李德仁. 三维空间数据模型集成的概念框架研究［J］. 测绘学报，1998，27（4）：46-51.

［66］刘世梁，武雪，朱家蒽，等. 耦合景观格局与生态系统服务的区域生态承载力评价［J］. 中国生态农业学报，2019，27（5）：694-704.

［67］刘怡娜，孔令桥，肖燚，等. 长江流域景观格局与生态系统水质净化服务的关系［J］. 生态学报，2019，39（3）：844-852.

［68］刘宇，吕一河，傅伯杰. 景观格局-土壤侵蚀研究中景观指数的意义解释及局限性［J］. 生态学报，2011，31（1）：267-275.

［69］吕一河，陈利顶，傅伯杰，等. 景观格局与生态过程的耦合途径分析［J］. 地理科学进展，2007，26（3）：1-10.

［70］吕一河，马志敏，傅伯杰，等. 生态系统服务多样性与景观多功能性——从科学理念到综合评估. 生态学报，2013，33（4）：1153-1159.

［71］马克明，傅伯杰，黎晓亚，等. 区域生态安全格局：概念与理论基础［J］. 生态学报，2004，24（4）：761-768.

［72］蒙吉军，赵春红，刘明达. 基于土地利用变化的区域生态安全评价——以鄂尔多斯市为例［J］. 自然资源学报，2011，26（4）：578-590.

［73］蒙吉军，朱利凯，杨倩，等. 鄂尔多斯市土地利用生态安全格局构建［J］. 生态学报，2012，32（21）：6755-6766.

［74］彭建，党威雄，刘焱序，等. 景观生态风险评价研究进展与展望［J］. 地理学报，2015，70（4）：664-677.

［75］彭建，刘焱序，潘雅婧，等. 基于景观格局—过程的城市自然灾害生态风险研究：回顾与展望［J］. 地球科学进展，2014，29（10）：1186-1196.

［76］彭建，赵会娟，刘焱序，等. 区域生态安全格局构建研究进展与展望［J］. 地理研究，2017，36（3）：407-419.

［77］苏常红，傅伯杰. 景观格局与生态过程的关系及其对生态系统服务的影响［J］. 自然杂志，2012，34（5）：277-283.

［78］孙然好，程先，陈利顶. 基于陆地-水生态系统耦合的海河流域水生态功能分区［J］. 生态

学报，2017，37（24）：8445-8455.

[79] 孙然好，李卓，陈利顶. 中国生态区划研究展望：从格局、功能到服务 [J]. 生态学报，2018，15：5271-5278.

[80] 孙天成，刘婷婷，褚琳，等. 三峡库区典型流域"源""汇"景观格局时空变化对侵蚀产沙的影响研究 [J]. 生态学报，2019，39（20）：1-17.

[81] 王军，严慎纯，白中科，等. 土地整理的景观格局与生态效应研究综述 [J]. 中国土地科学，2012，26（9）：87-94.

[82] 王朗，徐延达，傅伯杰，等. 半干旱区景观格局与生态水文过程研究进展 [J]. 地球科学进展，2009，24（11）：1238-1246.

[83] 王亚飞，郭锐，樊杰. 中国城市化、农业发展、生态安全和自然岸线格局的空间解析 [J]. 中国科学院院刊，2016，31（1）：59-69.

[84] 邬建国. 景观生态学中的十大研究论题 [J]. 生态学报，2004，24（9）：2074-2076.

[85] 吴健生，袁甜，王彤. 基于三维景观指数的城市景观美学特征定量表达——以深圳市为例 [J]. 生态学报，2017，37（13）：4519-4528.

[86] 肖笃宁. 景观生态、理论及应用 [M]. 北京：中国林业出版社，1991.

[87] 徐珊珊. 耦合格局与过程的河岸植被缓冲带水土保持功能调控研究 [D]. 郑州：河南大学，2017.

[88] 徐延达，傅伯杰，吕一河. 基于模型的景观格局与生态过程研究 [J]. 生态学报，2009，30（1）：212-220.

[89] 杨庆媛. 西南丘陵山地区土地整理与区域生态安全研究 [J]. 地理研究，2003，22（6）：698-708.

[90] 俞孔坚，王思思，李迪华，等. 北京市生态安全格局及城市增长预景 [J]. 生态学报，2009，29（3）：1189-1204.

[91] 俞孔坚. 生物保护的景观生态安全格局 [J]. 生态学报，1999，19（1）：8-15.

[92] 禹丝思，孙中昶，郭华东，等. 海上丝绸之路超大城市空间扩展遥感监测与分析 [J]. 遥感学报，2017，21（2）：169-181.

[93] 岳文泽. 基于遥感影像的城市景观格局及其热环境效应研究 [D]. 上海：华东师范大学，2005.

[94] 张楚宜，胡远满，刘淼，等. 景观生态学三维格局研究进展 [J]. 应用生态学报，2019，30（12）：4353-4360.

[95] 张培峰，胡远满. 不同空间尺度三维建筑景观变化 [J]. 生态学杂志，2013，32（5）：1319-1325.

［96］张淑平，韩立建，周伟奇，等. 城市规模对大气污染物 NO_2 和 $PM_{2.5}$ 浓度的影响［J］. 生态学报，2016，36（16）：5049-5057.

［97］张小飞，王仰麟，李正国，等. 三维城市景观生态研究［J］. 生态学报，2007，27（7）：2972-2982.

［98］张志明，罗亲普，王文礼，等. 2D 与 3D 景观指数测定山区植被景观格局变化对比分析［J］. 生态学报，2010，30（21）：5886-5893.

［99］朱槐文，孟庆香，宋二红，等. 景观格局 – 生态过程研究进展［J］. 湖北农业科学，2010，49（1）：211-214.

第四章　面向学科体系重构的景观生态学新兴领域

第一节　城市景观生态学

城市化过程中，人口增长、经济高速发展和城市快速扩张带来了一系列城市生态环境问题，如城市热岛效应、城市内涝、水体和空气污染等。这些生态环境问题已经成为制约城市健康发展的重要因素，是实现城市和区域可持续发展所面临的重大挑战（Wu，2010；Wu，2013，Childers 等，2014；周伟奇，2017）。城市生态环境问题的产生都直接或间接地与城市景观格局演变密切相关（Wu，2010；Pickett 等，2011；Zhou，2017a，Zhou，2017b）。利用景观生态学的理论、范式和技术方法，深入研究城市景观格局的特征和变化及其与生态过程、功能相互作用的机理，是解决各类城市生态环境问题的前提和关键（周伟奇，2017；邬建国，2007；Turner 等，2001；Turner，2005；Cadenasso 等，2007）。随着城市化的快速发展和城市生态环境问题的加剧，城市景观生态研究日益成为景观生态学研究的热点和前沿。

一、城市景观生态学概念及其特征

城市景观生态学是一门面向城市空间规划与设计、城市生态管理等应用需求，城市生态学和景观生态学相互交叉产生的学科，其研究重点既包括城市生态学研究中的景观结构 – 过程 – 功能 – 服务的相关内容，也可视为景观生态学的理论方法在城市区域的应用。因此，城市景观生态学是以城市生态系统 / 景观为对象，将城市生态学的理论与研究范式同景观生态学的研究思路与方法相结合，重点研究城市区域人（及其他生物）与环境相互关系的科学（李秀珍等，1995）。城市景观生态学的主要特点是其关注对象——城市，是以人类活动占绝对主导的景观类型，其研究将人的社会、经济、政治等活动视为影响生态系统格局与过程的最关键因素（图 4-1）。复杂的人类活动导致了城市景观具有高度的空间异质性和复杂性、高度的动态性和适应性，以及"社会-经济-自然"复合的特征等（马世骏和王如松，1984；Zhou等，2017）。此外，城市景观生态学也是一门面向实践应用的学科，通过景观规划、设计、优化与管理来支撑城市的可持续发展。

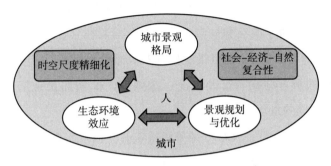

图 4-1　城市景观生态学研究的特点

城市生态学的概念在 20 世纪 20 年代就由美国芝加哥大学的两个社会学家 Robert E. Park 和 Ernest W. Burgess 提出，但早期的城市生态学研究主要是将传统的生态学研究引入城市（Zhou 等，2017），如第二次世界大战后的城市生态学就主要关注欧洲和日本的城市废墟上植被的生长和演替，并没有融合景观生态学的理论方法。随着城市生态学的研究范式从城市中的生态学（ecology in the city）向城市的生态学（ecology of the city），以及服务城市的生态学（ecology for the city）演变（Pickett 等，2016），城市生态学日益重视城市生态系统社会经济和生态空间异质性的研究、景观生态学的理论方法，如景观生态学的格局 - 过程范式在城市生态学研究中大量应用。同时，城市生态学中人与自然耦合、社会经济自然复合等理论框架，也日益融入城市景观生态学的研究，成为指导其研究的基础理论框架。在景观生态学、城市生态学、可持续性科学等多学科交叉的基础上，随着高空间分辨率遥感数据、社会经济大数据、人工智能等数据方法的发展和应用，城市景观生态学在时空异质性的精细量化、社会 - 生态复杂机制综合分析等方面研究日渐深入，日益凸显城市景观生态学侧重定量分析、从现象关联到因果分析，以及社会 - 生态综合的特征。

二、城市景观生态学突出进展

城市景观格局、动态及其生态环境效应是城市景观生态学研究长期关注的热点，而城市空间规划与设计、生态评价与生态管理是该学科面向应用的重要领域。因此，本小节从城市景观格局特征与变化、城市生态环境效应以及景观生态规划与评价三个方面总结了近年来城市景观生态学的主要进展和成果。在生态环境效应方面，选择了城市研究特别关注的热环境、大气环境以及水环境三个方面进行了总结。

1. 城市景观格局及其演变量化

作为社会 – 经济 – 自然复合生态系统，相比自然生态系统，城市景观最具特点的两大特征是高度的空间异质性和社会经济自然复合特性（Cadenasso 等，2007；Zhou 等，2017b；Zhou 等，2014）。城市景观格局及其变化的研究主要集中在以下三大方面：①城市扩张的景观格局特征及演变；②城市内部精细景观格局及其动态变化；③城市三维景观格局的量化研究。

城市扩张的景观格局特征及演变的分析重点关注以下三个方面：①城市扩张引起的土地覆盖 / 利用变化；②城市建设用地的空间扩张模式；③城市景观在城 – 乡梯度上的空间分异特征。扩张的景观格局特征及演变分析大多以土地覆盖 / 利用专题图为基础，其中第一类研究主要利用转移矩阵法分析城市化带来的土地覆盖 / 土地利用变化（刘纪远等，2009）；第二类研究主要探讨蔓延型、紧凑型和介于两者之间的城市扩张空间形态，以及边缘型、内填式和蛙跳式增长等空间扩展模式（Li 等，2013；Yu 等，2016）；第三类研究结合城乡梯度法和景观指数法，从一个或多个方向上量化城市中心到乡村的景观格局特征，如绿地的格局特征（Li 等，2013；俞龙生等，2011）。近年来，由于长时间序列遥感数据（尤其是陆地卫星系列数据）的免费开放，利用高密度长时间序列遥感数据来分析城市扩张随时间变化的研究日益增多（Liu 等，2018）。

关注城市内部精细尺度景观格局及其动态变化的研究在近十年来也逐渐增多。这类研究通常利用高空间分辨率的遥感影像，采用面向对象的图像分析方法（Object-Based Image Analysis）进行景观制图和信息提取。面向对象图像分析方法的提出，摆脱了传统带有主观性且费事费力的目视解译方法，推动了城市内部精细景观格局与动态的定量研究（Qian 等，2015；Wang 等，2018）。该方法主要通过地物的光谱特征结合地物的形状、大小、空间关系等几何信息进行分类，进而提高了分类的精度和效率，实现精细制图自动化（Zhou 等，2008）。基于多时间段的遥感数据更加利于揭示城市内部景观要素（如绿地）的高度动态特征，相比之下，传统基于中低分辨率的遥感数据则严重低估了这种动态特征（Qian 等，2015；Zhou 等，2018）。

城市三维特征的定量刻画一直是城市景观格局分析的难点，主要受到数据获取技术和方法的限制。目前，城市三维景观研究进展主要集中在两个方面：①城市三维景观信息的提取和景观模型的构建。利用高空间分辨率遥感影像数据提取建筑三维信息的技术方法得到广泛应用，尤其是面向对象的城市三维景观提取方法，可充分利用目标对象的光谱、纹理等信息，具有较好的提取效果，且易于操作。利用点云数据，基于信息分割方法，可以获取精确的建筑轮廓与高度。②三维建筑景观格局及时空演变规律研究。取得突出进展体现在：一是发展并构建了城市三维景观格局指数，对城市三维景观生态特征等相关理论与应用进行了深入探讨；二是定量描述了城市景观在垂直方向上的空间特征，揭示了城市立体化过程中建筑景观的演变过程；三是构建了城市空间增长的三维模式，探讨了城市三维空间增长的规律及其驱动机制。

2. 城市景观格局的生态环境效应

（1）城市景观格局的热环境效应

近年来，城市热岛效应的研究越来越关注城市内部热环境特征。基于高密度气温监测站网络和高空间分辨率热红外传感器数据，许多研究对城市内部的气温和地表温度特征进行了量化（Hall 等，2016；Qian 等，2018；Smoliak 等，2015）。结果表明，城市内部存在明显的高温区和低温区，城市内部的最大瞬时温差可达到 9℃，即使在同一土地利用类型中（如居民区），日最高气温的最大温差也可达 5℃（Qian 等，2018）。近年来，城市三维建模技术随着激光雷达（LiDAR）、倾斜摄影等技术的发展也取得了更快的进步，并逐渐应用于城市热环境的研究（Alavipanah 等，2018；Chun 等，2014；Guo 等，2016）。研究发现，天空可视角、建筑高度、建筑密度等三维指标显著影响着城市热环境，其影响程度甚至超过了二维的景观要素（Guo 等，2016）。然而，对三维结构的研究主要集中在建筑上，对植被三维结构的研究较少。此外，城市景观格局的变化使很多城市的热岛强度显著增加（Wang 等，2019；Yao 等，2017；Yao 等，2018），但平均温度变化并不显著（Wang 等，2019；Zhou 等，2016），温度显著增加主要集中在新扩建城区（Shen 等，2016；Wang 等，2016；Wang 等，2019）。

城市规模和空间格局对城市热岛的形成有重要影响，研究发现：城市尺度上面积较小、不太紧凑的城市有助于缓解城市热岛（Zhou et al.，2017b）；街区尺度上，景观的组成和配置对地表温度都有显著影响，其中水体和绿地具有明显的降温作用，但不同类型的城市其影响并不完全相同（Zhou 等，2018）；斑块尺度上，绿地斑块的面积大小、形状等特征对绿地本身及其周边温度具有显著影响，绿地斑块整体温度随绿地斑块面积的增加而逐渐降低（Cheng 等，2015；Gioia 等，2014；Lin 等，2016），可能存在具有最大降温效率的林地斑块大小，使得蒸腾和遮阴的综合效益最大（Jiao 等，2017）。另外，还有研究对比了城市尺度和局地尺度对热环境的影响。研究发现，当城市规模较大时，城市大小对热环境的影响更强，而当城市规模较小时，局地景观格局对热环境影响较大（Huang 等，2016）。

（2）城市景观格局的大气污染效应

城市景观格局与空气污染有着紧密的联系，这种关系在不同尺度表现出各自的特征（陈利顶等，2013；韩立建，2018）。近几年的主要进展表现为：①在全球尺度上，揭示了城市的社会经济格局对空气污染存在显著的影响，发达国家的城市人口规模增加并没有引起空气污染的显著变化，发展中国家的城市人口规模增加与空气污染变化呈现显著促进或无显著影响的模式（Han 等，2016；Han 等，2018）。②在区域和国家尺度上，揭示了城市景观作为一个整体，是空气污染的主要贡献单元，并进一步揭示了我国城市景观格局作为空气污染的"源"对城市周边区域存在潜在的负面影响（Han 等，2014；Han 等，2015a；Peng 等，2016）。③在城市内部的尺度上，揭示了城市建筑格局配置可以通过改变微气候进而影响空气污染的程度（宫继萍等，2015），同时绿地空间格局的配置会对大气污染产生明显的吸收和滞留效应（Song 等，2015；Han 等，2015b）。

（3）城市景观格局的水环境效应

在城市景观格局的水环境效应方面，近几年取得的重要进展主要包括水文和水质两个方面：①在水文效应方面，城市不透水面增加的水文效应主要表现在短时间内增大降雨的产流量，长时间内增加洪水频率和径流总量，由此导致城市地表滞水和洪涝灾害的发生。通过探讨土地利用/覆盖的改变影响城市地区水循环（蒸散发、降水及径流特征）的机制，揭示了城市降雨过程的突变特征（暴雨洪水过程）和城市产汇流过程的畸变特征（刘珍环等，2011；Yao 等，2016）。②在城市水质及水生态效应方面，城市降雨径流作为污染物迁移转化的主要驱动力，是城市非点源污染的研究热点和重点（李春林等，2013；马振邦等，2011）。最近几年大量研究从城市景观格局与城市水质的指标入手，通过分析两者的相关作用关系，揭示了影响水质的主要景观类型，发展了利用景观格局指数评价非点源污染的技术方法。此外，街尘对地表径流污染的影响，城市景观格局对水生态系统中鱼类、底栖无脊椎动物、硅藻等水生生物的影响，也取得了一定的进展（Chen 等，2016）。

3. 城市景观生态规划与评价

城市景观生态规划与评价的研究主要关注生态规划的指标、土地利用的优化、生态安全格局的构建等方面：①在城市生态规划指标与标准量化方面，从不同空间尺度，包括生态社区和生态城市（周传斌等，2011），提出了定量的评价指标；并指出专家咨询和公众参与是进行城市景观规划的重要参考，建立统一的生态景观评价标准和定量指标体系是完善城市景观规划的必要途径（孙然好等，2013）。②在城市景观生态规划的应用实践方面，以城市景观为研究对象，以优化城市土地利用格局为主要目的，探讨了城市空间格局规划的重点，认为城市绿地系统的系统规划应该是景观生态规划的重点（欧阳志云等，2015）。③通过综合生物保护、休闲服务和廊道等功能，充分考虑到景观阻力对生物迁移的影响，利用情景分析、耗费距离模型等方法，模拟研究了绿地斑块之间潜在绿色廊道的空间结构，进一步提出了优化城市景观格局的方案（Kong 等，2010）。

城市生态安全格局日益成为国内城市景观生态学研究的热点和重点，尤其是与城市生态用地相关的研究。最近几年结合典型研究区，在生态用地识别、需求测算、空间布局等方面，取得了突出进展，并从生态学角度，探讨了城市生态用地识别方法及其生态属性评价（彭建等，2015）。同时，基于城市生态系统服务的协同和权衡关系的城市生态安全格局构建和评价日益成为研究热点（戴尔阜等，2016）。合理进行城市生态用地供需平衡分析，将为城市生态安全与生态服务体系构建奠定坚实的基础。目前在生态用地的分类研究中，理论与实践脱节，与土地利用规划与生态安全的要求结合不紧密。明确识别生态用地在土地利用现状分类中的定位，有效保护重要生态功能用地将是今后研究的重点（欧阳志云等，2015）。

三、城市景观生态学发展方向预测

未来城市景观生态学的研究重点，仍然将聚焦在城市景观格局的定量表征、城市景观格局与典型生态过程的定量关系及形成机理、城市景观空间优化等方面。面向城市典型生态环境问题的基础研究会进一步加强，并强化城市景观生态学与其他学科，尤其是城市规划与设计、社会科学的交叉与综合（周伟奇等，2020）。主要包括以下几个方面的重要议题：

1. 城市景观格局的定量表征

城市景观的社会－经济－自然复合特性的定量表征是当前城市内部精细尺度景观格局与动态定量分析面临的主要挑战（Zhou 等，2017b）。从中短期看，发展精细景观格局与动态的量化技术与方法，提高量化精度与效率，是城市景观格局定量表征的主要目标（周伟奇等，2020）。在二维景观格局方面，通过回溯/更新的分类思想与面向对象的图像分析方法相结合，有望开发出准确且高效的量化方法。回溯/更新的分类思想仅对产生变化的区域进行分类，可以大大提高分类效率（Jin et al.，2013；Yu 等，2016）；同时，面向对象的图像分析方法可以应用现有的分类结果和专家知识系统进行分类，提高分类精度。综合高分辨率遥感数据、大数据等多种多源数据，应用深度学习方法，有望在定量刻画城市景观的社会、经济和自然耦合特征上有所突破。三维数据的整合不仅能解决二维景观分类中阴影和空间配准的问题，更能展现城市的三维景观（陈探等，2015；杨俊等，2017）。从二维向三维的扩展将成为城市景观格局－过程研究的新视角和未来城市景观格局研究的重要方向。

城市景观格局量化的长期目标则是：①综合遥感数据、社会经济大数据，以及人工智能的方法，发展认识和理解城市景观格局社会－经济－自然复合性、高度异质的复杂性、斑块动态的多等级性的新的理论框架与技术方法。②研究不同类型城市景观格局的发展与演变特征，揭示其一般性的特点和规律，通过加强比较研究来探讨景观格局演变的影响因素与机理机制。③发展城市三维格局的量化技术与分析方法，尤其是综合人工构筑物与自然生态空间（如城市绿地）三维景观的量化方法。④在社会－经济－自然复合生态系统的理论框架下，发展城市景观格局的模拟、预测与优化技术。

2. 城市景观格局与典型生态过程的定量关系，以及生态环境效应的形成机制

从中短期看，城市景观格局对热、气、水等生态过程影响的研究，尤其是机理性的研究需要加强，从关联分析深入到因果关系的研究。在热环境方面：①利用高密度自动气象监测网络、无人机热红外航拍技术等方法，进一步研究城市内部的精细热环境时空格局，加强城市二维和三维景观格局对城市热环境形成机理机制的研究；②探讨城市景观格局影响温度的拐点或阈值也是热环境研究的重要发展方向。例如探索城市规模影响城市热岛的阈值、通风廊道的阈值、绿地配置指数的最优阈值、最大降温效率的绿地斑块大小阈值等。在大气方面：①探讨不同城市发展阶段的首要空气污染物是如何形成和演变的，并深入分析其驱动机制；②探究城市的精细景观格局对不同类型的空气污染物的产生、扩散过程的影响特征，为缓解空气污染的景观格局优化提供科学依据。在水环境方面：①加强城市水生态安全问题研究的多尺度耦合。有效地耦合行政管辖与自然流域尺度，将是决定管理决策落地实施的关键；②城市低影响开发新模式研究。如何将其与景观设计，以及城市规划管理的紧密衔接，是未来的重要

研究方向。

从长期的、总体的角度看，目前城市景观格局与典型生态过程的定量关系及其相互作用机制缺乏深入的研究，基于观测与实验的生态过程研究急需加强；基于景观尺度的生态过程观测，探讨城市景观格局与典型生态过程的定量关系与相互作用机制及其生态环境效应，是未来城市景观生态学的重要研究方向。此外，深入耦合社会经济大数据，如移动通信数据、社交媒体数据、智能刷卡数据、定位导航数据、物联网传感数据等，开展社会－经济－自然的框架下的景观格局与生态环境效应研究也是未来重要的研究方向。此外，基于机理和机制的研究，开发预测、模拟与优化的空间模型的工作急待加强。

3. 城市景观格局优化与城市韧性

城市景观格局的改变会影响生态过程、功能和服务，并最终影响人类的安全和福祉。因此，如何通过优化城市景观格局来提升生态系统服务，改善人居环境是城市景观生态学未来的重要研究方向。从中短期目标看，需要加强针对城市生态系统服务提升的精细景观格局的优化。具体包括：①厘清城市精细景观格局与不同类型生态系统服务的机理关系，发展提升生态系统服务的精细景观格局优化理论与方法；②构建城市二维和三维精细景观格局及动态的景观格局指数，探寻改善热环境、水环境、大气环境等的景观格局阈值，为城市的平面和立面规划设计提供科学支撑；③发展针对城市生态安全和生态风险的景观格局优化方法和策略，保障居民的安全和健康。

从长期目标看，需要加强城市景观韧性应对的研究，即通过城市景观的优化设计，调整城市景观格局的结构，以调节城市区域的某些生态过程，提升城市应对干扰的适应性。如今极端气候事件在气候变化与城市化的背景下变得愈发突出，与之相对应的针对极端气候事件的城市景观韧性应对技术、方法、管理措施和机制也显得尤为迫切。针对城市区域极端气候事件的研究主要集中在单个城市或地区极端降水与极端温度事件上，尤其以针对洪涝灾害的研究最为丰富。但此类研究多为较大尺度上的现象研究，结合城市景观格局与过程的机制或小尺度上的精细研究相对较少，缺乏有针对性可落地的研究，缺乏从科学研究进入实际规划管理的应对类研究。未来在极端气候事件与城市景观韧性应对方面，有以下几个研究重点：①在城市整体韧性研究的基础上，加强城市内部的考虑区域与人群差异的局地景观韧性应对研究；②从社会系统与自然系统耦合的角度厘清城市景观韧性的机理，进一步解析极端事件与社会系统、自然系统的作用路径及其耦合关联机制；③丰富城市极端气候事件研究，增加基于机制的趋势研究以拓展提升研究的预测能力；④与政府等相关部门合作，增强城市在规划管理层面上应对极端气候事件的能力。

第二节　海洋/海岸带景观生态学

一、海景生态学的概念

海景生态学是指海洋/海岸带中具有异质性的斑块结构，或者连续的二维/三维梯度结构（Wedding et al.，2011）。国际上有关涉海景观的专业术语普遍采用"Seascape"一词来表示（Magnuson，1991）（见图4-2），本文将其翻译为"海景"，意指海洋/海岸带景观，与"地景"（Landscape）相呼应。同时，"Benthoscape"（海底景观）、"Reefscape"（暗礁景观）、"Marine/ocean soundscape"（海洋声景）、"Marine/oceanic landscape"（海洋景观）、"Seagrass landscape"（海草景观）、"Estuarine landscape"（河口景观）、"Coastal landscape"（海岸带景观）等主题均包括在"Seascape"的研究范畴之内。

Lemmen 等（2016）根据领海、专属经济区和深远海的距离范围对海洋和海岸带景观提出了一种空间上的划分方案：海岸带景观（Coastal Landscape）是指流域和领

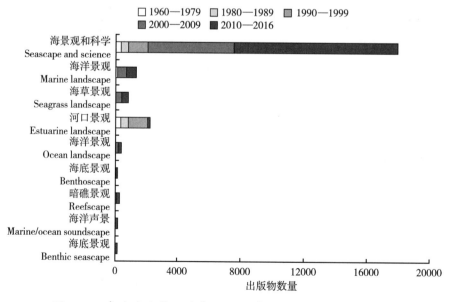

图4-2　有关涉海景观的术语使用情况（来源：Pittman，2018）

海范围内的景观，包括滨海湿地、珊瑚礁、海草床等多种海岸带典型生态系统；海洋景观（Oceanic Landscape）是指从专属经济区到深远海范围内的景观（见图4-3）。

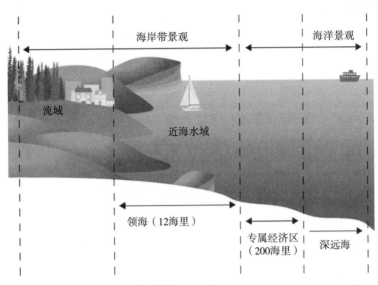

图4-3　海洋 / 海岸带景观划分（来源：Lemmen et al., 2016）

二、海景生态学研究进展

1. 国外研究进展

（1）海景格局、过程、功能

国际上针对涉海景观的定量表征及其尺度效应开展了大量的分析：①基于海洋环境因子的空间梯度（Spatial gradient）特征和海洋生物对环境的响应规律，识别关键海洋景观单元（Bowman 等，2017；Kavanaugh 等，2016）。例如，Bowman 等（2017）基于原位温度、盐度、叶绿素 a、硝酸盐和亚硝酸盐、磷酸盐以及硅酸盐等关键海洋生态参数，采用自组织映射的方法识别出典型的周期性海洋景观单元（Seascape units，SUs），可供精细化表征系统动态；②针对尺度效应，已有研究通过多尺度测度，发现小尺度的海洋动力学过程对初级生产力的提高、浮游生物的输送、不同营养级生物的聚集等海洋生态系统的功能、过程有显著影响（Durham 和 Stocker，2012；Lai 等，2010；Bertrand 等，2014）。此外，一些尺度相对较小的特殊结构是生态系统面临胁迫，或者接近临界阈值状态时，适应环境的结果（如海草床中的 fairy circle，Ruiz-Reynés 等，2017）；③大尺度的海洋景观包括生物地理区系（Biogeographical province），能够服务于区域乃至全球的规划和管理工作。相对而言，由于具有较长的观测历史、较强的实验可操作性和概念兼容性，国际上大多数海景生态学研究集中在温带和热带环境中的海洋底栖系统（包括珊瑚礁、海草床、盐沼和红树林），对于开放海域的生物物理特性及其空间异质性的了解则有待加强。

同时，既有研究在涉海景观的格局、过程与功能的复杂联系方面也开展了有益探索。有些研究发现格局与功能、过程的联系不甚明显（Staveley 等，2017），体现出格局与功能、过程之间的复杂相互作用。因此，有学者提出研究景观与周围环境（Seascape context）之间、生态系统与生态系统之间的关系，有助于了解过程和功能的形成机理（Fahrig，2013；Grober-Dunsmore 等，2007；Yeager 等，2011），如营养级联（Trophic cascade）和营养盐通量（Nutrient fluxes）可加强景观尺度上的碳储存（Huxham 等，2018）。在蓝碳研究兴起的背景下，红树林、盐沼、海草床作为关键的蓝碳生态系统，其格局与碳储存之间的相互关系被广泛研究。连接度研究一直是综合格局、过程、功能的重要内容。但目前对于无脊椎动物种群和植物种群的连接度，以及它们聚集在深远海或陆海界面的过程和机制了解较少，尚不清楚海洋景观格局如何影响其连接度，以及连接度如何影响种群、群落功能的变化。

（2）海景管理与应用

海洋保护是海洋规划和管理的重要内容，也是对海景生态学的重要应用：①海景研究可帮助识别海洋生态热点区（Ecological hotspots）、生态重要区（Ecologically important areas）和重要脆弱区（Important and vulnerable places）（Pittman 等，2018）、海洋特征区（Marine character areas，MCAs）（MMO，2014）、海洋生物多样性灭绝风险（Extinction risk of marine biodiversity）的空间分布（O'Hara，2019）等，从而服务于海洋保护区（Marine protected area，MPA）以及海洋保护区网络的设计；②基于动态情景分析，连接度理论已应用于海洋的适应性管理（Jacobi and Jonsson，2011；Coleman 等，2017；Ricart，2016）。海景连接度研究通过追踪物种的动态迁移特征，从而识别特定的廊道（Blue corridors），为优化海洋保护区网络、评估保护区网络的建设成效提供量化标准（McMahon 等，2012；Ottmann 等，2016）；③景观格局指数（Landscape metrics）是评估海洋保护区设计的有效性的关键手段之一。生境面积以及不同区域的海水深度被证实与鱼类多样性和丰度等种群特征显著相关，是生态管理中较常用的景观指数（Pittman，2018）。此外，已有研究就海景特征，提出破碎度指数（Fragmentation）、斑块隔离指数（Patch isolation）、蔓延指数（Contagion）和栖息地丰富度（Habitat richness）等指标的量化方法（Wedding 等，2011）；④ Pittman（2018）

已认识到人类活动对涉海景观变化的显著影响，指出可构建社会 – 海洋生态耦合系统，通过对人类活动、福祉、社会经济因子的空间测度来分析人类对涉海景观的影响。

Pittman（2018）围绕格局过程、社会 – 海洋生态系统、海洋管理实践，对国际上已有的海景生态学研究进行系统梳理，已出版海景生态学领域的第一本专著《海景生态》（*Seascape Ecology*），为海景生态学发展奠定了重要基础。近两年来的最新进展主要凭借海景生态学技术方法的快速发展，如深海探测激光雷达（Topobathymetric lidar）、多波束声呐技术（Multispectral acoustic backscatter），对于珊瑚礁等关键海洋生境的格局实现了更为高效准确的可视化（Wilson 等，2019；Costa，2019），对于不同物种的分布格局、同一物种在不同生活史阶段的分布格局加以区分（Maxwell 等，2019）。但目前缺乏对不同方法有效性的量化比较，以及海洋景观格局与环境驱动因素之间的相互作用的量化研究。近两年的涉海景观研究对陆海交互作用、海景生态学的生态管理实践有了进一步探索，但集中在较小尺度，如近海海域的牡蛎礁（Duncan 等，2019），陆海交互作用显著的河口地带（Henderson 等，2019），对于大尺度的生态网络，以及深远海的探索仍较少。

2. 国内研究进展

赵羿等（1990）最早针对海岸带区域引入了景观生态学这一概念。截至目前，海岸带景观生态学的研究区域基本涵盖我国沿海省份，重点针对滨海湿地和海岛，开展了大量的景观格局分析、景观格局及其驱动力、景观格局及其生态效应、景观格局优化与设计的研究（吝涛等，2009；陈鹏等，2002；李希之，2015）。研究结果表明，我国海岸带景观格局变化主要表现为滨海湿地明显退化，城镇用地显著增加，海岸带景观趋向单一、形状趋于规则，景观破碎化程度整体有所上升，连接度显著下降，自然生态结构、功能与稳定性均下降（浦静姣，2007；欧维新等，2004）。除考虑景观格局变化本身，目前研究较少考虑格局 – 过程的联系，尤其是陆海之间的联系（索安宁等，2016）。

针对近岸海洋景观研究，已有研究基于营养盐、沉积物、浮游动植物、底栖生物、鱼类等要素，对海洋生境景观、海洋物理景观、海洋牧场景观等进行了研究（杨红等，2012；叶属峰等，2005；张婷婷等，2018；兰竹虹等，2019；蔡建堤等，2014；段丁毓等，2018）。还有研究探讨了海景的尺度效应（张婷婷等，2018）。此外，也有研究分析了景观生态学在海洋赤潮景观、海洋污染景观、海域使用景观中的应用前景（索安宁等，2009）。对于景观生态学，虽然现有研究针对海洋开发利用格局进行了分析与探讨，但缺乏对海洋开发利用格局下的水、沙环境及其动力过程的深入剖析（索安宁等，2016）。

目前，景观生态学相关理论方法在我国近海开发与保护评估规划工作中已有应用，具体包括开发利用风险评价、自然灾害风险评价、生态风险评价、植被景观健康评价（辛红梅等，2012）。但对于景观格局与生物种群数量、种群质量、种群遗传之间的关联，不同生态系统的生态功能过程之间的关联的研究相对较少。面对类型众多的海岸带景观，景观生态学还没有真正应用于空间格局演化的监测、评价和管理工作，如何将景观生态学应用于海岸带生态与环境空间演变分析、海洋灾害防控、海岸资源开发评估与规划等工作还有待进一步探讨（索安宁等，2016；肖甜甜等，2019）。

三、海景生态学研究展望

通过对上述国内外相关研究的梳理，发现海景生态学研究发展可在以下方面拓展提升：①面向陆海统筹国家战略需求和国际前沿进展，推动海景生态学的理论创新；②技术方法上依托多源数据、模型集成和新型空间数据获取技术，拓展对海景格局、过程、功能与服务的监测、识别及评估；③加强在海洋自然资源和生态环境管理、灾害防控、海洋国土空间保护开发方面的应用；④研究空间上由陆海交界面、近海向远洋景观拓展。其中前三个方面是我国海景生态学短期内亟待推进的理论、方法和应用创新，最后一个方面则可作为中长期研究储备，亦可在基础较好的研究点上开展探索。海景生态学未来发展方向预测如下。

1. 基于陆海统筹的海景生态学研究新理论

陆海统筹强调陆地和海洋两个系统在社会、经济、生态功能上的相互作用和连通性，通过海陆资源开发、产业布局、交通通道建设、生态环境保护等领域的统筹协调，促进海陆两大系统的优势互补、良性互动和协调发展（曹忠祥和高国力，2015）。景观生态学为理解空间格局的形成机理及其影响提供了具体的理论方法和工具，如尺度效应、连接度理论、景观格局指数，相关研究方法可应用于复杂、动态且相互作用的陆 - 海综合系统，如生物地球循环，包括陆地循环、海洋循环、陆海大循环等。而陆海统筹对于跨尺度、复杂系统的考虑，也为研究当前海洋社会、经济、生态问题的形成机理，维持海洋生产力和保障海洋生态系统服务供给提供重要参考，因此海景生态学研究重点方向除了海洋（海岸带、远洋）的景观格局与过程研究，以及产生海 - 陆的格局 - 格局、过程 - 过程、格局 - 过程关联分析。

陆海统筹过去的研究重点之一是基于驱动 – 压力 – 状态 – 影响 – 响应（DPSIR）框架，加强对社会、经济、环境多要素的综合考虑，但未真正探究如何实现统筹。未来研究需进一步识别陆海关键要素，加强对陆海关键要素的统筹和对动态复杂过程的测度。而弹性（Resilience）、联结（Nexus）、网络（Networks），能为海景生态学和陆海统筹研究提供理论依据，陆海统筹与复杂系统理论、海景生态学理论的交叉，能够催生出更多的潜在理论创新以及管理实践出口（李杨帆等，2019）。

（1）陆海统筹与空间网络理论融合创新

陆海统筹下的生态网络研究需要关注陆海交互作用地区的关键节点（Node）和联系（Linkage），如在土地 – 水 – 生物多样性跨界面的联结（Land–water–biodiversity nexus）上探索海岸人类活动对近岸海洋生物及生态系统的影响（Wang 等，2018）。陆海统筹下的生态网络研究的最终目的是构建一个具有弹性的网络结构，即当连接度较低的节点受损时，整个系统仍然能够维持较高弹性。联结关注社会、经济、环境等各要素之间的联系，特别是要素之间的协同或权衡作用，是一种社会 – 生态的跨系统网络。目前可通过生命周期分析（Life cycle assessment）、物质流分析（Material flow analysis）、投入产出分析（Input–output analysis）、多部门系统分析（Multi-sectoral system analysis）、综合评估模型（Integrated assessment models）、广义线性模型（General linear models）等方法（Liu 等，2018）来测度联结，但目前联结研究还未形成成熟的空间测量理论及方法。未来联结研究需加强社会 – 生态网络及复合景观、生态系统服务流、近 / 远程耦合的研究，建立跨陆海系统的社会 – 生态网络，将联结的空间格局与陆海界面关联，识别陆海统筹管理的优先区，分析关键生境之间是否建立了充分的合作管理机制。同时需要考虑联结测度的尺度效应，以服务于不同尺度（区域、全国乃至全球）的可持续发展。

（2）陆海统筹与空间弹性理论融合创新

考虑到陆海交互作用的复杂性以及人海耦合的研究趋势，基于弹性（Resilience）理论刻画复杂系统的动态过程预期将成为未来海景生态学研究的一个重要内容。弹性理论为综合、明确和定量地评估社会 – 生态耦合系统的动态变化，识别耦合系统的预警点、阈值提供帮助，是开展陆海统筹生态管理，实现科学和管理融通的关键，为基于陆海统筹的海景生态学新理论研究提供了重要出口。弹性是指系统面对外界干扰的适应能力和恢复能力，重点关注系统规划（Plan）– 吸收（Absorb）– 恢复（Recover）和适应（Adapt）的演化过程，能够反映复杂系统的动态特征。考虑到海洋与海岸带景观生态系统的特殊性（如生境间的连通性高于陆地，海陆界面的干扰更为显著），强化弹性和干扰、连接度、可持续、生态系统服务的交叉研究，可将弹性研究更好地融入空间生态学、景观生态学，进一步了解海景连接度如何影响扰动强度和频率与物种响应干扰之间的关系，以分析连接度对海景生态过程的影响是否转化为海景生态系统应对干扰的实际能力。目前将空间弹性理论作为海景生态学理论研究的创新点和增长点之一，仍然存在以下难点问题：①如何基于连接度，量化海景空间弹性；②如何识别海景空间弹性变化的关键驱动力；③如何建立海景生态系统弹性与生态系统服务的权衡/协同作用之间的联系（Pittman，2018）。

2. 基于海洋大数据的海景生态学研究新方法

发展海洋大数据要获取全面、详细、可靠的空间数据，并完善从数据获取、数据管理，到模型模拟，再到预测和评估的流程，最终针对海洋的三维立体结构，实现从表层到底层、涵盖海洋生物地球化学的全方位的量化和可视化，以更准确地评估和预测海洋健康状况，并识别社会 – 环境（如气候变化、海洋污染以及其他人类压力）对于海洋健康的累积影响，使海洋大数据真正服务于海洋适应性、可持续管理（UNESCO 和 IOC，2019）。

针对海景生态学研究，从数据的获取和分析提出以下两种方式。

（1）海洋多源数据融合

随着信息时代背景下数据挖掘技术在社会各领域的兴起，生态学领域对数据科学的需求不断增加（Sun 和 Scanlon，2019）。单一数据的信息含量有限，难免存在偏误。而多源数据可提供更大体量、更多维度的信息，因此对多源数据的采集、存储、分析与挖掘是开展多尺度、精细化生态学研究必须解决的问题。具体方式包括：融合遥感数据、站点网络监测数据、数值模拟数据以及社会经济数据，准确探测与刻画海洋景观格局及其动态变化，追踪海洋生物从而确定海洋景观连接度，以及确定人类活动对海洋景观生态过程的影响等。

海洋空间综合认知能力的提高依赖于技术进步。海洋空间研究的需求必将拉动技术创新（冷疏影等，2018），因此与观测探测、空间分析等相关的海景生态学技术研究，应作为海景生态学发展的重要内容。遥感手段可获取大范围、高频率的海洋景观数据，并从中反演出关键生态信息，是海景生态学研究中的核心数据来源（见图 4-4）。除传统的被动光学遥感数据外，合成孔径雷达（SAR）及激光雷达（LiDAR）等主动遥感数据也可用于海洋景观监测，因此主被动遥感等多源数据的融合应用是未来海景生态学发展的方向之一。此外，自主设备，如无人机（Unmanned Aerial Vehicles，UAVs）、无人船（Autonomous Surface Vehicles，ASVs）和水下机器人（Autonomous Underwater Vehicles）等，以及新型标记技术（Tagging technologies）等也增加了数据获取的便捷性，拓宽了数据获取的时空范围。

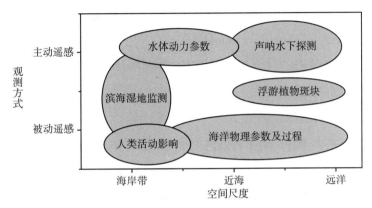

图 4-4 不同空间尺度下海洋海岸带遥感观测对象

受到软硬件条件限制，生态学对数据科学技术的应用长期处于瓶颈。近期软硬件方面的蓬勃发展以及数据与软件的开源风潮，诞生了 Google Earth Engine（GEE）平台、Spark 引擎等工具，为生态学科和数据科学的结合提供了契机，也让多源数据的应用成为现实。

除拓宽数据源外，挖掘已有数据的价值也至关重要。深度学习技术可以从低层特征中自动组合抽象出高层特征，一定程度上降低了模型的误差，有助于针对复杂海洋系统开展更准确的模拟、预测和评估（Reichstein 等，2019）。例如，使用深度学习技术对海冰、浮游生物斑块等海洋景观及红树林、盐沼等海岸带景观进行自动准确识别，进而分析其景观格局变化；基于长时间序列数据，加强对海洋生态过程的未来变化的模拟预测。

（2）模型分析方法的集成

海景生态学模型在往更为综合的方向发展：①更考虑斑块动态特征的复杂集合种群模型（Metapopulation Models），如全海景模型（Whole Seascape Models）、分布式海景模型（Distributional Seascape Models）、空间海景模型（Spatial Seascape Models）、间隙替换模型（Gap Replacement Model）；②面向生态保护与管理的个体模型（Individual-Based Models，IBMs）；③综合时间、网络分析、动态的基于个体的模型、物种追踪技术等的物种分布模型（Home Range Estimators）。另外，社会－经济－环境模型的耦合，海洋模型和陆地模型的耦合，复杂、动态系统模型（如水文模型、动力学模型等）也成为未来研究方向。

基于大量的海洋数据和空间模型，目前已发展出空间生态信息学（Spatial Ecoinformatics）。空间生态信息学作为一门新兴的综合学科，通过收集、综合、分析大量的海洋生态数据，并结合物种分布模型（Species Distribution Models）、生物气候包络模型（Bioclimatic Envelope Modelling）、生境预测模型（Predictive Habitat Models）等空间分析工具，将海洋生物物理过程与海洋生物分布结合，为海洋生物对环境响应机制的量化和建模提供了新概念和新工具（Brodie 等，2018；Lyon 等，2019；Morales-Barbero 和 Vega-Álvarez，2018）。

3. 海景生态学在海洋生物多样性保护中的新应用

海景生态学可根据格局 – 过程 – 功能的耦合关联，针对海洋关键物种，基于陆海关键过程，识别海洋资源分布格局和风险区域，以确定改善濒危物种生境的关键区位，确定能够有效减轻人类影响、减缓或扭转海洋生态环境质量下降的干预措施，服务于海洋保护和管理工作。如构建跨陆海尺度生态安全格局，以维持典型陆海生态过程的正常运转，增强区域生态系统面对外部不确定性因素的适应调节能力；基于关键物种的种群动态特征，追踪生态系统服务流，以识别维持生态系统功能和人类福祉的关键过程和区位。

利用景观生态学的相关理论建立海洋保护区，开展海洋空间规划（Marine Spatial Planning，MSP），是目前海洋保护的主要方式和重要手段。为保证海洋空间规划的合理性和有效性，需要解决的具体问题包括：从景观配置和组成的角度，设计（如规模、边界、栖息地组成）应遵循怎样的原则才能保证对物种多样性和丰富度产生更为显著的正向作用；陆地 – 海洋 – 淡水系统间的物质流、能量流如何影响海洋保护区的有效性；气候变化如何影响海洋空间规划的有效性。目前，在建设海洋国家公园体系的背景下，需充分利用海景生态学的空间分析工具开展空间量化评估，服务于海洋空间规划、海洋保护区网络建设、弹性管理以及生态系统管理，加强海景生态学在海洋国家公园选划和优先区确定等方面的研究。

4. 基于远洋生态系统的海景生态学研究新领域

远洋生态系统具有三维的动态结构（见表4-1），可能是目前最不被人类了解且最难监测的系统。远洋景观格局在海洋物理、生物、化学过程的时空连续变化下，表现出复杂性和不均一性，即有些区域充满生命，而有些区域则是"海洋荒漠"（Oceanic Deserts）。

开拓远洋海景生态学（Pelagic Seascape Ecology）研究领域需要充分认识远洋景观的特殊性，采用跨学科、多尺度的方法，测量和分析远洋生态系统的空间格局和生态影响。

表 4-1　从地景生态学到远洋海景生态学的特征异同		
		特征
相同点		一定的空间结构、尺度效应、空间分析和建模方法
相异点	格局	远洋景观具有高度动态变化的三维空间结构
	边界	远洋景观具有更为模糊的物理边界
	研究对象	远洋海景生态学更关注具有明显移动特征的迁徙洄游物种
	研究内容	远洋海景生态学综合考虑陆域、海域和陆海交互过程

（1）远洋空间中的生物物理动态过程研究

远洋海景生态学的一个主要目标是更全面地了解影响海洋生态系统功能的生物物理环境。远洋景观既包括大尺度的生物地理区系（Biogeographical Province），也包括小尺度的斑块结构。陆地生态系统的景观格局相对静态且具有连续性，而远洋生态系统中的生态梯度（Ecocline）、生态过渡带（Ecotone）等边界（Boundaries）和边缘（Edge）结构普遍存在且不断变化。与陆地和海岸带景观相比，远洋更需要考虑远洋生物物理特征的垂直结构，因为温度、压力、透光度和氧气含量等会形成重要的垂向生态梯度或生态过渡带，从而强烈影响海洋生物分布格局和生态系统功能。总体来说，远洋生物物理过程间的相互作用及其对景观格局变化的影响是复杂且难以测度的，这将成为远洋海景生态学发展的重大挑战和未来研究方向之一。模型的耦合可为相关研究提供帮助，如通过表面模型和水动力模型的集成，来追踪远洋海景的动态特征。虽然目前远洋景观通常以梯度特征表示（如盐度、海水表面温度的分布格局），但远洋海景斑块动态特征的识别，仍是远洋海景生态学研究中一项具有挑战性的重要工作。

（2）远洋空间中的物种分布动态及其驱动机制研究

远洋海景生态学不仅关注远洋生物物理特征，还关注海洋物种对生物物理环境的响应机制。小尺度的海洋动力学过程对初级生产力的提高、浮游生物的输送、不同营养级生物的聚集等有显著影响，大尺度的地质、气候等自然变化对物种生活史有显著影响。反之，确定大型海洋物种的关键栖息地及其迁徙洄游路线能够为识别具有生态学意义的海景尺度、格局和过程提供参考。因此，远洋景观生态学应针对物理过程到初级/次级生产力，再到捕食者的响应等不同过程，识别具有生态学意义的特征尺度，并利用空间生态信息学，加强气候变化和人类扰动下的海洋生物运动模式与驱动机制分析，加强适应性管理。

第三节　景观可持续性

随着地球进入人类世，人类活动成为改造全球生态环境的重要驱动因素（Crutzen，2006；Steffen 等，2011；Waters 等，2016）。在此背景下，可持续发展是人类社会面临的巨大挑战。景观是研究与实践可持续发展的关键尺度域。一方面，景观中人与环境相互作用最为紧密；另一方面，景观上通全球、下达局地，为实现多尺度可持续发展提供了良好的整合途径（Wu，2006，2012）。虽然景观生态学家早在 30 年前就已经开始关注可持续性问题（Thayer，1989；Benson 和 Roe，2000），并开展了一系列与可持续科学相关的交叉研究（Wu，2012，2013；Opdam 等，2018），但作为景观生态学的一个新兴领域，景观可持续性的科学内涵与方法论体系仍需进一步加强。本节明晰了景观可持续性概念的发展历史，以及其与可持续性、生态系统服务和景观恢复力之间的关系（Wu 等，2013）；总结了近年来景观可持续性研究趋势和特点（赵文武和房学宁，2014；Zhou 等，2019），并从景观可持续性评价方法、景观可持续性模拟和优化、景观可持续性与人类福祉，以及景观可持续性与地理设计等四方面阐述了该领域的未来研究重点。

一、景观可持续性相关概念

景观生态学家从 20 世纪 90 年代初就开始研究景观可持续性（Rodiek 和 Del-Guidice，1994）和可持续景观（Stenitz，1990）。最早的定义可以追溯到 Richard Forman 在 1995 年对可持续景观的定义（Wu，2013）——生态完整性和基本人类需求在多个代际间同时满足的地区（Forman，1995）。经历了 20 多年的发展，景观可持续性的概念不断演化，不同学科背景的研究人员给这个概念赋予了丰富的内涵和外延，越来越多的景观生态学者聚焦在景观和区域尺度的研究，呼吁用景观可持续性的理念来促进可持续性的研究和实践（Naveh，2007；Wu，2013）。这些呼吁也从学术会议举办和发表文献的数量中得到回应，如自 2013 年以来一年一次的国际景观可持续科学论坛（Opdam 等，2018；Fraizer 等，2019）、2017 年第 12 届国际生态大会（Zhou

等，2019）。

在景观生态学和可持续科学不断发展和深化的背景下，Wu（2013）辨析了景观可持续性与相关概念之间的关系，将景观可持续性相关定义总结为五类。景观可持续性的第一类定义是由联合国报告《我们共同的未来》启发的定义。Forman（1995）最初的定义属于此类，强调的是多个代际之间的生态环境和人类需求关系。第二类定义植根于可持续性的三重底线理论，即认为可持续发展是由社会、经济和环境三个维度的可持续发展共同构成的。在这种多维理论的基础上，景观可持续性被定义成五个维度——环境、经济、社会、政治和美学（Selman，2008），或者六个维度——环境、经济、公正、美学、经验和伦理（Musacchio，2009）。这些定义强调在景观尺度定义景观可持续性时，需要更多考虑人或利益相关者的视角。第三类定义关注生态系统服务、自然资本和人类福祉。这一类定义以千年生态系统评估（MA，2005）、生态系统服务和生物多样性经济学项目（TEEB，2010），以及生物多样性和生态系统服务国际间科学政策平台（IPBES，2019）报告为代表，强调生态系统服务和人类福祉之间的关系，认为景观可持续性是在利用生态系统服务的基础上，维持和增加区域居民的福祉（Haines-Young 2000；Nassauer 和 Opdam 2008；Potschin 和 Haines-Young 2013；Turner 等，2013）。第四类定义从代谢的角度，强调景观的自我再生能力或恢复力。比如，Loucks（1994）认为城市景观的可持续性需要考虑城市中可再生要素的再生能力，Dunnett 和 Clayden（2007）认为减少直接能源或能源需求大的资源的输入，并且最大化材料和资源的内部循环是景观可持续性的表现。最后一类定义来源与空间恢复力的概念（Holling，2001；Cummning，2011），认为景观可持续性需要慎重考虑景观要素的组成和空间配置，以及相关变量在不同时空尺度上对系统恢复力的影响。

虽然以上五类定义强调了景观可持续性的不同方面，但是关注景观尺度、生态完整性、人类福祉和恢复力是不同定义之间相通的地方。综合以上定义，Wu（2013）将景观可持续性定义为：景观能始终提供长期的、特定景观的生态系统服务的能力，这些服务在区域背景下对于维持和改善人类福祉至关重要，哪怕环境和社会文化发生了改变。景观可持续性研究的核心包括生态系统服务、人类福祉和景观格局，因此与景观生态学有直接联系。进一步地，他认为景观可持续性的最终目的是满足人类需求，并从强可持续性的角度强调关键生态系统服务。在这个定义中，"特定景观"是指不同类型景观会提供不同类型的生态系统服务，同时也需要与之相适应的管理措施，而且景观格局可以通过多种方式创造、调整和阻碍生态系统服务的获取；"能力"意指景观具有适应性;"始终"则表明在景观尺度提供生态系统服务的能力既有稳定性又有恢复性。像其他大多数景观生态学的概念一类,景观可持续性是一个多尺度的概念,"长期"强调了时间尺度上从几十年到上百年的时间尺度,"区域背景"强调了景观可持续性受从局地到全球多个空间尺度作用的影响。

二、景观可持续性研究进展

1. 景观可持续性研究发展特点

经过 20 多年的发展,景观可持续性研究逐渐成为一个新兴并且具有活力的研究领域。特别是 2005 年左右,景观可持续性的研究增长势头迅猛,呈现出数量快速增长、主题多样化和跨学科领域的特点(Zhou 等,2019)。

1990 年以来,平均每年有 12 篇关于景观可持续性的中英文论文发表,平均每篇论文的引用次数超过 20 次。这些论文由 1770 位学者在 170 种期刊上发表,其中约 93% 的学者合作开展了景观可持续性研究。值得注意的是,在过去的近三十年中,英文论文的发表数量占压倒性的优势,其总量约为中文论文的 8.5 倍。此外,英文论文的篇均作者人数也明显高于中文论文,前者是后者的 1.3 倍。这些文献计量结果表明,虽然国际学术界对景观可持续性研究的兴趣日益增长,但是国内对此概念的接受和应用尚在起步阶段(见图 4-5,表 4-2)。

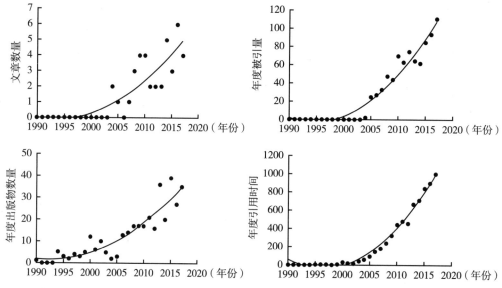

图 4-5　1990—2017 年中英文发表景观可持续性相关论文的数量及引用量

注:英文论文的数据来自 Zhou et al.,2019。

表 4-2　1990—2017 年中英文发表的景观可持续性研究论文

	英文论文	中文论文	整体集
时间段	1990—2017	1990—2017	1990—2017
文章数量	333	39	372
期刊数量	141	29	170
作者数量	1009	91	1100
平均每篇论文被引次数	20.64	19.51	20.51
平均每篇文章的作者人数	3.03	2.33	4.76
单独撰写文章的作者人数	70	7	77
多人合作撰写文章的作者人数	939	84	1023

［英文论文的发文数来源于 Zhou 等，2019；中文论文数量来自 CSCD 检索。检索词为景观可持续性（landscape sustainability）和可持续景观（sustainable landscape/s*）。］

景观可持续性的研究呈现多元化的趋势。一方面，与景观生态学的研究议题具有较大的重合，研究主题主要涉及生态系统服务、景观规划和管理及可持续发展等；另一方面，与可持续发展的前沿问题也有较大的重合，比如气候变化、社会 – 生态系统和可持续科学等（见图 4-6）。其中，农业景观和城市景观是比较热门的研究对象。主要的研究议题包括生态系统服务指标和驱动、景观效益和服务的感知、人与自然的关系、景观可持续性研究框架和方法、基于生态系统服务的景观规划、景观（特别是农业景观）格局与生物多样性的关系，以及森林景观的可持续发展（Zhou 等，2019）。

图 4-6　景观可持续性研究议题单词云

（英文单词云数据来自 Zhou et al.，2019）

景观可持续性研究的另一大特点是研究人员不仅来自传统的景观生态学者，越来越多跨学科和交叉学科的学者也积极参与并扮演重要角色。根据过去近30年景观可持续性相关论文按照引用次数排序的文本分析（Zhou 等，2019），可以从中发现如下规律：首先，景观生态学范式为景观可持续性研究提供了基础研究框架，比如斑块－廊道－基质研究范式（Forman，1981）和格局－过程－价值范式（Nassauer 和 Opdam，2008）。因此，景观生态学为区域和全球可持续科学研究提供了有力的科学基础和实践方法（Wu，2006）。其次，景观生态学家也不断与规划、设计和其他社会科学联系起来，将景观可持续性研究重新导回整体论的传统。最后，景观可持续性研究高引论文也有很多不是出自景观生态学家，而是来自从事生态系统服务的定义和评价方法，以及可持续性和恢复力方面的研究人员。

2. 景观可持续性研究中存在的主要问题

随着研究内涵的深化和外延的扩大，景观可持续性研究正在逐渐成为一个综合性和跨学科的研究领域，面临若干挑战（Antrop，2006；Selman，2008；Wiens，2013）。

首先，景观可持续性这个术语还在不断地发展和演化，仍未有一个明确的定义（Zhou 等，2019）。这给景观可持续性的研究边界和研究者之间形成统一的对话空间带来了挑战。已有的定义中，有些基于经典的斑块－廊道－基质范式、有些基于格局－过程（或格局－过程－价值）范式、有些基于强可持续性目标、有些基于弱可持续性目标。认知的不统一将使得不同研究之间的可比性和可对话性大大削弱。

其次，景观可持续性的评估方法和指标仍不完善。根据景观可持续性的定义，其评估需要囊括生态系统服务、人类福祉和景观格局之间的变异性、阈值、驱动、机理和跨尺度关系等知识，并且需要产生对政策制定有指导意义的信息（Wu 等，2013）。景观生态学家已经有着丰富的经验衡量景观格局，但是仍需要借鉴大量可持续发展评估指标的经验（Wu 和 Wu，2012；Huang 等，2015），发展景观可持续性评估的框架、指标或指标体系。

再次，景观可持续性的模拟和优化需要进一步深化。景观是解决可持续发展问题最适宜的尺度，也是开展社会－生态系统（或称为人地系统）模拟的适宜尺度。虽然在自然过程（比如水文、生态和气候变化等）、社会经济过程和土地利用变化过程方面已经有一些成熟的模型，但耦合社会－生态系统过程的模型还很少见。现有的一些耦合模型大多还是采用松散方式——一个模块／过程的输出作为另一个模块／过程的输入——将不同社会、生态过程结合在一起。耦合模型开发中遇到的挑战，包括不同过程的跨尺度推绎、模块之间的反馈方式、模型的验证和不确定性分析、系统内的级联效应（Cascading Effect）和临界点（Tipping Point）的模拟、景观可持续性的情景分析和优化算法，以及模拟结果与景观可持续性评估和景观/区域规划设计的关系等（Robinson 等，2018）。

最后，景观可持续性研究与景观规划设计的实践仍需进一步整合。景观可持续性研究的重要目的是产生基于特定地区的、可推广的知识，这些知识可以为区域/景观的可持续发展提供重要决策支撑。在这方面，景观可持续性研究与土地系统研究类似，需要不仅将生态、地理、社会文化和规划设计等多种学科的知识结合起来，并且要对区域的发展提出因地制宜的建议，促进社会 – 生态系统的可持续发展或者可持续过渡（Wu 等，2013）。景观可持续性研究可以为规划提供空间显式的多时空尺度信息，为理解社会经济系统之间的相互作用机制提供科学知识，为模拟和评估不同发展路径下的区域可持续性提供参考材料。因此，在近年来生态文明建设、国土空间规划和"一带一路"倡议的背景下，如何将多学科的知识结合起来，产生基于知识的可行动的方案，为真正促进中国的可持续发展建言献策是景观可持续性研究的一个重大挑战。

三、立足中国的景观可持续性研究未来发展方向

总体而言，景观可持续性的研究方兴未艾。我国景观可持续性的研究仍在起步阶段，研究工作的广度和深度仍远落后于国际前沿。与此同时，我国近年来的生态文明建设、国土空间规划和"一带一路"倡议等，对在景观/区域尺度因地制宜的、可操作的，有效维持和提升景观/区域可持续性的知识和政策建议提出了更紧迫的需求，也为开展相关研究提供了丰富的"实验"场所和亟待解决的可持续发展问题。但是，景观可持续性研究在概念内涵和外延的理解和定义、景观可持续性评估的概念框架和指标体系、复杂的社会 – 生态过程模拟和优化、景观可持续性与规划设计的结合等方面仍有较大缺口，亟须推进和完善相关领域的理论和案例研究。一方面，我国景观可持续性的研究需要借鉴发达国家和地区的研究经验，参考和改善先进的概念框架、技术手段和可持续发展策略，缩小和国际前沿的差距。另一方面，也亟须针对我国的发展特色，开展原创性和创新性的工作，发出有益于全球和发展中国家可持续发展的中国声音。基于对研究近今进展的总结，本节将景观可持续性研究发展方向分解为景观可持续性评价、景观可持续性模拟和优化、景观可持续性和人类福祉、景观可持续性与地理设计，并相应分解了中短期与中长期研究议题（见图 4-7）。

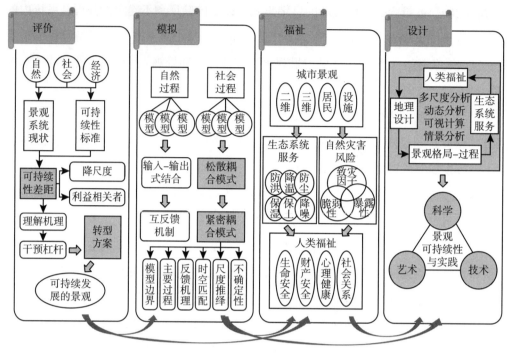

图 4-7 景观可持续性的研究方向

1. 景观可持续性评价

（1）中短期目标——发展景观可持续性差距（Sustainability Gaps）识别方法

　　景观可持续性评价是一种协助决策者采取适当措施，促使景观朝向可持续发展转变的工具（Pope 等，2004；Wu，2013），其本质是识别出景观系统现状与景观可持续性标准之间的差距以及产生差距的原因，并将其反馈到对景观系统输入与输出的控制，从而促使景观朝向可持续目标转型（Meadows，1999）。识别景观可持续差距需要解决两个问题：①如何表征景观系统状态？②如何设置景观可持续性标准？目前，关于景观可持续性评价研究多聚焦于对景观中自然、社会与经济维度的空间格局、状态、趋势与驱动力的分析（Huang 等，2016；Li 等，2016；Shang 等，2019），这些研究为分析景观系统状态与机理奠定了坚实基础。然而，对于如何科学地设置能够反映利益相关者价值观念的景观可持续性标准仍不清楚。缺乏清晰的标准则难以识别景观可持续性差距。近期，在全球尺度上的可持续标准研究取得了一系列进展，代表性的成果有联合国在千年发展目标基础上提出的可持续发展目标（UN，2015），以及基于弹性理论的安全操作空间概念框架（Rockström 等，2009）。全球尺度上的可持续标准对于景观可持续标准设置同样具有重要意义，因为全球可持续目标的实现依赖于全球多数景观变得可持续（Wu，2019）。融合现存的全球可持续性标准框架，将其降尺度到景观与区域，同时整合景观中利益相关者的意愿，不仅能够为识别景观可持续性差距奠定基础，同时也有助于景观可持续性研究与全球可持续研究接轨。

（2）中长期目标——探索景观向可持续发展转型的干预方案

识别可持续差距是景观可持续性评价重要且基础的一步，在此基础上应当进一步理解导致可持续性差距的机理，进而探索实现景观向可持续发展转型的调控方案。正如可持续科学之父罗伯特·凯茨（Robert Kates）所说，"检验可持续科学是否成功的标志，是看是否利用可持续科学的知识解决了现实世界的可持续挑战"（Kates，2011）。判断景观可持续性评价是否成功的标志则是能否拿出一套切实可行的促进景观可持续转型的干预方案。景观可持续干预方案的设计需要充分考虑景观中人与环境耦合系统的作用机制，包括非线性动态、反馈机制、时滞效应、弹性、异质性和遗产效应等（Liu 等，2007）。缺乏对耦合机制深入理解的干预方案容易导致政策阻力（Policy Resistance），即看似明显的解决方案并不能解决问题，反而使问题更加恶化（Sterman，2012）。深入理解景观人与环境复杂耦合机理后，则需要识别哪些干预方案可以有效地实现景观向可持续发展转型。系统论中的干预杠杆理论（Leverage Points for Intervention），可以为景观可持续转型提供很好的理论支撑（Fischer 和 Riechers，2019）。Meadows（1999）首次提出了具有等级层次的 12 个系统干预杠杆点，并将其划分为深层次杠杆点和浅层次杠杆点。Abson 等（2017）在此基础上首次探索了将该理论与可持续转型相结合的可能性，并将 12 个系统干预杠杆点整合为参数、反馈、系统设计和系统意图四类杠杆点。将系统杠杆干预理论与景观可持续科学的空间显示方法相结合设计景观可持续转型方案，能够有效地促进景观可持续评价落到实地与政策接轨。

2. 景观可持续性动态模拟

（1）中短期目标——发展和完善景观可持续性的松散耦合模型

以损害环境为代价的社会经济发展是不可持续性的，长期而且可持续的景观需要同时关注环境、社会和经济的发展，所以景观可持续性的模拟和优化也需要能同时模拟复杂的自然和社会过程。虽然在生态、水文、土壤和气候等自然过程上，已经有比较可靠且有效的模拟模型，但是能同时耦合自然过程和社会过程的模型还屈指可数（傅伯杰，2017；张朝林等，2019；Robinson 等，2018）。国内学者就一些典型地区已经开展了一些耦合模型的开发工作，如内陆河流域（Li 等，2018）、黄土高原（Fu 等，

2017）、农牧交错带（邬建国等，2014）和特大城市群（方创琳等，2016），但是模拟和优化的结果还远远无法满足制定可持续发展战略的要求。探索将已有的成熟模型通过输入 – 输出相连接这种松散耦合的方法，将有助于模拟社会生态的复杂过程。比如将气候模式、水文过程模型和土地利用变化模型相结合，可以模拟自然和人类活动共同影响下流域居民面临的洪水风险（Hattermann，2017）；将生态系统过程模型与土地交易模型结合，可以模拟土地利用对区域植被覆盖、生态系统服务和土地市场的综合影响（Robinson 等，2018）；通过将城市扩展与生态系统服务空间制图模型耦合，可以评估城市化对生态系统服务的影响（He 等，2016）；将大气化学传输模型与多区域投入产出模型结合，则能够实现社会经济发展对远近程空气质量影响的模拟（Fang，2019）。虽然这种松散的耦合模型无法模拟不同过程之间的反馈关系，但仍然为同时评估区域 / 景观的社会、经济和环境变化提供了重要的信息。

（2）中长期目标——开发景观可持续性的紧密耦合模型

在松散耦合的基础上，仍需进一步理解不同过程之间的反馈机制，开发景观可持续性的紧密耦合模型。聚焦土地系统这种人地系统的综合响应对象，将自然过程和社会经济系统的模拟耦合，将成为景观可持续性模拟的研究前沿。全球一些从事可持续发展研究的团队，已经在这个新兴的领域逐渐崭露头角，如将气候变化过程与社会经济发展路径结合，预测未来全球可持续发展的挑战（O'Neill 等，2017）；以土地利用为抓手，将经济发展、社会制度、环境影响和技术进步耦合，评估不同路径下实现可持续发展的可能性（Gao 等，2017）；通过耦合气候模式、经济模型与产业生态学的方法，全面评估食物、水和能源的关联和可持续性（Pauliuk，2017）。如何界定模拟框架的边界和所需考虑的主要过程，如何模拟自然过程和社会经济过程之间的反馈，如何解决不同过程的时空尺度不匹配性和推绎规律，如何模拟复杂系统的临界点和级联效应，以及如何评估模型的准确性和不确定性是这些紧密耦合模型开发的难点。与此同时，关注中国国计民生的重要问题，如快速城镇化和乡村振兴、山水林田湖草生命共同体建设，以及流域水土资源综合管理（傅伯杰，2017），将是景观可持续性模拟的重点议题指向。

3. 景观可持续性与人类福祉

（1）中短期目标——理解城市景观变化与自然灾害风险的关系

由于景观可持续性关注的是生态系统服务与人类福祉的动态关系，景观可持续性研究正在不断扩展其触角和外延，景观生态学者与可持续科学、地学、医学、农学、社会科学和工程学等学科开展了跨学科的研究。居民的生命安全是国家发展的基石和保障，景观生态学可以从景观过程与灾害风险的角度为国家发展建言献策。但是，对于生命安全这一人类福祉与生态系统服务之间的关系研究还很少见。一方面是由于景观生态学者在很长一段时间更多关注自然生态系统，忽视城市等人类主导的生态系统（Wu，2014）；另一方面是由于自然灾害风险研究中较少关注生态系统能够提供的裨益（Munang 等，2013）。随着联合国的《千年生态系统评估》和《仙台减轻灾害风险框架》的发布，研究者开始注意到生态系统与减灾、防灾的关系（Renaud 等，2016），比如生态系统服务在防洪和海绵城市建设（俞孔坚等，2015）、城市热岛和空气污染（Grote 等，2016；Tan 等，2016）、缓解旱灾和野火的作用，以及城市扩展和湿地减少对地震和洪水等灾害风险的影响（He 等，2016；Huang 等，2018）。城市景观是未来全球人类的主要聚集地，也是自然灾害的主要威胁区（IPCC，2016）。为此，理解城市二维和三维景观（包括地下和高层景观）与典型自然灾害（地震、洪水、干旱、泥石流、寒潮、热浪等）之间的关系，量化城市蓝绿空间在应对这些灾害时的作用，以及识别灾损热点区域和脆弱人群，成为基于城市景观可持续发展的重要研究方向。

（2）中长期目标——发展人地和谐的减缓灾害风险的景观设计

在理解景观格局和过程变化对区域自然灾害风险的影响基础上，发展基于自然的方法解决人地之间的灾害风险，可以为区域提供长期稳定的发展环境。中国历史上著名的生态智慧案例与区域的灾害风险有着密切的关系，如都江堰水利工程、红河元阳哈尼梯田和吐鲁番坎儿井。这些工程在改造景观格局、降低灾害风险的同时，兼顾了生产、生活、技术和文化传承的作用，是景观可持续性的典型设计案例。近年来，城市规划和土地利用规划中针对景观格局及其变化过程对自然灾害的影响和响应的关注稀缺。但我国正在开展的国土空间规划，试图从"多规合一"的角度，综合设计土地利用变化及其对可持续性的影响，亟须将景观格局与自然灾害之间的关系纳入规划设计的考虑之中。未来中国大规模人工湿地建设、森林公园建设、城市应急避难所建设过程中，如何尽可能地发挥自然生态系统的减灾和防灾作用，规避自然景观的负面效应，更多服务于区域或流域居民，是景观和区域规划设计的一个重要议题。

4. 景观可持续性与地理设计

（1）中短期目标——耦合景观可持续性的地理设计平台研发

景观可持续性的成立基于三个前提（Wu，2013），一是景观格局与过程（包括物质流、能量流、信息流）互相影响，两者决定了生态系统服务；二是生态系统服务对人类福祉有重要作用；三是通过规划设计能够合理优化景观格局，从而提高景观可持续性。这三个前提中，前两个已经积累了一定的研究成果，而第三个还处于初步探索阶段（Huang 等，2019；Wu，2019）。地理设计是迄今为止最新、最有活力的规划设计方法，是基于新一代信息技术，尤其是空间信息技术来分析、模拟、设计地理系统的方法（Goodchild，2010；Huang 等，2019；Muller 和 Flohr，2016；Steinitz，2012）。在用地理设计方法构建的平台中，中短期目标要实现景观格局、过程与生态系统服务关系，生态系统服务与人类福祉关系的可视化，并在可视化过程中能够进行动态分析及多尺度分析（Huang 等，2019）。比如通过地理设计平台快速迭代建模，分析空间格局的改变如何影响生态系统服务，那就需要快速迭代建模，进而实时分析两者的动态关系，为情景分析、格局优化打下基础。在计算速度越来越快的今天，更大空间尺度的参数化建模，更加准确地分析空间格局与生态系统服务、空间格局与人类福祉的关系已成为可能。

（2）中长期目标——整合地理设计的景观可持续性研究

地理设计不仅是一个规划设计工具，更能启示我们对景观可持续性进行更深的理论思考、更多的方法拓展。我们可以将设计后的景观（考虑环境、社会、经济要素）看作景观试验的控制组（因为传统试验中所需要的控制和重复在景观尺度上几乎很难得到满足），将设计作为景观可持续性研究（提出假设、验证假设、评估假设）的过程之一（Ahern，2013；Lenzholzer 等，2013；Nassauer 和 Opdam，2008；Swaffield，2013）。而这种"设计融入科学"的范式（Nassauer 和 Opdam，2008），是科学、技术、艺术的全面融合，能够减少可持续性实践的"试错"成本。在这个新的范式下，科学家需要与多方利益相关者合作，提供能够促使多学科交流的概念（如社会－环境耦合系统、自然资本、生态系统服务/景观服务、绿色基础设施、生态补偿），科学家、规划设计者在地理设计平台上共同寻找，或者设计出最优（相对最优）的景观格局，以促使景观的可持续发展（Huang et al.，2019）。在这个过程中，"自下而上"与"自上而下"的规划途径同等重要，可通过地理设计平台的可视分析、多种体验途径，使利益相关者方便地参与到规划设计过程中。自此，景观可持续性将真正地成为融合科学与艺术，并能够指引实践的学科。

第四节　景感生态学

景感（Landsense）是承载人类意愿信息的一类特殊景观，构思和构筑景感的整个过程称为景感营造（Landsense Creation），广义上景感生态学（Landsense Ecology）就是关于景感营造理论和方法的研究，也称为景感学（Landsenseology）。景感生态学受中国风景园林设计传统理念的影响，融合了当代生态学、景观生态学和景观感知相关的景观美学、景观偏好等理论，主要研究内容涉及谜码数据、趋善化模型、环境物联网和景感营造。但总体而言，景感生态学还处于萌发阶段，景感生态学自身的理论与技术方法仍有待完善，未来需要关注的研究方向主要包括：景感的具体表现形式及其普适化解释论证，景感营造的过程、影响因素与作用机制，景感营造的支撑体系完善与典型实现途径实证。

一、景感生态学相关概念

人类在改造土地和自然景观的过程中，会将感知到的多样化信息融入土地利用和景观设计当中，不仅仅是人工景观，人类栖息环境及周边自然生态系统都会被有意或者无意的印刻人类文明烙印，成为承载人类文明信息的载体。另外，在对自然生态系统和自然景观进行评估、规划和管理时，只有将对景观的认知转化为人的感知信息，才有可能被人类所理解和接受，从而影响人的决策和行为，并进一步对生态系统产生反馈。因此在人与自然之间有一种交互过程，即人在改造自然过程中也会受到自然的影响；连接这种双向影响的重要物质载体就被称为景感（Landsense）（Zhao 等，2020）。景感可以理解为是一类与人类产生联系的自然或者人工景观，它既可以小到一个路标、一块景致，也可以大到一栋建筑、一座城市，与单纯的自然景观不同，景感承载了某种人类愿景，这些愿景被人为植入，可用来引导或规范人们的言行，促进人与环境的协调，保障和促进人类社会实现可持续发展。

受中国传统规划与建筑思想的启发，通过与现代生态学，尤其是生态系统服务、景观生态学理论相结合，在 2016 年我国生态学家赵景柱等首次提出景感生态学的概念，并将其定义为：以可持续发展为目标，基于生态学的基本原理，从自然要素、物理感知、心理反应、社会经济、过程与风险等相关方面，研究土地利用规划、建设与管理的科学（Zhao 等，2016）。景感生态学认为：受人类干扰或者驱动的景观格局及其演变必须同时考虑自然景观和人为感知两类要素：自然景观的要素构成包括光、热、水、土、地磁、放射性和地形地貌等；人体感知要素可以进一步划分为物理感知和心理感受，其中物理感知包括人们的视觉、嗅觉、听觉、味觉、光觉、触觉（风速、风向、温度、湿度等）；心理感受反应包括宗教、文化、愿景、隐喻、安全、社区关系、福利等；其中一些要素具有多重属性，从属于自然要素、物理感知或心理反应等。这些要素的出现与否和不同组合会影响人类对土地空间以及物质形态的感知和诉求，并驱动人类改造自然景观格局的行为，导致不同的景观利用效果，进而促成后者的动态演变。为了在理论研究和实践中更广泛地应用景感生态学的概念和思路，赵景柱等（2020）进一步拓宽景感生态学的定义，把构思和构筑景感的整个过程称为景感营造（Landsense Creation），并把关于景感营造理论和方法的研究称为广义景感生态学（General Landsenses Ecology），或简称为景感学（Landsenseology）。

景感生态学是在吸收和挖掘中国传统生态智慧和景观建造理论的技术上形成的一种以人为本的景观生态学研究新兴领域。相比现有的景观生态学研究，景感生态学更加强调生态景观格局和过程中人的作用，尤其是人对景观的认知及其在改造景观结构和功能中扮演的角色。由于可以将民众的健康、福利镶嵌并内化于不同尺度空间的自然或人工景观，具有鲜明的人文特征和应用导向，景感生态学已经在国际生态规划和自然历史景观保护等方面受到关注（Demir 和 Atanur，2019；Batman 等，2019），并在国内得到了快速的发展和传播，目前已经有部分生态规划项目开始应用和实践探索（Zheng 和 Yu，2017；Dong 等，2016）。

二、景感生态学研究进展

景感生态学认为身处景观镶嵌的物理空间中的人可以通过自身各种感觉通道（视觉、听觉、嗅觉、触觉、味觉和"直觉"）来认知和理解周边生态景观的格局、过程与功能。但景感生态学并不是一个提出要关注人类对景观感知的学科。从景观感知（Landscape Perception）角度开展的相关研究早有报道，目前有影响的研究主要涉及两个方面：景观美学（Landscape Aesthetic）和景观偏好（Landscape Preference），声景观（Soundscape）。以下我们将从景观感知相关的研究进展和景感生态学研究进展两个方面分别进行论述。

1. 景观感知相关研究进展

（1）景观美学和景观偏好

景观美学是探讨人类对景观审美的原则和标准，可以理解为美学或者审美研究在土地和空间规划领域的延伸，由欧洲自然保护运动延伸而出的景观研究将景观美学功能视为与景观生态功能同等重要，例如德国《联邦自然保护法》将景观"美感"直接规定为景观评价指标之一（罗涛和刘江，2012）。景观偏好与景观美学有密切的联系，都关注景观感知过程，不同的是前者是景观感知的结果和行为，后者是对前者的原因解释和主要理论支撑。现阶段景观偏好主要研究不同人群对不同景观选择差异及变化的作用机制（Antrop，2005），包括不同文化背景、教育程度、年龄、性别、社会经济状况等人群产生景观偏好及其影响因素（Yu，1995；Svobodova 等，2012；Lindemann-Matthies 等，2010；Yamashita，2002；Swanwick，2009），进而分析和诠释人群与景观之间的联系机制，指导景观设计与空间规划。目前对于景观美学和景观偏好相关研究主要来自西方发达国家，包括美国、英国和澳大利亚。近年来在我国也有所发展，景观美学的研究主要用来指导生态规划和景观设计（俞孔坚，2005；刘晓光，2012）；而景观偏好研究同样主要来自风景园林和景观设计领域（罗涛和刘江，2012；Li 等，2019），与生态属性相关的比较研究也不多（Yang 等，2014），还有相当部分研究与声景观相重合。

（2）声景观

声景观（或者声景）来源于声学生态学（Acoustic Ecology），涉及音乐、声学、心理学和社会学等，声景观同样重视人体感知，主要研究声音、人与环境之间的相互关系（康健和杨威，2002）。国际标准化组织将声景观定义为：在特定背景下，被一个人或一群人所感知、体验或理解的声环境（International Organization for Standardization，2014）。与传统的噪声控制不同，声景观研究把声环境看成是一种资源，是营造健康人居环境的重要因素，考虑积极和谐的声音，指导城市和人类栖息环境的声景观规划。2002 年，欧洲议会和欧盟成员理事会通过《2002 噪声指引》与环境噪声评估和管理条例，要求各欧盟成员国须于 2007 年 6 月 30 日前为超过 25 万人口的城市和年车流量超过 600 万次的交通干道编制噪声地图，并且每 5 年进行评估和更新，为城市发展、交通网络、住宅开发的规划与噪声防治措施提供决策依据（噪声地图网，2020）。此后，声景在学术界及实践界开始被重视，相关研究逐渐增多。2009 年成立的欧洲声景观联盟（Soundscape of European Cities and Landscapes），2012 年成立的全球可持续发展声景观联盟（Global Sustainable Soundscape Network）等（康健和杨威，2002）。声景观理念最早于2004年被引入我国建筑学研究领域（李国棋，2004），自此我国学者在声景的基本理论、研究方法、实际应用方面已开展大量研究工作，例如对声景的研究范畴的确定（秦佑国，2005）、古典园林声景意象营造（袁晓梅和吴硕贤，2007）、城市声景观感知评估（Liu等，2014；Hui等，2016）等，相关的声景观规划也在推动当中，但主要分布在城市景观，对于自然景观的研究较少（刘江等，2014）。

2. 景感生态学研究进展

目前景感生态学仍处在起步和逐渐完善阶段，当前景感生态学的主要研究内容可以分为四个部分：谜码数据（Mix-Marching Data）、趋善化模型（Meliborization Model）、环境物联网（Environmental Internet of Things）和景感营造（Landscape Creation），四个部分相互依赖（见图4-8）。

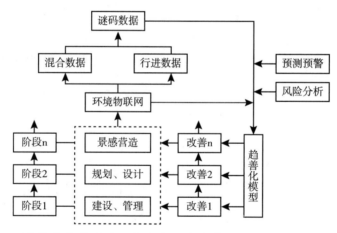

图4-8 景感生态学主要研究内容及其内在联系（修改自 Zhao，等，2016）

（1）谜码数据

景感生态学的应用直接或间接地涉及表征自然、经济、社会、心理、预期、过程、风险等方面的数据，因此，需要"混合"数据（Mixing Data）和"行进"数据（Marching Data）这两类数据的支持。"混合"数据并不是一类特殊数据，指的是通过不同途径、不同来源、不同时空尺度等各种形式获得的具有相同或不同性质的各类数据，包括实验数据、观测数据、监测数据、推演数据、遥感解译数据、统计数据、经验数据、替代数据、问卷调查数据和心理实验数据等。行进数据指的是工作程序实施过程中出现的数据，这些数据在工作程序实施之前是不知道的。在实际工作中，人们有时会采用模拟数据或预测数据进行探索性的研究和风险分析。当这些数据出现之后，这些数据在实际工作中又进一步投入使用，进行下一阶段的模拟和预测。因此，"行进"是一个反复迭代、不断向前的过程。方便起见，赵景柱等学者把这两类数据合称为"谜码"数据（Mix-Marching Data）（Zhao 等，2016）。

（2）趋善化模型

谜码数据的应用主要是通过趋善化模型来实现的，所谓趋善化，就是指"没有最好的结果，只有更好的途径"。趋善化模型强调过程及过程运行中的调控和不断趋善，追求的目标不是单一或某一阶段的优化，而是实现目标的不断完善。景观营造不是一个单向的优化问题，它的约束条件和目标常常交织在一起，所以比较适合于采用趋善化模型，其总体结构如以下数学描述：

$$\text{Mel}\, f(S, t) \qquad \text{s.t.}\, O(t+\Delta t) \geq O(t) \qquad (1)$$

式中：Mel 为表达"趋善化"一词思想的英文 Meliorize 的字头；f 为复合生态系统 S 在 t 时刻的功能状况或持续发展水平；$O(t)$ 为系统 S 在 t 时刻的机会或选择空间；Δt 为时间的增量。对于不同的系统 S，可以根据实际需要与可能选择不同的指标来反映系统的功能状况 f 和机会空间 O。从类型来看，趋善化模型属于策略优化模型，目标函数中的隐含目标为一定约束条件下生态系统可持续发展。趋善化模型与传统优化模型的比较（见表 4-3）。

模型要素	传统优化模型	趋善化模型
研究对象	物理系统	复合生态系统
系统特征	系统的现在和未来状态变化均随着初始条件和系统关系的确定而确定	自组织、自调节、主动、复杂和开放，无法确知所有系统关系，无法获得足够信息完全确定未来状态
假设	设置了理想假设	根据问题进行假设的调整
确定性	针对确定性问题	针对不断变化和大量的不确定因素
定性与定量	定量	定性与定量
数据集	要求有完备的数据集	缺少数据是常态
途径	给出最优解结果	给出通向和达到最优解的途径

表 4-3 趋善化模型与传统优化模型的比较

（3）环境物联网

景感生态学的理论研究和实际应用需要对人居环境及其周边生态系统动态过程进行长期的、实时的、定位的观测，这类观测可以通过单一观测技术实现，但是综合或多重的感知整合只有通过物联网才有可能获得。物联网技术的发展和推广为趋善化过程与模型的实现提供了可行的途径。物联网简单而言就是通过互联网、卫星定位、传感器等的信息传输、收集和承载体，让所有能行使独立功能的普通物体实现互联互通的网络（刘云浩，2010）。环境物联网系统是一种基于环境感知网络的环境大数据分析应用平台，主要由环境感知网络、环境大数据分析平台、环境信息管理与决策支持平台三部分组成。环境感知是整个系统运作的基础，数据服务是环境物联网应用的目标。以中国科学院城市环境研究所建成的环境物联网平台为例，环境物联网的硬件部分包括各种服务器（数据存储和分析）以及展示设备；软件部分包含地理信息系统（GIS）、XML 数据库、BaseX 数据库管理软件、数据包络分析（DEA）模型等。环境物联网数据库由 2 个子数据库组成，其中环境数据库用于储存遥感影像数据（例如土地覆被分类数据、夜晚灯光数据等）以及各种环境要素（水、土、气、声、风）的环境监测数据；"XML 数据库"用于储存通过统计途径得到的社会、经济和环境数据。

（4）景感营造

景感营造是景感生态学的具体实现途径，涉及景感的规划、设计、建设与管理四个方面，主要通过三种途径来实现：一是把愿景融入已有载体使其成为景感；二是对已有载体进行改造并融入愿景使其成为景感；三是构建新的载体并将愿景融入使其成为景感（Zhao 等，2020）。景感营造的相关研究在国内刚刚兴起，进展主要体现在土地规划和景观设计层面，例如张学玲等（2017）通过古籍资料和实际案例分析，从园景营建、景感运营、生态审美三个方面探讨景感生态学理念在中国古典园林景观中的体现。王凯等（2019）从景感生态学的角度出发，探讨城市开放空间风环境与居民"风感"之间的联系，发现紧凑型城市开放空间的"风感"受建筑和绿地空间布局的共同影响。石龙宇等（2017）尝试将生态信息与居民感知相结合，在北京城乡交错区开展景感规划案例研究，并总结出景感规划和设计的内容和方法（表 4-4）。

表4-4 景感规划与设计的内容和方法（修改自：石龙宇等，2017）

感觉类型一级	感觉类型二级	感觉器官	规划与设计类别	规划与设计内容
物理感知	观感	眼睛	景观格局、建筑风格、植物营造、文化遗产	景观格局优化、建筑色彩规划、植物配置设计、古建筑保护
	声感	耳朵	噪声、自然声	绿化隔离带、自然声景观设计
	味感	嘴	农业景观	采摘农业
	嗅感	鼻	植物营造、黑臭水体	亲花香植物配置、黑臭水体治理
	触感	手、皮肤	建筑材质、小气候	建筑外观设计、通风廊道
心理感知	情感	心	安全感、认同感	隐私保护设计、历史文化传承
	方位感	大脑	地标建筑	景观雕塑、符号系统设计

三、景感生态学发展方向

1. 景感的具体表现形式及其普适化解释论证

任何学科的发展必须从其核心概念普适化开始，自然要素、物理感知、心理反应、社会经济、过程与风险等都是景感生态学研究的范畴（Zhao等，2016），但目前景感生态学最核心的概念就是"景感"，正是通过景感这一概念延伸出了景感营造和广义的景感生态学概念。与狭义景观生态学概念主要面向土地规划、建设与管理相比，广义景感生态学概念的外延极其丰富，超越了土地规划，指向一切融入了人类愿景的物质形态。这些看起来包罗万象的物质形态如何成为具体科学的研究目标，就需要我们对其具体表现形式和普适化的解释进行研究和论证，例如国际标准化组织在构建声景观评价标准时，清晰地概括了声环境的感知、体验以及理解过程，强调了相关7个基本概念以及它们之间的关系：背景、声源、声环境、听觉感受、对听觉感受的解释、响应和效果（International Organization for Standardization，2014）。这类针对基本概念的研究是开展景感调查、评估和分析工作的基础。

未来中短期研究的重点：充分借鉴和融合现有景观生态学和景观感知研究成果，从公认的生态景观和美学景观中识别出景感要素并进行分类。一方面要基于景观生态学关注人的相关概念，比较并研究景感与多功能景观、城市景观、可持续景观（Naveh，2001；Zhou等，2017b；赵文武和房学宁，2014）之间的差异，明确景感与这些概念之间的内在联系，这些工作将有助于推动景感生态学共享景观生态学的既有理论和技术方法体系。另一方面通过景感生态学和景观美学对景观感知这一共同概念的理解，利用成熟的景观美学和景观偏好概念来解释和充实景感的具体表现形式，例如史蒂文·布拉萨（2008）把景观美学研究对象分为三类：自然景观、人工景观和人文景观，研究景感在这三种类型美学景观中的存在和表现形式将有助于阐释景感概念的外延并构建景感分类体系。

未来中长期研究重点：利用普适化和标准化的景感生态学概念和术语，以景感生态学对人体感知景观过程的解释为衔接，连接景观生态学相关的自然科学与景感美学相关的社会科学，促进景感生态学，乃至生态学、地理学相关术语与国土空间规划、城市设计、景观构筑、土地整治等建设和管理决策术语的交流与融合，形成自然科学和社会科学多学科交叉的景感规划、设计、建设与管理通用术语和标准体系。

2. 景感营造的过程、影响因素与作用机制研究

景感营造的目的是把人和生态系统服务及可持续发展紧密地联系起来，通过将"可持续发展意识及其相关理念"的愿景嵌入景感之中，在保持、改善和增加生态系统服务科技硬支撑的同时，提供文化和伦理道德等方面的"软"支撑。但如何将"硬"的生态价值与"软"的美学价值进行融合和权衡仍缺乏充分的研究论证（Yang等，2014）。从景观到景感，从景感到人体感知，从感知到行为及景观营造的过程可以分三个阶段，不同阶段的影响因素和作用机制都有待更深入的探讨。

未来中短期研究重点：分别探讨三个阶段的作用机制，其中景观到景感阶段主要探讨自然要素承载人类意愿信息的实现途径和机制，包括融入的方式有哪些？针对不同景感类型（包括大小、材质、形态等）和不同愿景（包括内容、形式、数量等）是否可以采用相同或者相似的融入技术？融入愿景的效果如何评估？目前来看在景观美学评价领域也没有一种全面综合反映景观美多重属性的评价模型和普适化的评价标准（罗涛和刘江，2012）。景感到人类感知和感知到行为阶段可以合并考虑，主要关注不同景感表现形式在承载和传递人类意愿的过程中具有哪些个性和共性特征？影响人类对景感内信息认知的主要因素有哪些？不同人群对于不同景感类型的认知和接受程度如何？其内在影响因素又存在怎样的差异？合理的阐述机制又是什么？例如史蒂文·布拉萨（2008）的《景观美学》将景观偏好的决定因素分解为：生物学法则、文化规则、个人策略；这种决定因素的分类是否也适用于不同人群对景感的偏好选择，进而影响景观营造的效果需要在近期内得到验证。

未来中长期研究重点：在理解分阶段景观营造过程及内在作用机制的基础上，需要进一步通过实证研究，从全过程研究景感营造的系统模式，即将景感认知引发的人群行为改变作为反馈，与土地规划和景观设计联系起来。景感营造在地方实践中可能具有多种实施模式：从上而下的分层管理模式，从下至上的公众参与模式？或者两者融合？另外，还要监管这种作用机制是否存在尺度效应，即在时间，空间，数量和结构方面存在关键尺度或门槛效应？这些都需要在未来通过不断的理论与实践结合来进行验证。

3. 景感营造的支撑体系完善与典型实现途径实证探索

赵景柱等提出景感营造的三种途径，但是在景感营造的具体实现途径过程中仍有很多问题需要解决，例如，如何在已有的载体中融入愿景？如何改造已有的载体？如何创建新的载体？以及如何平衡和调控不同景感之间的关系和布局？这些研究都与景感基本概念、具体表现形式和景感评价标准密切相关，但以下更多探讨的是景感营造的实现手段和工具，或者简称景感营造的科学支撑体系。

近中期研究重点：对支撑景感生态学的谜码数据、趋善化模型和环境物联网进行规范化的技术流程研究与制定。针对谜码数据，需要在明确景感营造类型的基础上发展出具有普遍指导性和细化的分类、收集和整理方法，例如不同源的数据如何基于统一明确的研究目标进行标准化整合？而这些数据的动态变化，即其"行进式"应该采用哪些统计分析方法？作为景感数据分析的核心模型，趋善化模型仍是一个理论模型，需要在实践中开发出对应的具体目标和有实际意义的模型参数，以适应不同景感营造的场景和需求。目前针对不同环境介质的物联网传感器发展尚不均衡，例如大气环境监测基本上可以完全依赖物联网传感器，但是土壤污染、生物活动等信息以及人的心理感知还无法完全通过物联网传感器准确监测。另外受成本的限制，物联网不可能应用于大范围精细网格化的监测，景观生态学的遥感、地理信息系统在未来仍将是景感生态学最可靠的数据获取手段，那么如何将两者结合使用？不仅需要考虑数据采集精度、频率、范围的匹配，在数据融合计算和模型化模拟方面也需要开展大量的工作，刚刚出现的空天地一体化生态环境监测网络在大中尺度提供了一个可行的方案（赵苗苗等，2017），但是如何在更小的街区和住区，甚至住家尺度进行有效的景感数据采集仍是一个需要解决的问题。

中远期研究重点：将规范化的谜码数据库融入现有国土空间规划和城市景观管理信息数据平台，成为城市和区域多规合一决策的基本数据库组成（黄滢冰等，2019），并将具体化的趋善化模型运用于区域和城市可持续发展、生态系统服务和资产管理、城区土地功能优化管控以及街巷片区环境规划与管理实践。在大量的实践研究基础上，收集、整理并建立景感营造的案例库和工具包，形成典型景感营造实现的技术流程导则或规范，融入国土空间规划、城市设计、景观构筑、土地整治等建设和管理体系。

第五节　景观遗传学

景观遗传学（Landscape Genetics）是景观生态学和种群遗传学交叉形成的一个新的研究领域，旨在理解遗传多样性的空间分布格局的形成原因，以及景观格局与生态过程对基因流、适应等可能造成种群水平基因频率发生变化的微进化过程的影响。景观遗传学研究将空间和生态等背景信息融入了微进化的分析中，加强了生态和进化的联系（Dyer，2015）。相关研究结果有助于揭示生物多样性的形成和维持机制，可为物种保护、景观管理提供决策支持。

一、景观遗传学相关概念

景观遗传学致力于提供景观特征和微进化过程，如基因流、基因漂变和基因选择之间的相互作用的信息，从而为景观管理、物种保护策略制定提供理论支撑（Manel等，2003）。景观遗传学将种群遗传数据（适应或中性遗传变异）与景观的组成和构成，以及基质的质量联系在一起，明确地量化景观组成、构成和基质质量对基因流、基因选择等进化过程的影响（Holderegger 和 Wagner 2006；Storfer 等，2007）。

对景观尺度遗传多样性的空间分布格局的关注可以追溯到 20 世纪中叶。Epling 和 Dobzhansky（1942）分析了花荵科草本植物 *Linanthus Parryae* 在加州莫哈韦沙漠中花色变异的空间分布格局，并提出"微地理品种"（Microgeographic Races）的概念，指没有明确环境适应信号的种群内遗传变异。早期的空间遗传格局的研究基于传统的种群遗传学，即假设种群处于平衡状态，景观上的种群无差别，种群间基因流无差别（Sork 等，1999）。归功于这些极简假设，种群遗传学成功构建了四大基本进化力（突变、漂变、基因流和选择）对种群遗传频率变化的影响模型。种群内遗传多样性如何随着突变、漂变、基因流和选择发生变化都有较好的理论依据。

然而在现实景观中，种群间在大小、年龄组成、表型性状等存在着差异，种群所在的景观也不是均质的。景观异质性可能导致种群发展、种群间基因流上的空间异质性（Sork 等，1999）。特别是随着人类活动影响下，物种生境丧失、生境破碎化愈发严重，物种灭绝速率加快，这促使人们去思考生境破碎化、环境气候等景观格局和过程的变化对物种遗传多样性，继而对物种命运的影响（Hanski，2011）。空间隐式（Spatial Implicit）的传统种群遗传学理论显然难以准确的评估这些景观变化导致的后果。针对这一问题，更加真实的空间遗传模型，如复合种群模型和景观生态学模型相继被提出。复合种群模型考虑的是空间上统计特征具有差别的种群，并模拟其遗传动态。尽管该模型显式的考虑了景观上种群间的差别，但是并未考虑种群所在的景观背景，其对空间信息的利用是极不充分的（Holderegger 和 Wagner，2006；Sork 等，1999；王红芳等，2007）。景观生态学模型则充分地考虑景观中种群的差别以及种群所在的景观背景差别对遗传多样性的影响。景观生态学模型强调空间异质、非平衡、非线性动态以及多尺度特征，这使得该模型更接近于真实的空间遗传过程（Sork 等，1999；王红芳等，2007）。2003 年，法国科学家斯蒂芬妮·马内尔（Stephanie Manel）正式将应用景观生态学模型来研究空间遗传格局的工作命名为景观遗传学。

景观遗传学的一般研究步骤是应用特定的分子标记技术，发现和描述景观尺度上的空间遗传格局，并利用统计方法分析这种空间遗传格局和景观格局、过程的关系，进而推测景观格局、过程对微进化过程的可能影响（Balkenhol 等，2016；Manel 等，2003）。Hall 和 Beisseiger（2014）总结了景观遗传学研究的七个基本步骤：①明确研究的对象，是基因流或是选择；②明确研究的时间和空间尺度；③根据研究物种的生活史和种群统计学特征，设计采样方案；④根据研究对象和研究问题选择合适的分子标记，如微卫星（Microsatellite），单核苷酸多态性（single nucleotide polymorphisms，SNP），DNA 测序，简化基因组和基因组等（Allendorf，2017），不同分子标记在多态性、共显性和实验难易程度上存在差别；⑤计算遗传指标，统计空间遗传格局；⑥统计景观格局或者环境变量分布格局；⑦分析景观、环境格局和空间遗传格局间的关系。

景观遗传学是景观生态学和种群遗传学交叉融合的产物（见图 4-9）。其发展过程中经历了多个学科的相互融合，包括景观生态学、统计学、种群遗传学、基因组学等。景观生态学对景观遗传学的促进作用包括从方法、认知方面突破传统种群遗传学的限制，衔接经典种群遗传学理论和现实中的景观管理、生物多样性保护等工作。受景观生态学的影响，景观遗传学一开始就重视尺度的影响（Manel 等，2003；Sork 等，1999）。为避免人为划分种群所导致的主观性，以及更充分地反映景观异质性对空间遗传格局的影响，景观遗传学建议使用个体而非种群作为研究的基本单元（Manel等，2003；Ma等，2018；Rissler，2016），这样能更加准确地判断哪些景观特征可能对空间遗传格局产生影响，并量化影响的程度。正是由于对景观异质性、尺度的重视，景观遗传学得以成为生物多样性保护和景观管理政策制定的重要依据（Keller等，2015）。如Epps等（2005）探究了南加利福尼亚州高速公路对沙漠大角羊基因流的影响，这一景观遗传学研究结果被采用作为加州公路景观设计的依据。国内也针对珍稀濒危动物进行了一些景观遗传学研究，并提出相应的景观设计和管理策略（Ma等，2018）。

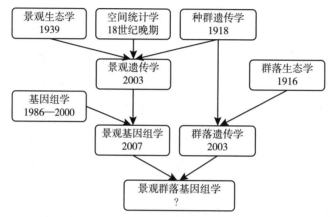

图 4-9　景观遗传学和相关学科的发展历史（改自 Hand 等，2015）

二、景观遗传学研究进展

1. 景观遗传学研究前沿

景观遗传学的研究根据其研究对象不同，可以分为以基因流、漂变等中性进化过程为对象的研究和以适应进化过程为对象的研究。在这两个方向上新方法和新应用不断涌现，使得景观遗传学成为了近年来分子遗传学、景观生态学中最活跃的一个分支。

通过直接观察、标志重捕或者模型估计的方法可以获取个体扩散的信息，但扩散并不意味着基因能在目标种群中传递给后代，即并不一定是有效基因流。因此有必要使用遗传的方法推测种群间的有效基因流，从而评估景观格局的遗传学后果。基因流指的是不同空间位置间的基因流动。动物迁徙、植物种子或者花粉扩散等都可以产生基因流。基因流可以促进不同种群间基因交流，避免种群分化，是种群遗传学理论中四大微进化力之一（Hendry 和 Kinnison，2001）。生物在景观中的扩散受到景观格局的影响，极少情况是直线扩散。生境丧失、生境破碎化等景观格局的改变可能首先影响基因流的改变，进而影响种群遗传多样性的维持。因此，研究景观格局如何影响生境斑块间的基因流是景观遗传学的一个重要议题。景观遗传学研究证实一些物种的基因流确实受到生境丧失、生境破碎化的影响，导致种群间遗传分化增加，然而也有一些物种的基因流并未受到显著的影响（Dellicour 等，2019；Wang 等，2010）。Hamrick（2004）指出，森林树种由于生活史较长，花粉和种子扩散能力较强，因此森林树种对生境破碎化可能具有一定的阻抗性。此外，不同研究结论的差异还可能与研究的时空尺度差别有关。

根据时间尺度的不同，基因流可以分为历史基因流和现时基因流。针对历史基因流的分析往往是依据现有种群的遗传结构进行估计。在这方面已经发展出根据个体或者种群间遗传距离进行估计（如 F_{ST} 统计法），聚类或者归类分析法，以及基于溯祖法估计基因流等方法。由于现有种群的遗传结构是长期历史进化过程形成，所以使用这些方法估算的基因流是一个长期的历史平均值，对近期景观格局的变化不敏感（Sork 等，1999；Sork 和 Smouse，2006）。现时基因流的分析，则主要采用亲本分析方法或 TwoGener 方法，通过估计子代或者繁殖体的扩散情况来反映一代或者近几代的基因流。现时基因流往往能灵敏的反映近期景观变化的影响（Sork 等，2006）。除了现时基因流和历史基因流方法，在 Epps 和 Keyghobadi（2015）的综述中还提出了其他可能区分历史和当前影响的五大类方法，包括重建历史和当前景观并直接评估其影响，直接比较历史和现时样品，比较基于遗传和非遗传的扩散数据，利用统计方法区分历史和当前景观的影响，采用进化速率不同的分子标记以区分历史和近期的影响。

空间遗传格局的形成除了可能受中性过程的影响，也可能受选择作用的影响。环境因子存在景观异质性，由于个体遗传变异的存在，不同基因型的个体在环境因子影响下存活力或者繁殖力存在差异（即个体适合度差异），从而导致景观中不同生境的基因频率的差异。判断空间遗传格局中是否存在适应，并分析适应的遗传机制是目前景观遗传学研究的一个热点和重要趋势，研究的结果有助于理解和预测生物多样性如何应对景观、环境和气候变化（Sexton 等 2014；Razgour 等 2019）。已有的景观遗传学研究支持物种可能普遍存在局域适应性（Sexton 等，2013），即在本地环境的存活力或繁殖力高于外源环境，而气候、土壤、物种间的相互作用等环境差异可能促使种群局域适应性的产生（Guerrero 等，2018；Martins 等，2018；Sylvester 等，2018）。

早期的方法中根据基因流来辨析空间遗传格局中是否存在适应。环境隔离格局（Isolation by Environment，IBE）描述的是种群或者个体间的遗传分化和环境相似度有关，环境越相似，遗传分化越小。IBE 格局的存在，可以间接反映不同生境局域适应对空间遗传格局的影响。Sexton 等（2013）综述了 70 个研究，其中 74.3% 的研究都报道了显著的 IBE 格局，而且无论在动物、植物，还是在微生物中，IBE 都是较为普遍的格局。

比较表型分化格局和中性分子标记分化格局是当前研究适应性进化的常用方法（Cheplick，2015）。生物的表型性状反映的是基因和环境的共同作用结果，因此在适应性进化研究中可根据表型性状标记个体差异，判断可能受选择的表型以及所受的选择类型。这方面常用的方法包括 Q_{ST}–F_{ST} 比较法、同质园实验（Common Garden Experiment）、基于系统发育树的形态进化模型法等。Q_{ST}–F_{ST} 比较法是采用 Q_{ST} 量化数量性状种群间分化，在中性条件下，Q_{ST} 量化的性状分化程度应该和中性分化程度（F_{ST}）一致；当性状分化程度大于中性分化（$Q_{ST} > F_{ST}$），则该性状可能受到正选择的作用，反之则可能受到负选择的作用。同质园实验通常用于摒除环境差异引起的表型变异，在此基础上，比较性状分化和中性分化程度，可以更加准确的判断性状可能受到的选择和选择介质（Cheplick，2015）。使用系统发育树形态进化模型进行模拟也可用于比较不同性状的进化方式（Eastman 等，2013）。

近年来，基因组学技术的发展为分析景观异质性对适应性进化的影响提供了新的途径。基于基因组扫描的技术，可以同时筛选多种环境因子可能造成的环境选择压力，也可以较为全面地获得基因组受选择的位点。对于具有参考基因组的物种而言，这些受选择的位点可以进一步被匹配到特定基因上，从而了解该基因应对环境选择压力的机制（Guerrero 等，2018）。因为以上特点，基因组学技术在最近十年受到越来越多的关注，甚至形成景观遗传学的一个新的增长点——景观基因组学（Landscape Genomics）（Storfer 等，2016）。目前研究人员已采用的方法包括简化基因组（Restriction Association site DNA，RAD；Genotyping By Sequencing，GBS）和基因组方法。基因组方法一般用于具有参考基因组的物种（Guerrero et al.，2018），而对于大多数非模式物种，简化基因组是一种更加通用的方法。基于该类方法，研究人员能快速地分析海量测序结果中相同位点不同个体的变异情况，由此获得大量的 SNP 变异位点。如 Martins 等（2018）用 GBS 的方法研究墨西哥栎属树种 *Quercus rugosa*，从 17 个种群，103 个个体上获取共计 5354 个 SNP 位点。在获得大量变异位点后，F_{ST} 异常位点法（outlier test）和环境相关法（Genome-environment Association Test）是筛选可能受选择位点的主流方法（Ahrens 等，2018）

当前利用景观基因组学方法筛选可能受选择的适应性位点，以及分析可能的环境驱动力是非常热门的研究，这类研究可以分析环境异质性造成的适应性分化，从而更准确地判断气候变化、人为活动影响下，物种可能的响应和进化拯救的可能性（Bragg 等，2015；Martins 等，2018；Razgour 等，2019）。例如，Razgour 等（2019）结合景观基因组学和生态位模拟的方法，预测未来气候变暖情境下森林蝙蝠的生境丧失情况，指出考虑局域适应的生境丧失面积明显小于不考虑局域适应的情况。在全球气候变化的情境下，气候因子是最常被研究的适应性驱动力（Bragg 等，2015），土壤和大气等对物种的进化适应的影响也常被研究（Guerrero 等，2018）。

2. 景观遗传学研究中存在的主要问题

景观遗传学在过去十多年中得到了飞速的发展，但在发展的同时面临着种种问题。这些问题被（Richardson 等 2016）精辟地总结为景观遗传学研究中的四个陷阱：①基因流被视为都是有益的；②过于宽泛地诠释结果的风险；③错误地解释基因结构的生物学意义；④将定量方法等同于严谨和精确。这四个陷阱体现了当前景观遗传学在理论、方法和应用上的不足。

在理论层面上，景观遗传学缺乏一个全面的理论来综合考虑众多不同的影响基因流、漂变和选择的过程，将时空维度的景观异质性与中性、适应性进化的格局很好地联系起来。同时，景观遗传学对基因变异和物种分布、种群大小和密度、扩散能力、分异阻力、选择梯度以及个体适应性如何在一个异质性的环境中相互作用的机制性理解依然不足（Balkenhol 等，2016）。例如，扩散等基本进化过程通常被视为随机的，不依赖于当地的生态相互作用，部分原因是对共同适应如何影响扩散知之甚少。理论体系上的缺乏导致多数景观遗传学研究往往忽略基因流动的基本原理和复杂后果，而更倾向于简单的解释和广泛的推论。在分析环境异质性影响时，目前关注的生态因子主要都是无机环境因子，且常常被分别考虑，忽略了环境因子对适应性分化的综合作用。此外，虽然物种间相互作用在物种定居、适应过程中发挥着重要的作用，但该作用在现有的景观遗传研究中却很少被关注（Razgour 等，2019）。这些都是导致景观遗传学研究前三个陷阱的重要原因。

在方法层面上，以基因流为对象的景观遗传学研究中，微卫星是应用最广泛的分子标记方法。微卫星具有成本低廉，能灵敏的反映景观和环境变化导致的基因流和种群遗传多样性变化的特点。尽管微卫星的优点很明显，但在将其应用于景观遗传学研究时，基因型测序误差、哑等位基因（Null Allele）、位点间连锁、选择中性、长度同塑性（Size Homoplasy）等问题都可能使得一些种群遗传学方法的前提假设不成立（Allendorf，2017），从而导致基因流以及空间遗传结构的错误判断。此外，由于基因流统计方法反映的时间尺度差别，选择时间尺度不匹配的基因流估计方法，有可能得不到预期的研究结果，甚至得出错误的结论（Hall 和 Beisseiger，2014；Richardson 等，2016；Sork 等，2006）。

表型性状很容易被观察发现测量，但基于表型性状进行适应性进化分析的研究会遇到如下问题：①表型性状的进化机制复杂，如 Q_{ST}–F_{ST} 法、基于系统发育树的形态进化模型法等统计获得的是表型性状可能受到的进化力类型，并不能反映其背后的进化机制；②表型性状众多，确定测量哪些表型性状受到环境因子的影响，具有较大的主观性，并且可测量的性状有限，获得和假设一致的结果存在较大的运气成分；③表型性状的测量费时费力，且描述较为困难。而每一个表型性状的测量，可能都是基于特殊的测量方法，甚至需要在特殊的季节才能获取。此外，为了摒除环境差异导致的表型差异，研究者们往往采取同质园实验或者交互移植实验，这种方法能获得表型性状差异和局域适应的重要观点，但是操作复杂，成本较高，取样量有限，且很难适用于生活史较长的物种（Cheplick，2015；Razgour 等，2019）。

在解释基因流格局时，为计算最小成本扩散距离，即个体或者繁殖体在两个位置间扩散阻力最小的一条路径距离，通常需要构建景观阻力模型。在此基础上，以不考虑景观异质性的 IBD（IBD，Isolated By Distance）模型为零模型，评估不同模型对基因流格局的解释力（Nevill 等，2019）。传统的景观阻力赋值往往依赖于专家打分，比如根据对所研究物种扩散特征的了解，赋予不同景观特征差异化的阻力值。然而事实上，对个体或者繁殖体运动本身进行直接研究的案例很少（Baguette 等，2013；Hugo 等，2018）。个体或者繁殖体的运动特征，以及景观如何影响物种运动方面的知识很有限，这往往导致专家打分获得的景观阻力地图存在偏差。同时，在检测景观格局和空间遗传格局是否相关时，Mantel 检验和偏 Mantel 检验是最为常用的一种方法。这类研究方法受到众多限制，如受景观破碎化程度、景观变化的时间，变量中的共线性和独立性的影响，容易得到错误检出，且当不同的景观阻力模型高度相关时，这类方法区分和检出正确模型的能力较弱（Zella 等，2016）。以上种种分析方法中存在的问题，是景观遗传学研究中的第四个陷阱，即错误地将遗传定量分析视为严谨和精确的来源。

景观遗传学研究中的另一重要问题是研究结果的外推性往往受到限制。相同的物种在不同景观中可能具有不同的响应，而不同的物种在相同的景观中也可能具有不同的响应（Nevill 等，2019）。例如公路是人为活动造成景观破碎化的一个重要因素，Holderegger 和 Di Giulio（2010）综述了 32 项关于公路对种群 / 个体遗传分化影响的研究，其中 65.6% 的研究发现了公路显著增加遗传分化的证据，而 25% 的研究明确公路对遗传分化没有负面影响。导致这些不一致的研究结果的主要原因包括：不同物种的扩散能力、生活习性以及既有的有效种群大小都会直接影响公路的遗传后果，而不同景观中公路的封闭程度、是否有连通廊道也决定了公路对空间遗传格局的影响程度。因此，将研究结果推导至更大区域或者更多物种上存在困难。

需要特别指出的是，尽管国内在 2007 年就已经有介绍景观遗传学的文章发表（王红芳等，2007），我国的景观遗传学研究相对国际上的发展而言较为缓慢。目前国内研究主要集中在对珍稀濒危或者稀有物种的分析上，如大熊猫（Ma 等，2018）、金丝猴（Zhao 等，2019）等，或探讨生境破碎化对历史和现时基因流影响的研究（Wang 等，2012）等。总体来说，国内的景观遗传学研究较为零散，在理论、方法的探索和发展上落后于国际同行。中国到 2018 年自然保护区陆域面积为 142.7 万平方千米，占陆域国土面积的 14.86%，2017 年更是宣布开始 10 个国家公园试点建设，以加强对自然生态系统和生物多样性的保护。了解保护区内和保护区间遗传多样性的分布、基因交流、局域适应，以及景观格局对这些微进化过程的影响对生物多样性的保护至关重要，因此为合理管理保护区内的景观，有效地维持物种和遗传多样性，迫切需要景观遗传学研究提供更多的决策支持。

三、景观遗传学发展方向

景观遗传学自提出以来，经历了快速的发展。其在发现和描述景观尺度上的空间遗传格局，分析空间遗传格局和景观格局、过程的关系，从而获得景观格局、过程对物种微进化的影响的认识上发挥了不可替代的作用。但是，由于其发展历史较短，还存在着诸多需要提高的方向，未来研究的重点应该放在建立起景观遗传学的理论体系，进一步发展景观遗传学的分析方法和增强研究成果的实践应用上（见图 4-10）。

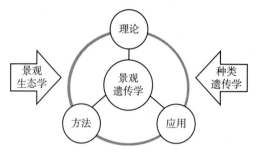

图 4-10　景观遗传学发展的三个重点方向

1. 建构景观遗传学理论体系

（1）中短期目标——提升生物和非生物因素相互作用对遗传结构的影响机理认识

未来景观遗传学研究将不再满足于建立起种群空间分布、栖息地格局和遗传结构的相关关系，而会更加关注物种之间的局部相互作用（例如，竞争、捕食、共适应等）如何影响基因组进化，以及不同景观中的生物和非生物因素如何相互作用、影响物种内部和物种之间的中性和适应性基因组变异。近期需要重点回答的问题包括：生物和非生物因子如何独立和共同影响多个相互影响的物种间的基因流动、漂变和选择格局？居住在不同环境条件下的地理上隔离的群落物种之间的共同适应模式是否具有一致性或一般性？环境变化如何影响群落组成和相应的基因组之间的协同进化（Hand等，2015）。为回答这些问题，需要全面了解基因流及其对种群的影响，发展假设和预测框架，选择并复制焦点景观、评估多个物种以扩大理论推导的范围，以及更好地整合中性和适应性遗传变异及其与物种分布和环境的相互作用分析。

（2）长期目标——建立起系统的景观遗传学理论体系

在长期目标上，景观遗传学研究要实现从回答"我们怎么做？"向回答"我们从中学到了什么？"的研究范式的转变，建立起系统理解空间环境异质性、生态和进化过程相互作用，以及由此产生的遗传模式的完整理论体系。为实现这个目标，一方面要对当前新出现的模型和理论框架进行应用和测试。例如，相较于传统的距离隔离模型，环境隔离模型（Isolated By Environment，IBE）为认识生态过程、选择的主体和环境条件中的空间异质性如何影响自然界的基因分异创造了新的机会。因此，当前迫切需要在将 IBE 纳入景观基因组和景观遗传比较研究、认识种群异质性和时间变化对 IBE 的影响和认识驱动 IBE 的生态过程等方面开展工作。而 Hand 等（2015）提出的景观群落基因组框架（Landscape Community Genetics，LCG）试图量化在选择压力、基因流和基因漂变时空上相互作用的复杂环境中，生态进化过程的结果。该框架为综合分析斑块地理位置、物种组成、斑块内非生物条件，以及中性和非中性位点的信息提供了一个概念框架，但目前该框架仍停留在理论层次，缺乏实证案例。另一方面，研究人员需要认真考虑理论推导的尺度、外推性，和空间遗传结构的生态和进化背景。在此基础上建立起景观遗传学的理论体系，将基因流和景观特征之间的关系转化成为对长期种群变化的理解（Richardson 等，2016）。

2. 发展景观遗传学分析方法

（1）中短期目标——发展景观遗传分析新方法

遗传分子分析技术的快速发展和由此导致的生物信息数据的可得性增加，对发展景观遗传学的分析方法提出了新的要求。景观遗传学过去侧重于小型遗传数据集（通常由 < 20 个微卫星标记组成）的空间分析，但二代测序方法产生的数千种标记的大规模基因组数据集对原有的方法提出了挑战。为充分利用基因组数据的潜力，需要发展区分由等位基因频率变化或种群历史产生的选择信号的方法；发展对基因组景观数据和生态景观数据进行综合分析的方法，从而认识适应性遗传的变异空间分布。除此之外，发展将景观遗传数据与其他类型数据（如遥感数据、稳定同位素数据、标志重捕数据等）结合分析的新方法也将是一个值得关注的方向。

在分析景观结构对遗传结构的影响上，由于大多数生态系统都将在全球变化下发生更快速的变化，需要发展不依赖于平衡假说的景观遗传学指标。由于曼特尔（Mantel）检验或类似用于联系景观结构和遗传结构的方法受到对距离假设的影响，在未来的景观遗传学分析中应避免使用该类方法。为此，需要发展新的统计学方法，如基于空间图论、贝叶斯推导的方法和全基因组关联研究新方法；同时使用多种检测方法也可能是一个解决途径，包括多模型优化、机器学习和共同性分析等。从长远来看，景观遗传学需要找到直接从原始数据（如等位基因频率）测量基因流的方法。在构建景观阻力地图中引入生境适宜模型可以避免专家打分的偏差，但需要研究在构建适宜生境模型时如何选择景观、环境和生物因子。此外，还需要发展分析时滞（从干扰产生到能侦测出变化或者达到新平衡之间的这一时段）对景观遗传影响的方法。如何辨别时滞、控制历史景观变化的影响和侦测当前景观变化影响，是景观遗传学的活跃研究方向。

（2）长期目标——实现从描述性工作向预测性工作的转变

景观遗传学要对物种的保护管理产生更大的影响，必须从描述性科学发展到更具预测性的科学。要实现这一目标，景观遗传学需要在研究中提出明确的、可测试的假设。这些假设描述景观对遗传变异和其底层过程的预期影响，并通过严谨的实验进行验证。这是提高景观遗传学科学严谨性、扩大其应用范围的最基础步骤。景观遗传分析的重点不再是在单个物种、单个景观上寻找遗传空间格局和景观数据间的显著相关性（统计的、以格局为中心的分析），而是寻找景观特征和影响遗传时空变异的过程的有意义的关联（生态进化的、以过程为中心的分析）（见图4-11）。模型模拟将是验证假设的一个重要工具。在用模型进行模拟时，需要发展综合考虑景观异质性对中性和适应性遗传变异的各种影响的方法，这样便于直接评估景观与过程的相互作用，以及形成的遗传变异格局。与此同时，需要大力扩展景观遗传学研究的物种范围，如对昆虫和无脊椎动物等类群开展研究，它们具有体积小、移动性强、时代时间短的特点，便于设置受控和重复实验，可用于验证从现实观测中建立的假设。

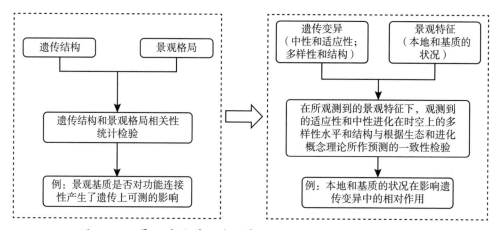

图4-11　景观遗传学研究对象的转变（改自Balkenho等，2016）

3. 加强景观遗传学实践应用

（1）中短期目标——加强在生物多样性保护和景观管理中的应用

要加强景观遗传学在生物多样性保护和景观管理中的应用，需要在如下研究方向上采取行动（Emel等，2019；Keller等，2015）：匹配研究区域的范围或保护管理单元的范围与被研究物种的分布潜力；优化基础统计模型的质量，包含对实施管理有用的变量；提高景观遗传研究的适用性，确定景观对基因流动影响的阈值；将景观遗传模型与开发保护规划工具结合起来；在实验设计中考虑重复景观设置，选取多物种进行比较。多种类的景观遗传或基因组研究是建立成功的保护策略的有效途径，因为从单一物种研究中几乎不可能推断出景观影响基因流或局部适应的一般规律。此外，未来还可以扩展景观遗传学的应用范围，从主要关注陆地生物多样性的保护向更多的方向扩展。如遗传方法是表征海洋种群间连通性或确定种群结构相关空间尺度的有力工具（Manel 和 Holderegger，2013），因此发展海洋景观遗传学、加强对海洋物种的保护将是未来景观遗传学的一个重要应用方向。针对遗传结构受到环境快速变化影响的物种，如城市物种或流行病病原物，可以发展城市景观遗传学和疾病景观遗传学，拓展景观遗传学的新应用方向。

（2）长期目标——提供减缓全球变化对物种影响的对策

全球变化对全球生态环境和物种已经产生了深远的影响。一些科学家认为当前全球正在经历由人类活动驱动的第六次物种大灭绝。虽然当前在物种丧失的速度和规模上还存在争议，但过分关注这个争议可能会掩盖一个更为严峻的现实，即早在整个物种最终丧失之前，遗传多样性已经受到严重影响。据估计，独特种群的灭绝速率比整个物种的灭绝速率要快三个数量级。认识全球变化对遗传多样性影响的关键科学问题（Manel 和 Holderegger，2013）包括：最近的全球变化（土地利用／土地覆盖变化和气候变化）如何影响中性和适应性遗传变异格局；物种能否适应生态时间尺度上正在进行的全球变化？景观遗传学可以在回答这些关键问题上发挥重要作用。未来可能的研究方向包括：量化当前环境因子分布对适应性遗传变异类型分布的影响；研究适应性基因在景观上的传播可能性；将自适应遗传变异的空间模式与基因流速度信息结合起来，预测不同全球变化情景下整个物种范围内自适应相关遗传变异的空间分布。

第六节　多功能景观

作为沟通自然景观与人类社会的重要桥梁，景观功能一直以来都是景观生态学的重要研究内容。多功能景观通过对自然景观功能赋予人类价值评判，与土地利用决策紧密相关，已成为当前景观功能研究的重要发展方向、多学科景观综合研究的重点领域和景观生态学新的学科生长点（彭建等，2015）。本节内容明晰了多功能景观语义下生态系统功能、生态系统服务、土地功能、景观服务、景观可持续性等近似概念的逻辑关系，梳理了近年来国际上农业景观多功能性、城市景观多功能性以及其他具有区域特色的多功能景观研究进展（刘焱序等，2019）。景观多功能性综合评价体系、多功能景观空间形成机制、基于景观多功能性的可持续发展机理、面向多功能景观的国土空间优化支持，可以成为多功能景观未来研究的重点发展方向。

一、多功能景观相关概念

自 2000 年在"多功能景观——景观研究和管理的跨学科方法"国际研讨会上首次明确提出"多功能景观"概念以来，各国科学家先后从人类学、多学科交叉、系统学、经济学、生态学、地理学和可持续科学等视角对多功能景观的概念进行了界定。纳维（Naveh，2001）首先从人类生态系统观点出发，将多功能景观定义为一个自然—文化交织的复杂系统；布兰特（Brandt，2003）基于抽象的空间观点，认为多功能景观是指同时具有生态功能、有关土地利用的功能和社会功能等的景观；周华荣（2005）进一步将其明确为同时发挥经济、社会文化、历史和美学等功能的复合景观；安妮特（Annette 等，2007）强调景观多样性，将景观多功能性表征为景观尺度生物多样性；傅伯杰等（2008）认为多功能景观就是为了多种目的对景观中的土地采用多种利用方式同时加以使用的景观；奥法雷尔（O'Farrell 等，2010）则提出了可持续性多功能景观的概念，表征在景观创建与管理过程中将人类活动和景观利用、保留有决定性生态系统功能、服务流以及生物多样性相结合的景观。在不同学科视角、理论基础和关注焦点下，学者们对多功能景观概念的理解和表述有所差异，但究其本质仍强调景观多重功能的时空协同；而不同时期多功能景观概念关注点的变化则反映了随着多功能景观研究的逐步深入，其研究重点从多重景观功能耦合表征向景观多功能可持续性探讨转变。

自概念形成伊始，多功能景观研究就聚焦人类对景观的需求和收益，具有天然的跨学科属性。在学科领域的逐步发展过程中，生态系统服务研究逐渐与多功能景观研究交叉融合，前者为后者提供了充分的理论与方法依据。生态系统功能、生态系统服务、土地功能、景观功能、景观服务、景观多功能性、多功能景观、景观可持续性等近似概念的逻辑关系可以总结为图 4–12 所示结构。其中，有三点易于出现概念混淆的逻辑关系，需要在今后的研究中予以重视（刘焱序等，2019）。

首先，景观生态学语境下的景观功能并不是更大尺度的生态系统功能。虽然在尺度意义上，多种生态系统组成的景观是更为宏观的空间单元，但景观功能一词通常在使用中相比生态系统功能更为聚焦。具体而言，生态系统过程与生态系统功能高度相关，一般认为两者的直接区别在于现象和后果的区别。生态系统过程用于描述一种客观现象，没有主客体之分；生态系统功能则体现了该客观现象对某种客体产生的后果。针对生态系统功能这一相对宽泛的概念，如果上述作用客体是人类，作用后果能

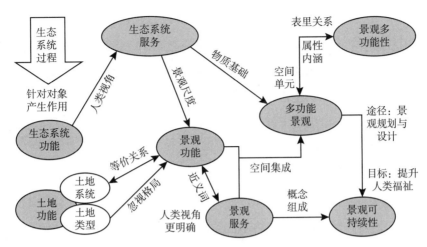

图 4-12 多功能景观相关概念逻辑关系

够对人类产生直接或间接收益，则这一类功能可以被表述为生态系统服务。简而言之，生态系统服务就是人类从生态系统获得的各种惠益，是景观多功能性形成的物质基础。考虑到景观多功能性研究对人类福祉的关注，不宜直接将景观多功能性关联于生态系统功能这种宽泛的表述形式。

其次，土地系统研究中的土地功能与景观生态研究中的景观服务在研究内容上相重合。景观服务一词源于生态系统服务，特指生态系统服务在景观上的空间表达。由于景观服务一词出现较晚，因而一些研究也使用景观功能一词，并通过生态系统服务制图评估景观功能和多功能性。根据词汇出现时间的早晚，可以认为景观功能和景观服务属于近义词，在字面意义上后者更适于描述景观对人类的效益。土地功能一词的使用以中国学者为主，但在国际研究中该词汇也有所涉及，被定义为土地系统提供的产品和服务。考虑到土地系统提供的产品可以被解读为生态系统供给服务，而一定尺度上的景观单元也可以被理解为土地系统单元，在实际评估中则很难严格区分土地多功能性和景观多功能性。值得注意的是，如果在土地利用研究中缺乏系统观，仅对土地利用类型进行赋值叠加，则失去了对景观格局空间关系的表达，所得出的结果不能满足格局与过程耦合原理，不宜作为景观服务。

最后，通过景观规划与设计手段优化多功能景观，是强化景观可持续性的现实途径。多功能景观与景观多功能性属于表里关系，前者是后者的空间表现单元，后者是前者的内在属性内涵。对景观多功能性的认知是通过人类价值判断而产生的，因此也需要通过利益相关者进行景观管理，根据客观需求调整景观多功能性，其外在表现形式就是多功能景观的规划与设计。尽管我国学者较早关注了多功能景观对景观可持续规划设计的意义，但在目前国内景观管理实践领域仍然缺乏应用景观多功能性理论与方法进行规划设计的突出成果。在景观可持续性研究中，景观服务这一词汇可以有效链接景观格局、生态系统服务、价值、决策等可持续景观规划议题。而景观中生态系统服务之间权衡机理不明、生态系统服务与人类福祉间关联机制复杂，则成了景观服务、景观多功能性等理论应用于可持续景观管理决策需要解决的重要瓶颈问题。

二、多功能景观研究进展

1. 不同类型多功能景观研究前沿

经过近二十余年的持续关注，多功能景观与景观多功能性研究已经发展成为国际上多学科景观综合研究的一个重要领域。针对农业景观、城市景观以及其他一些具有区域特色的景观类型，多功能景观研究前沿体现为以下三个方面（刘焱序等，2019）。

农业多功能景观是多功能农业与生态系统服务的交叉，包含着可持续农业经营、生态学系统服务簇、土地分离与共享等学科概念，并将景观作为这些理念的空间载体（Huang 等，2015）。将所对应的景观服务分为六种类型：面向消费者的服务，生态系统对农业的调节服务，农业产生的调节服务，生态系统支持服务，生态系统对农业的负服务，农业产生的负服务，其中负服务主要指农药、病虫害、养分流失等。霍尔特（Holt 等，2016）证明了英国现有的农药政策可以保护一系列生态系统服务，但会对英国粮食安全产生严重影响，景观多功能性仍有待提升。史密斯（Smith 等，2014）通过基于生态系统服务付费方法，对澳大利亚新南威尔士的农户访谈发现，农民能够认识到农业生产对生态系统服务可能造成的负面影响，以及保障农业景观中生态系统服务的重要价值。贝努埃斯（Bernués 等，2015）对挪威西南部的调查则显示，虽然多功能性得到广泛认知，当地农民比普通公众相对轻视旅游文化等功能，农业生产功能则受到肯定。维勒曼（Willemen 等，2010）在"人、植物和牲畜的空间？"一文中，详细论述了荷兰乡村耕地生产、集约畜牧、植被生境、文化休闲等功能间存在天然的冲突关系；格鲁伊（Gulickx 等，2013）在荷兰乡村的定位观测研究则表明，上述景观功能实际在局地很难出现重合，当幅度达 1km 后则功能开始出现重叠，说明多功能的表征高度依赖于尺度。维勒曼（Willemen 等，2012）进一步发现，不仅空间尺度影响了多功能性的表达，景观格局随时间的演化也明显改变了多功能性。此外，Peng 等（2017）对京津冀流域尺度的农业景观多功能性多时期制图表明，多功能性的驱动因素存在高度的空间非平稳性和时间变异性，理解并刻画农业景观多功能性是一个复杂的地理问题。当前，国际研究对农业多功能景观的认识包括食物供给对于生态系统调节和文化服务的权衡关系、乡村利益相关者感知、多尺度的功能评估及空间关系等，良好展现了农业多功能景观是一项典型的人地耦合研究议题，需要充分考虑农业生产活动中的生态过程与社会过程交互作用，以及在不同时空尺度上的认知差异。在明晰上述机制的前提下，有必要基于生物多样性和生态系统服务识别结果（Frei 等，2018），设计可持续的农业景观，降低集约化农业的负面生态、社会影响（Landis，2017），并为适应气候变化等战略目标提供景观尺度的解决方案（von Haaren 等，2012）。考虑到食物供给和生态系统调节、文化服务分别属于个人产品和公共产品，生态系统服务付费可以作为多功能农业景观形成并维持的一项有效制度保障（Nilsson 等，2017）。

国际上对城市多功能景观的研究包括城市郊区、城市内部等不同对象。在城市郊区，都市农业是一种典型的多功能景观，而城市内部的多功能景观研究往往以绿色基础设施为切入点。Yang 等（2010）发现北京郊区的农业旅游产业可以实现社会、经济和生态效益的协同，带动了城郊相对的发展。扎萨达（Zasada，2011）认为，都市农业所形成的景观多功能性是由城市居民的需求所决定的，郊区农民的多功能景观管理受城市消费所驱动。巴罗（Baró 等，2017）针对巴塞罗那都市区识别了基于供需框架的生态系统服务簇，并通过城乡梯度制图指引景观规划管理。巴尔赞（Balzan 等，2018）对地中海岛屿的多功能景观城乡梯度研究表明，城市是生态系统服务容量和流量的双低值区，强化绿色基础设施是生态系统服务传递的有效途径。同时，针对城市内部的景观多功能性研究也往往以绿色基础设施为切入点。洛弗尔（Lovell 等，2013）将植物生物多样性、粮食生产、微气候控制、土壤入渗、碳固存、视觉质量、娱乐和社会资本作为美国绿色基础设施的主要功能。梅罗（Meerow 等，2017）针对底特律绿色基础设施设计了包括雨水管理、社会脆弱性、绿色空间、空气质量、城市热岛改善、景观连通性等 6 项效益在内的空间规划模型。维尔杜 – 巴斯克斯（Verdú-Vázquez 等，2017）则提出了诊断城市周边开放空间的详细操作方案，从而满足居民对多功能绿色空间的规划需求。总体而言，城市多功能景观研究与城乡生态系统服务供需关系、城市生态系统规划设计密切相关，一些国际研究充分融入了城市景观规划的相应理念。作为景观规划的本底数据支撑，更高精度的景观多功能性制图不可或缺（Liquete 等，2015）。同时，虽然城乡景观服务供给的空间表达手段不断完善，景观服务需求在城市空间识别的依然是研究难点。基于访谈手段的景观服务需求测度往往仅能满足城市局地社区的多功能景观设计（Yang 等，2013），认识生态系统服务在城乡梯度间的空间流动已成为较大尺度景观规划的重要知识需求（Baró 等，2017；Balzan 等，2018）。

　　基于区域特色把握景观多功能性，考虑具体利益相关者的景观管理诉求，明晰多功能景观构建方向，被国际景观多功能性研究所强调。卡瓦略－里贝罗（Carvalho-Ribeiro 等，2010）对葡萄牙北部的社区访谈发现，用户群体、可持续性参与者和林业机构对森林景观的管理意图存在分歧，营造多功能景观需要首先向利益相关者展现预期的可持续景观情景。伊劳舍克（Irauschek 等，2017）考虑到中欧森林管理者对景观非木材服务的兴趣日增，将木材生产、碳固存、生物多样性和重力灾害防范作为主要景观服务，预判了奥地利东阿尔卑斯山多功能景观对气候变化的适应能力。洛弗尔（Lovell 等，2018）发现北美的农林复合经营对木本植物生产力关注不足，认为有必要进行木本植物种植组合试验，从而提升景观多功能性，应对气候变化与粮食安全需求。齐利瓦基斯（Tzilivakis 等，2016）基于350篇文献构建生态焦点区评价指标体系，用于评估梯田、沟渠、水塘、缓冲带、独木、固氮作物等20种景观要素的多种生态效益。透纳（Turner 等，2014）基于生态系统服务制图将丹麦多功能景观分为专业化农业生产型、沿海文化服务型、城市周边混合功能型和高狩猎潜力的森林游憩型，其中作为一项区域特色，隆德（Lund 等，2017）在丹麦的研究表明，狩猎活动可以激励土地所有者保留和创造更多类型的景观要素，从而有助于景观多功能性的形成。依托可持续景观设计强化景观多功能性，从而提升生态系统服务与人类福祉，已经逐渐进入政策决策与地方实践层面（Dosskey 等，2012）。

　　2. 多功能景观研究中的主要问题

　　梳理国内外景观生态学者围绕景观多功能性评价、多功能景观空间识别、多功能景观规划管理等研究主题开展的大量理论方法探讨及个案研究（彭建等，2015），多功能景观研究主要问题可归结为以下四个方面（见图4-13）。除多功能景观概念界定已在上一节进行系统梳理外，其他三部分问题具体如下（彭建等，2015）。

　　景观具有社会、经济、美学和生态等多种功能，但目前的评估通常是对单一功能或单一环境压力的分析，不能反映景观多功能性的本质，并且不同景观功能（过程）是如何相互影响的在很大程度上仍是未知数。因此，景观综合功能的评价不仅要结合景观功能的作用机理识别出单一景观提供给社会的潜在收益，还需将这些潜在收益进行整合，综合评价多功能景观的价值。币值化度量方法操作简单、单位统一，便于不同景观功能之间的比较，且能很好地表征多功能景观的整体性，但多重景观功能价值

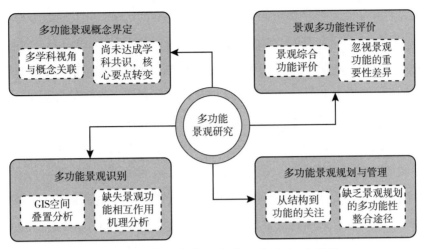

图 4-13　多功能景观主要研究内容及问题

的直接加和忽略了各项功能间的独立性；指标体系法评价过程与结果简单明了、易于公众认知，且较好地体现了各项功能间的独立性，但难以表征多功能景观的整体性；综合模型法基于生态学、社会学、经济学等多学科机理评估景观功能，结果更加科学化，既保有各项功能间的独立性，又能体现景观多功能的整体性，但模型构建十分困难。尽管目前景观多功能性评价研究的模型方法与具体指标各异，但均出现所有景观功能趋向均衡发展的问题，未能凸显特定区域不同景观功能的重要性差异，景观多功能性评价模型与方法的深入探讨成为当前多功能景观定量研究面临的重要问题。

从景观功能到空间实体的直观可视化是景观多功能性研究的一个重要组成部分；通过空间制图，政策制定者与规划者可以直观地对特定景观功能及多功能组合进行系统综合评估。目前，依据景观功能的数值空间分异，基于 GIS 空间叠置分析对同时具有多项较高景观功能值的多功能景观热点区域进行定量辨识已成为多功能景观空间识别的基本研究范式。这一热点区是多重景观功能协同作用的实质体现，但与之相对应的多功能冲突区在空间识别中则较少涉及。同时，这一范式还忽略了景观多功能组合的差异、导致景观功能重要性的均一化；大多仅能识别两种景观功能的相互作用关系，很少涉及三种及三种以上景观功能相互关联的研究；更无法表征景观功能或生态系统服务流的特征，揭示不同地域空间的景观功能关联；并且，这种识别多为针对不同尺度景观功能大小的相对量判定，而非定量判定区域多重景观功能的真实供需状况。因此，基于景观功能相互作用机理分析的多功能协同、冲突区域的识别与对比更有助于多功能景观权衡机理的理解，对于多功能景观管理的指示意义也更为明确，如何更准确界定多功能景观内涵并实现多功能景观识别的定量可视化将是今后研究的热点方向。

社会－自然耦合系统视角下，景观规划与管理必须综合考虑景观中的自然生态过程与社会经济过程及其相互作用的空间关联关系，从而实现兼顾美学、文化功能的同时保持生态维度的健康发展、满足社会需求的生产力等多种景观发展目标。而特定区域景观功能之间的相互作用类型是不同的，相应的景观功能对于区域发展可能起到迥异的促进或抑制作用。所以，人为因素在多功能景观的研究中愈加受到关注，从多功能景观角度考虑景观规划与管理显得尤为重要。近年来，有关景观功能的研究取得了巨大进展，但将其整合入多功能景观的规划与管理中仍是难点，尤其缺乏景观规划的多功能性整合途径。一方面，从多利益相关者的角度，景观功能相互关系明晰及多功能权衡的定量方法还不完善；另一方面，多重景观功能协同导向下的景观空间格局与社会－生态过程关联机理的理解还有待深入。因此，基于景观功能定量表征的多功能景观规划与管理的基本空间途径仍有待进一步明晰；景观功能相互作用机制的探讨将逐渐从定性走向定量，进而通过优化功能组合，科学规划、管理面向可持续性的多功能景观。

三、多功能景观研究发展方向

总体而言，我国对于多功能景观的研究涉及面仍较窄，研究案例相对较少，研究区域主要聚焦于农业景观、干旱景观。目前，景观多功能性评价和区域类型划分是国内学者关注的热点领域，相关研究案例不断增加，但对于多功能景观的过程机理、相互关联、动态监测及模型模拟等方面基本上仍处于空白阶段。因此，针对多功能景观自身组织结构的复杂性及其理论体系与技术方法的不完善，需要从多学科交叉出发，基于人类－自然相互作用的复杂系统视角对多功能景观开展更深层次地综合研究。针对中国景观多功能性研究滞后于国际研究水平，对区域人类福祉提升支持作用不足的问题，亟待明确景观多功能性研究的前沿议题，缩小国内外学科研究差距并有效服务于国家发展需求。基于对研究近今进展的总结，将多功能景观研究发展方向分解为景观多功能性综合评价体系、多功能景观空间形成机制、基于景观多功能性的可持续发展机理、面向多功能景观的国土空间优化支持（见图4-14），并相应分解了中短期与中长期研究议题（刘焱序等，2019）。

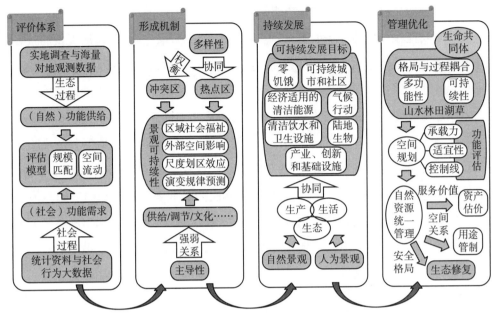

图 4-14　多功能景观研究发展方向

1. 景观多功能性综合评价体系

（1）中短期目标——理解景观功能的供需关系

总结近年来景观多功能性评估的技术方法，发现基于不同尺度、依托土地利用等空间数据的景观服务制图正在趋于完善（Fu 等，2015）。随着海量对地观测数据的获取与加工，景观服务的制图精度将逐步提升。从功能供给角度评估自然环境所提供的景观多功能性，其技术难度将随之降低。近年来，一些国际研究开始关注生态系统服务需求制图（Hamann 等，2015），对生态系统服务供需关系的空间表征取得一定进展（Kroll 等，2012；Balzan 等，2018），但此类研究大多基于较为精细的统计资料评估社会需求。当前，用于描述社会行为的大数据已被广泛应用于地理学研究中，利益相关者的空间活动轨迹得到了更精准的刻画。认知区域社会福祉是理解景观功能关联规律的前提，城市、乡村、山地、海岸不同的地域特征影响了社会福祉提升对多功能景观的具体需求。区域外部空间对区域内部景观功能存在的影响也不可忽视，农牧业产品的区际联系、国际联系正在不断加强。随着社会过程空间化技术手段的提升，从功能需求角度评估人类社会所需要的景观多功能性将逐步实现。分解域内域外需求、消费者与生产者需求、短期与长期需求，将为可持续景观规划提供重要的时空依据。

（2）中长期目标——明晰景观功能的空间流动

景观多功能性一词体现了人类对景观赋予的价值判断，自然环境所提供的景观服务未必被本地居民所消费，而剥离利益相关者的价值无从谈起。因此，景观功能评估有必要依托生态系统服务流进行改良。在明晰生态系统服务供需特征的基础上，把握生态系统服务在景观中的空间流动进而成为景观多功能性评估模型研发的目标。生态系统服务流分为原位流、全向流、方向流等，其中方向流的刻画是生态系统服务流建模重点。为刻画生态系统服务流，首先需要将生态系统服务供需换算至同一计量单位，测度供给量和需求量的规模匹配程度；其次需要准确判断流动的空间载体及路径，并明确物质传递时间以确定流速；最后设置相应的规划情景，提出利益相关者供需匹配的多功能景观建设方案。依托基于生态系统服务流原理的景观多功能性评价指标体系的建立，为多功能景观空间形成机制的认知提供了充分技术保障。

2. 多功能景观空间形成机制

（1）中短期目标——认知景观功能主导性与多样性的关系

景观功能不是在时空上直接反映的能够准确测算的单一变量，而是综合多种驱动因素、具有高度时空异质性的混合变量。当前景观功能评估通常提供的是建立在单一功能或单一压力源的单因果信息，忽视了景观多功能性具有明显的时空差异性，在同一或不同时间、同一或不同空间单元，均具有不同类型的景观功能，且其在景观功能综合指数中的重要性均有所差异。近年来的大量景观多功能性、生态系统服务簇研究已经证实，一些景观功能之间天然具有此消彼长的属性，并不能在某一区域内全部达到极值。因此，在生态系统服务簇的刻画中有必要融入评价者对地域分异规律的基本认知，根据区域特色确定景观多功能性的研究范畴。虽然景观功能间的权衡协同关系已经在近十年的国际研究中得以广泛刻画，但依然未能对供给、调节、文化等景观服务类型间的天然对立关系在地域分异规律层面作出明确解读。显然，在局地点位上某种生态系统或土地类型是具备明确功能属性的，但在区域层面不同景观要素相互交织，便产生了主导性和多样性的问题。主导性是指供给、调节、文化等景观服务在空间中呈现的强弱关系，往往会有一种或少数几种景观服务代表了整个景观的特征；而多样性是指上述服务往往同时存在于某一空间中，并通过权衡关系体现为冲突区，通过协同关系体现为热点区。显然主导性和多样性会同时存在于较大尺度的空间中，景观服务的多度或者热点只能体现景观功能的多样性，却忽视了景观主导功能对区域发展的意义，显然是有失偏颇的计量方式。以提升景观可持续性为目标，需要更加深入地理解景观功能主导性与多样性在空间中的关系。

（2）中长期目标——建立多功能景观单元的特征尺度识别范式

尺度效应和划区效应直接影响了景观功能的空间组合特征，需要依循规划目标确立合适的尺度范围和划区依据（Malinga 等，2015）。同一研究区域，分别选取小流域、乡镇或县区作为多功能景观识别研究的基本空间单元，研究结果的时空异质性往往存在显著变化，进而影响多功能景观的驱动因素分析及其规划与管理。作为景观空间异质性的重要方面，尺度已成为景观生态学的核心概念之一，景观格局、功能与过程研究都必须考虑尺度问题。尺度效应的实质是景观分析随空间面积单元变化而呈现不同的结果，即"可塑性面积单元问题"。其除了目前学术界广为关注的时空粒度和幅度效应，还包括划区效应，即同一尺度（粒度或幅度）下由于不同聚合方式引起的景观分析结果的变化。作为中长期研究目标，需要明晰基本空间单元划分对于多功能景观评估、识别的影响特征，建立自然、社会环境变量与多功能景观特征尺度之间的转换范式，自动识别不同研究需求、不同地域特征下的最适基本空间单元。

3. 基于景观多功能性的可持续发展机理

（1）中短期目标——景观多功能性视角下的可持续发展目标协同机理

2030 可持续发展目标（Sustainable Development Goals，SDGs）的提出为景观可持续性提升提供了明确方向。但 Gao 等（2017）对澳大利亚土地系统的模拟结果显示，鉴于可持续发展目标实施的复杂性以及资源限制下土地系统中普遍存在的权衡关系，同时实现多个目标的情况非常少见，土地与能源、粮食、水资源的协同管理亟待强化。森林、湿地等自然景观与农田、城市等人为景观在空间上相结合，构成了生活、生产、生态三种不同用途的国土空间，正是景观多功能性的现实体现。上述能源、粮食、水资源管理恰恰对应了生活、生产、生态不同的国土空间，形成了土地可持续发展目标与其他可持续发展目标的联结。在 SDG 的 17 项目标中，7 项目标可以被认为直接关联于景观多功能性。SDG2 零饥饿倡导可持续农业，这正是景观多功能性概念形成时的初始目标。SDG6 清洁饮水和卫生设施聚焦水资源与水环境，河流、湖泊和湿地景观功能及其周边耕地、林地和草地景观功能间的交互作用值得高度关注。SDG7 经济适用的清洁能源与风力水利和太阳能设施息息相关，是一种新型景观服务类型。SDG8 产业、创新和基础设施以及 SDG11 可持续城市和社区代表了可持续的城市化和工业化，对应目标下景观可持续的形成需要依靠城市多功能景观的塑造。SGD13 气候行动与各种类型景观的多功能性均关联密切，其既考虑自然景观更高效地发挥碳汇功能，也涉及人文景观更有效地控制碳排放。SDG15 陆地生物则直接涵盖了景观生态学的大部分研究主题，多功能景观的构建将成为该目标达成的根本保障。景观多功能性的学科价值不仅反映在 SDG 目标内容上，更体现在 SDG 目标的协同实现路径上。农药化肥的大量使用有助于零饥饿目标的部分达成，但对清洁饮水和陆地生物目标造成明显影响，显然不满足景观可持续性的需求。工业、基础设施建设和可持续城市建设需要更加经济适用的清洁能源，而乡村清洁能源的设施建设和城市可持续社区建设构成了良好的多功能景观城乡梯度。气候行动和陆地生物在大多数状态下呈现协同关系，但二者目标的保障不能以牺牲零饥饿目标为代价，主导景观功能的取舍有必要在区域尺度更加明确。通过寻求合适的多功能景观建设方案，实现多种 SDG 目标在空间上的协同达成，是景观多功能性走向景观可持续性的关键路径。

（2）中长期目标——可持续发展导向下的多功能景观演化规律预测

区域可持续发展关注区域内各要素的长期演化模式，不能以静态的视角看待可持续目标。多功能景观是一个有形的自然和文化耦合系统，人类的干预使得其自身及外部不断发生着动态变化，而静态的方法难以准确认知景观多功能性的发展趋势，并对其进行有效规划和管理。但已有的多功能景观研究恰恰大多基于现状数据静态表达景观多功能性的空间异质性，缺乏对长时间序列上景观功能相互作用机理与景观多功能性动态演变及其驱动机理的分析。因此，有必要明确多功能景观动态监测在理解景观功能及多功能性长期发展模式和过程中的关键作用，基于长时间序列数据对多功能景观的动态变化进行定量分析并明晰其驱动机理，进而调控人类活动使其对多功能景观发展的影响趋向正效应。多功能景观预测是可持续的多功能景观规划、管理的基本前提，需要通过系统梳理随时间序列变化的多功能景观发展模式及主导功能变化，从而根据未来区域发展目标调控多功能景观发展方向。准确预测多功能景观演变规律是明晰景观可持续性的重要环节，气候与土地利用变化将直接影响多功能景观的形成，集成自然特征、景观服务、气候变化和社会发展的多功能景观演化规律预测可以作为管理可持续多功能景观的有效途径。因此，在中长期研究中有必要依托大数据、云计算等先进技术手段，开展全景观类型、全驱动要素、全时间范围的多功能景观演化特征及驱动机制分析，全面理解多功能景观的长期演化规律，服务于区域可持续发展。

4. 面向多功能景观的国土空间优化支持

（1）中短期目标——为国土空间布局提供多功能景观分析方法支持

山水林田湖草是一个生命共同体，对上述景观要素的系统治理是国家生态文明建设的重要任务。在理论层面，"人的命脉在田，田的命脉在水，水的命脉在山，山的命脉在土，土的命脉在树"通俗地阐释了"水－土－气－生－人"要素在地域空间中的交互作用，蕴含了格局与过程耦合研究中的诸多关键议题。"水－土－气－生"等自然要素与人类福祉通过生态系统服务相链接，在地域空间上表现为景观多功能性，是景观生态学视角对生命共同体思想的有力阐释。形成"多规合一"的空间规划是当前我国国土空间优化的焦点议题。为科学划定城镇、农业、生态空间以及生态保护红线、永久基本农田、城镇开发边界，亟需研发资源环境承载力和国土空间开发适宜性评价的新方法，更有效地达成承载力和适宜性评价的指标体系完整性和空间位置精准性。承载力和适宜性在语义上均与功能、需求密切相关，其不仅在概念体系上与景观多功能性研究相重合，并且在具体评估途径上可以借助景观多功能性识别方法。尤其是景观多功能性研究在供需、权衡等空间要素相互关系刻画上具有方法优势，可以为控制线的划定提供从格局识别到功能评估的多方面支撑。中国景观生态学的发展一直与国家发展需求紧密结合，景观服务、景观多功能性是中国景观生态学服务于国民经济发展和国土生态安全的重要研究方向。面向自然资源统一管理中自然资源资产评估、国土空间用途管制、国土空间生态修复等多项实践需求，景观多功能性研究成果可以与国家和区域自然资源管理实践有机结合，通过生态系统服务价值核算、景观服务制图与功能区划、生态安全格局构建等途径，识别多功能景观并塑造可持续景观，为资产管理、用途管制、生态修复等目标提供切实方案，为加快推进生态文明建设提供有力的学科支持。

（2）中长期目标——实现人地系统动力模拟下的多功能景观管理决策

情景模拟的目的旨在为决策者和公众了解未来可能发生的情景，从而采取合理的行动。但由于动态变化研究的不足，目前多功能景观的情景模拟研究缺乏应有的关注。作为以多种方式对土地加以综合利用而展现出来的地表景观，多功能景观对土地利用变化具有敏感的响应，基于土地利用的情景模拟方法被视为设定情景来反映多功能景观未来可能的动态变化的重要途径。随着 RS 和 GIS 技术的日益发展，包括 CA、GA、CLUE-S、SLEUTH 和 ABM 等土地利用空间分布预测模型发展迅速。然而，多功能景观是社会—生态耦合系统中的不同土地利用类型和相关土地覆被的生态结合体，其更关注社会、经济、生态、人文等综合要素对土地利用的影响，而上述模型缺乏社会、文化和人文等因素的综合考虑，无法实现对自然－社会耦合系统过程进行综合模拟和预测。因而，考虑到多功能景观对景观生态、经济、社会乃至文化、美学等功能的多重关注，以及对景观社会－自然耦合系统的高度强调，基于土地利用／土地覆被变化情景的多功能景观情景模拟需要充分考虑社会、经济和自然多维度的驱动力因素，尤其需要针对国民经济与社会发展目标合理设定土地利用／土地覆被变化及景观动态情景。在中长期研究中有必要建立人地系统动力模型，准确刻画人地系统要素间的关联路径，率定不同地域系统中的自然、社会参数，准确模拟变化环境下的未来多功能景观变化情景，将为国土空间布局提供更加科学、更加综合、更加实用的决策支持。

参考文献

［1］ Abadie A, Pace M, Gobert S, et al. Seascape ecology in Posidonia oceanica, seagrass meadows: linking structure and ecological processes for management ［J］. Ecological Indicators, 2018, 87: 1–13.

［2］ Abson D J, Fischer J, Leventon J, et al. Leverage points for sustainability transformation ［J］. Ambio, 2017, 46 (1): 30–39.

［3］ Ahern J. Urban landscape sustainability and resilience: The promise and challenges of integrating ecology with urban planning and design ［J］. Landscape Ecology, 2012, 28 (6): 1203–1212.

［4］ Ahrens C W, Rymer P D, Stow A, et al. The search for loci under selection: trends, biases and progress ［J］. Molecular Ecology, 2018, 27 (6): 1342–1356.

［5］ Alavipanah S, Schreyer J, Haase D, et al. The effect of multi–dimensional indicators on urban thermal conditions ［J］. Journal of Cleaner Production, 2018, 177: 115–123.

［6］ Allendorf F W. Genetics and the conservation of natural populations: allozymes to genomes ［J］. Molecular Ecology, 2017, 26 (2): 420–430.

［7］ Annette O, Dietmar S, Volkmar W. Biodiversity at the landscape level: Recent concepts and perspectives for multifunctional land use ［J］. Landscape Ecology, 2007, 22: 639–642.

［8］ Antrop, M. Sustainable landscapes: Contradiction, fiction or utopia? ［J］. Landscape and Urban Planning, 2006, 75 (3-4): 187–197.

［9］ Balkenhol N, Cushman S A, Storfer A, et al. Landscape genetics: concepts, methods, applications ［M］. Chichester, West Sussex, UK; Hoboken, NJ, USA: Wiley Blackwell, 2016.

［10］ Balzan M V, Caruana J, Zammit A. Assessing the capacity and flow of ecosystem services in multifunctional landscapes: evidence of a rural–urban gradient in a Mediterranean small island state ［J］. Land Use Policy, 2018, 75: 711–725.

［11］ Baró F, Gómez–Baggethun E, Haase D. Ecosystem service bundles along the urban–rural gradient:

Insights for landscape planning and management [J]. Ecosystem Services, 2017, 24: 147-159.

[12] Batman Z P, Ozer P, Ayaz E. The evaluation of ecology-based tourism potential in coastal villages in accordance with landscape values and user demands: the Bursa-Mudanya-Kumyaka case [J]. International Journal of Sustainable Development and World Ecology, 2019, 26 (2).

[13] Benson J F, Roe M H. The scale and scope of landscape and sustainability [M]//Landscape and Sustainability. Taylor & Francis, 2005: 19-29.

[14] Bernués A, Rodríguez-Ortega T, Alfnes F, et al. Quantifying the multifunctionality of fjord and mountain agriculture by means of sociocultural and economic valuation of ecosystem services [J]. Land Use Policy, 2015, 48: 170-178.

[15] Bertrand A, Grados D, Colas F, et al. Broad impacts of fine-scale dynamics on seascape structure from zooplankton to seabirds [J]. Nature Communications, 2014, 5: 1-9.

[16] Bin L, Xu K, Xu X, et al. Development of a landscape indicator to evaluate the effect of landscape pattern on surface runoff in the Haihe River Basin [J]. Journal of hydrology, 2018, 566: 546-557.

[17] Bonneau J, Fletcher T D, Costelloe J F, et al. Stormwater infiltration and the "urban karst" -A review [J]. Journal of hydrology, 2017, 552: 141-150.

[18] Bowman J S, Kavanaugh M T, Doney S C, et al. Recurrent seascape units identify key ecological processes along the western Antarctic Peninsula [J]. Global Change Biology, 2018, 24 (7): 3065-3078.

[19] Bragg J G, Supple M A, Andrew R L, et al. Genomic variation across landscapes: insights and applications [J]. New Phytologist, 2015, 207 (4): 953-967.

[20] Brandt J. Multifunctional landscapes-perspectives for the future [J]. Journal of Environmental Sciences, 2003, 15 (2): 187-192.

[21] Brodie S, Jacox M G, Bograd S J, et al. Integrating dynamic subsurface habitat metrics into species distribution models [J]. Frontiers in Marine Science, 2018, 5: 1-13.

[22] Buckley R. The Economics of ecosystems and biodiversity: Ecological and economic foundations [J]. Austral Ecology, 2011, 36 (6): e34-e35.

[23] Cadenasso M L, Schwarz P K. Spatial heterogeneity in urban ecosystems: Reconceptualizing land cover and a framework for classification [J]. Frontiers in Ecology and the Environment, 2007, 5 (2): 80-88.

[24] Carvalho-Ribeiro S M, Lovett A, O'Riordan T. Multifunctional forest management in Northern Portugal: moving from scenarios to governance for sustainable development [J]. Land Use Policy, 2010, 27 (4): 1111-1122.

［25］Cheplick G P. 2015. Approaches to plant evolutionary ecology ［C］. New York: Oxford University Press.

［26］Chen X., Zhou W Q., Pickett S T A., et al. Diatoms are better indicators of urban stream conditions: A case study in Beijing, China ［J］. Ecological Indicators, 2016, 60: 265–274.

［27］Cheng X, Wei B, Chen G, et al. Influence of park size and its surrounding urban landscape patterns on the park cooling effect ［J］. Journal of Urban Planning and Development, 2015, 141 （3）: A4014002.

［28］Childers D L, Cadenasso M, Grove J, et al. An ecology for cities: A transformational nexus of design and ecology to advance climate change resilience and urban sustainability ［J］. Sustainability, 2015, 7 （4）: 3774–3791.

［29］Childers D L, Pickett S T A, Grove J M, et al. Advancing urban sustainability theory and action: Challenges and opportunities ［J］. Landscape and Urban Planning, 2014, 125: 320–328.

［30］Chun B, Guldmann J M. Spatial statistical analysis and simulation of the urban heat island in high-density central cities ［J］. Landscape and Urban Planning, 2014, 125: 76–88.

［31］Coleman M A, Cetina-Heredia P, Roughan M, et al. Anticipating changes to future connectivity within a network of marine protected areas ［J］. Global Change Biology, 2017, 23 （9）: 3533–3542.

［32］Costa B. Multispectral acoustic backscatter: how useful is it for marine habitat mapping and management ［J］. Journal of Coastal Research, 2019, 35 （5）: 1062–1079.

［33］Crutzen, P J. The "anthropocene". In Earth System Science in the Anthropocene: Emerging Issues and Problems ［M］. Springer, Berlin, Heidelberg, 2006: 13–18.

［34］Cumming, G S. Spatial resilience: integrating landscape ecology, resilience, and sustainability ［J］. Landscape ecology, 2011, 26 （7）: 899–909.

［35］Deegan L A, Johnson D S, Warren R S, et al. Coastal eutrophication as a driver of salt marsh loss ［J］. Nature, 2012, 490 （7420）: 388–392.

［36］Dellicour S, Prunier J G, Piry S, et al. Landscape genetic analyses of Cervus elaphus and Sus scrofa: comparative study and analytical developments ［J］. Heredity, 2019, 123: 228–241.

［37］Demir S, Atanur G. The prioritization of natural-historical based ecotourism strategies with multiple-criteria decision analysis in ancient UNESCO city: Iznik-Bursa case ［J］. International Journal of Sustainable Development and World Ecology, 2019, 26 （4）.

［38］Dong R, Yu T, Ma H, et al. Soundscape planning for the Xianghe Segment of China's Grand Canal based on landsenses ecology ［J］. International Journal of Sustainable Development & World Ecology,

2016, 23（4）：343-350.

［39］Dosskey M, Wells G, Bentrup G, et al. Enhancing ecosystem services: designing for multifunctionality［J］. Journal of Soil and Water Conservation, 2012, 67（2）：37A-41A.

［40］Dunnett N, Clayden A. Resources: the raw materials of landscape. In: Benson JF, Roe M（eds）Landscape and sustainability［M］. Routledge: New York, 2007：196-221.

［41］Durham W M, Stocker R. Thin phytoplankton layers: characteristics, mechanisms, and consequences［J］. Annual Review of Marine Science, 2012, 4（1）：177-207.

［42］Duncan C K, Gilby B L, Olds A D, et al. Landscape context modifies the rate and distribution of predation around habitat restoration sites［J］. Biological Conservation, 2019, 237：97-104.

［43］Dyer R J. Is there such a thing as landscape genetics?［J］. Molecular Ecology, 2015, 24：3518-3528.

［44］Eastman J M, Harmon L J, Tank D C. Congruification: support for time scaling large phylogenetic trees［J］. Methods in Ecology and Evolution, 2013, 4：688-691.

［45］Emel S L, Olson D H, Knowles L L, et al. Comparative landscape genetics of two endemic torrent salamander species, Rhyacotriton kezeri and R. variegatus: implications for forest management and species conservation［J］. Conservation Genetics, 2019, 20（4）：801-815.

［46］Epling C, Dobzhansky T. Genetics of Natural Populations. VI. Microgeographic Races in Linanthus Parryae［J］. Genetics, 1942, 27（3）：317-332.

［47］Epps C W, Keyghobadi N. Landscape genetics in a changing world: disentangling historical and contemporary influences and inferring change［J］. Molecular Ecology, 2015, 24：6021-6040.

［48］Epps C W, Per J P, Wehausen J D, et al. Highways block gene flow and cause a rapid decline in genetic diversity of desert bighorn sheep［J］. Ecology Letters, 2005, 8（10）：1029-1038.

［49］Fagherazzi S. Storm-proofing with marshes［J］. Nature Geoscience, 2014, 7：701-702.

［50］Fahrig L. Rethinking patch size and isolation effects: the habitat amount hypothesis［J］. Journal of Biogeography, 2013, 40（9）：1649-1663.

［51］Fang D, Chen B, Hubacek K, et al. Clean air for some: Unintended spillover effects of regional air pollution policies［J］. Science Advances, 2019, 5（4）.

［52］Fischer J, Riechers M. A leverage points perspective on sustainability［J］. People and Nature, 2019, 1：115-120.

［53］Frazier A E, Bryan B A, Buyantuev A, et al. Ecological civilization: perspectives from landscape ecology and landscape sustainability science［J］. 2019, 34（1）：1-8.

［54］Frei B, Renard D, Mitchell M G E, et al. Bright spots in agricultural landscapes: identifying areas exceeding expectations for multifunctionality and biodiversity ［J］. Journal of Applied Ecology, 2018, 55（6）: 2731-2743.

［55］ Frohn R C, Lopez R D. Remote sensing for landscape ecology: new metric indicators: monitoring, modeling, and assessment of ecosystems ［M］. CRC Press, 2017.

［56］ Forman R T. Land Mosaics: The ecology of landscapes and regions（1995）［M］. Island Press, 2014.

［57］ Fu B J, Zhang L W, Xu Z H, et al. Ecosystem services in changing land use ［J］. Journal of Soils and Sediments, 2015, 15（4）: 833-843.

［58］ Fu B, Wang S, Liu Y, et al. Hydrogeomorphic Ecosystem Responses to Natural and Anthropogenic Changes in the Loess Plateau of China ［J］. Annual Review of Earth and Planetary Sciences, 2017, 45（1）: 223-243.

［59］ Gao L, Bryan B A. Finding pathways to national-scale land-sector sustainability ［J］. Nature, 2017, 544（7649）: 217-222.

［60］ Gioia A, Paolini L, Malizia A, et al. Size matters: vegetation patch size and surface temperature relationship in foothills cities of northwestern Argentina ［J］. Urban Ecosystems, 2014, 17（4）: 1161-1174.

［61］ Godron F M. Patches and structural components for a Landscape Ecology ［J］. BioScience, 1981, 31（10）: 733-740.

［62］ Goodchild M F. Towards geodesign: Repurposing cartography and GIS? ［J］. Cartographic Perspectives, 2010（66）: 7-22.

［63］ Grimm N B, Faeth S H, Golubiewski N E, et al. Global change and the ecology of cities ［J］. Science, 2008, 319（5864）756-760.

［64］ Grober-Dunsmore R, Frazer T K, Beets J P, et al. Influence of landscape structure on reef fish assemblages ［J］. Landscape Ecology, 2008, 23（1）: 37-53.

［65］ Grote R, Samson R, Alonso R, et al. Functional traits of urban trees: air pollution mitigation potential ［J］. Frontiers in Ecology and the Environment, 2016, 14（10）: 543-550.

［66］ Guerrero J, Andrello M, Burgarella C, et al. Soil environment is a key driver of adaptation in Medicago truncatula: new insights from landscape genomics ［J］. New Phytologist, 2018, 219（1）: 378-390.

［67］ Gulickx M M C, Verburg P H, Stoorvogel J J, et al. Mapping landscape services: a case study in a multifunctional rural landscape in the Netherlands ［J］. Ecological Indicators, 2013, 24: 273-283.

［68］ Guo G, Zhou X, Wu Z, et al. Characterizing the impact of urban morphology heterogeneity on land surface temperature in Guangzhou，China［J］. Environmental Modelling & Software，2016，84：427–439.

［69］Hainesyoung R. Sustainable development and sustainable landscapes：defining a new paradigm for landscape ecology［J］. Fennia，2000，178（1）：7–14.

［70］Hall L A，Beissinger S R. A practical toolbox for landscape genetics studies［J］. Landscape Ecology，2014，29（9）：1487–1504.

［71］Hall S J，Learned J，Ruddell B，et al. Convergence of microclimate in residential landscapes across diverse cities in the United States［J］. Landscape Ecology，2016，31（1）：101–117.

［72］Hamann M，Biggs R，Reyers B. Mapping social–ecological systems：identifying "green–loop" and "red–loop" dynamics based on characteristic bundles of ecosystem service use［J］. Global Environmental Change，2015，34：218–226.

［73］Hamrick J L. Response of forest trees to global environmental changes［J］. Forest Ecology and Management，2004，197：323–335.

［74］Han L，Zhou W，Li W，et al. Impact of urbanization level on urban air quality：A case of fine particles（PM2.5）in Chinese cities［J］. Environmental Pollution，2014，194：163–170.

［75］Han L，Zhou W，Li W，et al. City as a major source area of fine particulate（PM2.5）in China［J］. Environmental Pollution，2015a，206：183–187.

［76］Han L，Zhou W，Li W，et al. Meteorological and urban landscape factors on severe air pollution in Beijing［J］. Journal of the Air & Waste Management Association，2015b，65：782–787.

［77］Han L，Zhou W，Li W. Growing urbanization and the impact on fine particulate matter（PM2.5）dynamics［J］. Sustainability，2018，10：1696.

［78］Han L，Zhou W，Pickett S T A，et al. An optimum city size？The scaling relationship for urban population and fine particulate（PM2.5）concentration［J］. Environmental Pollution，2016，208（Pt A）：96–101.

［79］Hand B K，Lowe W H，Kovach R P，et al. Landscape community genomics：understanding eco-evolutionary processes in complex environments［J］. Trends in Ecology & Evolution，2015，30（3）：161–168.

［80］Hanski I. Habitat loss，the dynamics of biodiversity，and a perspective on conservation［J］. Ambio，2011，40（3）：248–255.

［81］Hattermann F F，Krysanova V，Gosling S N，et al. Cross–scale intercomparison of climate change impacts simulated by regional and global hydrological models in eleven large river basins［J］. Climatic Change，2017，141（3）：561–576.

［82］He C，Huang Q，Dou Y，et al. The population in China's earthquake-prone areas has increased by over 32 million along with rapid urbanization［J］. Environmental Research Letters，2016，11（7）.

［83］He C，Zhang D，Huang Q，et al. Assessing the potential impacts of urban expansion on regional carbon storage by linking the LUSD-urban and InVEST models［J］. Environmental Modelling and Software，2016，75（C）：44-58.

［84］Henderson C J，Gilby B L，Schlacher T A，et al. Landscape transformation alters functional diversity in coastal seascapes［J］. Ecography，2019，43（1）：138-148.

［85］Hendry A P，Kinnison M T. An introduction to microevolution：Rate，pattern，process［J］. Genetica，2001，112-113（1）：1-8.

［86］Hinchey E K，Nicholson M C，Zajac R N，et al. Preface：marine and coastal applications in landscape ecology［J］. Landscape Ecology，2008，23（1）：1-5.

［87］Holderegger R，Giulio M D. The genetic effects of roads：A review of empirical evidence［J］. Basic and Applied Ecology，2010，11（6）：522-531.

［88］Holderegger R，Wagner H H. Landscape genetics［J］. BioScience，2008，58（3）：199-207.

［89］Holling C S. Understanding the complexity of economic，ecological，and social systems［J］. Ecosystems，2001，4（5）：390-405.

［90］Holt A R，Alix A，Thompson A，et al. Food production，ecosystem services and biodiversity：we can't have it all everywhere［J］. Science of the Total Environment，2016，573：1422-1429.

［91］Hou W，Walz U. An integrated approach for landscape contrast analysis with particular consideration of small habitats and ecotones［J］. Nature Conservation，2016，14：25.

［92］Hua L，Shao G，Zhao J. A concise review of ecological risk assessment for urban ecosystem application associated with rapid urbanization processes［J］. International Journal of Sustainable Development & World Ecology，2017，24（3）：248-261.

［93］Huang G，Jiang Y，Liu Z，et al. Advances in human well-being research：A sustainability science perspective［J］. Acta Ecologica Sinica，2016，36（23）：7519-7527.

［94］Huang J，Tichit M，Poulot M，et al. Comparative review of multifunctionality and ecosystem services in sustainable agriculture［J］. Journal of Environmental Management，2015，149：138-147.

［95］Huang L，Xiang W，Wu J，et al. Integrating GeoDesign with landscape sustainability science［J］. Sustainability，2019，11（3）：833.

［96］Huang L，Yan L，Wu J. Assessing urban sustainability of Chinese megacities：35 years after the economic reform and open-door policy［J］. Landscape and Urban Planning，2015，145：57-70.

［97］Huang Q，Meng S，He C，et al. Rapid urban land expansion in earthquake-prone areas of China［J］.

International Journal of Disaster Risk Science，2019，10（1）：43–56.

［98］Hui X，Li H，Cen L，et al. Noise exposure of residential areas along LRT lines in a mountainous city［J］. Science of the Total Environment，2016，568：1283–1294.

［99］Huxham M，Whitlock D，Githaiga M，et al. Carbon in the coastal seascape：how interactions between mangrove forests，seagrass meadows and tidal marshes influence carbon storage［J］. Current Forestry Reports，2018，4（2）：101–110.

［100］IPBES. Report of the Plenary of the Intergovernmental Science–Policy Platform on Biodiversity and Ecosystem Services on the work of its seventh session［R］. 2019，Paris，IPBES/7/10/Add.1.

［101］Irauschek F，Rammer W，Lexer M J. Can current management maintain forest landscape multifunctionality in the Eastern Alps in Austria under climate change?［J］. Regional Environmental Change，2017，17（1）：33–48.

［102］ISO 12913–1：2014 Preview Acoustics–Soundscape–Part 1：Definition and conceptual framework. International Organization for Standardization.

［103］Jacobi M N，Jonsson P R. Optimal networks of nature reserves can be found through eigenvalue perturbation theory of the connectivity matrix［J］. Ecological Application，2011，21（5）：1861–1870.

［104］Jansen V S，Kolden C A，Schmalz H J. The development of near real–time biomass and cover estimates for adaptive rangeland management using landsat 7 and landsat 8 surface reflectance products［J］. Remote Sensing，2018，10（7）：1057.

［105］Jelinski D E. On a landscape ecology of a harlequin environment：the marine landscape［J］. Landscape Ecology，2014，30（1）：1–6.

［106］Jiao M，Zhou W，Zheng Z，et al. Patch size of trees affects its cooling effectiveness：A perspective from shading and transpiration processes［J］. Agricultural and Forest Meteorology，2017，247：293–299.

［107］Jin S，Yang L，Danielson P，et al. A comprehensive change detection method for updating the National Land Cover Database to circa 2011［J］. Remote Sensing of Environment，2013，132：159–175.

［108］Jjumba A，Dragićević S. Spatial indices for measuring three–dimensional patterns in a voxel–based space［J］. Journal of Geographical Systems，2016，18（3）：183–204.

［109］Kamali M，Delkash M，Tajrishy M. Evaluation of permeable pavement responses to urban surface runoff［J］. Journal of Environmental Management，2017，187：43–53.

［110］Kamilaris A，Prenafeta-Boldú F X. Deep learning in agriculture：A survey［J］. Computers and electronics in agriculture, 2018, 147: 70–90.

［111］Karina M, Gugger P F, Jesus L M, et al. Landscape genomics provides evidence of climate-associated genetic variation in Mexican populations of Quercus rugosa［J］. Evolutionary Applications, 2018, 11（10）: 1842–1858.

［112］Kates R W. What kind of a science is sustainability science?［J］. Proceedings of the National Academy of Sciences of the United States of America, 2011, 108（49）: 19449–19450.

［113］Kavanaugh M T, Oliver M J, Chavez F P, et al. Seascapes as a new vernacular for pelagic ocean monitoring, management and conservation［J］. ICES Journal of Marine Science, 2016, 73（7）: 1839–1850.

［114］Kavanaugh M T. Seascape ecology: a review［J］. Landscape Ecology, 2019, 34（3）: 699–701.

［115］Kedron P, Zhao Y, Frazier A E. Three dimensional（3D）spatial metrics for objects［J］. Landscape Ecology, 2019, 34（9）: 2123–2132.

［116］Keller D, Holderegger R, Strien M J V, et al. How to make landscape genetics beneficial for conservation management?［J］. Conservation Genetics, 2015, 16（3）: 503–512.

［117］Kim H W, Park Y. Urban green infrastructure and local flooding: The impact of landscape patterns on peak runoff in four Texas MSAs［J］. Applied Geography, 2016, 77: 72–81.

［118］Kong F, Yin H, Nakagoshi N, et al. Urban green space network development for biodiversity conservation: Identification based on graph theory and gravity modeling［J］. Landscape and Urban Planning, 2010, 95（1/2）: 16–27.

［119］Kroll F, Müller F, Haase D, et al. Rural–urban gradient analysis of ecosystem services supply and demand dynamics［J］. Land Use Policy, 2012, 29（3）: 521–535.

［120］Lai Z, Chen C, Beardsley R C, et al. Impact of high frequency nonlinear internal waves on plankton dynamics in Massachusetts Bay［J］. Journal of Marine Research, 2010, 68（2）: 259–281.

［121］Landis D A. Designing agricultural landscapes for biodiversity–based ecosystem services［J］. Basic and Applied Ecology, 2017, 18: 1–12.

［122］Lee B X, Kjaerulf F, Turner S, et al. Transforming our world: Implementing the 2030 Agenda through sustainable development goal indicators［J］. Journal of Public Health Policy, 2016, 37（1）: 13–31.

［123］Leempoel K, Duruz S, Rochat E, et al. Simple rules for an efficient use of geographic information systems in molecular ecology［J］. Frontiers in Ecology and Evolution, 2017, 5: 33.

［124］Lemmen D S, Warren F J, James T S, et al. Canada's marine coasts in a changing climate［R］. Ottawa: Government of Canada, 2016.

［125］Lentz E E, Thieler E R, Plant N G, et al. Evaluation of dynamic coastal response to sea-level rise modifies inundation likelihood［J］. Nature Climate Change, 2016, 6: 696-700.

［126］Lenzholzer S, Duchhart I, Koh J. Research through designing' in landscape architecture［J］. Landscape and Urban Planning, 2013, 113: 120-127.

［127］Li J, Li C, Zhu F, et al. Spatiotemporal pattern of urbanization in Shanghai, China between 1989 and 2005［J］. Landscape Ecology, 2013, 28（8）: 1545-1565.

［128］Li J, Liu Z, He C, et al. Are the drylands in northern China sustainable? A perspective from ecological footprint dynamics from 1990 to 2010［J］. Science of The Total Environment, 2016, 553: 223-231.

［129］Li X, Cheng G, Lin H, et al. Watershed system model: the essentials to model complex human-nature system at the river basin scale［J］. Journal of Geophysical Research: Atmospheres, 2018, 123（6）: 3019-3034.

［130］Li X, Fan S, Kühn N et al. Residents' ecological and aesthetical perceptions toward spontaneous vegetation in urban parks in China［J］. Urban Forestry and Urban Greening, 2019, 44: 126397.

［131］Li Y, Zhang X X, Mao R L, et al. Ten years of landscape genomics: challenges and opportunities［J］. Frontiers in Plant Science, 2017, 8: 2136.

［132］Lin B S, Lin C T. Preliminary study of the influence of the spatial arrangement of urban parks on local temperature reduction［J］. Urban Forestry & Urban Greening, 2016, 20: 348-357.

［133］Lindemann-Matthies P, Briegel R, Schüpbach B, et al. Aesthetic preference for a Swiss alpine landscape: The impact of different agricultural land-use with different biodiversity. Landscape and Urban Planning, 2010, 98（2）: 99-109.

［134］Liquete C, Kleeschulte S, Dige G, et al. Mapping green infrastructure based on ecosystem services and ecological networks: A Pan-European case study［J］. Environmental Science & Policy, 2015, 54: 268-280.

［135］Liu J, Dietz T, Carpenter S R, et al. Complexity of coupled human and natural systems［J］. Science, 2007, 317（5844）: 1513-1516.

［136］Liu J, Kang J, Behm H, et al. Effects of landscape on soundscape perception: soundwalks in city parks［J］. Landscape and Urban Planning, 2014, 123: 30-40.

［137］Liu L, Jensen M B. Green infrastructure for sustainable urban water management: Practices of five forerunner cities［J］. Cities, 2018, 74: 126-133.

［138］Liu M, Hu Y M, Li C L. Landscape metrics for three-dimensional urban building pattern recognition ［J］. Applied Geography, 2017, 87: 66-72.

［139］Loperfido J V, Noe G B, Jarnagin S T, et al. Effects of distributed and centralized stormwater best management practices and land cover on urban stream hydrology at the catchment scale ［J］. Journal of Hydrology, 2014, 519: 2584-2595.

［140］Loucks O L. Sustainability in urban ecosystems: beyond an object of study. In: Platt RH, Rowntree RA, Muick PC（eds）The ecological city ［M］. Amherst: University of Massachusetts Press, 1994: 48-65.

［141］Lovell S T, Dupraz C, Gold M, Jose S, et al. Temperate agroforestry research: considering multifunctional woody polycultures and the design of long-term field trials ［J］. Agroforestry Systems, 2018, 92（5）: 1397-1415.

［142］Lovell S T, Taylor J R. Supplying urban ecosystem services through multifunctional green infrastructure in the United States ［J］. Landscape Ecology, 2013, 28（8）: 1447-1463.

［143］Lund J F, Jensen F S. Is recreational hunting important for landscape multi-functionality? Evidence from Denmark ［J］. Land Use Policy, 2017, 61: 389-397.

［144］Lyon N J, Debinski D M, Rangwala I. Evaluating the utility of species distribution models in informing climate change-resilient grassland restoration strategy ［J］. Frontiers in Ecology Evolution, 2019, 7: 1-8.

［145］Meadows D. Indicators and information systems for sustainable development ［J］. The Earthscan Reader in Sustainable Cities, 1999: 364-393.

［146］Ma T, Hu Y, Russo I M, et al. Walking in a heterogeneous landscape: dispersal, gene-flow and conservation implications for the giant panda in the Qinling Mountains ［J］. Evolutionary Applications, 2018, 11（10）: 1859-1872.

［147］Magnuson J J. Fish and fisheries ecology ［J］. Ecological Applications, 1991, 1（1）: 13-26.

［148］Malinga R, Gordon L J, Jewitt G, et al. Mapping ecosystem services across scales and continents-A review ［J］. Ecosystem Services, 2015, 13: 57-63.

［149］Manel S, Holderegger R. Ten years of landscape genetics ［J］. Trends in Ecology & Evolution, 2013, 28（10）: 614-621.

［150］Manel S, Schwartz M K, Luikart G, et al. Landscape genetics: Combining landscape ecology and population genetics ［J］. Trends in Ecology & Evolution, 2003, 18（4）: 189-197.

［151］Marine Management Organisation（MMO）. Seascape Assessment for the South Marine Plan Areas: Technical Report（R/OL）.（2014-06-19）［2019-09-09］. https://www.gov.uk/government/publications/seascape-assessment-for-the-south-marine-plan-areas-mmo-1037.

［152］Maxwell S M, Scales K L, Bograd S J, et al. Seasonal spatial segregation in blue sharks（Prionace glauca）by sex and size class in the Northeast Pacific Ocean［J］. Biodiversity Research，2019，25（8）：1304-1317.

［153］McCallen E，Knott J，Nunez - Mir G，et al. Trends in ecology：shifts in ecological research themes over the past four decades［J］. Frontiers in Ecology and the Environment，2019，17（2）：109-116.

［154］McLean K A，Trainor A M，Asner G P，et al. Movement patterns of three arboreal primates in a Neotropical moist forest explained by LiDAR-estimated canopy structure［J］. Landscape Ecology，2016，31（8）：1849-1862.

［155］McMahon K W，Berumen M L，Thorrold S R. Linking habitat mosaics and connectivity in a coral reef seascape［J］. Proceedings of the National Academy of Sciences of the United States of America，2012，109（38）：15372-15376.

［156］McNeill S E，Fairweather P G. Single large or several small marine reserves？ An experimental approach with seagrass fauna［J］. Journal of Biogeography，1993，20（4）：429-440.

［157］MA（Millennium Ecosystem Assessment）. Ecosystems and human well-being：Synthesis. Millennium Ecosystem Assessment［R］. Washington D.C：Island Press，2005.

［158］Meerow S，Newell J P. Spatial planning for multifunctional green infrastructure：growing resilience in Detroit［J］. Landscape and Urban Planning，2017，159：62-75.

［159］Miller J D，Kim H，Kjeldsen T R，et al. Assessing the impact of urbanization on storm runoff in a peri-urban catchment using historical change in impervious cover［J］. Journal of Hydrology，2014，515：59-70.

［160］Morales-Barbero J，Vega-Álvarez J. Input matters matter：Bioclimatic consistency to map more reliable species distribution models［J］. Methods in Ecology and Evolution，2018，10（2）：212-224.

［161］Morrison S A，Sillett T S，Funk W C，et al. Equipping the 22nd-century historical ecologist［J］. Trends in Ecology & Evolution，2017，32（8）：578-588.

［162］Musacchio L R. The scientific basis for the design of landscape sustainability：A conceptual framework for translational landscape research and practice of designed landscapes and the six Es of landscape sustainability［J］. Landscape Ecology，2009，24（8）：993-1013.

［163］Nassauer J I，Opdam P. Design in science：extending the landscape ecology paradigm［J］. Landscape Ecology，2008，23（6）：633-644.

［164］Naveh Z. Landscape ecology and sustainability［J］. Landscape Ecology，2007，22（10）：1437-1440.

［165］Naveh Z. Ten major premises for a holistic conception of multifunctional landscapes［J］. Landscape and Urban Planning, 2001, 57: 269–284.

［166］Nevill P G, Robinson T P, Virgilio G D, et al. Beyond isolation by distance: What best explains functional connectivity among populations of three sympatric plant species in an ancient terrestrial island system?［J］. Diversity and Distributions, 2019, 25（10）: 1551–1563.

［167］Nguyen T T, Ngo H H, Guo W, et al. Implementation of a specific urban water management–Sponge City［J］. Science of the Total Environment, 2019, 652: 147–162.

［168］Nilsson L, Andersson G K S, Birkhofer K, et al. Ignoring ecosystem–service cascades undermines policy for multifunctional agricultural landscapes［J］. Frontiers in Ecology and Evolution, 2017, 5: 109.

［169］Norouzzadeh M S, Nguyen A, Kosmala M, et al. Automatically identifying, counting, and describing wild animals in camera–trap images with deep learning［J］. Proceedings of the National Academy of Sciences of the United States of America, 2018, 115（25）: E5716–E5725.

［170］O'Farrell P J, Anderson P M L. Sustainable multifunctional landscapes: A review to implementation ［J］. Current Opinion in Environmental Sustainability, 2010, 2（1）: 59–65.

［171］O'Hara C C, Villaseñor–Derbez J C, Ralph G M, et al. Mapping status and conservation of global at–risk marine biodiversity［J］. Conservation Letters, 2019, 12（4）: 1–9.

［172］O'Neill B C, Kriegler E, Ebi K L, et al. The roads ahead: Narratives for shared socioeconomic pathways describing world futures in the 21st century［J］. Global Environmental Change, 2017, 42: 169–180.

［173］Opdam P, Luque S, Nassauer J, et al. How can landscape ecology contribute to sustainability science?［J］. Landscape Ecology, 2018, 33（1）: 1–7.

［174］Ottmann D, Grorud–Colvert K, Sard N M, et al. 2016. Long–term aggregation of larval fish siblings during dispersal along an open coast［J］. Proceedings of the National Academy of Sciences of the United States of America, 113（49）: 14067–14072.

［175］Paine R T, Levin S A. Intertidal landscapes: disturbance and the dynamics of pattern［J］. Ecological Monographs, 1981, 51（2）: 145–178.

［176］Pauliuk S, Arvesen A, Stadler K, et al. Industrial ecology in integrated assessment models［J］. Nature Climate Change, 2017, 7（1）: 13–20.

［177］Peng J, Chen S, Lu H, et al. Spatiotemporal patterns of remotely sensed PM2.5 concentration in China from 1999 to 2011［J］. Remote Sensing of Environment, 2016, 174: 109–121.

［178］Peng J, Liu Y X, Liu Z C, et al. Mapping spatial non–stationarity of human–natural factors associated with agricultural landscape multifunctionality in Beijing–Tianjin–Hebei region，China［J］. Agriculture，Ecosystems & Environment，2017，246：221–233.

［179］Pickett S T A，Burch W R，Dalton S E，et al. A conceptual framework for the study of human ecosystems in urban areas［J］. Urban Ecosystems，1997，1（4）：185–199.

［180］Pickett S T A，Cadenasso M L，Grove J M，et al. Beyond urban legends：An emerging framework of urban ecology，as illustrated by the Baltimore ecosystem study［J］. BioScience，2008，58（2）：139–150.

［181］Pickett S T A，Cadenasso M L，Childers D L，et al. Evolution and future of urban ecological science：ecology in，of，and for the city［J］. Ecosystem Health and Sustainability，2016，2：e01229.

［182］Pickett S T A，Cadenasso M L，Grove J M，et al. Urban ecological systems：Scientific foundations and a decade of progress［J］. Journal of Environmental Management，2011，92（3）：331–362.

［183］Pittman S J. Seascape Ecology［M］. Hoboken：John Wiley & Son，2018.

［184］Pope J，Annandale D，Morrison–Saunders A. Conceptualising sustainability assessment［J］. Environmental Impact Assessment Review，2004，24（6）：595–616.

［185］Potschin M，Haines–Young R. Landscapes，sustainability and the place–based analysis of ecosystem services［J］. Landscape Ecology，2013，28（6）：1053–1065.

［186］Qian Y，Zhou W，Hu X，et al. The heterogeneity of air temperature in urban residential neighborhoods and its relationship with the surrounding greenspace［J］. Remote Sensing，2018，10：965.

［187］Qian Y，Zhou W，Li W，et al. Understanding the dynamic of greenspace in the urbanized area of Beijing based on high resolution satellite images［J］. Urban Forestry & Urban Greening，2015，14（1）：39–47.

［188］Razgour O，Forester B，Taggart J B，et al. Considering adaptive genetic variation in climate change vulnerability assessment reduces species range loss projections［J］. Proceedings of the National Academy of Sciences of the United States of America，2019，116（21）：10418–10423.

［189］Reichstein M，Camps–Valls G，Stevens B，et al. 2019. Deep learning and process understanding for data–driven Earth system science［J］. Nature，566（7743）：195–204.

［190］Renaud F G，Sudmeier–Rieux K，Estrella M，et al. Ecosystem–based disaster risk reduction and adaptation in practice［M］. Switzerland：Springer，2016.

［191］Ricart A M. Insights into seascape ecology：Landscape patterns as drivers in coastal marine ecosystems［D］. Barcelona：Universitat de Barcelona，2016.

［192］Richardson J L，Brady S P，Wang I J，et al. Navigating the pitfalls and promise of landscape genetics

［J］. Molecular Ecology, 2016, 25（4）: 849–863.

［193］Rissler L J. Union of phylogeography and landscape genetics［J］. Proceedings of the National Academy of Sciences of the United States of America, 2016, 113: 8079–8086.

［194］Robinson D, Di Vittorio A, Alexander P, et al. Modelling feedbacks between human and natural processes in the land system［J］. Earth System Dynamics, 2018, 9: 895–914.

［195］Rockström J, Steffen W, Noone K, et al. A safe operating space for humanity［J］. Nature, 2009, 461（7263）: 472–475.

［196］Rodiek J, Delguidice G. Wildlife habitat conservation: Its relationship to biological diversity and landscape sustainability: A national symposium［J］. Landscape and Urban Planning, 1994, 28(1): 1–3.

［197］Ruiz-Reynés D, Gomila D, Sintes T, et al. Fairy circle landscapes under the sea［J］. Science Advances, 2017, 3（8）: 1–8.

［198］Ryan J P, Chavez F P, Bellingham J G. Physical-biological coupling in Monterey Bay, California: topographic influences on phytoplankton ecology［J］. Marine Ecology Progress Series, 2005, 287: 23–32.

［199］Selman P. What do we mean by sustainable landscape?［J］. Sustainability: Science Practice, & Policy, 2008, 4（2）: 23–28.

［200］Sexton J P, Hangartner S B, Hoffmann A A. Genetic isolation by environment or distance: which pattern of gene flow is most common?［J］. Evolution, 2014, 68: 1–15.

［201］Shang C, Wu T, Huang G, et al. Weak sustainability is not sustainable: Socioeconomic and environmental assessment of Inner Mongolia for the past three decades［J］. Resources, Conservation and Recycling, 2019, 141: 243–252.

［202］Shen H F, Huang L W, Zhang L P, et al. Long-term and fine-scale satellite monitoring of the urban heat island effect by the fusion of multi-temporal and multi-sensor remote sensed data: A 26-year case study of the city of Wuhan in China［J］. Remote Sensing of Environment, 2016, 172: 109–125.

［203］Smith H F, Sullivan C A. Ecosystem services within agricultural landscapes—farmers' perceptions［J］. Ecological Economics, 2014, 98: 72–80.

［204］Smoliak B V, Snyder P K, Twine T E, et al. Dense network observations of the Twin Cities canopy-layer urban heat island［J］. Journal of Applied Meteorology and Climatology, 2015, 54（9）: 1899–1917.

［205］Song Y S, Maher B A, Li F, et al. Particulate matter deposited on leaf of five evergreen species in

Beijing, China: Source identification and size distribution [J]. Atmospheric Environment, 2015, 105: 53–60.

[206] Sork V L, Nason J, Campbell D R, et al. Landscape approaches to historical and contemporary gene flow in plants [J]. Trends in Ecology & Evolution, 1999, 14 (6): 219–224.

[207] Sork V L, Smouse P E. Genetic analysis of landscape connectivity in tree populations [J]. Landscape Ecology, 2006, 21 (6): 821–836.

[208] Staveley T A B, Perry D, Lindborg R, et al. Seascape structure and complexity influence temperate seagrass fish assemblage composition [J]. Ecography, 2017, 40 (8): 936–946.

[209] Steele J H. Spatial pattern in Plankton communities [M]. New York: Plenum Press, 1978.

[210] Steffen W, Persson Å, Deutsch L, et al. The Anthropocene: from global change to planetary stewardship [J]. Ambio, 2011, 40 (7): 739–761.

[211] Steinitz C. Toward a sustainable landscape with high visual preference and high ecological integrity: the loop road in Acadia National Park, U.S.A. [J]. Landscape and Urban Planning, 1990, 19 (3): 213–250.

[212] Sterman J D. Sustaining sustainability: creating a systems science in a fragmented academy and polarized world [M]//Sustainability Science. Springer, New York, NY, 2012: 21–58.

[213] Storfer A, Murphy M A, Spear S F, et al. Landscape genetics: where are we now? [J]. Molecular Ecology, 2019, 19 (17): 3496–3514.

[214] Sun A, Scanlon B R. How can big data and machine learning benefit environment and water management: A survey of methods, applications, and future directions [J]. Environmental Research Letters, 2019, 14 (7): 073001.

[215] Svobodova K, Sklenicka P, Molnarova K, et al. Visual preferences for physical attributes of mining and post–mining landscapes with respect to the sociodemographic characteristics of respondents. Ecological Engineering, 2012, 43: 34–44.

[216] Swaffield S. Empowering landscape ecology–connecting science to governance through design values [J]. Landscape Ecology, 2013, 28 (6): 1193–1201.

[217] Swanwick C. Society's attitudes to and preferences for land and landscape. Land Use Policy, 2009, 26: S62–S75.

[218] Sylvester E V A, Beiko R G, Bentzen P, et al. Environmental extremes drive population structure at the northern range limit of Atlantic salmon in North America. Molecular Ecology, 2018, 27: 4026–4040.

[219] Tan Z, Lau K L, Ng E. Urban tree design approaches for mitigating daytime urban heat island effects

in a high-density urban environment [J]. Energy & Buildings, 2016, 114: 265-274.

[220] TEEB. The economics of ecosystems and biodiversity: Ecological and economic foundations [R]. London: Earthscan, 2010.

[221] Thayer R L. The experience of sustainable landscapes [J]. Landscape Journal, 1989, 14 (2): 246-246.

[222] Turner M G. Landscape ecology: What is the state of the science? [J]. Annual Review of Ecology Evolution and Systematics, 2005, 36: 319-344.

[223] Turner K G, Odgaard M V, Bøcher P K, et al. Bundling ecosystem services in Denmark: trade-offs and synergies in a cultural landscape [J]. Landscape and Urban Planning, 2014, 125: 89-104.

[224] Turner M G, Donato D C, Romme W H. Consequences of spatial heterogeneity for ecosystem services in changing forest landscapes: priorities for future research [J]. Landscape Ecology, 2013, 28 (6): 1081-1097.

[225] Tzilivakis J, Warner D J, Green A, et al. An indicator framework to help maximise potential benefits for ecosystem services and biodiversity from ecological focus areas [J]. Ecological Indicators, 2016, 69: 859-872.

[226] UN. Transforming our world: The 2030 agenda for sustainable development [R]. General Assembly 70th session, 2015.

[227] United Nations Educational, Scientific and Cultural Organization (UNESCO) and Intergovernmental Oceanographic Commission (IOC). Proposal for an International Decade of Ocean Science for Sustainable Development (2021-2030) [R/OL]. (2018-02) [2019-09-09]. https: //unesdoc. unesco.org/ark:/48223/pf0000261962.

[228] Verdú-Vázquez A, Fernández-Pablos E, Lozano-Diez R V, et al. Development of a methodology for the characterization of urban and periurban green spaces in the context of supra-municipal sustainability strategies [J]. Land Use Policy, 2017, 69: 75-84.

[229] von Haaren C, Saathoff W, Galler C. Integrating climate protection and mitigation functions with other landscape functions in rural areas: a landscape planning approach [J]. Journal of Environmental Planning and Management, 2012, 55 (1): 59-76.

[230] Wang C, Myint S W, Wang Z, et al. Spatio-temporal modeling of the urban heat island in the Phoenix metropolitan area: Land use change implications [J]. Remote Sensing, 2016, 8 (3): 185.

[231] Wang H, Sork V L, Wu J, et al. Effect of patch size and isolation on mating patterns and seed production in an urban population of Chinese pine (*Pinus tabulaeformis* Carr.), Forest Ecology and

Management，2010，260：965-974.

［232］Wang I，Bradburd G S. Isolation by environment［J］. Molecular Ecology，2014，23：5649-5662.

［233］Wang J，Zhou W，Wang J. Time-series analysis reveals intensified urban heat island effects but without significant urban warming［J］. Remote Sensing，2019，11：2229.

［234］Wang R，Compton S G，Shi Y S，et al. Fragmentation reduces regional-scale spatial genetic structure in a wind-pollinated tree because genetic barriers are removed［J］. Ecology and Evolution，2012，2（9）：2250-2261.

［235］Wang Y，Du H，Xu Y，et al. Temporal and spatial variation relationship and influence factors on surface urban heat island and ozone pollution in the Yangtze River Delta，China［J］. Science of the Total Environment，2018，631：921-933.

［236］Waters C. The Anthropocene is functionally and stratigraphically distinct from the Holocene［J］. Science，2016，6269（351）：137-147.

［237］Wedding L M，Lepczyk C A，Pittman S J，et al. 2011. Quantifying seascape structure：extending terrestrial spatial pattern metrics to the marine realm［J］. Marine Ecology Progress Series，427：219-232.

［238］Wiens J A. Is landscape sustainability a useful concept in a changing world？［J］. Landscape Ecology，2012，28（6）：1047-1052.

［239］Willemen L，Hein L，van Mensvoort M E F，et al. Space for people，plants，and livestock？ Quantifying interactions among multiple landscape functions in a Dutch rural region［J］. Ecological Indicators，2010，10（1）：62-73.

［240］Willemen L，Veldkamp A，Verburg P H，et al. A multi-scale modelling approach for analysing landscape service dynamics［J］. Journal of Environmental Management，2012，100：86-95.

［241］Wilson N，Parrish C E，Battista T，et al. Mapping seafloor relative reflectance and assessing coral reef morphology with EAARL-B topobathymetric lidar waveforms［J］. Estuaries and Coasts，2019：1-15.

［242］Wu J. A landscape approach for sustainability science［M］//Sustainability Science. Springer，New York，NY，2012：59-77.

［243］Wu J. Landscape sustainability science：ecosystem services and human well-being in changing landscapes［J］. Landscape Ecology，2013，28：999-1023.

［244］Wu J. Urban sustainability：an inevitable goal of landscape research［J］. Landscape Ecology，2010，25：1-4.

［245］Wu J，Wu T. Sustainability indicators and indices：an overview. In Handbook of sustainability management [M]. Singapore: World Scientific Publishing Co Pte Ltd, 2012: 65–86.

[246] Wu J. Landscape ecology, cross–disciplinarity, and sustainability science [J]. Landscape Ecology 2006, 21 (1): 1–4.

[247] Wu J. Landscape sustainability science: Ecosystem services and human well–being in changing landscapes [J]. Landscape Ecology, 2013, 28 (6): 999–1023.

[248] Wu J. Linking landscape, land system and design approaches to achieve sustainability [J]. Journal of Land Use Science, 2019, 14 (2): 173–189.

[249] Wu J. Urban ecology and sustainability: The state–of–the–science and future directions [J]. Landscape and Urban Planning, 2014, 125 (2): 209–221.

[250] Yamashita S. Perception and evaluation of water in landscape: Use of Photo–Projective Method to compare child and adult residents' perceptions of a Japanese river environment. Landscape and Urban Planning, 2002, 62 (1): 3–17.

[251] Yang B, Li M H, Li S J. Design–with–nature for multifunctional landscapes: environmental benefits and social barriers in community development [J]. International Journal of Environmental Research and Public Health, 2013, 10 (11): 5433–5458.

[252] Yang D, Luo T, Lin T, et al. Combining aesthetic with ecological values for landscape sustainability. PLoS ONE, 2014, 9 (7): e102437.

[253] Yang Z S, Cai J M, Sliuzas R. Agro–tourism enterprises as a form of multi–functional urban agriculture for peri–urban development in China [J]. Habitat International, 2010, 34 (4): 374–385.

[254] Yao L, Chen L, Wei W. Assessing the effectiveness of imperviousness on stormwater runoff in micro urban catchments by model simulation [J]. Hydrological Processes. 2016, 30 (12): 1836–1848.

[255] Yao R, Wang L C, Huang X, et al. Temporal trends of surface urban heat islands and associated determinants in major Chinese citie [J]. Science of the Total Environment, 2017, 609: 742–754.

[256] Yao R, Wang L C, Huang X, et al. Interannual variations in surface urban heat island intensity and associated drivers in China [J]. Journal of Environmental Management, 2018, 222: 86–94.

[257] Yeager L A, Layman C A, Allgeier J E. Effects of habitat heterogeneity at multiple spatial scales on fish community assembly [J]. Oecologia, 2011, 167 (1): 157–168.

[258] Yu K. Cultural variations in landscape preference: Comparisons among Chinese sub–groups and Western design experts. Landscape and Urban Planning, 1995, 32 (2): 107–126.

[259] Yu W, Zhou W, Qian Y, et al. A new approach for land cover classification and change analysis: Integrating backdating and an object–based method [J]. Remote Sensing of Environment, 2016,

177: 37-47.

[260] Zasada I. Multifunctional peri-urban agriculture— A review of societal demands and the provision of goods and services by farming [J]. Land Use Policy, 2011, 28 (4): 639-648.

[261] Zeller K A, Creech T G, Millette K L, et al. Using simulations to evaluate Mantel-based methods for assessing landscape resistance to gene flow [J]. Ecology and evolution, 2016, 6 (12): 4115-4128.

[262] Zhao J, Liu X, Dong R, et al. Landsenses ecology and ecological planning toward sustainable development [J]. International Journal of Sustainable Development and World Ecology, 2016: 293-297.

[263] Zhao X, Ren B, Li D, et al. Effects of habitat fragmentation and human disturbance on the population dynamics of the Yunnan snub-nosed monkey from 1994 to 2016 [J]. PeerJ, 2019, 7: e6633.

[264] Zheng S, Yu B. Landsenses pattern design to mitigate gale conditions in the coastal city-a case study of Pingtan, China [J]. International Journal of Sustainable Development & World Ecology, 2017, 24 (4): 352-361.

[265] Zhou B, Rybski D, Kropp J P. The role of city size and urban form in the surface urban heat island [J]. Scientific Reports, 2017, 7 (1): 1-9.

[266] Zhou B, Wu J, Anderies J M, Sustainable landscapes and landscape sustainability: A tale of two concepts [J]. Landscape and Urban Planning, 2019, 189: 274-284.

[267] Zhou D, Zhang L, Hao L, et al. Spatiotemporal trends of urban heat island effect along the urban development intensity gradient in China [J]. Science of the Total Environment, 2016, 544: 617-626.

[268] Zhou W, Cadenasso M, Schwarz K, et al. Quantifying spatial heterogeneity in urban landscapes: integrating visual interpretation and object-based classification [J]. Remote Sensing, 2014, 6 (4): 3369-3386.

[269] Zhou W, Troy A. An object-oriented approach for analysing and characterizing urban landscape at the parcel level [J]. International Journal of Remote Sensing, 2008, 29 (11): 3119-3135.

[270] Zhou W, Pickett S T A, Cadenasso M L. Shifting concepts of urban spatial heterogeneity and their implications for sustainability [J]. Landscape Ecology, 2017a, 32 (1): 15-30.

[271] Zhou W, Wang J, Cadenasso M L. Effects of the spatial configuration of trees on urban heat mitigation: A comparative study [J]. Remote Sensing of Environment, 2017b, 195: 1-12.

[272] Zhou W, Wang J, Qian Y, et al. The rapid but "invisible" changes in urban greenspace: A comparative study of nine Chinese cities [J]. Science of the Total Environment, 2018, 627: 1572-

1584.

［273］蔡建堤，苏国强，马超，等. 闽南－台湾浅滩渔场二长棘鲷群体景观多样性［J］. 生态学报，2014，34（9）：2347-2355.

［274］陈利顶，孙然好，刘海莲. 城市景观格局演变的生态环境效应研究进展［J］. 生态学报，2013，33（4）：1042-1050.

［275］陈鹏，高建华，朱大奎，等. 海岸生态交错带景观空间格局及其受开发建设的影响分析——以海南万泉河口博鳌地区为例［J］. 自然资源学报，2002，17（4）：509-514.

［276］陈探，刘淼，胡远满，等. 沈阳城市三维景观空间格局分异特征［J］. 生态学杂志，2015，34：243-249.

［277］戴莹，陈磊，沈珍瑶. 城市景观的水环境响应及景观调控研究综述［J］. 北京师范大学学报（自然科学版），2016，52：696-704.

［278］戴尔阜，王晓莉，朱建佳，等. 生态系统服务权衡：方法、模型与研究框架［J］. 地理研究，2016. 35（6）：1005-1016.

［279］段丁毓，秦传新，马欢，等. 景观生态学视角下海洋牧场景观构成要素分析［J］. 海洋环境科学，2018，37（6）：52-59.

［280］方创琳，周成虎，顾朝林，等. 特大城市群地区城镇化与生态环境交互耦合效应解析的理论框架及技术路径［J］. 地理学报，2016，71（4）：531-550.

［281］傅伯杰，吕一河，陈利顶，等. 国际景观生态学研究新进展［J］. 生态学报，2008，28（2）：798-804.

［282］傅伯杰. 地理学：从知识、科学到决策［J］. 地理学报，2017，72（11）：5-14.

［283］韩立建. 城市化与PM2.5时空格局演变及其影响因素的研究进展［J］. 地理科学进展，2018，37（8）：1011-1021.

［284］黄滢冰，徐启恒，苏盼盼，等. 国土空间治理视角下"多规合一"平台模式探讨［J］. 世界地理研究，2019，28（6）：88-97.

［285］康健，杨威. 城市公共开放空间中的声景. 世界建筑，2002，（1）：76-79.

［286］兰竹虹，廖岩，陈桂珠. 热带海洋景观的生态系统服务替代和恢复［J］. 海洋环境科学，2009，28（2）：218-222.

［287］冷疏影，朱晟君，李薇，等. 从"空间"视角看海洋科学综合发展新趋势［J］. 科学通报，2018，63（31）：3167-3183.

［288］李春林，胡远满，刘淼，等. 城市非点源污染研究进展［J］. 生态学杂志，2013，32（3）：492-500.

［289］李国棋. 声景研究和声景设计［D］. 清华大学，2004.

［290］李希之，李秀珍，任璘婧，等. 不同情景下长江口滩涂湿地 2020 年景观演变预测［J］. 生态与农村环境学报，2015，31（2）：188-196.

［291］李秀珍，肖笃宁. 城市的景观生态学探讨［J］. 城市环境与城市生态，1995，8：26-30.

［292］李杨帆，向枝远，李艺. 海岸带韧性：陆海统筹生态管理的核心机制［J］. 海洋开发与管理，2019，36（10）：3-7.

［293］岳涛，薛雄志，崔胜辉，等. 快速城市化进程中海岛景观格局变化研究［J］. 海洋环境科学，2009，28（1）：87-91.

［294］刘江，康健，霍尔格·伯姆，等. 城市开放空间声景感知与城市景观关系探究［J］. 新建筑，2014，（5）：40-43.

［295］刘晓光. 景观美学［M］. 北京：中国林业出版社，2012.

［296］刘焱序，傅伯杰. 景观多功能性：概念辨析、近今进展与前沿议题［J］. 生态学报，2019，39（8）：2645-2654.

［297］刘云浩. 物联网导论［M］. 北京：科学出版社，2010.

［298］刘珍环，李猷，彭建. 城市不透水表面的水环境效应研究进展［J］. 地理科学进展，2011，30（3）：275-281.

［299］罗涛，刘江. 从"家园美化"到"景观规划"——德国景观美学资源评价理论发展综述［J］. 国际城市规划，2012，27（1）：88-93.

［300］马世骏，王如松. 社会-经济-自然复合生态系统［J］. 生态学报，1984，4（1）：1-9.

［301］马振邦，李超骅，曾辉. 快速城市化地区小流域降雨径流污染特征［J］. 水土保持学报，2011，25（3）：1-6.

［302］欧维新，杨桂山，李恒鹏，等. 苏北盐城海岸带景观格局时空变化及驱动力分析［J］. 地理科学，2004，24（5）：610-615.

［303］欧阳志云，李小马，徐卫华，等. 北京市生态用地规划与管理对策［J］. 生态学报，2015，35（11）：3778-3787.

［304］彭建，吕慧玲，刘焱序，等. 国内外多功能景观研究进展与展望［J］. 地球科学进展，2015，30（4）：465-476.

［305］彭建，汪安，刘焱序，等. 城市生态用地需求测算研究进展与展望［J］. 地理学报，2015，70（2）：333-346.

［306］浦静姣，史晓雪，张浩，等. 基于 GIS 的港口总体规划景观生态学分析［J］. 环境科学研究，2007，20（2）：130-135.

［307］秦佑国. 声景学的范畴［J］. 建筑学报，2005，（1）：45-46.

［308］史蒂文·布拉萨，彭锋（译）. 景观美学［M］. 北京：北京大学出版社，2008.

［309］石龙宇，赵会兵，郑拴宁，等. 城乡交错带景感生态规划的基本思路与实现［J］. 生态学报，2017，37（06）：2126-2133.

［310］索安宁，关道明，孙永光，等. 景观生态学在海岸带地区的研究进展［J］. 生态学报，2016，36（11）：3167-3175.

［311］索安宁，赵冬至，葛剑平. 景观生态学在近海资源环境中的应用——论海洋景观生态学的发展［J］. 生态学报，2009，29（9）：5098-5105.

［312］孙然好，陈爱莲，李芬，等. 城市生态景观建设的指导原则和评价指标［J］. 生态学报，2013，33（8）：2322-2329.

［313］王红芳，葛剑平，邬建国. 景观遗传学概论［C］//现代生态学讲座暨国际学术研讨会. 北京：高等教育出版社，2005.

［314］王凯，梁红，施鹏，等. 基于"风感"的紧凑型城市开放空间风环境实测和CFD模拟比对研究［J］. 生态学报，2019，39（16）：6051-6057.

［315］王泉力，李杨帆. 新时代生态环境建设中陆海统筹发展对策研究——以厦门为例［J］. 中国环境管理，2018，10（6）：87-91.

［316］邬建国. 景观生态学——格局、过程、尺度与等级（第二版）［M］. 北京：高等教育出版社，2007.

［317］邬建国，何春阳，张庆云，等，全球变化与区域可持续发展耦合模型及调控对策［J］. 地球科学进展，2014，29（12）：1315-1324.

［318］肖甜甜，李杨帆，向枝远. 基于生态系统服务评价的围填海区域景观生态红线划分方法及应用研究［J］. 生态学报，2019，39（11）：3850-3860.

［319］辛红梅，张杰，王常颖，等. 2012. 一种基于景观格局的卫星遥感海岛自然灾害风险评价方法［J］. 海洋学报，34（1）：90-94.

［320］徐宗学，程涛，洪思扬，等. 遥感技术在城市洪涝模拟中的应用进展［J］. 科学通报，2018，63：2156-2166.

［321］杨红，丁骏，王春峰，等. 基于景观空间格局指数法的长江口水域生态环境变化分析［J］. 海洋环境科学，2012，31（5）：90-95.

［322］杨俊，国安东，席建超，等. 城市三维景观格局时空分异特征研究——以大连市中山区为例［J］. 地理学报，2017，72（4）：646-656.

［323］叶属峰，丁德文，王文华. 长江河口大型工程与水体生境破碎化［J］. 生态学报，2005，25（2）：268-272.

［324］俞孔坚. 景观：文化，生态与感知［M］. 北京：北京科学出版社，2005.

［325］俞孔坚，李迪华，袁弘，等. "海绵城市"理论与实践［J］. 城市规划，2015，39（6）：

26-36.

[326] 俞龙生，符以福，喻怀义，等. 快速城市化地区景观格局梯度动态及其城乡融合区特征——以广州市番禺区为例 [J]. 应用生态学报，2011，22（1）：171-180.

[327] 袁晓梅，吴硕贤. 中国古典园林的声景观营造 [J]. 建筑学报，2007，（2）：70-72.

[328] 张朝林，郑袁明，范闻捷，等. 国家自然科学基金地理学科申请代码的历史沿革与发展 [J]. 地理学报，2019，74（1）：193-200.

[329] 张婷婷，高宇，王思凯，等. 河口湿地景观格局与大型底栖生物群落的尺度效应研究 [J]. 海洋渔业，2018，40（6）：679-690.

[330] 张学玲，闫荣，赵鸣. 中国古典园林中的景感生态学思想刍议. 生态学报，2017，37（6）：2140-2146.

[331] 赵苗苗，赵师成，张丽云，等. 大数据在生态环境领域的应用进展与展望 [J]. 应用生态学报，2017，28（5）：1727-1734.

[332] 赵文武，房学宁. 景观可持续性与景观可持续性科学 [J]. 生态学报，2014，34（10）：2453-2459.

[333] 赵羿，吴彦明，孙中伟. 海岸带的景观生态特征及其管理 [J]. 应用生态学报，1990，1（4）：373-377.

[334] 周华荣. 干旱区湿地多功能景观研究的意义与前景分析 [J]. 干旱区地理，2005，28（1）：16-20.

[335] 周伟奇，虞文娟，钱雨果. 城市景观格局与动态：数据、方法和趋势 [C]// 高玉葆，邬建国. 现代生态讲座（Ⅷ）——群落、生态系统和景观生态学研究新进展. 北京：高等教育出版社，2017，pp. 310-326.

[336] 周伟奇，李伟峰，韩立建，等. 城市生态学研究进展与发展趋势 [C]// 中国生态学学会. 中国生态学40年发展回顾. 北京：中国科学出版社，2020.

第五章 强化学科贡献下的景观生态学交叉方向

第一节 生态系统服务与景观服务

景观服务是生态系统服务在景观尺度的集成和综合表达，强调具有综合格局的景观为人类提供的直接或间接效用，景观服务研究是当前景观生态学与可持续性科学的热点研究领域之一。本节简要梳理生态系统服务与景观服务的概念、生态系统服务及其与景观格局的关系、生态系统服务、景观服务的主要进展等。未来生态系统服务、景观服务的研究重点方向主要有：生态系统服务、景观服务分类体系及评估方法与模型构建、景观格局 – 生态过程 – 景观服务及其形成机制、景观服务时空动态及其影响因素，生态系统服务、景观服务科学研究与应用等。景观生态学与生态系统服务、景观服务之间存在一种相互促进相互影响的耦合反馈关系，"格局 – 过程 – 服务"级联及其时空变化是这种耦合反馈关系的链接点，其中尤以土地利用变化 – 生态系统服务、景观服务相互作用与反馈机制最为关键，未来研究需强化多科学综合和集成研究。

一、生态系统服务与景观生态学

1. 生态系统服务和景观服务

20 世纪 50 年代以来，随着人类改造自然活动强度的不断增加，人类活动造成的自然资本迅速枯竭和生态系统服务损失显著（Hester 等，2002；郑华等，2003），联合国千年生态系统评估报告显示全球 60% 以上的生态系统服务出现不同程度的退化，已严重威胁到人类的健康与生存，影响着全球社会与环境可持续发展（MA，2005）。作为评估和协调生态系统和人类活动之间关系的一个有效抓手，生态系统服务正在受到全球的广泛关注。

生态系统服务概念在 1981 年被首次提出（Costanza 等，2017），Ehrlich 等（1983）对生态系统服务进行了详细阐述。此后，生态系统服务的阐释与研究不断推进，其中影响力最大的学者有 Daily 和 Costanza 等。Daily（1997）认为生态系统服务是指自然生态系统及其组成物种所形成、维持和实现人类生存的所有环境条件和过程。Costanza（1997）将生态系统的产品和功能统称为生态系统服务，即由自然生态系统的生境、物种、生物学状态、性质和生态过程所产生的物质和维持的良好生活环境对人类提供的直接福利。千年生态系统评估（MA，2005）定义的生态系统服务是指自然生态系统及其物种所提供的能够满足和维持人类生产生活需要的条件和过程，从而人类直接或间接获得的所有惠益，并将生态系统服务分为供给服务、调节服务、文化服务及维持其他类型服务所必需的支持服务等 4 类，得到广泛认可。

现有的生态系统服务概念割裂了景观元素的空间结构和格局的综合关系，为了强调景观结构和功能、价值及利益的相互关系，景观服务应运而生（Termorshuizen 和 Opdam，2009；刘文平和宇振荣，2013；Bastian 等，2014；Westerink 等，2017）。Landscape services（景观服务）是景观作为空间整体提供给人类的功能和服务，不仅包括生态系统自身所产生的服务，还包括由多种生态系统空间配置（或景观格局下）产生的生态服务，特别是景观文化和美学价值等（中国生态学学会，2018）。De Groot 等（2010）认为：景观服务是一种特殊的生态系统服务，是被人类利用的景观功能，其服务的提供依赖于景观格局的综合作用结果，同时也强调了景观特征格局、功能到景观服务的供给与需求之间的联系，可见景观服务强调具有综合格局的景观为人类提供的直接或间接效用，而并非由某个或者某些特定的生态系统或景观斑块提供，同时是景观内不同生态系统之间以及生态系统与人类活动之间相互作用的结果（张雪峰等，2014；宋章建等，2015）。相较于生态系统服务的概念，景观服务强调了空间格局的重要性、各服务功能的综合作用结果以及服务使用者与服务提供的空间位置关系（Termorshuizen 和 Opdam，2009；Westerink 等，2017；刘文平和宇振荣，2013）。所以，景观服务并不是生态系统服务概念的替代者，而是生态系统服务的一部分（刘文平和宇振荣，2013）。

由于景观服务关注空间格局和尺度的关系，更有助于理解人类活动的空间分布对景观结构与过程的影响，更易被实践者和科学家接受和理解（Termorshuizen 和 Opdam，2009），也有助于生态系统服务应用从单纯的生态保护转向积极的景观规划。另外，景观服务概念的空间特性，强调了服务供给与需求的空间关系和格局（刘文平和宇振荣，2013；Bastian 等，2014）。景观服务研究的兴起是生态系统服务研究在景观水平的深化和拓展，并成为景观生态学与可持续科学研究领域的新热点（中国生态学学会，2018）。如何将生态系统服务的概念关联到景观格局与过程、功能与价值中，并与人类需求相关，是当前景观服务研究中面临的首要问题（刘文平和宇振荣，2013）。此外，景观服务是景观生态学家将生态系统服务思想提升到景观层次而开拓的景观生态学的新兴研究方向，尚处于起步阶段，但在理解和实现景观可持续性方面具有巨大潜力，被视为实现景观可持续性的重要物质基础。

2. 生态系统服务与景观格局

景观生态学通过探讨景观格局与生态过程的关系，设计景观格局的优化方案，从而提出解决生态环境问题的思路和方法（傅伯杰等，2011；肖笃宁等，2003）。生态系统服务作为人类从生态系统中获得的各种惠益，体现了人类对土地资源的直接和间接利用关系，而土地利用格局与生态过程的改变是影响生态系统服务的主导因素（傅伯杰和张立伟，2014）。此外，社会经济活动和生态系统的物质能量流动以及物种迁移都发生在一定的景观类型及其空间格局中，景观类型的组成结构与空间格局的变化必将对生态系统服务及其价值产生影响。运用景观生态学的理论和方法，优化景观配置，从而提升或者维持现有生态系统服务。同时，通过对生态系统服务的评估、权衡与协同等分析，从生态系统服务价值探索景观构建与融合的方法，优化景观格局，合理配置土地资源，丰富景观生态学的社会 - 经济 - 自然复合系统研究理论与方法，以实现资源环境与社会经济协调发展。

景观格局与生态系统服务、景观服务之间存在一种相互促进相互影响的耦合反馈关系，"格局 - 过程 - 服务"级联是这种耦合反馈关系的链接点，其中尤以土地利用变化 - 生态系统服务相互作用与反馈机制最为关键；生态系统服务与人类社会福祉耦合性，以及人类活动和感知的多重复杂性，使得生态系统服务研究的核心"量化 - 权衡 - 决策"变得尤为困难；对生态系统服务权衡的客观量化支撑着生态系统、景观的管理与决策的客观性和公平性，同时生态系统的管理决策机制又影响着生态系统服务的最终实现，这方面更需要人文社会学科的交叉融入。

二、生态系统服务研究进展

通过对 Web of Science 数据库检索分析发现，共有 201 个国家（地区）参与了生态系统服务相关研究。其中，美国在该领域研究影响力最高，英国、德国、澳大利亚和加拿大的影响力较高，中国发文量虽位于世界前列，但影响力相对较低。全球生态系统服务研究的热点主要集中在 4 个方面：评估与模型、权衡与协同、土地利用变化和生态系统服务决策。

1. 生态系统服务评估与模型

生态系统服务评估的理论、指标和模型是生态系统服务研究的基础。由于生态系统结构复杂性和功能多样性，评估指标体系及方法的差异致使同一区域的同种生态系统服务的评估结果差异很大，加之评估存在不确定性（Fu 等，2013；巩杰和谢余初，2018），评价指标体系与方法需不断改进和完善（巩杰等，2019）。

目前常用的生态系统服务评估模型有 6 种，即 InVEST、MIMES、ARIES、SOARE、SolVES、ESValue 等（巩杰等，2019），这些模型均是评估结果空间的可视化表达，但也有一定适用范围及局限性（黄从红等，2013）。现阶段基于 3S 的生态模型、基于机理和过程的模型等逐渐得到发展和应用，这方面的模型有生态系统服务与权衡综合评估模型（InVEST）、多尺度生态系统服务综合模型（MIMES）和基于人工智能的生态系统服务价值评估（ARIES）等。相比而言，InVEST 模型的认可度比较高，在美国、欧盟、中国、南美等地得到了一些应用（Fu 等，2013；巩杰和谢余初，2018；黄从红等，2013；Bagstad 等，2013；Nelson 等，2009；Maes 等，2012）。上述模型多集中于对算法的简化，或以空间建模和"大数据"分析技术等手段，适用于多尺度或全球范围，可推广性强（Hu 等，2015）。中国学者傅伯杰研究员团队基于 GIS 和多目标优化算法提出 SOARE 区域生态系统服务空间评估与优化模型，但其生态系统服务权衡关系的定量化还有待于进一步完善（Hu 等，2015）。SolVES 模型在数据可得或价值转换结果可被接受条件下才具高适用性，ESValue 模型主要适用于特定地区，两者可推广性较差（黄从红等，2013）。

生态系统服务模型的当前研究趋向：在强化生态系统结构、过程与服务的机理研究的同时，进一步整合决策过程，注重耦合景观格局、生态系统服务与决策的区域集成模型的开发利用（Fu 等，2013；Bagstad 等，2014；巩杰等，2019）。在实际评价过程中，应选择可靠的数据源、合理的评价指标和恰当的评估模型，明确评价精度与评价目的，进行评估结果与实际调查观测数据的对比验证，既能节省成本又需确保评价过程的准确性，促使生态系统服务评估真正辅助决策（Maes 等，2012；Hu 等，2015）。

2. 生态系统服务权衡与协同关系

不同生态系统服务之间关系非常复杂且难以定量表征，因此常常将其概括为生态系统服务的协同与权衡关系（Jaarsveld 等，2005；Dade 等，2018）。从生态系统服务权衡的关键因素和类型上看，主要分为空间权衡、时间权衡以及可逆权衡三种形式（Goldstein 等，2012；戴尔卓等，2016；彭建等，2017a；傅伯杰和于丹丹，2016；李双成，2014）。由于生态系统服务权衡难以直接计算，且其权衡与协同作用是由社会 – 生态系统相互作用下制定的管理决策和制度引起的。现阶段权衡管理研究多是以土地利用与覆被变化为媒介开展定性或定量分析生态系统服务变化，采用的分析方法有地图对比法、情景分析法和生态 – 经济综合模型方法等（彭建等，2017a；傅伯杰和于丹丹，2016；李双成，2014）。这三种方法逐渐与生态系统服务相关模型相结合，并被推广与使用。

当前生态系统服务权衡与协同研究还处于起步阶段，生态系统服务模拟算法和评估结果的不确定性分析有待提高，人类活动和管理情景的模拟还具有很大的主观性，服务之间的权衡关系表达还过于简化，对输入参数的依赖性太强，也不能很好地阐述生态系统服务权衡的驱动机制和时空尺度动态变化特征等。多学科、跨学科综合研究是未来生态系统服务权衡研究的重要方向（戴尔卓等，2016；彭建等，2017a；傅伯杰和于丹丹，2016；李双成，2014；巩杰等，2019）。

3. 土地利用变化与生态系统服务

土地利用变化影响生态系统结构和过程，驱动着生态系统服务供给能力的变化（MA，2005；傅伯杰和张立伟，2014）。近年来土地利用类型、结构及空间格局等逐渐成为土地利用与生态系统过程研究的核心内容。土地利用空间格局不可避免的影响或制约着景观中的物种运动、水分和养分迁移、水土流失等生态系统过程以及景观中的种群动态和生物多样性（傅伯杰等，2014；苏常红和傅伯杰，2012）。土地利用类型直接决定着生态系统服务价值的多少，其配置方式影响着生态系统中物质能量的分布迁移（Fu 等，2009）。土地利用方式变化通过影响生态系统的结构和功能导致生态系统服务价值变化，其对维持生态平衡、经济与环境协调具重大意义（Lambin 等，2011）。

基于土地利用变化的生态系统服务研究大致可以分为两类：一是基于 Costanza 等提出的全球生态系统单位面积服务价值当量表，根据对应的生态系统类型（土地利用 / 覆被类型）的面积变化，估算由此而引起的生态系统服务价值变化（Costanza 等，

1997，2014）；第二类是基于物质转换法和能值转换法，土地利用被视为生态系统类型而引入生态系统服务评估过程（Costanza 等，2017）。但已有的大中尺度土地利用变化背景下生态系统服务评价研究多是依赖于遥感解译数据和社会经济数据等，缺乏可靠的实地观测数据、统一的评价方法及对结果的验证等，研究结果具有不确定性。加上土地利用变化与生态系统服务的高度复杂性、空间异质性和多尺度性等，亟待开展土地利用变化对生态系统服务影响的生态学机制及集成应用研究等，特别是加强对不同土地利用变化驱动情景下的生态系统过程与服务的关系、生态系统服务之间相互关系，以及生态系统服务集成与优化的研究，是区域生态系统管理的基础。（傅伯杰，2014；苏常红和傅伯杰，2012；Fu 等，2009；Lambin 等，2011；Su 等，2012；巩杰和谢余初，2018）。

4. 生态系统服务管理与科学决策

随着全球人口增加、气候变化、环境问题频发与生态系统不断退化，科学决策和管理成为新的研究热点和挑战，尤其是在生态修复、生态补偿及维持区域生态安全、生态系统服务管理等方面具有根本性影响。生态系统服务管理决策需综合考虑多方利益，权衡多种生态系统服务（Fu 等，2013；Kareiva 等，2011）；同时，还需要协调处理生态系统服务之间的矛盾关系，在强调某种服务时需要兼顾其他服务，化解生态系统服务措施之间的矛盾；更需要融合多学科理论与方法，制定切实可行可操作的管理途径和措施，以期提高和增强生态系统服务的可持续供给能力。

生态系统服务付费（Payment for Ecosystem Services，PES）作为一种基于市场机制的实现发展与保护"双赢"目标的有效生态系统管理途径，在全球得到广泛应用（Silvis 等，2012；Bohlen 等，2009）。我国实施的退耕还林还草工程是全球最大的生态建设与生态补偿工程（Liu 等，2008）。当前，在推进生态文明建设战略的大背景下，中国政府正在推行"主体功能区建设""国土空间优化""国家公园体系建设""生态红线划定""态系统保育与环境质量改善"等一系列重大工程，生态系统服务研究正在并将继续为国家需求和决策管理提供支撑（Ouyang 等，2016；中国生态学学会，2018）。如基于生态系统服务变化研究为全国生态环境 10 年变化提供了有力支撑，推动了《全国生态功能区划》（2015 年 11 月环境保护部和中国科学院联合发布）的修编和完善，极大地促进了区域生态保育和生态补偿等工程的高效开展（Ouyang 等，2016；中国生态学学会，2018）。未来生态系统服务管理决策需综合考虑多方利益，权衡多种生态系统服务（Daily，1997；MA，2005；Kareiva 等，2011；巩杰等，

2019）；同时，还需要协调处理生态系统服务之间的矛盾关系，如在强调某种服务功能时需要兼顾其他服务，维系生态系统多种服务措施之间的矛盾。进而综合多学科知识，提出切实可行的管理途径和措施，以期提高和增强生态系统服务的可持续供给能力。

三、生态系统服务／景观服务未来研究趋向

总体而言，生态系统服务研究仍是当前生态学、地理学、环境科学和管理科学关注的热点，国内外已在生态系统服务科学与应用层面取得了一些进展。尽管涉及景观服务研究及其综合应用研究目前较少，亟待开展相关理论、方法和案例研究，但不可否认景观服务作为生态系统服务在景观尺度的集成和综合表达，与景观格局和生态过程在景观水平上有密切的链接，可以为景观生态规划设计提供理论基础和实践指导。为此，我们对景观服务未来研究趋势进行分析和判断，与此同时景观服务的发展趋势很大程度上也表征了生态系统服务的未来研究趋向。针对生态系统服务、景观服务研究及应用的复杂性，未来研究趋向主要有：服务分类体系、评估方法与模型、景观格局 – 景观服务及其形成机制、景观服务动态及其影响因素、景观服务科学研究及其决策管理应用等。

1. 景观服务分类体系、评估方法与模型构建

（1）中短期目标——景观服务分类体系与评估方法

生态系统过程的动态复杂性以及生态系统服务兼顾公共 – 私人利益的产品特点决定了多种不同的分类方法（Fisher 等，2009），代表性的分类方法有千年生态系统评估四大类（MA，2005）、Costanza 等的 17 种分类（Costanza 等，1997）、国际通用生态系统服务分类体系（Common International Classification of Ecosystem Services，CICES）（Haines-Young and Potschin，2012）。而基于不同视角的每一种分类都可以传递出不同的服务特征，但当前分类传递出的服务特征大多是生态组成的服务过程及功能的传递，对各组成元素的景观空间格局服务特性的分类较少。而生态系统 / 景观类型具有时空差异性和区域独特性，不同研究者在生态系统服务评估过程中采用的分类体系、指标及方法等不同，采用不同方法对同一区域进行定量评估的结果差异较大，研究结果的可比性不强，致使区域和国家尺度上的集成研究难以开展（Davies et al.，2015；Zhang et al.，2014）。随着 3S 技术、地理空间数据信息和大数据集成技术日益发展，基于生态过程和机理的生态系统服务模型的引入和构建是定量化研究的必然。此外，

当前的全球景观服务评估体系对特殊生态系统的关注较少，如沙漠、农田、冰冻圈、城市等生态系统；另一方面如何对景观服务开展定量评估及尺度效应分析也较少被讨论，已成为现阶段研究需解决的问题，构建普适性的全球（全国）的景观服务评价体系和方法成为新的挑战。

（2）中长期目标——景观服务评估方法与空间定量化制图

景观服务定量化空间制图可以显示出景观服务的空间分布水平，为决策制定者提供直观形象的参考依据。目前，景观服务定量化制图存在的挑战仍然是寻找适当的制图方法（Ungaro 等，2014）。当前景观服务的定量化方法大多是参考生态服务功能 / 价值量化模型，并不能有效传递出景观服务的空间关系（梅亚军等，2016），而基于实验数据的定量化方法还没有得到充分发展，还没有一个真正合理可行的方法来定量化其功能和价值，景观服务空间定量化标准依然缺失（刘文平和宇振荣，2013）。因而，如何定量化景观和生态系统特征以及他们的功能与相关产品和服务之间的关系，并可视化其空间分布也是今后研究的难点（刘文平和宇振荣，2013；de Aga et al.，2016）。

2. 景观格局-生态过程-景观服务及其形成机制

（1）中短期目标——生态系统结构 – 过程 – 功能 – 服务及其形成机制

生态系统的高度复杂性和时空异质性是阻碍生态系统服务研究进程的重要原因之一（李双成，2014）。生态系统结构与功能及其所产生的服务定量化分析十分困难，目前涉及生态系统的结构、过程与服务间的内在联系、演变规律和运行机制等方面的研究还有待深入。尽管专家已经提出了"生态系统结构与功能 – 服务 – 人类福祉"框架，然而其中的层级定量传递关系仍不明确（Davies 等，2015）。此外，景观提供服务的过程及形成机制十分复杂，缺乏相关的理论和案例实证研究，亟待开展相关研究。

（2）中长期目标——"景观格局 – 景观服务 – 互馈机制"

景观格局变化指景观结构和功能及其随时间变化的过程与规律（傅伯杰等，2011）。伴随全球经济和人口规模的持续增长，高强度人类活动（如经济、技术和社会调控等）对不同时空尺度的景观格局产生了巨大改变，受不同人类活动强度干扰的景观格局会产生相应生态过程，进而驱动着生态系统服务功能变化（Fu 等，2013）。同时，景观是探究人类 – 自然耦合系统演变机理和过程的最佳视角（彭建等，2017b）。因此，探讨景观格局变化对景观服务的影响及其内在机制、景观服务对景观变化的响应、探究景观服务提升、景观管理与优化是保障区域可持续发展的基础。

景观格局与景观服务及其互馈机制是揭示生态系统时空分异和实施有效管控的重要途径（梁友嘉和刘丽珺，2018；Duarte 等，2018）。"景观格局—景观服务—互馈机制"的多学科系统研究及综合集成是未来研究的重点。景观服务与景观格局集成的机理和方法是跨学科研究的热点和难点，需要构建结构化、多层次的集成分析模型（梁友嘉和刘丽珺，2018）。相关研究可为区域生态环境治理实践提供科学参考，亟待开展方法、模型、集成与案例研究，以便更好地应对生态系统服务科学与应用的现实挑战。

3. 景观服务时空动态及其影响因素

（1）中短期目标——景观服务权衡与协同的时空动态

景观服务权衡与协同分析是认识景观服务之间关系的一种综合而辩证的途径。然而，已有研究多关注区域生态系统服务评估与权衡 / 协同关系现状判定，对不同因素干扰下生态系统服务之间的作用机制变化，以及其随时空尺度变化所表现出的权衡 / 协同关系的动态变化涉及不多（赵文武等，2018）。在不断增强的人类活动和气候变化的共同作用下，景观服务的时空动态具有相对复杂的时空尺度，其权衡 / 协同关系及其影响因素也具有明显的时空尺度和复杂性，而上述研究是辨析生态系统服务相互关系及其动态变化，开展生态系统权衡与管理的重要前提，亟待加强。

（2）中长期目标——景观服务时空动态与影响因素

景观组合及其格局变化强烈影响着生态过程，尤其是障碍、通道和高异质性区域的组合在很大程度上决定着景观中能量、物质的交换和流动，进而影响着景观服务时空变化。景观服务的时空动态是什么？是什么导致了景观服务的时空变化？多尺度景观服务（特别是尺度由小到大，且存在层次包含关系时，如坡面 – 小流域 – 子流域 – 流域等）之间存在权衡协同关系吗？如存在，该如何定量分析和优化权衡关系？该如何进行景观服务优化和最大化？如何开展不同的景观管理策略对景观服务时空变化及其权衡关系的影响模拟与决策等，上述议题都是景观服务研究及实践中亟待关注和需回答的问题。

此外，景观服务的尺度和其利益相关者息息相关，从长期的、全球景观尺度到短期的、场地景观尺度都有不同的景观表现。为了将景观服务更好地应用到规划设计及政策决策中，有必要考虑景观服务尺度的不同服务表现，通过考虑利益相关者定义相关的景观服务尺度，这需要进行景观尺度和利益相关者的分析研究（刘文平和宇振荣，2013）。

4. 面向生态文明与福祉提升的景观服务科学研究与决策管理

（1）中短期目标——景观服务与人类社会福祉耦合关系研究

目前此类相关研究多为生态系统服务静态价值评估，且集中在如何表征生态系统功能与服务对人类福祉的贡献和对生态系统服务的依赖性等方面（Fu 等，2013）。未来可以从景观服务供需关系、景观服务流等方面深入开展景观服务与人类社会耦合关系研究，然而现在缺乏对"人类活动 – 景观服务 – 社会福祉"之间的内在联系的理解与认识（Bastian 等，2014）。由于生态系统服务与人类福祉间关系异常复杂，理解和准确表达不同尺度驱动力作用下的景观服务与人类福祉间的动态关系，不仅是具有挑战性的研究课题，而且有利于区域的可持续发展和自然资本更好地为人类社会服务。理解从局部到全球多尺度下景观服务和人类福祉的动态关系对于实现科学管理生态系统和可持续发展具有重大意义（Seppelt 等，2011；Bastian 等，2014；Callen 等，2019）。

（2）中长期目标——面向生态文明与福祉提升的景观服务科学研究与决策应用

可持续性是生态系统服务 / 景观服务研究和经济发展的终极目标。如何协调环境、经济与社会之间的平衡是可持续发展研究的焦点和难点（刘源鑫和赵文武，2013）。生态系统服务 / 景观服务研究的核心是"量化 – 权衡 – 决策"（戴尔阜等，2016），面向联合国的 17 项全球可持续发展目标，如何有效提升生态系统服务、景观服务，面向利益相关方主观适应和生态系统客观供给，从政策制度、人群行为心理、公共管理等领域提出主客观结合的适应性管理对策，已成为减缓和适应全球环境变化的重要议题和前沿方向（韩会庆等，2018；Seppelt 等，2011）。生态系统服务 / 景观服务在生态环境保护与生态系统可持续管理的应用不断增多，反映了政府间科学与政策的相互融合与促进。生态系统服务 / 景观服务逐步从综合评价走向综合管理，实现了从科学研究到实践应用的转变（Daily，2016）。生态文明正在融入经济建设、政治建设、文化建设、社会建设各方面和全过程（赵明月等，2018）。为确保资源环境保护、自然 – 经济 – 生态复合系统的稳定和高质量和谐发展，满足决策者的迫切需求，研究者和管理者面临着新的机遇和挑战（李嘉玉，2017）。基于景观服务维续和提升的景观规划与设计是重要的途径，亟待开展针对特定生态环境问题、特定区域开展相关研究和实践。

四、展望

生态系统服务、景观服务是综合科学和政策应用的有效工具，可用于应对人类干扰下的景观和生态系统服务的快速退化等复杂生态环境问题。未来景观服务应用研究应在密切关注国家和区域生态系统管理和决策需求的基础上，进一步发展生态系统（景观）服务理论与方法，开展"景观要素－格局－过程－服务－决策管理"的系统综合研究（傅伯杰，2014），为国家重大生态工程（三北防护林、国家公园、主体功能区、退耕还林还草等）、国土整治与生态修复、山水林田湖草生命共同体构建、生态文明建设等政策制定与实施提供方法和理论支撑。针对景观规划与设计、评价与管理的实践需求，拓展景观服务研究内容，实现面向社会需求和生态文明建设的景观服务应用研究。

第二节　景观恢复力

一、恢复力基本理论与评价方法

1. 概念内涵

其描述了系统在应对外界干扰时仍能维持自身关键结构与功能的能力，并不断调整以实现系统更新与重组的适应性（Folke，2016）。也有不少学者译成弹性、韧性等，恢复力一词多用于生态学相关研究，突出系统自身适应性恢复能力。学术界对恢复力概念的认知呈现一个逐步深化的过程，先后经历了"工程恢复力""生态恢复力"和"社会－生态系统恢复力"三个重要阶段（Folke，2006；Francis 等，2014；Peterson 等，1998）。1973 年 Holling 首次将恢复力概念引入生态学中，并将其定义为系统吸收不同程度干扰并继续维持或恢复为原来状态的能力（Holling，1973）。其将恢复力区分为"工程恢复力"和"生态恢复力"两种，工程恢复力是以系统受干扰后恢复的快慢程度来定义恢复力；而生态恢复力决定了维持一个生态系统内部结构与功能的能力，是系统承受外界各种干扰并保持稳定状态的量度。Folke 在后来的研究中补充了第三种恢复力观点，即"社会－生态系统恢复力"（Social-ecological resilience），反映了社会－生态复合系统在应对外界干扰时，系统不断调整自身结构与功能的适应性，并实现系统自我更新优化的动态属性（Folke，2006）。上述恢复力概念的界定过程，表现了恢复力发展从脆弱感知到强调恢复力；从简单结构到强调系统；从追求平衡到强调适应并创新的过程。

2. 基本理论

其侧重于研究系统结构与功能的动态理论，通过模拟系统状态非线性转换实现系统要素及其稳态的时空量化测度。恢复力理论中最主要的概念包括阈值、拐点、早期预警、适应性循环和突变模型（见图 5-1），其中阈值、拐点和预警等更是恢复力与景观生态学相结合的研究热点，这些关键概念及理论的有机结合为景观恢复力动态评估模拟提供了科学途径。其中，适应性循环和突变理论是恢复力研究中最成熟且应用最广泛的概念模型，阈值、拐点、预警则一直是研究的重点，尤其是在行星边界（Planetary boundary）的研究受到国内外恢复力研究学者关注后，探索景观格局变化的关键要素、阈值及预警研究更成为研究热点。恢复力理论中的系统稳定转型与景观生态学中尺度等级理论内涵一致，强调系统不同状态之间的层级变化效应，尤其是针对恢复力中快慢变量识别，更是研究跨尺度景观要素或系统的关键。以上所述恢复力理论与概念均与景观生态学基础理论概念有直接或间接联系，在景观要素、格局、尺度、功能等多方面结合恢复力理论开展景观生态学研究。

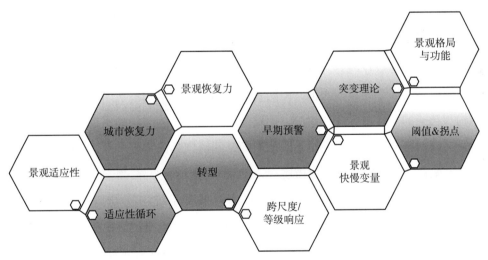

图 5-1　恢复力基础理论与景观生态学理论关键结合点

（1）阈值、拐点与预警理论

阈值（Thresholds）是指系统内部特定因素在发生一定程度变化时仍保持系统自身属性与功能的临界值，而一旦越过了阈值范围，系统的结构与功能都将发生显著变化，甚至引发系统产生无法逆转的影响（Elmqvist 等，2019）。目前，阈值理论在景观恢复力实践方面起到重要作用，阈值决定了景观恢复力可能发生的位置，以及触发其产生作用需要的条件（Walker 等，2012）。大量的研究结果表明：当生态系统（如海洋、森林、河流等）中某个关键制约因素超过其阈值时，可引起系统状态产生快速且明显的变化（Carpenter 等，2001；Hughes 等，2018；Scheffer 等，2009）。基于局部区域和全球尺度的阈值动态模拟的探索研究越来越多，阈值范围内安全边界的界定是行星边界理论（Planetary boundary）中一个重点的研究方向（Montoya 等，2018；Rockström 等，2009；Steffen 等，2015）。在景观恢复力评估模拟中确定维持景观格局及功能关键指标的阈值，以及明确可能造成系统接近或超过阈值的主导诱发因素十分关键。

拐点（Tipping point）是与阈值类似的另一个核心关键词。理论上，拐点描述的是恢复力稳态转换过程中一个关键、剧烈、急速影响的变化（Folke，2016；Li 等，2018）。当系统的某个指标超过其拐点时可造成系统恢复力变化，甚至导致整个系统的崩溃，基于拐点的预警信号识别对维持一个系统的稳定性尤为重要（Filbee-Dexter 等，2018；Milkoreit 等，2018）。但拐点在多数情况下难以实现定量化，甚至系统中的一些变量不存在拐点，尤其是在应对自然演替、人类活动及极端气候等干扰不断增强而引起景观格局与功能更为复杂的变化，如何实现关键因素的拐点识别与动态监测成为学者们关注的重点内容。拐点与阈值均是系统结构和功能的关键变化的表征，系统可以同时存在多个拐点与阈值，但两者的区别在于拐点是系统内部在不完全改变系统结构和功能的范围内突变或渐变，而阈值则是系统结构与功能出现不可逆变化时重要特征。简而言之，拐点不一定是阈值但却是阈值判断的重要节点；阈值是系统最关键拐点，是针对系统整体特征的描述。

理论上，当系统变量接近拐点时，可通过监测系统的拐点实现预警信号测度（Early warning signal）（Klus 等，2019；Scheffer 等，2009；Sellberg 等，2015）。预警信号能有效预测复杂系统中造成恢复力下降的未知风险和影响恢复力的关键性减速（Critical slowing down），也能为系统恢复力的设计提供科学理论支撑。目前，关于系统状态与拐点的距离测度尚未形成普适性研究方法，这也使预警模拟预测成为恢复力研究中的一个新兴方向。拐点、阈值及预警是恢复力突变理论中的关键组成要素，均能有效表征系统变化的不同发展阶段特征，基于行星边界的阈值与预警研究更是恢复力领域的核心问题，尤其是在全球变化研究领域获得广泛关注。

（2）适应性循环理论

适应性循环（Adaptation cycle）是指系统在应对外界干扰时，有效调整或重组自身结构与功能来降低自身脆弱性，使系统逐渐恢复到稳定平衡状态的不同阶段变化过程（Gunderson 等，2001）。适应性循环理论是阐述人与自然系统耦合的动态概念模型，其解释了社会－生态复合系统演变的开发（r–Growth）、保护（K–Conservation）、释放（Ω–Release）、重组（α–Reorganization）四个阶段（见图 5-2）。理论上系统可越过一个或多个阶段到达另一个适应性循环，即非完整地实现四个阶段的全程转变：①开发阶段反映了系统在资源极大丰富情况下快速演化的过程，是系统各要素结构与功能实现快速发展的阶段；②保护阶段是系统内部各要素不断积累的过程，变化时间相对较长。此阶段内现存的资源逐渐被消耗且难以重新获得，因此恢复力趋于下降水平，系统应对外界干扰的能力也不断下降；③释放阶段是一个快速分解释放、实现创造性转变的阶段，外界干扰会导致系统某些结构分解或崩溃；④最后的重组阶段则是一个相对较短、系统自我更新的过程，通常会转换至一个新的开发阶段，形成新的要素组分从而实现系统重组，并形成应对外界干扰的系统适应性调整。

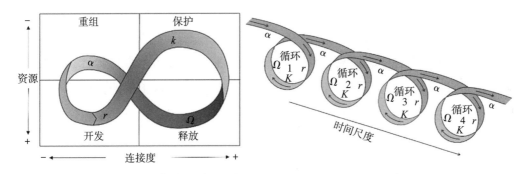

图 5-2　恢复力适应性循环（Holling，1994；Gunderson 等，2001）

适应性循环的四个不同阶段根据其特性又可划分为"前循环"与"后循环"两个子循环。开发到保护阶段的转型期被称为"前循环"，这个阶段具有缓慢、稳定、可预测性和约束动力学的特征。在人类系统中，前循环是资产不断积累（如自然、人类、社会、建筑和经济）的关键阶段。释放和重组织阶段则被称为"后循环"，它是一个快速、不稳定且发展的阶段，是资源逐渐被消耗并产生新事物的过渡阶段，亦是最有可能在系统中引发破坏性或创造性转变的阶段。此外，基于适应性循环的适应环等级理论（Panarchy）是恢复力理论中一个重要方面，阐述系统中多重适应性循环的耦合叠加，强调上下两个不同等级的适应性循环之间的跨尺度联系节点，从跨尺度或跨等级上实现对系统各适应性循环连续性刻画及其相互响应反馈（Gunderson 等，2001）。适应环等级理论从局部与整体相结合的角度描述系统稳态的转变，阐述跨等级系统结构与功能的相互耦合作用机制。

（3）突变理论

突变理论（Catastrophe Theory）阐述了系统变量连续性变化而导致系统状态或功能发生非连续性显著变化的现象（Thom，1969）。突变模型由四种不同的一元或多元回归模型构成，包括折叠（Fold）、歧点（Cusp）、燕尾（Swallowtail）和蝴蝶模型（Butterfly），其主要根据子系统控制变量的数量来选择不同模型，变量越多，其相互之间的关系越复杂，系统可能出现的拐点亦越多。

突变理论刻画了系统内变量连续性变化而引起系统结构或功能的显著性突变（见图 5-3），系统可能由当前最优稳态快速过渡到另一相对稳定的状态；同时，也可能因为外界干扰强度和频率超过其承载力，导致系统直接退化到稳定性较差的状态，即跨越系统某一拐点的前趋型变化。前趋型变化可以有两种不同形式，系统可以由渐变型缓慢退化或快速突变退化。理论上系统亦可发生恢复性变化，如果系统内部的资源和能量足够或通过人为干预提供有效支撑，当系统突破拐点限制过渡到另一稳态后，系统可恢复到之前的稳态。但一般情况下，系统恢复到原有稳态所需的支撑要求较高，较难实现快速恢复到系统原有的稳定状态。突变理论的独特之处在于它能有效评估系统非线性和复杂性变化，测定系统当前的状态（Li 等，2018；Lin 等，2013；Scheffer 等，2001），可用于监测环境或人类系统随机扰动在恢复力变化中的反馈。

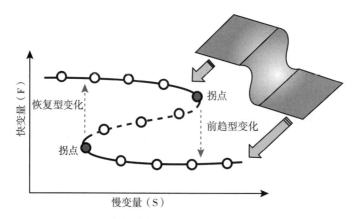

图 5-3　突变模型的稳态转化机理（Li 等，2018）

（4）转型理论

转型（Transformation）是指在外界干扰下，系统恢复力从一个稳态向另一个具有不同控制成分、结构、功能和反馈的稳态转变的过程（Ramsey 等，2019）。转型与适应性是系统内部连续且相互影响的两个特征：当系统达到适应性极限时，系统稳态因无法继续维持而发生状态转化（Transition）或转型；当系统稳态转变至一个不稳定的状态或其理想稳态不存在时，将导致系统适应性循环各状态转变（Gunderson 等，2017）。稳态转型理论中最突出的则是恢复力"球与杯"（Ball and Cup）模型（见图 5-4），深度刻画了系统变量随外界干扰变化的形态。"球"的位置表示系统中单一变量的当前状态，该变量在任意时间点均发生位移变化；"引力杯"（Attractive Basin）则反映了系统所有的潜在稳态，碗底部代表系统最为稳定的状态，系统状态皆有趋向于碗底部运动的趋势，虚线表示分隔两个碗的阈值（Walker 等，2004；Walker 等，2006）。

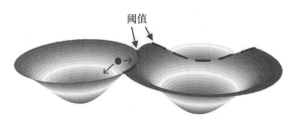

图 5-4　恢复力"球与杯"模型的展示（Walker et al., 2004, 2006）

3. 评价方法

经过近半世纪研究发展，恢复力的理论研究渐趋成熟，但是将这一理论应用于实际情况的方法很有限（Bennett 等，2005）。目前，最为学术界认可的恢复力测定方法有以下几种：①恢复力替代法（Resilience Surrogates），是由贝内特（Bennett）等人提出的经典恢复力测量理论，指寻找与系统相关的且可度量的系统属性，将这些属性作为表征恢复力的关键指标（Bennett 等，2003）；② Walker 等人提出以定量分析为主的情景分析和预测方法，针对系统变量及外界干扰强度来模拟不同情景恢复力动态变化，更加注重现阶段研究基础上的变化性和逻辑性（Walker 等，2002）。不过，情景的构建需要对系统变量特征、可能面对的干扰强度、系统的恢复力和适应性程度等进行全方面定量化评估；③基于突变模型的状态空间法，是根据状态的空间变化建立系统内部和外部变量之间的关系（Sun 等，2019）。只有当系统的运行状态处于一个特定的相对稳定区域时才可使用此方法，因此，状态空间法并没有在恢复力的量化方面得到良好运用；④ Carpenter 将恢复长度（Recovery Length）作为恢复力测量指标，大多数研究使用的是没有空间信息的时间序列，而恢复力长度法则考虑了空间向量（Carpenter，2013）。

二、景观恢复力概念及研究进展

1. 基础理论研究

景观恢复力是指景观应对外界干扰变化时，在阈值允许范围内维持景观格局关键要素的结构、功能和同等属性的能力。随着具有景观生态学特征的恢复力研究内容不断出现，景观恢复力是生态学、地理学、地质学、城市规划等学科交叉融合的新增长点，例如景观自适应恢复力、景观多样性、冗余性、景观要素中的快慢变量及其动态反馈机制研究（Bennett 等，2005；Biggs 等，2015；Field 等，2017）。外界干扰是恢复力研究的基本前提和存在原因，人类活动及自然变化这两类干扰因素对景观结构与功能的影响是景观恢复力研究的重点，尤其是在以城市化为主的人类活动干扰、气候变化、自然灾害、生物多样性和生态系统（干旱半干旱生态系统、热带森林、农田、湖泊生态系统等）等方面得到了广泛的应用（Walker 等，2006；杨新军等，2015）。

在以人类活动为主的研究中，人类对景观的利用（特别是城市和交通网络等建筑环境）、社会经济活动对景观格局改变及其对景观恢复力动态变化影响是现有景观恢复力研究重要关注点，同时也有研究应对人类活动、社会经济发展等外界干扰因素对景观恢复力提升的正反馈机理。例如，城市扩张问题以及地理位置对经济发展影响的景观恢复力研究，为探索景观空间布局与社会经济进程之间的相互耦合作用提供了重要的主题（Liu 等，2003）。人类世以来，热带森林景观一直受到人为因素的干扰，表现为人为火灾引起的景观破碎化、低植被覆盖率，巴格瓦特（Bhagwat）等人研究了人类活动干扰下，保留破碎、低郁闭度景观对于维持景观恢复力的重要性（Bhagwat 等，2012）。Schouten 等运用景观恢复力方法深入了解人类活动干扰下的土地空间动态和土地利用情况，通过景观恢复力分析农业生态系统服务付费选择如何以不同的方式促进生物多样性保护网络的空间凝聚力，从而促进该地区生物多样性的发展（Schouten 等，2013）。菲尔德（Field）等人利用景观空间网络理论来评估多个生态系统服务之间的连接度和景观恢复力，使用生态流来开发跨尺度多种生态系统服务之间的空间网络节点和连接，并形成了多生态系统服务网络的设计和评估框架，以帮助我们更好地理解景观恢复力（Field 等，2017）。

2. 实践应用

景观恢复力在实践应用的研究主要围绕当今社会生活中具体问题展开，涉及城市规划、生态环境保护、极端气候等各方面。国内学者俞孔坚在关于城市景观规划中如何建设抵抗洪涝灾害的水环境问题上，巧妙地融入恢复力思维与理念，与土地利用规划、空间格局利用等结合，通过恢复河漫滩、建造生态化护堤等弹性策略设计具有防内涝和抗洪水功能且符合现代可持续发展及生态系统服务理念的城市水环境系统（俞孔坚等，2015）。应用恢复力理念解决生物多样性问题已成为当今的研究热点，通过海岸带景观连接度的时空动态恢复力布局特征分析，可用于自然保护区管理中预警预测及优先保护区识别，为保护区的动态监测提供参考（Li 等，2018）。基于社会、经济、生态和气候变化潜在影响对景观恢复力进行时空定量化评价，构建了极端气候及灾害（台风、火灾等）与社会 – 生态系统相结合的恢复力评估框架，并进一步阐述人类社区与生态系统相结合的景观适应性及稳态转型（McWethy 等，2019；Sajjad 等，2019）。景观恢复力在生态系统管理、环境保护、土地整治及生态廊道构建方面都得到广泛应用，从传统整治方案到与遥感监测相结合构建具有高恢复力的生态系统，其内涵与深意值得景观生态学家们深入研究。

目前国内景观恢复力的研究还处于萌芽时期，已有的景观恢复力研究围绕人口增长、城市化、土地利用变化、管理决策、政治和经济等社会因素对景观结构与功能的恢复力影响，景观生态学基础概念理论与社会 – 生态系统、人类世、社会 – 生态系统恢复力理论与景观生态学理论相耦合的研究成为景观恢复力当前恢复力研究的热点。综合考虑人类活动、社会经济因素，基于恢复力理论框架，结合景观生态学中的格局、过程和尺度理论，给予一个清晰、精细化的景观恢复力时空定量评估标准和模拟方法是恢复力研究中需要解决的难题。

三、景观恢复力研究发展方向

目前，景观恢复力研究尚处于理论探索阶段，与景观生态学基础理论结合及实践应用均存在一定局限：①景观生态学中引起景观格局与功能变化的关键驱动因素是重点研究课题，跨等级与尺度的景观组分相互反馈作用机理亦是研究关键。在人类世影响下区域景观格局制约因素的尺度、频率、速率存在差异，如何全方面考量与确定关键制约因素尚有难度；②景观恢复力尚缺乏科学统一的定义，景观动态和稳定性是景观生态学研究中较为复杂且重要的方向之一，在衡量其景观结构与格局恢复力动态变化时容易产生较大误差；③恢复力研究多数为人为假设未来变量在可预测情况下展开的理想实验研究，而现实情况是景观结构与功能存在限定的阈值与安全边界，如何实现其阈值与安全边界的测定存在一定的挑战性；④景观恢复力与可持续发展有何联系，能为人类世城市可持续发展提供何种机遇尚未有明确结论。综上所述，结合恢复力理论中的核心内容，从景观格局、过程、功能等时空动态量化等方面开展从景观要素（快慢变量）、格局（稳态转型、预警动态演化）到系统自适应性可持续发展研究成为恢复力领域中的关键（见图5-5）。

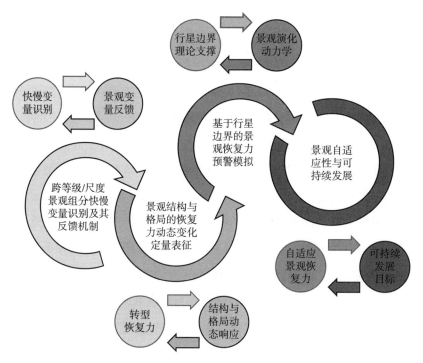

图5-5　景观恢复力未来重点研究方向

1. 跨等级/尺度景观组分快慢变量识别及其反馈机制研究

（1）中短期目标——景观变化快慢

在恢复力理论中，系统组分快慢变量的识别及其反馈评估是实现系统恢复力自适应性循环的重要手段，该方法同样适用于景观格局与功能的跨尺度/等级研究。等级与尺度理论研究是景观生态学中的经典研究之一，高等级层次上的生态学过程往往具有大尺度、低频率、慢速度的特征；而低等级层次的生态学过程则常表现为小尺度、高频率、快速度（邬建国，2007）。景观生态系统中各景观组分变化的速率快慢不同，因此从恢复力中快慢变量角度开展景观生态学跨尺度系统反馈表现形式的研究是学科交叉融合的基础。

具体而言，景观空间格局构型存在跨等级的相互作用及反馈，结合恢复力理论探究不同尺度等级景观格局的各关键要素变化速度与频率量化评估，研究系统各要素快慢变量的识别及其反馈作用机制。当单个景观斑块、廊道或基质变化超过其阈值范围，景观斑块、廊道或基质中慢变量的变化可能会引起系统稳态转换，稳态转换往往也与系统中小规模、快速变化的景观斑块或基质快变量累积有关。某些情况下，系统中能使景观结构与功能维持在某一稳定水平的正向反馈能力可能非常有限，从而导致系统稳态被外界干扰破坏后很难维持原有状态或转换至另一稳态，最终可能导致景观斑块、廊道或基质内部结构与功能彻底丧失。但目前对快慢变量和反馈的理解是有限的，主要原因是现有研究往往把系统恢复力结果解释为由内外部因素决定条件的快慢变量一对一函数，却很少考虑决定条件的多个变量之间的复合作用机制，尤其是不同等级尺度的变量之间的多重耦合作用。因此，多要素耦合作用下的景观快慢变量界定及反馈评估是现阶段景观恢复力研究中的首先需要解决重点和难点。

理论上慢变量是决定景观组分结构和功能是否超过临界阈值的关键因素，快变量则通常是引起慢变量变化的因素，慢变量是对快变量的反馈响应（Gunderson 等，2001；Norberg 等，2008；Walker 等，2012）。随着人类活动干扰强度及频率的不断增强，人类世背景下影响景观组分及其结构与功能表征更为复杂，既有自然因素的自我更新变化引起的景观变化，又有人为活动干扰等驱动因素叠加影响，相对于自然变化速度与频率而言，人类活动的干扰则相当于快变量。例如，快速城市化引起的景观格局变化，人口及资源需求的快速增加导致城市中建设用地与工业用地的增加，最终反映在生态系统功能的不断退化（如水体富营养化、红树林退化、物种多样性减少）。

但在景观组分随外界干扰变化的实际情况下，快慢驱动变量之间没有固定界限，在一个景观环境中被视为慢变量，但在另一个环境中往往会被视为快变量。其中，慢变量作为临界阈值和反馈过程的基础，监控已知或未确定的关键慢变量和反馈是自适应社会生态系统管理系统的核心，这可以确保探测到社会生态系统中重要组成的变化，并在需要时及时加以调整与管理（Biggs 等，2015）。因此，中短期研究可以考虑从恢复力基础理论出发，围绕自然因素与人为活动干扰两个方面，实现对景观组分格局构型变化关键驱动因素快慢变量的识别，这也是景观恢复力研究中新的挑战。

（2）中长期目标——景观变量反馈机制研究

恢复力理论中的"球与杯"模型，是识别景观组分快慢变量和反馈的另一有效途径，但如何实现系统中"球"与"杯"的有效量化研究是恢复力研究的难点。该模型常用于研究不同的系统结构或体系之间的稳态转换，其中，杯代表了特定情况下系统潜在的不同稳态结构，球则是系统组分当前的状态。在景观恢复力研究中，当某景观组分（球）处于一个特定的景观格局或功能稳态（杯）时，各景观组分中关键慢变量的变化可能会削弱景观格局或功能中主导反馈（杯的尺寸）的强度，并引起景观恢复力降低，甚至丧失恢复力。主导反馈强度的缓慢变化使景观格局或功能在应对外界干扰后变得更加脆弱，在这种情况下，此前对系统无害的外界干扰现在可能突然发生景观格局或功能稳态转化，并降低景观恢复力。例如全球温度上升、土地利用变化发生持续变化并达到其临界阈值时，以致优势物种减少、群落趋于组成简单化等一系列生态系统的结构变化，能流与物质流循环中断、关键自然资源供给等主要生态系统服务丧失。在景观生态学具体研究中，由于各类型景观组分形态结构及功能的差异性较大，在对自然景观、经营景观、农业耕作景观、城郊景观和城市景观这五类主要景观类型进行景观恢复力研究时，可以考虑针对各类型中人类对自然景观的干扰程度进行区分并界定其关键组分的快慢变量，进而利用"球与杯"模型阐明其结构与功能的景观恢复力。

目前恢复力研究中关于快慢变量的区分较多的是围绕单一系统或同一等级的两个系统间的变量，但景观要素的动态复杂性往往体现在不同等级/尺度系统间多重耦合作用及反馈，因此，探究景观恢复力中快慢变量的挑战性在于如何实现跨等级/尺度的要素及系统复合作用的有效表征。适应环等级理论可为景观恢复力中跨尺度/等级的研究提供新的方法。对于由若干尺度/层次组成的复合系统，适应环等级理论的优势在于突破相邻不同景观尺度界限，并通过跨尺度连接点连接相邻不同景观尺度快慢变量（Alberti 等，2004；Folke，2016）。

运用适应环等级理论可实现不同景观类型的跨尺度恢复力研究，尤其是通过耦合社会–生态系统与景观格局及功能相互响应的研究，其关键因素的识别与反馈机制更为复杂。一方面，涉及跨尺度的生态环境效应需要充分考虑影响社会–生态系统的外部条件和影响景观格局变化的关键驱动因素之间的反馈；另一方面，可以创建各种基于景观格局与功能反馈，将外部驱动因素与景观内部要素联合分析，并与社会–生态系统变化相联系。"球与杯"模型及适应环等级理论均适用于景观快慢变量及其反馈机制研究，尤其在人类活动干扰的不断增强的人类世背景下景观生态学与其他社会学科的融合更为紧密，基于适应环等级理论的跨尺度景观恢复力研究将为今后景观生态学与社会科学的跨学科研究提供有效途径。最终实现精细化度量以复合系统间相互作用机制为核心的景观转型恢复力，有效地解析不同等级/尺度景观恢复力动态转变特征及其相互区别与联系。

2. 景观结构与格局的恢复力动态变化定量表征

（1）中短期目标——刻画景观转型恢复力

景观生态学中对景观结构与格局进行时空动态定量化测度是阐述景观结构与功能特征的基本途径，从系统内部动态变化及稳定性来评估景观恢复力是区别于单个或多个景观快慢变量，是将景观结构与功能动态变化作为一个有机整体研究。景观动态和稳定性反映了景观结构与功能随时间变化的表现形态，其变化形态主要取决于景观内部的结构特征和外来干扰，是景观生态学研究中重要的内容之一（Tscharntke 等，2012；Walker 等，2004）。景观动态和稳定性研究这一关键切入点是景观异质性核心属性，从景观多样性、景观连接度和生态网络等空间构型属性来具体表征（Wu，2013；曾辉等，2017），但有关景观异质性与生态系统功能、状态稳定性之间的非线性关系模拟仍是现有研究的难点（Cardinale 等，2012）。时空动态及稳态研究方法是景观生态学三大方法论之一，亦是恢复力理论中核心研究方向，因此，融入恢复力理论中对系统结构与功能动态变化的模拟，可实现从景观恢复力角度开展景观关键结构与功能相互关系及时空动态变化特征研究，为以系统稳态转化为核心的景观转型恢复力（Landscape Transformative Resilience）定量化提供科学方法，从稳态动态变化角度来阐述景观恢复力。景观转型恢复力研究作为景观恢复力初期研究目标之一，可结合适应性循环理论来解析外界干扰对景观结构与功能稳态之间动态转型影响，有效预测系统稳态转化的拐点及阈值，刻画景观结构与功能稳态非线性演化特征。

无论是从阈值、拐点或预警理论角度开展景观生态系统结构与功能的定量化研究，抑或是利用适应性循环、突变模型来阐述系统稳态的时空转化特征，都能实现景观生态学中对景观结构与格局的开拓性研究。较高的空间异质性有利于景观斑块吸收干扰，由于不同斑块吸收特定干扰产生不同程度的影响，所以不同特征的景观斑块也呈现不同稳态动态转变形式及程度的多样性。例如自然保护区、池塘或森林、放牧区景观斑块往往是生态系统服务的重要补给资源，在严重的干旱或森林大火过后能提供水和养料（Bohensky 等，2004）。景观生态系统在面对系统内部持续变化时，多样性和冗余程度在维持系统自身结构和功能时显得非常重要。高多样性和冗余度往往代表系统包含更多的要素，随着系统要素的增加，复杂非线性系统动态变化也可能呈现指数性增长，但高生物多样性和冗余有时也会减弱系统对持续干扰的反应能力（Cardinale 等，2012；Ives 等，2007）。人类世以来，除了自然演替导致的景观格局变化，人类为主导的景观演化逐渐成为景观结构与格局变化的重点研究内容，尤其是城市群及大湾区的快速发展导致景观更替频率与方式发生极大变化。随着人类世以来人类活动的干扰达到前所未有的程度及范围，导致景观格局与功能变化更为复杂，景观恢复力的研究可从人类活动干扰为主的快速城市化和自然演替协同作用下的空间稳定性动态变化进行探索。

（2）中长期目标——景观结构与格局动态响应

从景观恢复力角度探究景观结构与格局变化对景观多样性、冗余性、连接度和生态网络响应反馈机制。景观恢复力大小依赖于不同景观斑块类型复合功能及其空间配置的多样性，随着生物群落中物种多样性发生变化，物种通常会根据空间、时间或类型来占据不同生态位（Niche），产生景观生态系统的时间、空间资源冗余及动态变化，从而影响到系统的稳定性（Loreau 等，2013；Mazancourt 等，2013）。系统稳定性是景观生态学研究的重点及难点，目前基于此类的景观恢复力研究尚处于起始阶段，如何能结合恢复力理论来实现系统稳定性关键特征要素的刻画是该领域研究的新突破点。

现阶段，我们可以利用恢复力理论来厘清景观结构与格局应对外界干扰的响应反馈机制，为将来界定系统内各类型景观斑块恢复自适应能力及其安全阈值边界提供基础支撑；定量化测度各类型斑块空间构型与功能变化可能会造成系统突变的关键拐点及阈值；进一步掌握系统内部时空资源冗余程度及空间再分配、生态流（能量流、物质流、物种流）稳态转化特征，重点探究系统结构与格局稳定性的关键属性对外界干扰的动态响应对实现可持续发展正向反馈机制。

3. 基于行星边界的景观恢复力预警模拟

行星边界是恢复力研究中与阈值紧密联系的重要理论，是由罗克斯特伦（Rockström）等人提出的重点探索人类世背景下的安全阈值边界（Rockström 等，2009）。主要包括与人类生产、生活相关的九类生态系统安全阈值：平流层臭氧耗竭、生物圈完整性的丧失（生物多样性的丧失和灭绝）、化学污染和持久性有机污染物的释放、气候变化、海洋酸化、淡水消耗与全球水循环、土地系统变化、氮和磷流入生物圈和海洋及大气气溶胶负荷。这九大类安全边界的界定与景观生态学有着密切的联系，主要涉及景观组分结构与格局、生态流、景观功能及服务等方面。作为恢复力研究的重点方向之一，人类世背景下基于行星边界的景观恢复力研究可围绕以下几个方面展开。

（1）中短期目标——行星边界理论支撑

以自然环境过程与人类活动作为主要干扰来源，重点围绕景观生态学基础理论展开研究。结合景观生态学中的传统理论对恢复力术语及指标进行完善，利用景观生态学中的基础理论与研究方法探究景观组分结构与功能的相互作用、反馈与安全阈值理论的研究思路与方法。在维持原有结构与功能的前提下确定景观组分（斑块 – 廊道 – 基质）构型的安全阈值范围，并应用于"山水林田湖草"生命共同体的景观生态空间安全边界探索研究。景观格局及功能的稳定性与动态转化（异质性、冗余度、多样性、连接度等）安全阈值边界确定，可为生态安全空间规划及国土空间用途管制提供合理参考布局。

从满足人类生活发展的可操作景观安全空间角度开展景观恢复力研究。人类社会过程，如贸易、金融化、人类迁移、科技发展和交流等都增加了人类远距离的联系。人类世影响下景观组分远程连接的相互作用速度、大小和范围是前所未有的，厘清表征人类健康生产、生活的安全操纵空间关键景观组分及其阈值，利用恢复力模拟测度景观生态系统自适应承载力及其预警信号。其中景观恢复力研究中的状态空间法的承载状态定量测度可服务于景观组分承载力和承载状态评估，以及以景观格局与功能动态变化的定量化为切入点开展我国景观生态的"资源环境承载能力评价"和"国土空间开发适宜性评价"安全边界双评价研究。此外，用景观恢复力理论与方法解决人类健康的问题成为当今研究的热点议题，包括农业景观生物多样性与贫困的关系；景观功能与人类环境健康、灾害之间的关系；景观结构更新对食品、能源结构影响等。

（2）中长期目标——人类世的景观演化动力学研究

人类世新时代的到来孕育了许多关键的、复杂的研究问题，力求通过现有方法和理论创新结合，以及经验方法的有效应用与未来发展预测来研究全球生态系统中出现的复杂动力学过程，以此来探究自然因素与人类活动干扰共同作用的景观恢复力动态转变机理，这也是人类世以来恢复力研究领域核心。基于景观服务与生态流等的景观恢复力阈值研究能为生态系统服务评估、生态廊道与网络规划提供预警预测，有效证明地球不仅仅是一个耦合的自组织系统，更是能避免生态系统跨越阈值的不可逆突变。需要特别注意的是行星边界不是明确的"供应限制"，而是复杂阈值为基础的安全边界，这些阈值在区域和全球范围内是相互连通、影响的，阈值会随着动态耦合作用系统中各要素的组成变化而发生改变。例如，在土地利用变化方面，景观边界与水、生物多样性、氮、磷和气候变化等其他边界相结合来评估，在保证陆地生态系统不发生突变的前提下，生态系统功能临界转换前，各土地利用与覆盖类型可以改变的最大面积比例。因此，景观恢复力行星边界的动力学研究需深入理解多个驱动因素对景观生态系统中关键反馈的联合作用，例如景观多样性的作用、快慢变量、状态转换和相互关联的社会动态的各个方面，从系统动态演化角度来深入理解不同状态转换之间可能存在的协同影响。

4. 景观自适应性与可持续发展

（1）中短期目标——自适应景观恢复力研究

从恢复力理论视角来看，景观是由气候、水文、土壤以及植被等不同土地单元及生态系统镶嵌组成的复杂自适应地域综合体。自适应景观恢复力（Adaptive landscape resilience）主要由景观组分及要素间相互作用产生，景观组分及要素多样性、结构与功能综合性增加了景观应对持续变化环境的适应能力，使景观能最大限度地抵御外界干扰并实现生态系统可持续稳定发展。尤其在进入人类世后，快速城市化及气候变化对景观胁迫作用日益加剧。在人类世发展的背景下随着外界干扰因素作用强度及频率的增强，景观结构与功能的变化更加复杂，导致研究具有自适应性的景观的挑战性更大。我们选择的研究方法与理论如何能更有效表征人与景观相互依存、跨尺度动态耦合，以及如何体现复杂自适应系统的关键特征？如何实现景观动态变化与自适应系统的本质关联？如何开发景观自适应的可视化方法以有效模拟预测景观恢复力阈值与状态转化？这些问题都成为应对人类世景观可持续发展的重要研究课题。

（2）中长期目标——对接可持续发展目标

人类世以来，人类活动引起的快速城市化及其对生态系统结构、功能及服务的影响更是成为可持续发展研究中的热点，联合国可持续发展目标（Sustainable Development Goals，SDGs）都直接或间接地与城市相联系。在景观生态学研究中，以可持续发展为导向的目标，通过测定城市景观恢复力为城市系统的结构优化提供机会。为了实现这一目标，我们需要解决更多具有挑战性的问题。首先，需要明确城市化是否导致人类与地球耦合系统景观的多样化或简单化，城市恢复力（Urban resilience）是否成为主导人类关系和生物圈塑造的关键。以可持续发展目标为基础，充分考虑自然变化与人为活动两大干扰来源，厘清城市景观恢复力将可持续发展引向更具吸引力的轨道，并使其成为人类世景观恢复力研究的重点方向之一。

除了研究人类活动干扰的负向反馈，"从干扰中重生"成为理解恢复力的新视角。正如 Carpenter 等人指出的人类为主导的生物圈正不断向地球恢复力发起挑战，并将其形象比喻为"火山上的舞蹈"（Carpenter 等，2019）。在人类世这一充满未知的探索阶段，危险与机遇并存将可能实现景观格局与功能创新性的发展及转型。城市作为人类活动的关键空间，其景观格局与功能恢复力动态转化特征更为复杂多变，但也增加了城市景观实现创新性可持续发展的可能。未来的研究可结合联合国可持续发展目标，进一步探索城市恢复力在城市可持续发展转型期对区域发展与治理决策的应用。

第三节　景观格局优化

随着区域生态环境问题的日益突出，生态学研究尺度日益重视从典型生态系统、小流域尺度向景观、区域尺度的深入与拓展，景观格局优化作为促进区域可持续发展的有效途径，成为近年来景观生态学研究的前沿和热点（Oliver 等，2015；Watson 等，2018；Seddon 等，2019）。景观格局优化主要通过对景观格局、生态过程和景观功能综合理解的基础上，调整优化各景观要素，维持和提升生态系统的稳定性和可持续性，使区域景观的综合服务达到最大，保障生态系统健康和区域生态安全。本节内容对景观格局优化的相关概念进行详细阐述，系统梳理景观格局优化近年来的研究进展，提出现有研究中存在的一些问题，并对未来景观格局优化的发展方向提出展望。

一、景观格局优化相关概念

景观生态学强调空间格局、生态过程和尺度之间的相互作用，格局－过程－尺度－等级是其研究的基本范式（邬建国，2000）。景观格局表现为不同景观类型的数目、空间分布与配置，是景观异质性在空间上的综合体现，由自然因子和人为因子共同作用下形成的（岳德鹏等，2007）。景观格局与生态过程相互影响，影响着景观功能的发挥。景观格局优化是在景观生态规划、土地科学和计算机技术的基础上提出来的，依据景观生态学理论，基于对景观格局与生态过程、生态功能关系的综合理解，进行景观要素在空间上的调整与组合，以实现最大的生态效益与区域可持续发展（韩文权等，2005；李青圃等，2019）。由于景观格局与生态过程之间的作用关系较为复杂，很难定量揭示两者之间的关联关系，因此，景观格局优化成为近年来景观生态学研究的热点和难点问题之一。

关于景观格局优化的定义，学者们从各自的研究角度给出了不同表述。Plummer等（1993）提出："依据土地资源的特性和土地适宜性评价，对区域内土地资源的各种类型进行更加适当的数量安排和空间结构布局，以达到提高土地利用效率和效益，维持土地生态系统的相对平衡，实现土地资源的可持续利用这一生态经济最优目标"，这一内涵的本质是在对区域土地资源性质和适宜性评价的基础上，优化土地利用结构，促进区域的可持续发展。刘彦随（1999）从土地利用的角度出发认为，土地利用优化配置既包括宏观数量与空间结构格局的优化，也包括微观尺度生产要素的合理配比，是一个多目标、多层次的持续拟合与决策过程，通过土地利用的优化配置，促进土地资源的集约利用和可持续发展。Wu 和 Hobbs（2002）建议景观格局优化应通过调整斑块或基底中的组分和空间配置特征，以达到生物多样性保护、生态系统管理和景观可持续性的目标。韩文权等（2005）指出，景观格局优化的问题从本质上说是利用景观生态学原理解决土地合理利用的问题，通过调查研究取得自然与社会数据，并分析相应的景观类型合理的空间分布格局，调节景观组分在空间和数量上的分布，使景观综合价值达到最大化。朱磊等（2013）在总结前人研究的基础上，将景观格局优化定义为：通过调整、优化各种景观类型在空间上和数量上的分布格局，使其产生最大综合效益，其本质是利用景观生态学原理解决土地合理利用的问题，是土地利用规划的核心内容。现阶段亦有学者认为，景观格局优化是在充分理解景观的结构、景观的相互影响及功能关系的基础之上，运用景观生态学理论方法，通过对景观格局定量分析、合理调整配置，增强景观的连通度，从而使其功能增强和更加稳定（陈影等，2016）。

综上，景观格局优化指以景观生态学原理为依托，在综合理解景观格局、生态过程和景观功能相互作用及耦合机理的基础上，通过优化、重构景观要素，维持生态系统的稳定性，使区域景观的综合功能达到最优，实现地区的可持续发展（见图 5-6）。

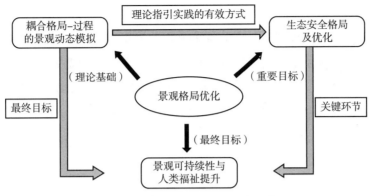

图 5-6　景观格局优化研究框架

二、景观格局优化研究进展

1. 景观格局优化研究进展

景观格局优化研究最早是在国外发展起来的，20 世纪 60 年代，华恩兹（Warntz 等，1967）通过对生态过程的深入研究，初步形成了地理学视角下的空间格局优化思想。而后，随着景观生态学的发展，景观格局和生态过程相互作用的关系逐渐被揭示，具有代表性的研究是福尔曼（Forman 等，1995）提出的以景观格局优化为核心的景观格局规划模式，突出了景观格局和生态过程之间复杂的控制和作用关系。基于这种相互关系，1995 年福尔曼在其著作《土地嵌合体：景观与区域生态学》（Land Mosaic：the Ecology of Landscape and Region）中阐述了景观格局的整体优化以及具体的优化方法，他认为可以通过改变现有的土地利用方式实现对景观格局的优化，进而使各要素的传输和交换更加流畅。经过几十年的发展，国外形成了以景观生态规划为主的景观格局优化体系，多着眼于景观格局的外延应用，利用多目标规划、系统动力学模型、线性规划等方法（Gabriel 等，2006；Sadeghi 等，2009），探索景观格局规划与农业生产、社会福利、林业管理等领域的结合应用（Tischendorf 等，2000；Crist 等，2005；Dumas 等，2008；Crouzeilles 等，2019；Valdes 等，2020）。当前对于景观格局优化的研究相对较少（陆禹等，2018），主要从景观生态规划和土地利用优化配置两方面对生态安全格局进行研究（岳德鹏等，2017）。如对流域农业区域进行土地适宜性评价，并根据研究结果从土地利用格局优化的角度得出了研究区土地的适宜性结果（Reshmidevi 等，2009）；或基于生态安全目标，对景观格局进行规划设计（Sun 等，2011）、生态网络优化（Szabo 等，2012）和土地利用优化配置（Shaygan

等，2014）。

国内对景观格局优化的研究始于 20 世纪 90 年代，随着空间模型的出现和计算机技术的快速发展，基于景观生态学理论的景观格局优化逐渐成为我国宏观生态学领域研究的热点。近年来，景观格局优化的主要研究思路是，在格局动态与机制分析基础上，识别景观结构问题并开展初步的优化策略研究，进而基于景观格局变化的生态环境效应开展格局优化工作（周媛等，2014）。尽管景观格局优化研究逐步关注格局 – 过程关系，但对景观格局变化的生态过程机理深化还不够，多将其作为一个黑箱来处理。

耦合格局 – 过程关系的景观动态模拟是当前景观格局优化研究的热点，构建景观动态模型，分析景观格局变化与生态过程相互作用关系，识别影响生态过程的关键景观组分与空间配置特征，进而提出景观格局优化配置方案，这一研究途径已经被众多研究者认为是揭示景观格局和人类活动之间相互关系的有效途径。如应用空间直观景观模型 LANDIS–Ⅱ模拟森林景观格局与自然演替过程关系，研究森林景观优化管理（高小莉等，2015）；运用暴雨径流管理模型研究基于城市景观与水文过程的城区规划方案和景观格局优化方案等（初亚奇等，2018）。

生态安全格局构建是景观格局优化管理的重要目标。生态安全格局作为景观生态学空间格局 – 生态过程耦合理论指引实践的有效方式，是沟通生态系统服务和人类社会发展的桥梁，被视为区域生态安全保障和人类福祉提升的关键环节（彭建等，2017）。对生态安全格局的优化也是建立在对不同景观类型、景观的空间格局、景观过程以及功能之间关系深入理解的基础上，首先找到景观格局对生态过程的影响方式，建立数量关系及空间位置关联，进而集成数学模型优化土地利用，耦合过程与功能的响应进行区域生态安全格局优化（岳德鹏等，2017）。目前，最为普遍的研究是利用最小累积阻力模型（Minimal Cumulative Resistance Model，简称 MCR），通过模拟景观格局对生态过程的阻力作用确定生态系统的"关键廊道"，进而构建生态网络，增强生态系统连通、稳定性，达到维护生态安全和改善生态系统的目的（Knaapen 等，1992）。"识别源地 – 构建阻力面 – 提取廊道"已成为国内外学者构建生态安全格局的基本模式（彭建等，2017），形成景观格局优化的主流思路和方法（曾黎等，2017）。其中，生态源地识别与空间阻力面构建一直是生态安全格局构建中的技术难点（杜悦悦等，2017）。一些学者采用粒度反推法和 MCR 模型，从增强生态系统整体连通性的角度出发，明确生态源地、生态廊道及生态节点的空间位置，构建生态网络进行区域景观格局优化（陆禹等，2015，2018；唐丽等，2016）。李青圃等（2019）采用空间主成分分析法，基于景观生态风险评价结果，构建累积阻力表面，利用最小累积阻力模型进行了流域景观格局的优化。随着生态系统服务和景观多功能性研究的兴起，有研究者开始考虑在单一生态系统服务供给和景观多功能性、景观连通性等基础上识别生态源地，分别采用地质灾害敏感性、地表湿润指数、夜间灯光数据、不透水面数据等修正基于地类赋值的基本阻力面，并运用最小累积阻力模型识别生态廊道，从而构建区域生态安全格局（彭建等，2017，2018；陈昕等，2017）；电路理论（Peng 等，2018；刘佳等，2018）、蚁群算法（Peng 等，2019）也被引入，对生态廊道空间范围进行定量识别。

随着景观可持续性、可持续性科学的提出，景观格局优化的目标进一步发展，不再局限于格局与生态过程关系的物种安全、生态安全等方面，格局与生态、社会经济过程关系基础上的景观可持续性或人类福祉提升的目标成为大家更为关注的热点和前沿。比如，从生态系统服务和人类福祉出发，基于景观可持续科学概念框架，选择限制性要素，采用单要素评价法和多要素综合评价法，识别和评估京津冀地区的资源和环境限制性要素，在此基础上开展区域景观优化工作（张达等，2015）。但整体上这方面的工作仍处于初步的探索阶段，仍有待诸多学者进一步展开探讨。

2. 景观格局优化研究的主要问题

景观格局优化经过近四十年的发展，其理论和方法已经广泛应用于生态环境建设和自然资源保护中，为促进区域的可持续发展提供了坚实的理论与方法基础。然而，由于生态过程的复杂性和长期性，以及景观格局与生态过程之间的庞杂关系，景观格局优化研究还具有一定的局限性，特别是格局优化方法还存在欠缺和不足，主要集中于以下四个方面。

1）基于格局与过程关系的格局优化研究中，对生态过程的刻画仍比较模糊。格局与过程关系是景观格局优化的理论基础，景观格局与生态过程之间相互作用的关系较为繁杂，如何更准确的理解和阐述它们的作用机制和反馈作用就显得十分重要。现有研究多把生态过程作为黑箱进行处理，在格局过程关系研究方面，缺乏对生态过程中各种流，包括流量、流速等机理与机制方面的深化研究，格局变化及优化的内在作用机理依据不清，在关键区域和节点的识别上相对模糊，无法精准识别。因此，耦合格局与过程关系的景观过程模型有待深入研究。

2）景观格局优化中的参数选择及其评价参考值或标准的设立有待深化。景观格局优化是以维持或改善既定景观中生态过程安全为目标的，最终服务于提高区域可持续性和人类福祉。优化模型如何在深入理解景观格局、过程与功能相互关系的基础上，确定能体现优化目标和限制性因素的相关定量指标，优选方案评价方法和评价标准，仍然有待进一步探讨。

3）格局 – 过程 – 尺度 – 等级的研究范式仍有待深化。现阶段对格局 – 过程范式已得到广泛的关注和应用，但对格局 – 过程 – 尺度 – 等级的综合研究缺乏。首先，多尺度研究中，尺度选择比较随意，缺少基于生态过程的内在特征尺度或本征尺度的识别，尽管尺度推绎一直是景观优化的重点和难点问题。其次，景观格局优化方案实现了在何种尺度、何种等级系统下的优化，缺少多尺度、多等级的权衡分析，因而格局 – 过程关系优化的多尺度、多等级研究仍有待深化。

4）格局 – 过程 – 服务 – 可持续性的级联关系研究才刚起步。随着千年生态系统评估的影响和可持续性科学的发展，应用格局 – 过程 – 服务级联关系开展景观格局优化研究工作得到了极大的丰富和推进。景观格局优化的终极目标是提高区域景观可持续性或提升人类福祉，在此目标下，如何进一步把景观、生态系统服务与可持续性，尤其是与人类福祉关联起来开展格局优化研究，如两者间联系的内涵、表征指标及参数，如何把格局与生态过程的关系扩展到格局与社会经济过程关系的研究等方面，仍存在不小的挑战。

三、景观格局优化研究发展方向

整体上，国内在景观格局优化、景观安全格局等方面的案例已有不少，但同质化研究较多，理论、方法和范式等方面的创新相对不足。相较而言，国外对格局 – 过程关系的研究相对较为深入，以景观格局优化为目标的系统性研究并不多见。而随着生态文明建设和国土空间规划等国家战略的提出，对景观格局优化提出了更高的要求，这就要求中国景观生态学在吸收国际基础研究前沿的基础上，从多学科交叉、跨学科综合等方面做出更多更大的创新性研究。鉴于现有研究现状问题和国家需求，将景观格局优化研究发展方向分解为景观评价方法与模拟模型、格局 – 过程 – 尺度 – 等级范式研究、格局 – 过程 – 服务 – 可持续性级联关系研究、服务国土空间规划与生态建设空间布局等核心议题（见图 5-7）。

1. 景观评价方法与模拟模型

1）基于多过程耦合的景观可持续性限制因子与问题诊断。景观评价是认识和识

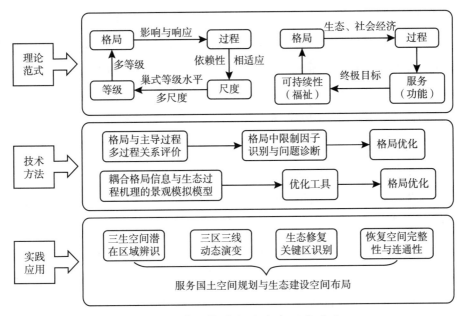

图 5-7　景观格局优化未来研究重点

别格局与过程关系的重要手段，也是诊断格局阻碍或促进关键生态过程的前提，因而也是格局优化最为关键的基础。景观格局中生态过程种类多样，景观类型之间、生态过程之间、景观格局与生态过程之间存在复杂的相互作用与反馈关系。针对区域景观的关键问题，未来景观评价应开展综合多学科、多视角、多领域合作研究，发展基于格局与主导生态过程、多生态过程耦合的评价方法，研究格局与过程互反馈、非线性关系，识别与诊断区域景观可持续发展的限制性因子与关键问题。

2）耦合格局信息与生态过程机理的景观模拟模型。模型可以充分利用实验和观测数据并综合不同时间和空间尺度上的信息，提炼规律或揭示内在机制，模拟景观格局与生态过程动态及其相互关系，成为景观格局优化研究的有力工具（吕一河等，2007；徐延达等，2010）。随着景观生态学的快速发展，景观格局模型、生态过程模型、格局-过程关系模型等均呈现快速发展的态势。景观格局模型以空间马尔柯夫模型和元胞自动机模型为代表，通过确定景观转移概率或邻域规则，或基于智能体的行为与决策来模拟景观格局的变化。生态过程模拟一般通过机理模拟实现生态过程量化和动态模拟，但一般不考虑景观要素的空间分布，忽略景观空间异质性。因此，未来景观模型发展应考虑景观格局信息并包含生态过程机理的耦合模型，以便于分析和揭示格局与过程之间的相互作用。同时，模型模拟结果是否达到理想优化效果？需要进一步强化优化目标和限制性因素的相关指标及阈值、优化方案的评价方法等研究。

2. 格局-过程-尺度-等级范式

1）基于格局 - 过程 - 尺度 - 等级的系统性景观评价与格局优化研究。景观生态学研究中，格局 - 过程 - 尺度范式已被广泛认同和应用，但当前既定尺度下的景观格局优化研究比较多，增加尺度和等级新范式下的研究相对较少。格局 - 过程关系具有尺度依赖性，维系生态过程安全的景观格局优化研究也必然要考虑尺度问题。而尺度的选择，则应依据与过程关联的景观要素。在巢式等级水平，高等级要素对应大尺度、低等级要素对应小尺度。因而，从提高景观评价和格局优化的精准度来看，选择与生态过程及其关联景观要素相适应的尺度和等级开展系统性的格局评价与优化工作就显得更为重要。

2）特征尺度、尺度推绎与景观格局优化。景观本身就具备了尺度的内涵，狭义景观指几十到几百平方千米的地理单位，广义景观泛指从宏观到微观的空间单元。而景观分析与评价的空间尺度到底如何选择，则要考虑具体研究中所涉的生态过程，与生态过程发生、发展等相适应的尺度被称之为特征尺度或本征尺度，这一尺度也是真正能揭示格局与过程关系的特定空间单元。现有研究多依据经验选择典型小流域或区域来开展研究，基于特征尺度的研究并不多见。因此，从科学性和严谨性来看，利用空间自相关和半方差分析方法进行特征尺度的识别显得十分必要。同时，与之相对应的，评价单元的粒度效应及可塑性面积单元的问题也应予以强化。除特征尺度外，格局优化中还涉及观测尺度、研究尺度和政策尺度等概念。格局优化工作很大程度上服务中宏观规划或政策，而格局 - 过程关系的评价往往基于小尺度的试验和观测，如何将上下尺度或不同大小尺度上的信息和数据进行相互推算和使用，尺度推绎研究仍然是未来重点研究的议题。

3）多等级视角下的景观格局优化。景观是一个复杂系统，为了更好地认识和理解景观的系统性和综合性，科学界从生态过程和现象的变化速度、频率等方面对景观进行抽象，提出了尺度和等级的概念。等级理论认为景观具有系统兼容性，即低等级（小尺度）上的突变在高等级（大尺度）上显示为平衡或稳定状态，同时也指出高等级（大尺度）系统对低等级（小尺度）系统具有控制、约束和背景作用；反之，低等级（小尺度）系统为高等级（大尺度）系统提供了初始状态、机制等作用。景观格局在何种尺度或等级水平下进行优化更能符合实践需要，这就需要探讨多等级景观格局优化以及各级优化方案的权衡与协同关系，如研究关键的低等级（小尺度）单元的识别以实现高等级（大尺度）系统的整体优化等。

3. 格局–过程（功能）–服务–可持续性（福祉）级联

1）格局–过程（功能）–服务–可持续性（福祉）框架的系统深化。基于景观格局优化服务、提高景观可持续性和提升人类福祉这一终极目标已得到广泛认同，因而学界逐步将格局–过程（功能）–服务研究框架逐步扩展到了格局–过程（功能）–服务–可持续性（福祉）的级联关系。目前，对服务与可持续性（福祉）关系也有了初步的理解和认识，但两者间的作用机理和路径仍不清楚，不同服务对各类福祉间的单项贡献、综合贡献大小及其作用机制等仍不清楚，因而应加强这一级关联关系认识的深化。

2）景观格局与生态、社会经济过程的耦合关系。景观格局优化以格局与过程关系分析为基础，随着学界和政府对可持续性和人地关系的重视，仅仅考虑生态过程的景观生态格局优化，在服务和指导区域和地方发展等方面存在诸多不足。如何把人文景观格局、生产力布局、生态格局等与生态、社会、经济过程综合起来考虑，进而对区域发展格局进行优化是当前面临的挑战。因此，景观生态格局与生态过程、生产力格局与经济要素迁移过程、城镇格局与人口迁移过程等的关联与权衡关系，综合格局与多种过程耦合关系将是未来重点关注的议题。

4. 服务国土空间规划与生态建设空间布局等应用研究

国土空间规划作为优化国土空间的主要手段，目标是要划定生态红线、耕地红线和城镇发展边界，进而明确生态管控区、耕地保护区和城镇发展区。景观格局优化研究在国土空间优化布局有着天然的优势，应该发挥景观生态学学科本身跨学科、多学科交叉的优势特征，未来重点关注区域生态空间重要性识别、城市生态空间、三区三线动态演变、"三生空间"潜在区域辨识、"三生交叠空间"研究等议题，以更好地服务国家和地方发展需求。

将山水林田湖草作为生命共同体，实行整体保护、系统修复、综合治理，是国家生态文明建设战略的重要途径。传统生态保护与建设工程主要关注特定生态系统组成与结构，忽视不同生态系统之间的相互作用、影响与制约，统筹山水林田湖草一体化修复与保护，应从关注要素向关注要素间关系间关系转变、从关注生态系统尺度向关注景观与区域尺度转变。生态保护与建设的空间布局，核心举措是优化生态安全屏障体系，构建生态廊道，建立生物多样性保护网络，以提升生态系统质量和稳定性。未来生态建设空间优化应重点关注不同立地条件和资源禀赋下区域生态保护与修复优先区与重点区的识别、国家自然保护地体系的优化、生态恢复格局的稳态转换及恢复潜力、景观及区域尺度生态恢复空间的完整性与连通性等研究议题，以更好地服务国家生态文明建设战略。

第四节　复合种群动态

复合种群（Metapopulation）理论的提出和发展是空间概念在生态学中日益得到重视的体现。近 20 年来，复合种群的概念、理论和模型已在自然类群的生态学、种群生物学和保护生物学中迅速地建立和使用，成为一个充满活力的新兴研究方向和热点。复合种群动态相关理论也是景观生态学空间种群理论的基石。开展景观和区域尺度上的种群研究和生物保护的前提是，发展以空间结构与生态过程的关系为核心的空间种群理论，而复合种群的思想、途径和方法在这个过程中起着主导作用。本节内容梳理了近年来国际上复合种群在空间结构、生态过程、动态模型，以及生物保护方面的研究进展，并提出未来发展方向。

一、复合种群相关概念

经典复合种群指在一个相对独立的地理区域内，由空间上相互隔离，而在功能上又通过繁殖体（如植物种子、孢子）或生物个体的扩散迁移而相互联系的两个或多个离散亚种群（Sub-population）或局域种群（Local Population）组成的种群镶嵌系统（Levins，1970）。

复合种群必须表现出明显的亚种群周转现象（或称绝灭 – 重建动态）：一方面是亚种群频繁地从生境斑块中消失，这是发生在斑块水平上的局域绝灭过程；另一方面是亚种群之间存在有繁殖体或生物个体的交流，这是发生在景观水平上不同斑块之间的扩散迁移和重建过程，从而使复合种群在斑块水平上表现出强烈的动态性，而在景观整体水平上表现出复合稳定性。一个典型的复合种群需要满足 4 个基本条件（Hanski，1999）：①空间离散的、非连续的局域繁殖种群；②所有的亚种群均有绝灭的风险，即使是最大的亚种群也有绝灭的可能；③亚种群有重建的可能；④局域动态的非同步性。

与传统的种群生态学相比，复合种群生态学引入了空间概念，这也是景观生态学相对于传统生态学最为突出的特点。复合种群系统具有多等级结构特征，种群动态至少受亚种群和复合种群两个空间尺度上生态学过程的共同作用，这与景观镶嵌体的等级结构和动态特征完全一致。复合种群生态学关注种群空间结构与生态过程的关系，而景观生态学的核心问题是格局－过程－尺度的相互关系。因此，从基本理念、系统结构、解决的核心问题这几个主要方面，两者均是息息相关、相辅相成的。

二、复合种群动态研究的主要进展

已有研究从三个不同尺度或角度探讨了复合种群动态，在以景观为核心尺度的基础上向下和向上分别延伸。①在景观尺度上，探讨一个复合种群的空间结构和生态过程，以及组成和空间构型的变化对复合种群生态过程、动态和续存的影响。②用分子生物学方法，从基因角度，揭示个体和物种在受到外界环境（如气候变化、生境破碎化）影响下发生的局域绝灭和扩散迁移过程及其适应和演化机制。③从群落角度，揭示不同物种之间的相互作用在受到外界环境影响下发生的变化及其适应和演化机制。研究方法上，长期野外调查是重要基础，而模型方法是主流。

1. 复合种群的空间结构和生态过程

自 1991 年至今，芬兰赫尔辛基大学伊尔卡·汉斯基（Ilkka Hanski）教授团队对芬兰奥兰群岛（Åland Islands）网蛱蝶（又译作庆网蛱蝶）（*Melitaea Cinxia*）展开了系统的调查。这项调查意义重大，获得了大量珍贵的数据，记录了物种在较大时空尺度上的动态，同时为野外调查和观测提供了经验，由此，成为国际上最著名的复合种群研究实例。

研究发现，一些昆虫、鸟类、哺乳动物、水生生物、两栖动物、植物、病毒、寄生生物在自然界是以复合种群的形式存在的（Ovaskainen and Saastamoinen，2018）。然而，并不是所有具有空间结构的种群均以复合种群的形式存在。准确判断一个种群是否是复合种群常常很困难，可能的原因也非常复杂，涉及种群的生物学特征、空间分布特征、动态变化、随机波动，以及研究的时空幅度等。例如，一个种群的表观结构可能并不是其真正结构，这种情况下，一些微观手段（如基因检测、分子分析）对于复合种群结构的判别十分必要。又如，空间自相关性的普遍存在使得种群的长期波动在空间上趋于同步，而动态同步的系统更容易发生绝灭，这被认为是经典的复合种群概念仅适用于一部分空间结构化种群的重要原因之一（Fronhofer 等，2012）。再如，一个种群的空间结构总是在不断地变化；短期以复合种群结构存在的种群，长期可能会变成非平衡态种群结构，反之亦然。另外，环境的随机变化、种群统计特征的随机变化等均可能导致亚种群或整个复合种群存在或消失。

决定复合种群动态的两个基本过程是亚种群的局域绝灭和不同亚种群之间的扩散迁移。绝灭（或死亡）过程是传统种群生态学的研究重点之一。对于复合种群，一个亚种群的局域绝灭可能对整个复合种群的影响可被忽略，但一定数量的亚种群的局域绝灭将关系到该复合种群的续存。两个关键问题在研究局域绝灭时普遍被考虑：①绝灭阈值（Extinction Threshold）指局域亚种群发生绝灭时，为使复合种群长期续存，景观结构或能力指标值需达到的最低或最高限值。目前，最常用的绝灭阈值的参照指标仍是可获得的适宜生境斑块数量。复合种群承载力（Metapopulation Capacity）是Hanski 和 Ovaskainen（2000）和 Ovaskainen 和 Hanski（2001）基于斑块占有率模型和空间显式复合种群模型引入的概念。只有当景观的结构特征（包括适宜斑块的数量、斑块之间的连接度、适宜斑块的空间布局）或局域斑块的结构特征（如面积和形状等）指标达到某个阈值时，复合种群承载力才能达到某个阈值，这时，复合种群才能续存。常用的确定阈值的模型方法包括斑块占有率模型（Lande，1987）、空间显式复合种群模型，如基于栅格的模型（Bascompte 和 Sole，1996；Ovaskainen 等，2002）、分形景观模型（With 和 King，1999），进展不大。②绝灭债务的过渡时期（Transient time for Extinction Debt）。生境损失和破碎化之后的种群绝灭并不会立即发生，中间有一个过渡时期。在这期间，景观中会有一些最终会消失但尚未消失的物种；这些活着的濒临死亡的物种的数量被称为绝灭债务（Extinction Debt）。生境损失和破碎化之后斑块中有许多物种处于绝灭阈值边缘，绝灭债务的过渡时期可能会维持很长时间（几十年到上百年），对该时期复合种群动态的研究已为生物保护和生态修复提供了重要指导（Ovaskainen 和 Hanski，2002）。

不同亚种群之间的扩散迁移常通过模型手段探讨，但目前尚存在很多缺陷：①经典复合种群模型和空间显式复合种群模型均将斑块简单地定义为被占据斑块和空白斑块两种类型，从而忽略了亚种群大小（或密度）（同种个体间的相互作用）这一最重要的种群统计学特征，而亚种群大小可以影响重建率，可能比斑块面积和隔离度能更好地预测斑块占有率（Hanski，1998）。②空间显式复合种群模型通常假设个体以随机的形式进行扩散；然而，鉴于景观斑块的分布不是随机的，在斑块内和斑块之间发生的扩散迁移过程也必定是非随机的。很多研究融入景观结构（特别是源汇斑块之间的距离和空间布局）来解决这一问题（Holyoak 和 Heath，2016）。随机运动的假设也忽略了个体差异，认为所有同种个体均按照同样的规则表现出完全相同的运动行为；然而，即使是同一个物种的不同个体之间也是有差异的，这也是汉斯基（Hanski）的核心研究方向之一。③扩散迁移过程通常被认为发生在不同斑块之间，从而忽略了斑块内部小尺度过程的作用。然而，在某些情况下，对扩散迁移起关键作用的可能恰恰是小尺度因素，如小尺度上较高的生境斑块周转率在增加亚种群个体死亡风险的同时，也减弱斑块连接度与斑块占有率之间的关系，从而使得斑块连接度对复合种群动态的影响不显著（Ovaskainen 和 Saastamoinen，2018）。④另外，扩散迁移过程不仅包括斑块之间的扩散，还可能包括跨区域或海拔的迁徙，不同运动的发生目的、路线、范围、时间等有很大差异（van Dyck 和 Baguette，2005）。

生境斑块或基质特征会对复合种群的局域绝灭和扩散迁移过程产生影响。主要研究包括以下五个方面：

1）斑块类型：斑块类型更多的景观通常有更高的生境多样性和物种多样性。这样，景观在受到外界干扰时，总有一些具有较高异质性的局域环境及其中的物种被保留下来，形成残存斑块。为此，残存斑块在物种保护和景观恢复过程中的作用日益受到重视（Holyoak 和 Heath，2016）。

2）斑块空间构型（主要指斑块面积和隔离度）：尽管经典复合种群理论认为，斑块面积和隔离度是影响复合种群绝灭 – 重建动态和续存的关键格局因素，许多研究也证实了这一结论（如 Hanski，1994；Hanski 等，1996），但斑块面积和隔离度对物种丰富度（Debinski 和 Holt，2000）、斑块占有率（Prugh 等，2008）、复合种群动态（Fahrig，2002；Fahrig，2003）的影响并没有一致的结论（Fahrig，2013）。一些研究结果表明，斑块空间构型对斑块占有率和复合种群动态的影响非常小（如 Fahrig，2002；Fahrig，2003；Prugh 等，2008）。Fahrig（2017）对 118 项生境破碎化研究进行了分析和总结，发现 76% 的研究支持以下观点：生境破碎化造成的较小而隔离的斑块对种群动态产生正效应。这在保护生物学领域引起了极大的关注和极其热烈的争论，有支持的（如 Fahrig 等，2019；Wintle 等，2019），也有质疑的（如 Fletcher 等，2018）。为此，Biological Conservation 期刊专门发表了一篇社论，肯定了这些争论的价值，总结了引起争议的可能原因（Miller-Rushing 等，2019）。

3）生境质量［包括斑块中食物的数量（如生物量、覆盖度）和环境质量（如生长条件）］：早期的空间显式复合种群模型（1991—2001 年）将景观结构简化为被不适宜基质所包围的一系列生境斑块所构成的斑块网络，忽略了生境斑块质量和基质质量。2001 年之后，生境斑块质量逐渐成为复合种群研究中的核心内容。主要探讨生境质量影响复合种群动态的两种方式：或者通过改变源斑块的环境承载力（是斑块所能支持的生物个体的最大数量或质量）影响亚种群的大小，或者通过改变运动行为影响汇斑块的被占有率。

4）斑块分布：一些研究发现，即使适宜生境斑块的类型、面积、隔离度、数量和质量没有发生明显变化，但若斑块位置发生了变化（如向更高纬度或更高海拔处移动），而原斑块物种对这种位置变化的反应又存在着时滞，那么，就会出现该物种与生境的空间不匹配，影响该物种的个体适合度（Individual Fitness）（如生长速率），从而面临被选择和被淘汰的压力。若该物种与其他相互作用物种的反应不同，那么，不同物种的地理分布重叠区就会减少，从而导致未发生扩散迁移的物种的重建概率降低。此项研究需要在不同空间尺度上持续较长时期，相关研究还很少。

5）基质质量：通常的空间显式复合种群模型考虑的是由各个局域亚种群斑块构成的斑块网络，而斑块之间的基质的特征和质量常常不被考虑。然而，一些理论和实例研究均已证明，基质的异质性或质量对物种的迁移速率有十分重要的影响（Cheptou等，2017）。当斑块面积和隔离度不能很好地预测斑块占有率时，加入基质质量这一因素可能使斑块面积和隔离度的影响显现出来。

总之，对生境斑块组成和空间构型的研究最多，但结论不尽相同。而对生境质量的研究以及其他方面的研究还较为欠缺。鉴于不同景观的斑块特征差异很大，所研究物种各种各样而所得结果不尽相同，所以生境斑块或基质特征会对复合种群的局域绝灭和扩散迁移过程产生什么影响尚无统一结论。

2. 复合种群的适应和扩散演化机制

生境破碎化后，物种对发生变化的斑块格局（面积和隔离度）、斑块数量、质量和分布的响应和适应是复合种群生态学和保护生物学的研究热点。该研究通常在两个尺度上开展：生境破碎化产生的较小斑块具有较强的边缘效应，物种产生局域尺度上的选择适应机制，如对边缘环境条件（光照、风、相对湿度、气温）的耐受能力；生境破碎化产生很多被隔离的斑块，连接度降低，物种产生景观尺度上的选择适应机制。其中，生境破碎化对某些特殊物种的影响受到特别的关注，如对处于较高营养级水平的物种或专性种或稀有种的影响（Holyoak 和 Heath，2016）。

然而，研究表明，物种对生境破碎化的适应机制非常复杂，适应可能并不足以完全弥补环境变化所产生的后果；适应也并不总是可以减缓破碎化的负效应，在某些情况下可能最终会增强这种负效应。复合种群的空间结构可增强局域适应的变异性；景观尺度上的扩散迁移和基因流较频繁时，也可将局域适应转变为更大时空尺度上的适应，而更大时空尺度上种群适应的正负效应需要重新评价。然而，目前的很多模型并不能充分地捕捉物种对生境破碎化的适应过程（Cheptou 等，2017）。

复合种群的扩散演化机制研究常常借助于模型手段，探讨景观空间结构、同种竞争产生的选择压力、局域生境斑块的周转速率、亚种群大小或密度、物种演替动态等对种群扩散迁移的影响。然而，基于斑块和景观定量指标的模型预测结果可能与实际种群的结果不一致；而理解扩散相关特征的分子基础，在分子水平探讨景观结构与物种扩散演化的关系，可以帮助我们解释或修正这种不一致（Zheng 等，2009）。在获取复合种群各个亚种群斑块的长期数据的基础上，最近若干年国际上的复合种群研究已经开始转向种群统计学动态与微观进化动态的融合，生态学研究与功能基因组学研究的融合。汉斯基（Hanski）研究团队在这方面做了大量工作，如作为对破碎景观的反应，物种会在源汇斑块之间扩散迁移方向上发生变化（Holyoak 和 Heath，2016），会倾向选择增加扩散个体的数量（Heino 和 Hanski，2001），不同斑块个体的扩散特征会出现变异（Hanski 等，2004），处于不同空间位置或不同发育期的物种会演化出不同的扩散速率（Ovaskainen 等，2008b）。少数研究探讨了扩散演化在不同时空尺度上的发生，如景观结构的空间变化对景观尺度和更大空间尺度（如区域上的复合种群网络）上物种扩散和绝灭过程的影响，以及发生在复合种群不同亚种群之间及发生在岛屿与大陆之间，影响绝灭过程的基因流（Fountain 等，2016）。

3. 复合群落的动态

莱文斯（Levins）在引入复合种群概念之后不久就运用一个多物种模型检测了竞争物种在区域上的共存（Levins 和 Culver，1971）。以上提到的汉斯基（Hanski）研究团队开始的实验工作是从网蛱蝶这个单物种出发的，但逐渐地也扩展到网蛱蝶食物网中的其他物种。这些研究发现，与具有复合种群结构的物种相关的其他物种可能也具有复合种群结构，它们共同构成复合群落；研究中将复合种群结构融入物种相互作用模型中，由此开创了复合群落生态学。当前研究主要围绕着以下几个问题开展：

1）复合群落中各个物种之间的相互作用关系：明晰一个复合群落中不同营养级物种之间的关系是开展进一步研究的基础。然而，有些关系可能错综复杂，不同营养级上的不同物种之间相互交错影响。例如，车前草（*Plantago lanceolata*）可成为网蛱蝶的寄主植物，而网蛱蝶本身也有寄生物，它们共同构成复合群落。真正搞清楚某个物种受哪个或哪些物种影响，而该物种又影响哪个或哪些物种，这些物种是否具有复合种群结构，需要进行长期的野外监测和分子生物学检测。

2）复合种群结构对群落动态的影响：复合种群中一个物种对生境斑块的喜好和占据具有空间异质性，这不仅会影响该物种的续存，也可通过改变该物种与其他物种之间的相互作用，进一步影响群落的动态。一些研究在传统的非空间物种相互作用模型中融入空间显式的复合种群结构，发现改进后的模型可模拟出更为真实的物种入侵 – 绝灭动态及物种之间的相互作用，并进一步模拟出由传统模型不易获取的群落动态行为，包括螺旋波动、空间混沌变异等（Hassell 等，1991；Hanski 和 Singer，2001）。

3）相互作用物种的共同演化对群落动态的影响：群落中不同物种之间的相互作用可能导致这些物种的共同演化，是否考虑这种共同演化将可能完全改变对群落动态的传统认知和预测结果。例如，通常我们认为，若亚种群斑块之间具有高连通性，则种群更易遭到病原体入侵。短期动态可能如此，但长期动态可能与之相反。在一个群落中，不仅寄生物和病原体能够适应寄主种群，寄主也可以适应入侵其斑块的寄生物和病原体，从而形成抵御入侵者的演化机制（Ovaskainen 和 Saastamoinen，2018）。

4. 多尺度空间显式复合种群动态模型

经典的莱文斯（Levins）复合种群模型是空间隐式模型（Spatially Implicit Model，SIM）。SIM 较为简单，易于广泛应用，对复合种群理论的发展作用明显。但其缺陷也很突出，如不考虑斑块的具体空间位置或空间构型；通常以简化、平均或聚合的方式上推小尺度细节信息，以至于可能无法很好地应用于实际物种。与 SIM 相反，空间显式模型（Spatially Explicit Model，SEM）明确地考虑斑块的空间位置和空间构型（如斑块大小、聚集程度、不同斑块之间的距离）；融入产生于局域条件的，与空间有关的格局、过程和动态，并关注特定位置上的种群或群落；能够描述小尺度（如个体）机制，如局域过程的正反馈、动物的适应性行为、生物量和营养物质的局域转折点，而这些机制是模拟大尺度上突变格局的基础（De Angelis 和 Yurek，2017）。

汉斯基（Hanski，1991）提出的关联函数模型（Incident Function Model，IFM）将生境斑块的面积和质量融入复合种群模型，是早期的 SEM（Hanski 等，1994），也是 Hanski 在 1991 年之后十多年的最重要早期贡献之一。在此基础上，Hanski（1998）和 Hanski 和 Ovaskainen（2003）发展了基于斑块的 SEM 的一般框架；Ovaskainen 和 Hanski（2004）发展了同时基于斑块和个体的 SEM 的一般框架。当前大多数研究是基于已有 SEM 框架的改进，具体包括以下几个方面。

1）从假设条件出发，改进 SEM：目前发展的 SEM 均包含一系列假设条件，这严重影响了模型的参数化过程，降低了模拟结果的精度，从而限制了模型的实际应用。例如，SEM 将景观结构简化为被不适宜的基质所包围的生境斑块网络，忽略了基质质量和异质性对扩散过程的影响，忽略了斑块质量对个体绝灭（或迁出）和迁入的影响；将斑块简单地归为被占据斑块和空白斑块，忽略了亚种群密度的差异及其对扩散过程的影响；模拟的扩散率是斑块间距离的函数，忽略了基质异质性的影响；假设复合种群处于绝灭和重建的动态平衡状态，并在平衡状态下估算参数（Moilanen，2000，2002）。在很大程度上，改变一般 SEM 的假设条件，是发展或应用 SEM 的根本所在。

2）对异质景观中物种扩散的细致模拟：这是 SEM 过程模拟的关键。一些研究利用图论方法（如 Urban 和 Keitt，2001）、最小耗费路径分析（如 Adriaensen 等，2003）、电路理论（如 McRae 等，2008）表达异质景观的连接度，探讨其对物种扩散的影响。Ovaskainen 等（2008a）构建了空间结构扩散模型；Ovaskainen 和 Hanski（2004）与 Harrison 等（2011）构建了融合空间结构扩散模型的空间显式复合种群模型。

3）方法和技术的发展：SEM 的参数化过程所需数据量很大。拟合此类复杂模型时，也需要使用不同类型的数据（如每个生长阶段或生长季的调查数据、不同年份的重复调查数据、标记重捕数据、基因数据），以通过综合途径完成模型的参数化。因此，SEM 的发展面临着很多方法和技术上的挑战，包括模型的复杂性、获取和利用大数据库、不确定性问题、提取复杂的空间格局信息等。当前，已发展了一些可分析空间大系统的模型和模拟平台（De Angelis 和 Yurek，2017）。一些相关技术也正在迅速发展过程中，如数据处理方法、大规模模拟的运行、模型输出的可视化及统计分析方法等（Grimm 和 Railsback，2005；Grimm 等，2006）。

5. 全球气候变化背景下的复合种群动态研究

气候变化主要表现为气候带的地理分布（经纬度）的变化，降水量、气温、雪量的时空变化，极端气候的变化，以及海陆温差的变化等。气候变化可通过改变物候或时令，以及地理分布范围，对物种的环境适应性产生直接影响。气候变化可直接影响多个物种的动态，从而影响物种之间的相互作用；已有研究分别探讨了气候变化对各个生态学组织水平（个体、种群、群落和生态系统）的生态效应，而综合不同组织水平的研究来预测气候变化对生态学系统的影响，仍是非常困难的，这方面的研究还很欠缺。

除了直接影响之外，气候变化可通过改变生境斑块的数量、质量、分布、空间格局（如连接度）、动态，间接地影响复合种群的时空动态（如复合种群的大小和斑块占有率）。气候变化、生境损失和破碎化是当前影响生物多样性的两大最主要因素。大量研究已经分别探讨了生境破碎化的生态效应，以及全球气候变化的生态效应。然而，很少研究探讨气候变化和生境破碎化对物种动态的综合效应。霍约克和希斯（2016）提出了一个综合的概念框架，包括气候变化对亚种群多度和生境斑块占有率的直接影响，以及气候变化通过改变生境斑块的数量、质量、连接度和动态对复合种群动态的间接影响（见图 5-8）。

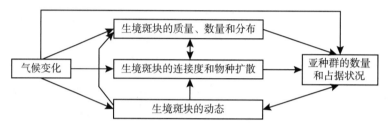

图 5-8　气候变化影响复合种群动态的概念框架（引自 Holyoak 和 Heath，2016）

三、复合种群动态研究的未来发展方向

未来复合种群动态的研究重点涉及原理与机制、方法和应用三个方面，具体内容将集中在复合种群的空间结构和生态过程、复合种群的适应和扩散演化机制、更大尺度上复合群落的动态、多尺度空间显式复合种群动态模型的构建，以及在生物保护上的应用等方面。主要包括以下几个重要议题：

1. 复合种群的识别及其空间结构的调查

判断一个种群在异质景观中是否以复合种群的形式存在是应用复合种群研究途径的基础。重点需要解决的问题是进行有效的长期观测。种群的空间结构可能会发生季节或年际变化，因此这种观测务必在一年的不同生长期及不同年份多次、长期进行。种群的空间结构可影响局域绝灭和扩散迁移过程，而这些过程反过来也会影响种群的空间结构，这种影响需要通过长期观测获取。通过长期观测可以回答以下问题，从而预测种群的未来空间结构。例如，复合种群空间结构维持的时段及其存在、消失或恢复的原因如何？生境条件的空间自相关性是否使得物种的复合种群结构最终消失？是否存在一些随机因素造成某些亚种群消失或重建？

完善复合种群空间结构的野外观测方法是当务之急。通常，野外生境斑块的划分和空间结构的识别可通过全球定位系统（GPS）的使用很好地解决。但对于较大区域上斑块的划分仍是十分耗时耗力的工作。在有条件的情况下，借助无人机可见光高分影像划分斑块，可以大大提高效率。然而，实地校正、进一步细化基于图像的斑块划分是十分必要的，也是更为重要的。另外，除了野外观测，需要采用一些微观手段（如基因检测、分子分析），以确定所识别的是种群的实际结构，而非表观结构。

目前，国内尚无基于复合种群研究途径的连续多年观测记录和实例，亟待开展这方面工作，填补此项研究空白。

2. 生境变化对复合种群动态的影响

当前，全球变化和人类活动对景观的干扰经常发生，且日益增强。这种频繁的高强度干扰发生之后生境的损失和破碎化，以及残存生境斑块类型、质量和布局的变化，不仅会影响景观中原有物种的生存，还会影响日后景观物种的恢复。因此，这必然会成为一个经久不衰的话题。其中，重点需要解决的问题包括：

1）生境破碎化的影响。生境破碎化对斑块空间构型的最突出改变是使生境斑块变小，且彼此变得更为隔离。然而，斑块空间构型（面积和隔离）对复合种群动态影响的结论不尽相同，甚至相反。需要对大量实际景观的研究进行充分的评价，或证明经典复合种群理论的结论，或对现有理论进行修正，又或是结合其他因素进行模型模拟或结果解释。中短期目标是进行大量实例研究，长期目标是提炼结论，丰富理论体系。

2）生境破碎化和生境质量的综合影响。除改变斑块特征之外，生境破碎化也会改变斑块或基质的质量、斑块与基质的关系，以及物种对基质的利用，这是在探讨生境破碎化影响时容易被忽视，却又非常重要的方面。由此产生的基本问题是：复合种群中物种的出现与否及多度格局是源于斑块面积和隔离度的变化，还是源于斑块质量的变化，或者两者均有影响？显然，对生境斑块或基质特征的综合研究必不可少。

3）生境变化对绝灭过程的影响。对于一个实际的复合种群，通过实地观察和理论模型获取适宜生境斑块的数量和复合种群承载力这些指标，并进一步获取绝灭阈值，是保护复合种群的基本条件和当务之急。空间显式复合种群模型仍是确定绝灭阈值的主流方法；在此基础上，也可引入一些数学方法（如贝叶斯方法）。除了具体方法外，几个关键问题在确定绝灭阈值时也需要重视。例如，绝灭阈值是否与物种本身的特性有关？特别是专性种和广幅种复合种群能力的阈值是否有较大差异？又如，景观连接度与绝灭阈值有何关系？这种关系是否会因物种之间存在的相互作用而改变？

再如，绝灭阈值是变化的，还是一成不变的？斑块占有率、景观结构、适宜生境斑块数量、复合种群承载力的变化是如何影响绝灭阈值的？

同时，需要加强对当前复合种群发展阶段的准确判断，以避免复合种群长期续存的假象，并确定对景观进行干预和恢复的最佳时期。为此，需充分了解研究区的地理和历史背景，重大干扰事件，物种的变迁等，并据此发展模型，确定绝灭债务的过渡时期。这对于准确预测稀有物种的数量非常重要（Hanski 和 Ovaskainen，2002；Kuussaari 等，2009）。

4）物种应对生境变化的适应机制。从基因角度，揭示个体和物种在受到外界环境影响下发生的局域绝灭和扩散迁移过程及其适应机制将是当前和未来的重点研究方向之一（Cheptou 等，2017）。具体包括：评价复合种群的适应与单种群的适应有何不同；评价复合种群的空间结构对局域适应的增强效应，以及局域适应是如何转变为更大尺度上的适应的；评价适应生境变化对复合种群的长期影响，是否会产生或增强某种负效应。未来需要通过景观水平的大量实例研究，检测阻止适应的基因流失（Genetic Erosion），检测可以拯救破碎化种群的适应，检测生境变化的基因反应是否是演化陷阱（Evolution Trap，演化的适应特征突然变得不适应）。但仍需重点关注以下问题：对破碎化景观的适应是一种普遍现象吗？适应能拯救破碎化种群吗？同时，构建能够反映物种对生境破碎化适应过程的模型。

5）物种应对生境变化的扩散演化机制。种群个体发生或不发生扩散迁移的原因相当复杂。除随机因素外，需更多地探究确定性因素，特别是景观空间结构、局域生境斑块的周转速率、局域种群大小或密度等因素，而这种研究必然是多尺度的。在局域斑块和景观视角之外分别向下和向上延伸：一方面，更多地理解扩散相关特征的分子基础，在分子水平上探讨景观结构对扩散方向、倾向性、特征变异性、速率的演化的影响；另一方面，通过基因流理解跨区域、跨国家、跨大洲的物种扩散或消失。

3. 多尺度空间显式复合种群动态网络模型的构建

未来应该更多地发展或应用空间显式复合种群模型（SEM）。摒弃已有模型中一些明显不真实的假设，实现对扩散迁移的细致模拟。将传统种群统计学中的关键要素更清晰、明确地加入模型，而不是忽略，特别是种群大小（或密度）（即同种个体间的相互作用）对扩散迁移的影响。摒弃随机运动的假设，考虑景观空间结构、时间动态、个体行为、运动方式等的差异在个体扩散迁移过程中的作用。所有的模拟应该同时基于空间和时间两个维度，有时甚至需要兼顾多个尺度的行为或运动。预计未来 20

多年，SEM 对生态学的影响将会发生重大转变。例如，SEM 可为解决管理和其他实际问题提供强有力的工具，理论生态学的未来发展也将更多地依赖 SEM 的应用，这同时可促进基础生态学与应用生态学的结合、理论与应用的融合（De Angelis 和 Yurek，2017）。

随着大数据的兴起和复杂网络理论研究的迅猛发展，复杂动态网络的思想和方法在景观生态学中的应用已成为可能。通过斑块网络中生物体或人类的行为动力学分析或景观遗传学分析，在不同斑块之间建立网络关联，识别斑块网络的等级结构、每级网络的关键节点和度、动态网络的同步和控制，以及不同类型动态网络之间的交互等，可用于热点区域的探测、关键场所或重要栖息地的探测、动物或人类行为轨迹的挖掘等。多尺度空间显式复杂动态网络模型的构建需要在景观生态学格局－过程－尺度相互作用的核心思想框架下，融合不同组织层次上的学科，如种群生态学、群落生态学、分子生物学、生物地理学，以及不同的研究方法或技术，如地理信息系统、遥感技术、数学和统计方法、计算机编程；关注理论与观测和实验数据的结合。主要研究方向可能包括：①发展基于复杂动态网络的复合种群理论和扩散迁移理论，以理解破碎景观中个体和种群的运动、动态和续存；②在空间上，融合微观尺度上基于基因或个体的模型与宏观尺度上基于种群或群落的模型，构建多尺度动态模型；③建立单物种和多物种分布模型，综合物种发生、环境协变量、物种特性、系统发育关系方面的数据，以分析物种的集聚和动态；④贝叶斯方法在模型构建中的应用。

4. 城市环境中的复合种群动态与生物保护

城市化进程中物种的生境损失和破碎化现象非常严重，对原有和现有物种的生存和迁移，对城区－郊区－乡村的物种交流均会产生非常大的影响。主要问题包括：城市化的土地覆被组成和构型对物种的栖息、迁移、繁殖和长期续存会产生什么影响？这种影响的动态性如何？城市景观规划设计中建设的一些所谓的"生物廊道"是否对某些物种的保护产生了积极影响？从有利于物种栖息和迁移的角度，在景观规划设计中需要做哪些工作？

在全球气候变化的大背景下，该项研究的最大不确定性是气候变化和生境破碎化对城市复合种群动态的综合效应，这几乎仍是未被涉及的领域。且有必要综合气候变化的直接效应和间接效应，综合气候变化和生境破碎化的效应；在一个综合驱动的概念框架下，探讨城市复合种群的动态和生物保护。另外，鉴于生境（植被）类型变化与气候变化之间的时滞，考虑气候变化的长期影响非常必要。

第五节　景观规划设计

景观规划与设计（Landscape Planning and Design）是一系列有关协调自然保护与人类活动的空间决策以及提升、修复和创造景观的行动与过程（Nassauer 和 Opdam，2008；Gobster 和 Xiang，2012；von Haaren 等，2014）。景观规划与设计注重对自然过程和人类社会经济活动相互作用的深刻理解，强调通过有意识地改变景观格局来可持续地提供景观功能（Nassauer 和 Opdam，2008），在满足人类社会需求的同时，保护自然资源。因此，景观规划与设计是景观生态学应用的重要领域，是景观生态学将科学理论付之应用、推广实践的重要途径。

一、景观、景观规划设计和景观生态学

景观是一个区域内由不同单元镶嵌组成且有明显视觉特征的地理实体（Forman，1995；肖笃宁等，1997），是可被人类感知的、由自然过程和人类活动相互作用形成的景象（Council of Europe，2000）。随着人类活动被不断干扰、改造自然，景观也随之发生变化（Ndubisi，2002）。景观规划与设计概念（Landscape Planning and Design）起源于自然保护与景观游憩、利用的实践，包括景观规划（Landscape Planning）与景观设计（Landscape Design）：①景观规划，被定义为"一系列提升、恢复和营造景观的行动"（Council of Europe，2000），或"协调自然保护与人类利用的整体性空间决策"，因此景观规划在欧洲一些国家（如德国）具有法律效力（von Haaren 等，2014）；②景观设计，常常被定义为"在户外有目的的设想、塑造和培育景观的创意、文化行动"（Stiles，1994；Stokman 和 von Haaren，2011），例如典型的景观设计项目包括公园、校园、雨水花园、绿色屋顶、住宅及城市户外公共空间以及生态修复（ASLA，2019），也有研究认为是"有意识地改变景观格局的过程，以持续性地提供生态系统服务、满足社会需求"，实践中与景观规划相互交叉。因此，目前景观设计概念尚不统一，但却与规划密不可分（Nassauer 和 Opdam，2008；Gobster 和 Xiang，2012；von Haaren 等，2014）。因此，本文借鉴纳赛尔和奥普丹（Nassauer 和 Opdam）与高博斯特（Gobster）和 Xiang 的观点，将二者合称为"景观规划与设计"，即一系列有关协调自然保护与人类活动的空间决策以及提升、修复和创造景观的行动与过程（Nassauer 和 Opdam，2008；Gobster 和 Xiang，2012；von Haaren 等，2014）。

　　景观规划与设计是正确处理人类利用自然资源、协调人类行为与自然过程的一种方式（Steiner，2000）。深刻认识和理解景观单元组成、空间布局与人类活动间的相互作用规律，是开展景观规划设计的科学基础。景观生态学以不同时空尺度下景观空间格局、生态过程、功能及相互关系为研究核心（邬建国，2007；傅伯杰等，2011），成为景观规划与设计实践的重要理论源泉与方法基础。景观生态学强调尺度与等级、生境单元复合体、景观格局与过程及其变化，以及格局–过程耦合等理论研究（A），同时注重通过应用研究（AB）对以上理论成果进行验证以完善和拓展基础理论或方法。在此基础上，筛选那些稳健的理论和方法（如景观类型与要素、斑块–廊道–基质模式、栖息地网络等）来分析景观要素、格局、生态过程特征及其作用与变化规律，并应用于景观管理；若可具化为可指导实践的景观规划与设计模式、流程和适用技术（BC），如景观分类标准、适宜性评价、最优景观格局模式等，继而可以提升不同类型景观规划与设计方案（C）的科学性和可持续性，如指导绿色基础设施规划与设计等。从 AB 到 BC 再到 C 的每一个阶段都可能产生反馈，不断为景观生态学研究提供新的证据或新的理论假设。因此，跨学科应用与交叉领域（B）是景观生态学从理论方法向实践应用过渡、衔接景观规划与设计实践的重要环节。图 5-9 为景观规划与设计和景观生态学关系的概念化表述。

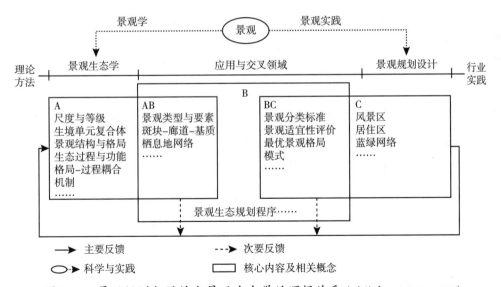

图 5-9　景观规划与设计和景观生态学的逻辑关系（改绘自 Ndubisi，2002）

二、景观规划与设计研究进展

伴随着自然环境和人类社会变迁，景观规划与设计从人类农业文明时代以中国为代表的东方传统造园实践，发展到工业文明时代以欧美国家为代表的城市公园运动实践，再到当代以中西方风景园林学（Landscape Architecture）为代表的户外境域保护、规划、设计、建设与管理实践（杨锐，2013）。景观规划与设计的关注对象已涵盖了局地庭园、城市公园到区域绿色基础设施、大地景观等多个工作尺度（McHarg，1969；ASLA，2019），世界各国景观规划与设计行业实践内容各异（见表5-1），研究内容庞杂，如何构建景观规划与设计研究的核心体系，仍是一个值得深入研究的问题。

表 5-1　美国、英国和中国的景观规划设计实践类型

国家	实践分类
中国	风景区，城市园林绿地系统、园林绿地、园景景点、城市景观环境，景观道路等（中华人民共和国住房和城乡建设部，2009）
美国	公园、古迹和度假村景观，街景和公共空间，住宅、商业、机构与校园景观，运输走廊和设施，康复花园，历史保护和恢复、保护，景观艺术等（美国景观设计师协会，2019）
英国	可持续社区设计、可再生能源设计、娱乐和旅游设计、绿色基础设施设计、住房设计、保护沿海特征计划、海洋空间规划、保护区管理计划、沿海和河口管理计划、生物多样性恢复计划等（Tudor and ngland，2014）

当前景观规划与设计研究，一方面通过融合地理学、生态学与规划设计学科的理论与方法，将主观认知、注重艺术表达、空间营造与系统量化分析结合，基本形成从景观背景调查、生态综合分析到规划、设计实践的逻辑框架（常青等，2019），除经典的景观生态规划方法，如施泰纳的综合生态规划框架、斯泰尼茨的多目标系统规划框架和鲁日奇卡等的 LANDEP 景观生态规划体系（肖笃宁等，2010）；另一方面，一直积极响应城市化、气候变化、环境污染、生物栖息地破碎与社会变革等一系列可持续发展挑战，不断探索新的适宜景观规划与设计理论基础和方法（Gobster，2011），不断探索创造亲自然的、健康、舒适人居环境的途径。

1. 生境破碎化和景观规划与设计

在全球环境变化背景下，如何应对自然栖息地破碎化是景观规划与设计关注的热点之一。其中，生境网络、绿色基础设施和生态安全格局研究最具代表性。生境网络

概念提出已有 30 多年，它是一类由自然核心生境斑块、廊道迁移区以及二者缓冲带共同构成的空间结构，是基于景观生态学原理、将自然保护落实到空间规划的一种空间途径（Jongman，1995）。生境网络规划一直是欧洲保护、提升和恢复生物多样性以及指导绿道建设的基本框架（Jongman 等，2004）。泛欧洲生境网络战略（The Pan European Biological and Landscape Diversity Strategy，简称 PEBLDS）通过欧洲、国家和地区等不同级别的生境网络规划指导一系列重要的优质生态系统、栖息地、物种和景观的保护，强调保护足够面积的关键物种栖息地和迁移廊道，并有计划恢复受损生境等（Jongman 等，2011）。

在以生物多样性保护为主要目标的生境网络框架影响下，世界各国开展了面向特定生物物种的生境网络规划设计（Li 等，2010；吴未等，2018；张东旭等，2018）以及基于生境网络空间模式构建城市绿色基础设施与区域生态安全格局（Chang 等，2014；彭建等，2017）。其中，俞孔坚（1996）提出构建景观安全格局的方法框架，即确定物种扩散源的现有自然栖息地（源地）、建立阻力面并根据阻力面来判别安全格局，已成为国内外学者研究生态安全格局构建的基本模式（Klar 等，2012；彭建等，2017）。尤其在人类活动干扰强烈的城市地域，有研究借助空间形态学分析进行绿色基础设施网络规划（Chang 等，2014），通过景观多样性指数、均匀度、自然度和对比度等构建景观资源斑块生态敏感性分析指标，提取景观斑块规划、保护目标和开发强度建议（Li 等，2003）与斑块设计方案（Lafortezza and Brown，2004）；或尝试通过引入并引导自然生态过程、分层叠加的设计方法构建动态稳定大型公园（李倞和徐析，2015），实现绿地在游憩、避灾、生物多样性维续、雨洪调节和文化遗产等多功能协同，已成为绿色基础设施规划的核心目标之一。

然而，由于景观空间要素与过程的多尺度、跨区域（行政边界）特点，目前不同尺度下生境网络、绿色基础设施与区域生态安全格局如何衔接、相互促进，尚未形成有效的解决方案（Beunen 和 Opdam，2011；彭建等，2017；常青等，2019），在未来规划与设计研究中仍需重点推进。此外，如何加强公众对生境网络与绿色基础设施的接受和积极利用程度，提高多功能服务能力也值得未来规划与设计研究关注（Liu 等，2019）。

2．气候变化、城市更新和景观规划与设计

在应对气候变化、环境污染和可持续城市化需求，目前许多城市都推荐采用自然的解决方案（Nature-based Solution，NbS）来提升城市社会 - 生态系统适应性

（Kabisch，2016）。NbS 是基于自然元素的干预手段适应城市挑战的活动、计划与政策（Nesshöver，2017）。基于自然的景观规划与设计研究主要包括城市更新和微气候、雨洪管理三个方面。

面对后工业时代能源使用、温室气体排放、水和空气污染、栖息地和耕地丧失、犯罪与贫困等众多社会 – 生态问题，城市更新几乎贯穿于城市发展的全过程。有学者认为，"景观能够整合文化与自然过程，应替代建筑成为组织城市空间形态"（即景观都市主义）（Waldheim，2011），利用植物和水体成为整个场地复兴和再生的"种子"（杨锐，2011），通过景观规划与设计和生态学研究成果结合能够提升生态系统服务（Steiner，2011）。目前，在城市更新中，基于自然的景观规划与设计研究对象包括工业与基础设施闲置地、采矿废弃地、垃圾填埋场以及流域综合治理，关注度较高的项目实践包括德国北杜伊斯堡景观公园（刘抚英等，2007）、美国高线公园、纽约清泉公园（Steiner，2011）、中国中山岐江公园（俞孔坚，2010）和唐山南湖中央生态公园（胡洁，2012）、韩国首尔清溪川（Lee 和 Jung，2016）等。有研究显示，基于自然的城市更新景观规划与设计项目必须重视景观绩效评价，以验证规划与设计方法的有效性和实践效果（Steiner，2011）。例如，清溪川景观项目的效益 – 成本比仅为 0.75，远低于预计的 1.89，建议通过强化详细规划设计降低负面影响，提升综合效益（Lee 和 Jung，2016）。

微气候研究中，如何设计户外环境提升人体热舒适性是景观规划与设计关键的科学问题（Brown 和 Corry，2011）。不少学者通过微气候参数测定、人体热舒适性调研开展微气候适应性规划设计策略研究，除人体差异外，地形、水体、植物群落和建筑布局被认为是微气候热舒适性的关键规划设计参数（Vanos 等，2010；吴隽宇和梁策，2019）。微气候热舒适性评价模型已由经验模型向量化机理模型发展，常用评价指标包括标准有效温度 SET 和生理等效温度 PET（刘滨谊和魏冬雪，2017）；微气候形成机理在多学科交叉研究中做了初步探讨，如微气候与城市污染物浓度（Taleghani 等，2020）、能量平衡与城市空间形态（Davtalab 等，2020）以及建筑节能（Javanroodi 等，2019）交互关系等，但是如何通过景观规划与设计有效改善微气候与环境污染的作用机理，仍需进一步深入。

雨洪管理研究中，如何基于自然水文过程引导场地开发和雨洪管理是主要的科学问题（Matlock 和 Morgan，2011）。无论是国外低影响开发理念（Low Impact Development，LID）（Matlock 和 Morgan，2011）、水敏性城市设计策略（Water Sensitive Urban

Design Strategy，WSUD）（王鹏等，2010），还是我国的海绵城市理念（俞孔坚等，2015），逐渐突破雨水花园、绿色街道等局部设计局面，趋向于借助地理信息系统、大型水文模型等定量技术手段降低不确定性（Raei 等，2019），探索遵循整合生态水文过程和水质调控过程的绿色雨水基础设施规划与设计方法（刘丽君等，2017）。近年来，面向雨洪管理的景观规划与设计研究也在不断与整个其他生态系统服务类型，以保障渗透、过滤、调蓄雨水资源和净化水质的同时（Lusk 等，2020），也具有缓解热岛、提高生物多样性、社会文化服务等多种生态功能（Hoover 和 Hopton，2019；Monberg 等，2019；Ando 等，2020）。

然而，不可否认的是，由于过分依赖数据模型、科学流程和 GIS 技术，目前景观格局与过程模拟在自然区域景观规划项目中应用广泛，但对于快速城市化地区、面向公众人居环境需求的各类场地规划与设计方案的指导不显著（于冰沁等，2013）。因此，以科学实证为基础的场地尺度格局与过程研究成果积累及其与区域空间规划间的转换反馈、评估应用进程均显滞后，景观空间可持续性与生态功能决策两者间的关系有待深入研究（马彦红和冷红，2016）。

3．公共健康和景观规划与设计

针对公众健康危机，当代景观规划与设计开展一系列改善公共开放空间质量的实践，侧重于关注满足居民身心健康，例如通过分离社区中动、静活动区，设计满足各年龄活动需求的设施，搭配有益身心健康的植物种类，满足社区全年龄段、多活动类型需求，提升公众健康水平（Bell 等，2018）。同时，景观规划与设计研究也尝试在特殊环境中借助规划与设计手段进行公众健康干预（Marcus 和 Sachs，2013），提出了"康复花园"（李树华和张文秀，2009）、"康复景观"（Finlay 等，2015）等理念。例如从艺术角度对阿尔茨海默病（老年痴呆症）患者进行心理安抚，通过分析患者的行为认知能力等级及其对不同复杂程度景观的反馈，在庭院空间中构建出三种难度递减式康复花园，以应对不同等级患者所需的差异化心理康养需求。

在景观规划与设计研究中，遵循稳健的研究成果证据进行设计被称为循证设计（Evidence-based Design），是一类"基于可靠研究成果制定环境决策的设计过程"（Taylor，2012）。循证设计多以健康效果作为评价标准，侧重以科学的方法指导规划设计，在康复景观应用较为普遍（Marcus 和 Sachs，2013；Augustin，2014；Jiang，2015）。Marcus 和 Sachs（2013）提出了 4 条康复花园景观设计的指导原则，即创造运动和锻炼的机会、提供私密和可控制的空间、有社交和聚会的场所、提供与自然接触的机会。根据不同人群的行为特征和康复诉求，有研究适用于儿童（Kearns 和 Collins，2000；郭庭鸿和董靓，2015；王秀婷和吴炎，2019）与老年人（Finlay 等，2015）的康复花园景观设计方法，以及适合医疗场所康复花园景观设计质量评估工具（Bengtsson，2014）。

可见，当代景观规划与设计对于改善人居环境、提升公众健康大有裨益。现有研究已经对景观规划于设计如何有效干预环境质量进而提升人类健康做了初步探讨和尝试，未来有待进一步挖掘和研究更为量化和系统化的景观规划与设计和健康之间的耦合关系、规划与设计技术指标及相关评估方法。

4. 景观规划与设计和场地持续性管理

在人居环境与生态文明建设中，针对区域、社区、邻里和场所等不同尺度，一系列园林与景观项目发挥怎样的角色，值得进一步深入研究（Wang，2018）。景观性能评价可定量表征建成景观所发挥的各类功能以及在满足环境、社会与经济效益等可持续性方面的实际表现效率，近年来备受关注。目前，常用的景观性能指标包括雨洪、树木、生境和结构性能等（常青等，2019）。美国景观设计师协会曾牵头研究可持续场地设计指南（The Sustainable Sites Initiative，简称 "SITES"），这是一套精确表征和量化场地设计可持续性的指南、标准和评级方法（ASLA，2019）。SITES 主要以生态系统服务为理论基础，遵循自然生态系统结构和功能，建设和维持场地要素，提升城市生物多样性、改善生态环境质量，可持续提供生态系统服务（Steiner，2011；ASLA，2019）。按照场地开发的过程，SITES 设计了可持续性的场地设计与开发评级系统，其中一级指标包括：①场地选择；②前期评估与规划；③场地设计——水；④场地设计——土壤与植被；⑤场地设计——材料；⑥场地设计——健康与快乐；⑦场地建造；⑧实施与维护；⑨教育与监管；⑩创新。

目前，多数景观性能评估是针对单个规划设计项目的景观绩效进行的。受限于景观规划设计场地的多样性和复杂性，研究案例有限，且尚缺乏针对城市绿地系统或绿色基础设施网络的景观绩效评估报道，评估指标、方法和机理有待进一步整合完善。

三、交叉研究前沿议题

以景观规划与设计行业实践、管理需求出发，开展景观生态学和景观规划与设计两大领域交叉融合研究，可从景观规划与设计的工作对象——户外境域作为切入点，始终将"优化户外境域的结构、格局、生态过程"与"提升户外境域的综合功能与可持续性"之间耦合联系作为集成研究核心，可优先开展的研究议题主要包括以下内容。

1. 多尺度景观规划与设计体系

随着国土空间规划的不断推进，景观规划与设计不仅需要与国土空间规划及其内各专项规划有效衔接，而且从行业实践需求出发，景观规划与设计也需要进一步系统化，形成多尺度景观规划与设计体系，这是景观规划与设计首要的研究议题。

（1）中短期目标——多尺度景观规划与设计分类管理体系

未来研究可借鉴景观生态学中景观分类研究成果，建立服务多部门、衔接国土空间规划与开发引导的景观分类管理体系。这一工作需要根据国内外景观规划与设计行业领域实践内容（表5-1），重新整合现有行业中极为复杂的对象，从系统分析规划设计实践场地资源与功能特征着手，通过开展系统的景观资源特征识别和评价，梳理各类景观资源的空间关系，明确场地类型、尺度及其与国土空间规划中土地现状分类间的关系，构建适应新时代中国国土空间规划的景观规划与设计分类管理单元，以分类管理体系研究促进多规合一，促进从宏观尺度景观规划单元到微观尺度景观设计地块的有效衔接，为多尺度景观规划与设计整合奠定基础。

（2）中长期目标——景观规划与设计跨尺度整合途径

根据景观生态学经典的等级与尺度理论，景观的性质与过程都依赖于时间和空间尺度（傅伯杰等，2011）。任何一个空间尺度上的工作都必须考虑到与其上位规划（up-scale）以及下位规划（down-scale）之间的相互关联。例如，绿色基础设施网络的形成，不仅仰赖于大量庭院及社区绿地、道路及河流防护绿地、城市公园等斑块或廊道的建设，同时要与区域生态安全格局、国家公园、风景名胜区保护与省级绿道建设相协调。因此，未来研究应进一步挖掘区域生态安全格局、绿色基础设施与不同类型规划/设计场地在格局与功能之间的联系，提炼出构建以上联系的空间整合途径，并转化为易操作的工作程序、技术体系和规划与设计规范，将国家、省级、城市和地块等不同尺度的景观规划与设计有机衔接起来，形成多尺度景观规划与设计体系。

2. 多功能景观规划与设计方法

城市化、生境破碎化、环境污染、气候变化等已对生态系统和人类健康提出严峻挑战。如何通过景观规划与设计提高社会–生态系统适应性，最大限度地保护和维续生物多样性、降低灾害风险与影响、促进人类健康，是未来景观规划与设计研究的另一重要议题。

（1）中短期目标——景观规划与设计和人类福祉关系研究

为应对各类生态、环境问题与满足公共健康需求，未来研究可围绕"景观规划与设计人类福祉"展开，依据马斯洛人类需求理论，探讨不同尺度、不同类型的景观影响人类生理、安全、社交、尊重和自我实现五大需求的关键规划与设计要素，以及相互关系强弱。例如，综合景观生态学、社会学、公共卫生学理论与方法，通过测定不同人居环境中植物挥发物、花粉以及热环境舒适度等人体健康指标，量化"景观—生理健康"间的定量关系，研究景观"正负"服务的关键规划与设计参数指标与阈值特征等。最终综合五大需求提炼出影响人类福祉的景观规划与设计因素，促进构建多功能景观规划与设计方法。

（2）中长期目标——多功能景观规划与设计方法：参数系统与动态预测

为更好地促进景观功能协同发挥，未来交叉研究可考虑基于生态系统服务理论，以绿色基础设施为切入点，逐步研究多功能景观规划与设计参数，并据此构建定量模型用于规划与设计方案预测，以期减少规划与设计实践的不确定性。具体工作可围绕以下内容展开：绿色基础设施生态系统服务评估适宜采用哪些生态系统服务评估模型？不同尺度、不同类型的绿色基础设施生态系统服务（支持、调节、供给与文化服务）存在哪些差异？造成这些差异的关键规划与设计参数有哪些？在此基础上，构建适宜不同尺度和类型的绿色基础设施规划与设计参数体系；借助景观格局－过程耦合原理，构建或修正生态系统服务定量评估模型，预测、模拟不同时期、不同绿色基础设施规划与设计方案在生物多样性保护、促进居民健康和应对城市污染、热岛等环境问题的效果，促进科学规划与设计决策。

3. 景观性能评估与景观全生命周期管理研究

（1）中短期目标——景观性能评估体系

通过研究常用的评估体系和技术方法在不同尺度上、不同类型的景观项目中适用，总结通用的、稳健的评估体系与技术方法用于指导景观项目性能评估，旨在回答以下问题：不同尺度、不同类型的景观实践项目在雨洪性能、树木效益、生境性能和结构性能等方面到底发挥多大的功能？其绩效表现如何？根据不同尺度上各类项目的景观性能评估成果，总结关键景观规划设计参数有哪些？可否进行量化与标准化，以用于制定标准规范，指导未来同类项目的规划设计。哪些规划设计参数目前尚未能量化，哪些评估体系与技术方法尚不成熟，分别从暴雨径流调节、植被生态效益、生境维续和结构性能等多个评估维度上，提出未来值得深入研究的结构格局与生态过程作用机理问题，促进形成景观规划设计实践与景观生态基础研究互馈的应用研究体系。

（2）中长期目标——景观全生命周期管理体系

从景观规划与设计伊始到景观项目建设和使用，当代景观与人类建造活动密不可分。在项目规划设计前、建设中、建成后各个阶段开展景观要素（如景观材料）、格局（如植被、硬质铺装及给排水、照明系统布局）与生态过程（如能源与资源使用、生物多样性及迁移）等相互作用过程的模拟、预测与定量评价，提取可量化的景观项目管理指标（如碳排放指标）；通过这些关系与量化指标的积累和系统化，逐渐形成景观全生命周期管理体系，为可持续景观和低碳景观营造提供更多的理论依据。

第六节　社会文化视角下的景观生态学

正如《欧洲景观公约》给出的景观定义所体现出的，景观是人类感知的区域，其特征由人为以及自然因素共同塑造，从本质上讲是一个文化层面的概念。人类技术文明演化至今，世界上绝大多数的生态系统/景观都或多或少受到人类活动的干预与影响（Kareiva 等，2007）。与此同时，景观作为人居环境的一部分，其演变过程无时无刻不在塑造和影响社会文化的内涵、结构、特征和表现形式（Bold 和 Gillespie，2009；Wu，2011；Atkins，2015）。

溯源景观生态学的产生与发展历程，景观的社会文化维度从一开始就一直是其重要的组成部分。纳维（Naveh，1982；1995；1998）一再强调文化景观的重要性，这包括人类创造以及改造的所有景观。福尔曼和戈德龙（Forman 和 Godron，1986）指出："为了理解为什么一个景观看起来是这样……我们还必须了解人类的影响和文化……在一个有人的景观中，人的角色和自然的角色可以交替强调，但不能分开。"在越来越多的证据支持下，国内外学者不断提出景观生态学亟待综合社会文化的视角重新审视"人地关系"，利用自然和社会科学的各种方法，系统重构景观生态学的研究体系（Schaich 等，2010；Wu，2010；Musacchio，2013；Bürgi 等，2017；Palang 等，2019）。

然而，社会文化维度在当代景观生态学中既没有得到充分的研究，也没有被视为"主流"（Wu，2010）。与此同时，社会文化的相关理念在人文地理学、城乡规划、景观人类学等方向得到持续的发展和深化，并分别形成了许多有不同侧重的反映人地关系的理论观点（Turner，1997；Isager 和 Broge，2007；De Block，2014；Kimmel 等，

2015）。本文将综合景观生态学现有的社会文化研究以及其他学科的方法与思路，分析总结我们对社会文化与景观格局、景观过程、景观功能以及景观知识的关系的已有认识，以便在社会文化视角下探讨景观生态学的未来发展。

一、社会文化与景观的关系

在现有景观科学范式中，与景观的社会文化视角最为贴近的概念是文化景观。作为地理学的基础概念，德国地理学家施吕特尔将文化景观定义为"受人类活动改变的景观"（肖笃宁，2010）。其后又有不同学者对其进行了各种定义（Wu，2010）。对文化景观内涵的核心争执是，它是否仅仅指少数具有象征意义的景观遗产，还是也包括我们日常生活中的风景？当我们提到文化景观时，我们是在谈论全球陆地表面的少数还是多数（Burger 等，2017）？如果代表少数，则其内涵太窄，无法和景观生态学的研究对象相对应。但如果代表多数日常景观，那实质上会导致"文化景观 = 景观"，因而没有必要单独提及文化景观。景观人类学认为，文化具有地域同质性以及静态性，但人类与景观的关系则具有实时性与流动性。因此，应该更多从当地居民的动态视角认识景观，而不仅仅是静态的文化（河合洋尚等，2015；陈昭，2017）。

社会文化与景观具有相互塑造的作用。而环境决定论则认为环境（即景观）决定了文明发展的方向（杨开忠，1992；Ewing 等，2016）。着眼于景观生态学的核心研究对象，社会文化视角在其研究过程中也可以存在多维的影响与作用。借用景观生态学的格局 – 过程 – 服务范式，图 5-10 概括总结了社会文化与景观生态之间的四种关系，

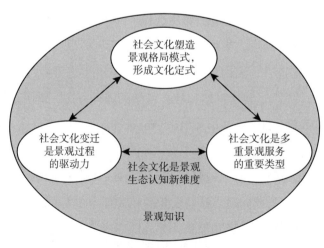

图 5-10　景观生态学的多维社会文化视角

分别体现在景观过程、景观格局、景观服务与景观知识四个层面，其中景观知识是对格局、过程以及服务的系统认知。

其一，着眼景观过程，社会文化变迁是景观生态过程的驱动力。人类几千年的文化传承与多样化发展是改变景观生态过程的重要因素之一。特别是工业化以及城市化的进程中，土地利用和土地覆盖的人为变化越来越被认为是影响全球景观以及生态环境变化的关键因素。除却这种自身发展过程中对景观生态过程衍生的间接影响，越来越多的学者认为，社会整体应该主动参与到景观生态过程的正向改变中，培育深层关怀（deep care），通过不同层次上可持续景观规划设计与管理的公众参与，推进景观生态过程的良性演替（Palang，2010；Musacchio，2013）。

其二，聚焦景观格局，社会文化会塑造景观特征，形成格局定式。每一历史时代的人类都在文化的继承与发展中和环境互动，进而塑造形成具有地方特色的景观格局及其特征。美国地理学者 D.S. 惠特尔西在 1929 年将这一现象归纳为"相继占用"（文化史层 Sequent Occupancies），认为可以通过研究不同时期的地域景观来理解文化的转变（王鹏飞，2012）。王云才（2009）则将景观比喻成一种语言，可以表达社会文化的各种视角与需求。而纳索尔（Nassauer，1995）则从景观"文化定式"（Cultural Norms）的角度提出，文化习俗强烈地影响着居住地景观和自然景观的空间格局，地方景观格局可以直接反映文化定式。同时，文化的传承会固化一个社会群体对景观格局的审美和需求。概括而言，无论是物质上景观格局还是认知中的景观格局，它们都是人类社会文化的结晶与升华。

其三，探索景观服务，社会文化是多重景观服务的重要类别。景观服务是生态系统服务在景观尺度上的表达。除了景观的生态服务，景观的文化服务同样重要，主要包含教育、审美、游憩等方面（MA，2005；Czúcz 等，2018）。景观生态研究与管理必须综合考虑景观中的自然生态过程与社会经济过程及其相互作用的空间关联，从而在保持生态健康的基础上，兼顾审美游憩等文化功能，满足多功能可持续发展的目标。

其四，从景观生态研究整体来看，社会文化提供了一种新的知识维度，进而促进景观认知与决策。人类社会实践和意识活动经过长期孕育形成的价值观念、审美情趣、思维方式等是文化的核心部分。这其中就包括人类有目的地对自然进行改造所形成、累积和继承的大量适于地方特征的景观知识（王云才等，2009），也被称为地方知识。人类学视野下克利福德·吉尔兹的地方性知识是一种具有本体地位的知识，即来自当地文化的自然而然的、固有的知识体系（吴彤，2007），是在世代经验中积累，通过文化传递下来的，是生物与生物之间（包括人类），生物与环境之间关系的知识和信念的载体（Berkes，2018）。地方知识作为与普遍知识相互补的重要知识，是当地人延续的生活方式，在解决生态问题上的价值不容忽视。

二、国内外研究现状

尽管景观生态学家对景观生物物理方面的关注远远超过了对景观社会文化方面的关注，但国内外依然有不少生态学家甚至其他相关学科的研究对其进行了大量探索。本文（Hodgson 等，2007；Kumar and Kumar，2008；Bhagwat，2009；Chan 等，2012a，2012b；Daniel 等，2012；Martin-Lopez 等，2012）从景观过程、景观格局、景观功能以及景观知识四个层面简单总结已有研究进展，表5-2对已有研究的核心内容与主要不足之处进行概括。

表 5-2　景观生态的社会文化视角研究现状与不足之处

层面	关注点	主要研究内容	不足之处
景观过程	间接驱动	社会发展的间接影响	研究较多关注负面影响
	直接驱动	人类自主正向参与	国内外关注度都不足
景观格局	物质空间	景观遗产特征 景观模式语言	过于静态，缺乏动态发展
	社会认知	社会认知的文化定式 景观认知冲突	景观认知冲突是国际普遍现象，却缺乏有效解决途径
	格局评估	景观特征评估	欧洲比较系统，中国观点较少
景观服务	景观社会文化服务	游憩价值	强调货币价值。国际关注游憩功能，不重视其他功能。国内景观尺度的游憩功能也鲜少有人研究
景观知识	背景知识	地方生态知识的现状描述	研究很多，定性为主而使用不足
	基础数据	利用地方知识补充科学数据	少量研究开始利用地方知识做基础数据补充
	生态决策	利用地方智慧并发动居民进行生态决策	非常少的研究能够利用地方生态知识做决策

1. 景观过程的社会文化视角

人类发展历史中的社会文化变迁是景观生态格局与过程变化的驱动力，国内外研究所提及的具体影响可以概括为直接以及间接两种驱动作用。

间接驱动这里主要是指人类社会自身发展过程中间接对景观生态过程造成的影响

和改变，且这种影响常常被定义为是负面的消极影响。其中最主要的表现为土地利用与土地覆盖变化。它直接或间接地改变着景观生态系统的结构和功能，进而影响地表各种景观过程，既包括生态过程也包括文化过程。已有无数研究表明，城市化快速发展以及掠夺式自然资源开发所带来的土地利用与覆盖变化造成了大量的生态问题（Dadashpoor 等，2018；He 等，2018；王让会，2018；Li 等，2019）。与此同时，以城镇化为典型的"造城运动"，不仅使区域内自然演进的景观格局遭到破坏，同时也对其承载的社会文化造成巨大的冲击。现代化、城市化、工业化、商业化甚至时尚化等文化大融合导致景观趋同，形成世界范围内"千城一面"甚至"千村一面"的建设格局（Yu 和 Padua，2007；王云才等，2009；Yu 等，2011）。由于过于追求文化融合与趋同，乡土风貌已经大规模遭受破坏，形成当下及未来的记忆与乡愁无处安放（罗涛等，2019）。这类影响已经在世界范围内受到广泛关注。

直接驱动指的是直接参与改变景观的过程。基于对上述负面间接影响的充分认知，一批学者倡导直接"正面"干预景观生态过程。人类既是特定景观的组分，又是景观的使用者、设计者、改造者和管理者。人类应该积极主动地参与到生态保护与修复的过程，提倡景观关怀，强调人类对于景观的主观能动作用，鼓励公众在不同层次上参与景观规划设计（Gobster 等，2007）。概括而言，所有景观实践都可以被称之为一种直接驱动，因为基本上实践的出发点都是为了使人居环境变得更美好。而这类实践的相关概念也从生态规划设计，参与式规划设计逐渐演变到设计生态 / 实验设计以及基于自然的解决方案等。这些演变过程中最重要的转变是日益强调"综合决策"以及"大众"的正向参与。穆萨基奥（Musacchio，2013）和帕朗等（Palang 等，2019）强调了深层关怀的概念，认为人类应该从自然优先的视角进行行为选择，更加直接正面地去推动景观的可持续发展。培育深层关怀既是景观生态研究的进一步拓展，也是促进景观生态过程良性发展的基础。为促进人类对于可持续景观过程的直接正面作用，国际上已经有一些学者开始探索参与性景观以及景观生态关怀的影响因素与促进机制。例如，克莱顿（Clayton，2009）从人类对自然的道德视角总结了人类体验自然的方式，并探讨了鼓励"保护为本"的个人和社会行为的方法。穆萨基奥（Musacchio，2013）建议在景观的尺度上，将关注点转移到"景观体验"层面，通过培养景观的深层关怀来应对可持续发展的挑战。

2. 景观格局的社会文化视角

社会文化视角对于景观格局的审视，主要聚焦在不同文化群体下的景观格局定式，以及不同群体之间所形成的景观认知差异与冲突。

纳索尔（Nassauer，1995）认为人类对于景观格局的认知存在文化定式，且对自然景观的文化感知与生态功能无关。一个看似美丽的自然景观却可能是受到污染的，一块受人忽略的废弃土地却可能保有独立的生态系统（肖笃宁和李团胜，1997）。西方文化视角下比较典型的景观认知定式是草坪类干净整洁的景观，人们对其有较高的偏好。由于文化定式体现了人类的需求偏好，景观规划设计应当利用文化定式强化人们对于生态景观的感知与认可程度。同时，国际上认为文化遗产景观是由代表地理区域的自然和遗产共同构成，它们通过外观反映了社会发展的基本特征（Krogli 等，2015）。以景观格局的定式认知为主导，国内外有大量研究着眼于景观遗产及其格局的研究与描述，其中古村落景观的聚落布局与形态是重要内容（王鹏飞，2012）。国内王云才团队进一步将此现象定位为一种景观空间图式。正如自然景观的特征在光、水、温度等共同作用下耦合成为不同类型生态系统组成的、具有重复性格局的异质性综合土地单元，文化景观可通过其受人类价值观念、社会活动等认知的影响特征进行描述。空间图式是自然生态空间或人文生态空间共同呈现出的高度的共性特征，充分体现在空间组织及高效优化上的基本特征（王云才，2009；王云才等，2011）。

另外，景观格局与要素认知差异、冲突讨论较多的是景观人类学的相关研究。在经典人类学的研究中，景观只是背景式的存在（葛荣玲，2014）。景观人类学认为，人们基于知识、价值观和行为赋予其所处环境以文化意义，而这样的文化意义又反过来影响人们的认知和行为（河合洋尚等，2015）。该类研究认为很多的景观认知已经把文化泛化为"被想象的他者意象"，特别是一些利用民族文化资源进一步建立的文化景观，是一种被想象的景观。部分景观人类学家认为，外在景观（通过他者文化意象建立起来的景观）可能会完全有别于内在景观（当地居民的景观）（Cain，2018；洪磊，2018；张霞儿，2019）。如何解决并有效认知景观争夺（Landscape Contestation）是当今社会的重要挑战（Isager 和 Broge，2007；Chen，2017）。

综合物质空间格局以及社会认知下的景观格局，欧洲倡导了一套系统的景观特征评估（LCA）体系，包括国家、区域以及地方等不同尺度。该体系开始于英国，是对景观（自然资源）属性的现状、生态系统服务及可能的未来进行综合判定的过程。其出发点是为有效推进前期资源状况摸底，特别是乡村地方特色风貌的保护。英国的景观特征评估方法的发展也经历了 3 个阶段的不断改进。第一阶段是 20 世纪 70 年代的评价，通过通行的客观定量方法来认知景观，可是缺乏对景观中的文化、视觉和直觉内涵的评价。认识到这个问题后，80 年代将第二阶段的重点放在"景观感知"，关注基于景观差异性的景观相对价值。在此基础上，90 年代以后逐渐完善其体系，重视景观分类和描述评价，并被英国乡村委员会列为基础性指导文件（Butler 和 Akerskog，2014；鲍梓婷等，2015）。随着《欧洲景观公约》的提出，景观进一步被定义为是由人们感知到的环境，其特征是由人文 – 自然因素以及它们相互作用产生的结果。景观特征评估工作也在欧洲整体得到推广，成为一种政策工具广泛应用于区域发展、城市规划、土地利用、自然和景观保护、部门资源规划和可持续发展影响评估等方面（Trop，2017；Griffiths，2018；Morrison 等，2018；Dorado，2019）。

3. 景观服务的社会文化视角

景观服务是受景观格局影响的生态系统服务，是生态系统服务在景观上的空间表达（刘文平和宇振荣，2013；彭建等，2017）。目前整体而言这方面的体系尚未有效建立。目前国际通用的对文化服务进行分类的依据是 MA（2005）的 10 种分类法（精神与宗教、消遣及生态旅游、美学、灵感获取、教育、知识系统、地方感、社会关系、文化遗产、文化多样性）或 CICES 的 12 种分类法［体验使用、物理使用、科学、教育、遗产、文化、娱乐、美学、象征性、宗教（精神）、存在、遗存］。也有研究人员根据实际需要，以 MA 为标准，并添加 CICES 中的一项或多项类别，构成独立的文化服务分类体系，如孙学晖等将"科研"添加到 MA 中，构建乡村生态系统文化服务评价体系（孙学晖，2017）。一处景观的社会文化价值往往不只表现在某一种或几种服务上，更多情况下，是以服务"簇"的形式被感知的（Schmidt 等，2019；van der Sluis 等，2019；Zoderer 等，2019）。因此，近来对于文化服务的分类也开始重视"簇"这种整体概念。

景观社会文化服务评价是了解区域人地关系状况、识别区域规划重点、评价景观服务价值的重要途径和依据。国际上从生态系统的要素、格局、过程等物质性视角进行了大量的社会文化服务评价体系的构建工作（Kumar 和 Kumar，2008；Ma 和 Swinton，2011；Oteros-Rozas 等，2014；van Berkel 和 Verburg，2014；Villegas-Palacio 等，2016），方法上也开始日益多元，既有专家打分，也有参与式制图，还有以网络图片为基础的分析（Guerrero 等，2016；Meehan 等，2016；Langemeyer 等，2018；Ghermandi 和 Sinclair，2019）。但是从景观尺度可操作的细粒度的评价体系依然十分欠缺（Grêt-Regamey 等，2015）。梅莱和波里（Mele 和 Poli，2015）尝试了城市尺度的景观服务评价体系，认为该体系是促进可持续发展的新范式。鉴于现阶段包括生态系统服务在内的指标知识的储备依然非常欠缺，除了 MA、CICES 等这种大尺度的评价体系以外，目前，国内关于如何构建景观文化服务评价体系尚处于空白。

4. 景观知识的社会文化视角

凯利等（Kelly 等，2001）在阐述欧洲文化景观时指出："居住在特定地域的人们的邻里、农场、林地、河流、建筑都和地方人民休戚相关，具有深远的意义。这些地方性特点的多样性和细节，以及与之相关的传统和记忆正是欧洲景观丰富性和独特性的根本所在。"这些传统和记忆可以被统称为是地方知识。地方知识在解决生态问题上的价值在国外已经受到相当的重视，但在中国尚刚刚起步。王志芳等（2018）通过综述国内外地方知识的相关文献，发现有关地方知识的研究最近几年呈逐渐上升的趋势，国外研究明显多于国内且更为深入。整体而言，地方知识在生态管理中的应用价值可以体现在 3 个方面：作为背景知识、提供基础数据、提供未来方案以及参与生态管理。国内有关地方知识的研究还流于描述层面，大多在描述背景知识。而国外的研究则更多聚焦于怎样利用地方知识来提供数据、提供新的规划及技术方法，并强化地方知识在生态管理中的作用。

将地方知识作为背景知识，国内做得多，国外相对较少。侯仁之、史念海、葛剑雄、杨守敬等学者在生态地理学方面作出了不少贡献，还有各类史学、环境、生态、人类等学科的学者对地方知识的生态价值进行研究（殷秀琴等，2010），概括而言，国内对地方知识的研究集中在对于生态文化、民族生存艺术、生计方式、农耕技术、生态意识等方面进行了解读，比如石奕龙、卡地尔对维吾尔族罗布人的地方知识进行解读，包括独特的水文化、树崇拜等动植物禁忌。不过，整体而言，描述较多、应用较少。

地方知识提供基础数据的潜力非常大，特别是在有记载的数据量少、科学研究比较匮乏的区域。地方知识从记录本地物种以及新物种的类型、数量，到物种的栖息地以及迁移路径等，都能够有所贡献。如孙达拉姆等（Sundaram 等，2012）等研究了印度南部野生动物保护区中，马樱丹作为入侵物种的研究，提出地方知识可以给科学知识提供生物入侵的信息等。在生物多样性保护方面，皮特森等通过地方知识汇编记录了 448 个本地物种以及野生新物种的开发（Petersen 等，2012）。国内这方面的研究几近空白，仅有少量研究开始利用地方知识搜集信息，建构地方的水安全格局（Waliszewski 等，2005）。

在地方知识提供未来方案层次，目前文献中主要涉及四方面的内容：物种监测方案、物种保护方案、地方性的独特应用技术方法以及整合当地人的土地利用方式用于土地可持续发展等。其中，国内的研究更局限于地方性的技术方法介绍，国外则各方面均有涉及。例如游俊、罗康隆、刘建民等对我国西南地区广西、贵州等地的石漠化进行研究，介绍了苗族、瑶族等民族石漠化灾害的生态治理做法，对石漠化灾害救治有着借鉴意义（游俊等，2007；罗康隆，2011；刘建民，2013）。国外在资源管理、环境管理、生物多样性管理方面做了大量研究，根据地方生态知识提出了新的监测或研究技术，突破了传统研究中技术的不足，并且新技术可以广泛的解决问题，给科学家的研究也提供了新的思路。如帕里和佩雷斯研究大空间尺度上对热带森林野生动物猎杀的监测，结合生态知识的监测方法可以节约成本，加强社区参与，并为资源的可持续利用提供新的见解（Parry 和 Peres，2015）。

三、未来发展预测与展望

中国已经从以征服自然获取最大的经济利益为目的的工业文明（肖笃宁和李团胜，1997），走向一个崭新的生态文明时代，开始强调自然资源的合理开发利用和保护，重视人类福祉的提升，倡导可持续发展。景观生态学亟待系统整合景观的社会文化与自然属性，进行跨学科综合研究与决策。然而，就整体而言国内社会文化视角的景观生态研究依然存在不足，主要体现在以下两点：

细节有余而格局不足。中国在单个村落的文化遗产保护、人居环境建设、特色风貌塑造、生态村建设、物质与非物质文化遗产保护、环境治理及清洁能源等方面的技术研究近年来有不少进展，且在实践中取得了重大成果。但真正能够整合并系统运用到地域文化景观传承与创新发展，指导区域新农村，建设形成文化传承与时代发展结合的和谐文化，在建设和管理中还有一定的难度。一方面是我国地域广大，类型多样，背景条件千差万别，加之地方需求不同，基础不同，使解决问题的难度加大。另一方面是有针对性的相关技术缺乏有效整合，单项保护与修复技术的应用也难以适应不同地域文化本底的要求，应用的整体效果难以体现。再者，对传统地域文化景观整体性保护与发展的"忽视"和政策的缺失，也是导致不能有效推进的重要原因（王云才等，2009）。

结合已有研究的不足以及国际上的研究进展，中国未来社会文化视角的景观生态研究至少可以在以下四个大的方向上逐步进行突破。

1. 景观格局：全域景观特征评估及景观管理单元划分

景观特征评估（LCA）对维护区域景观特色、保护和利用资源多重价值、引导城市发展建设方向、优化城市结构等具有重要意义。它是景观多功能评估的综合途径。随着近 30 年来的快速城镇化和农业现代化发展，大量土地的使用方式发生了不同程度的改变，同质化的发展加剧了本土景观特征褪色或异变。因此，有必要引介和借鉴 LCA 的理论与方法，以景观特征为核心，进行跨尺度的类型识别、区划，开展特征评估，用以指导中国各尺度景观的合理管护和利用。与此同时 LCA 必须采用"自上而下"和"自下而上"相结合的方式，强化地方参与以及内在景观的价值与意义。针对特定的地域，通过聚类分析选择主要的自然和人文因子，"自上而下"地识别出该区域内不同景观特征类型的空间范围，用以指导地域性景观特色的整体保护。对于已经现代化异变或亟需现代化发展的乡村区域，景观管护的主要对象是富有地域特色、具有显著生态价值的自然景观，不鼓励"再造"传统景观。同时将景观的历史变迁以及文化价值纳入分析范畴，在与其对象密切相关的区域内，进行全尺度覆盖、"自下而上"的景观特征识别和区划，为文化景观的整体管护提供科学依据。

2. 景观服务：景观社会文化服务的评价方法及时空异质性形成机制

景观的社会文化服务被定义为人类从生态系统中通过精神充实、认知发展、反思、娱乐和审美体验获得的非物质利益。即便国际通用说法是 Cultural Ecosystem Services，而在中国的语境下则叫社会文化服务。因为"文化服务"在中国的认知体系下，往往仅代表相对狭隘的文化遗产保护。景观的社会文化服务由于内涵边界不清晰，非物质属性难以量化等问题，正如肯特等（Kenter 等，2015）所说，社会价值的不同维度仍然在寻求融入生态系统的方法。健全的景观服务评价方法对于准确描述景观社会文化服务空间分异机制、景观服务制图与决策制定非常重要。建议未来研究重点聚焦科技发展前沿，特别是近几年来，遥感监测技术的进步，以及基于大数据的人工智能、机器学习等技术发展给定量化景观社会文化服务提供了新的可能，相关研究应该借鉴多元数据的分析途径，尝试构建多尺度、多维度的景观社会文化服务评价体系。

3. 景观知识：地方知识的景观生态学应用体系

地方知识是大众的知识，它应该被认可为一种有效的、能够对科学知识进行有效补充的知识体系。这是能够将地方文化积淀以及居民的生态智慧有效纳入景观生态学应用体系的前提，是对以专家为主导的景观生态研究内涵的拓展。地方知识内含基于地方经验的整体生态认知与问题解决之道，一方面它具有地方特色且经过实践检验；另一方面，与现代科学的"解构性"形成对比。如想将其纳入现代景观生态学研究与应用体系，首先应该充分利用先进的研究手段和方法来解读已有的地方知识，提取出有助于生态建设的有效信息，并进行归纳总结形成体系化认知。同时重点研究如何将地方知识与普遍知识结合起来，加强新的监测和管理技术的研究，给地方知识研究提供新的技术和视角，并要在资源管理、环境管理等方面做出突破，构建出完善的应用体系，更多地为地方发展提供建议并用于指导规划管理。

4. 景观过程：景观生态深层关怀（Deep Care）的内涵体系及形成机制

这是一个系统地让人"主动"介入并"正向"辅助生态系统演替的过程。尽管在关于如何保护生物多样性和景观服务的辩论中，培育深层关怀背后的想法并不完全是新的，但这些想法与景观可持续性的关键概念和研究优先事项之间的联系尚未在景观生态学中得到充分落实。景观生态学需要跨学科逐步吸收社会文化等其他学科的相关方法与知识，推进完善景观深层关怀的内涵体系、方法体系及形成机制研究。培育深层关怀被定义为深化人们对景观自然亲和力的适应性过程，包括提高人们对生物多样性、景观和自身福祉的欣赏、认识，最终有利于景观服务（Musacchio，2013）。通过强调其在培育景观可持续性方面将发挥的关键作用，培育深层关怀比现有方法更进一步，Wu（2013）定义为"同时保持和改善生态系统中的生物多样性，生态系统服务和人类福祉的适应性过程"。特别是，培育深层关怀将有助于实现六方面的景观可持续性：环境、经济、公平、美学、体验和道德。此外，培育深层关怀有可能融入许多其他类型的从最普通到最新颖的景观。因此，培育深层关怀不仅有可能成为一个关键概念，而且还可以通过"培育"，将生态、社会科学、设计等知识融入景观生态研究中，实现景观可持续性的长期战略目标。

参考文献

［1］Adriaensen F，Chardon J P，De Blust G，et al. The application of "least-cost" modelling as a functional landscape model［J］. Landscape and Urban Planning，2003，64：233-247.

［2］Aertsen W，Kint V，Muys B，et al. Effects of scale and scaling in predictive modelling of forest site productivity［J］. Environmental Modelling & Software，2012，31：19-27.

［3］Ahern J. From fail-safe to safe-to-fail：Sustainability and resilience in the new urban world［J］. Landscape and Urban Planning，2011，100（4）：341-343.

［4］ Alamgir M, Pert P L, Turton S M. A review of ecosystem services research in Australia reveals a gap in integrating climate change and impacts on ecosystem services［J］. International Journal of Biodiversity Science, Ecosystem Services & Management, 2014, 10（2）：112-127.

［5］ Alberti M, Marzluff J M. Ecological resilience in urban ecosystems：Linking urban patterns to human and ecological functions［J］. Urban Ecosystems, 2004, 7（3）：241-265.

［6］ Almenar J B, Rugani B, Geneletti D, et al. Integration of ecosystem services into a conceptual spatial planning framework based on a landscape ecology perspective［J］. Landscape Ecology, 2018, 33：2047-2059.

［7］ Ando A W, Cadavid C L, Netusil N R, et al. Willingness-to-volunteer and stability of preferences between cities：Estimating the benefits of stormwater management［J］. Journal of Environmental Economics and Management, 2020, 99：102274.

［8］ Antrop M. Landscape change and the urbanization process in Europe［J］. Landscape and Urban Planning, 2004, 67：9-26.

［9］ ASLA（American Society of Landscape Architects）.［2019-12-18］. https://www.asla.org/.

［10］ Atkins P. People, land and time：an historical introduction to the relations between landscape, culture and environment［M］. New York, Routledge, 2015.

［11］ Augustin S. Therapeutic Landscapes：An Evidence-based Approach to Designing Healing Gardens and Restorative Outdoor Spaces［J］. Herd, 2015, 40（8）：1-2.

［12］ Bagstad K J, Johnson G W, Voigt B, et al. Spatial dynamics of ecosystem service flows：A comprehensive approach to quantifying actual services［J］. Ecosystem Services, 2013, 4（1）：117-125.

［13］ Bagstad K J, Villa F, Batker D, et al. From theoretical to actual ecosystem services：mapping beneficiaries and spatial flows in ecosystem service assessments［J］. Ecology & Society, 2014, 19（2）：706-708.

［14］ Bartuszevige A M, Taylor K, Daniels A, et al. Landscape design：Integrating ecological, social, and economic considerations into conservation planning［J］. Wildlife Society Bulletin, 2016, 40（3）：411-422.

［15］ Bascompte J, Sole R V. Habitat fragmentation and extinction thresholds in spatially explicit models［J］. Journal of Animal Ecology, 1996, 65：465-473.

［16］ Bastian O, Grunewald K, Syrbe R-U, et al. Landscape services：the concept and its practical relevance［J］. Landscape Ecology, 2014, 29：1463-1479.

［17］ Battisti L, Gullino P, Larcher F. Using the ecosystem services' approach for addressing peri-urban farming in Turin Metropolitan Area［C］//International Symposium on Greener Cities for More Efficient Ecosystem Services in a Climate Changing World 1215，2017：427–432.

［18］Bell S L，Foley R，Houghton F，et al. From therapeutic landscapes to healthy spaces，places and practices：A scoping review［J］. Social Science & Medicine，2018，196：123–130.

［19］Benedict M A，McMahon E T. Green Infrastructure：smart conservation for the 21st century［J］. Renewable Resources Journal，2002，20：12–17.

［20］Bengtsson A，Grahn P. Outdoor environments in healthcare settings：A quality evaluation tool for use in designing healthcare gardens［J］. Urban Forestry & Urban Greening，2014，13（4）：878–891.

［21］Bennett E M，Carpenter S R，Peterson G D，et al. Why global scenarios need ecology［J］. Frontiers in Ecology and the Environment，2003，1（6）：322–329.

［22］Bennett E M，Cumming G S，Peterson G D. A systems model approach to determining resilience surrogates for case studies［J］. Ecosystems，2005，8（8）：945–957.

［23］Berkes F. Sacred ecology. New York，Routledge，2018.

［24］Bertrand R，Lenoir J，Piedallu C，et al. Changes in plant community composition lag behind climate warming in lowland forests［J］. Nature，2011，479：517–520.

［25］Beunen R，Opdam P. When landscape planning becomes landscape governance，what happens to the science?［J］. Landscape and Urban Planning，2011，100：324–326.

［26］Bhagwat S A，Nogué S，Willis K J. Resilience of an ancient tropical forest landscape to 7500 years of environmental change［J］. Biological Conservation，2012，153：108–117.

［27］Bhagwat S A. Ecosystem services and sacred natural sites：Reconciling material and non–material values in nature conservation［J］. Environmental Values，2009，18：417–427.

［28］Bhattaria U. Impacts of climate change on biodiversity and ecosystem services：direction for future research［J］. Journal of Water，Energy and Environment，2017，20（1）：41–48.

［29］Biggs R，Schlüter M，Schoon M. Principles for building resilience：sustaining ecosystem services in social–ecological systems［M］. Cambridge University Press，2015.

［30］Bing Z H，Wang Y W. Study on the spatial characteristics of landscape services in nature reserve based on participatory geographic information system–A case study of Jiuzhaigou Nature Reserve［C］. Proceedings of the 2018 International Conference on Energy Development and Environmental Protection （Edep 2018），174：235–242.

［31］Block D，Greet. Planning rural–urban landscapes：Railways and countryside urbanisation in south–west Flanders，Belgium（1830–1930）［J］. Landscape Research，2014，39（5）：542–565.

［32］Bohensky E，Reyers B，van Jaarsveld A S，et al. Ecosystem services in the Gariep Basin［M］. Sun

Press, 2004.

[33] Bohlen P J, Lynch S, Shabman L, et al. Paying for environmental services from agricultural lands: an example from the northern Everglades[J]. Frontiers in Ecology and the Environment, 2009, 7(1): 46-55.

[34] Bold V, Gillespie S. The southern upland way: Exploring landscape and culture [J]. International Journal of Heritage Studies, 2009, 15: 245-257.

[35] Burger N, Demartini M, Tonelli F, et al. Investigating Flexibility as a Performance Dimension of a Manufacturing Value Modeling Methodology (MVMM): A Framework for Identifying Flexibility Types in Manufacturing Systems [J]. Procedia Cirp, 2017, 63: 33-38.

[36] Bürgi M, Verburg P H, Kuemmerle T, et al. Analyzing dynamics and values of cultural landscapes [J]. Landscape Ecology, 2017, 32 (11): 2077-2081.

[37] Burks J M, Philpott S M. Local and Landscape Drivers of Parasitoid Abundance, Richness, and Composition in Urban Gardens [J]. Environmental Entomology, 2017, 46 (2): 201-209.

[38] Butchart S H, Scharlemann J P, Evans M I, et al. Protecting important sites for biodiversity contributes to meeting global conservation targets [J]. PLoS One, 2012, 7 (3): 325-329.

[39] Butler A, Akerskog A. Awareness-raising of landscape in practice. An analysis of landscape character assessments in England [J]. Land Use Policy, 2014, 36: 441-449.

[40] Cain T C. Critical theory and the anthropology of heritage landscapes [J]. Historical Archaeology, 2018, 52: 524-525.

[41] Cardinale B J, Duffy J E, Gonzalez A, et al. Biodiversity loss and its impact on humanity [J]. Nature, 2012, 486 (7401): 59-67.

[42] Carpenter S R, Folke C, Scheffer M, et al. Dancing on the volcano: social exploration in times of discontent [J]. Ecology and Society, 2019, 24 (1): 23.

[43] Carpenter S R, Walker B H, Anderies J M, et al. From metaphor to measurement: Resilience of what to what? [J]. Ecosystems, 2001, 4 (8): 765-781.

[44] Carpenter S R. Complex systems: Spatial signatures of resilience [J]. Nature, 2013, 496 (7445): 308-309.

[45] Crouzeilles R, Barros F S M, Molin P G, et al. A new approach to map landscape variation in forest restoration success in tropical and temperate forest biomes. Journal of Applied Ecology, 2019, 56: 2675-2686.

[46] Chan K M A, Guerry A, Balvanera P, et al. Where are cultural and social in ecosystem services: A framework for constructive engagement [J]. Bioscience, 2012a, 62 (8): 744-756.

［47］Chan K M A，Satterfield T，Goldstein J. Rethinking ecosystem services to better address and navigate cultural values［J］. Ecological Economics，2012b，74：8-18.

［48］Chang Q，Li S，Wang Y，et al. Spatial process of green infrastructure changes associated with rapid urbanization in Shenzhen，China［J］. Chinese Geographical Science，2013，23（1）：115-130.

［49］Chang Q，Liu X，Wu J，et al. MSPA-based urban green infrastructure planning and management approach for urban sustainability：case study of Longgang in China［J］. Journal of Urban Development and Management，2014，141：A5014006.

［50］Chen Z. Place and space：A review of landscape anthropology research［J］. Landsc Archit Front，2017，5（2）：8-23.

［51］Cheptou，P O，Hargreaves A L，Bonte D，et al. Adaptation to fragmentation：evolutionary dynamics driven by human influences［J］. Philosophical Transactions of the Royal Society B-Biological Sciences，2017，372：1712.

［52］Chou R J. Going out into the field：an experience of the landscape architecture studio incorporating service-learning and participatory design in Taiwan［J］. Landscape Research，2018，43：784-797.

［53］Clayton S. Conservation psychology：Understanding and promoting human care for nature［M］. Oxford：John Wiley & Sons，2009.

［54］Constanza R，Groot R，Sutton P，et al. Change in the global value of ecosystem services［J］. Global Environment Change，2014，26：152-158.

［55］Cooper-Marcus C，Sachs N A. Therapeutic landscapes：An evidence-based approach to designing healing gardens and restorative outdoor spaces［M］. Hoboken，NJ，USA：John Wiley & Sons，2013.

［56］Costanza R，D'Arge R，Groot R D. The value of the world's ecosystem services and natural capital［J］. Nature，1997，387（1）：3-15.

［57］Costanza R，Groot R D，Braat L，et al. Twenty years of ecosystem services：How far have we come and how far do we still need to go［J］. Ecosystem Services，2017，28：1-16.

［58］Council of Europe.（2000）. European Landscape Convention - Explanatory Report. http：// conventions.coe.int/treaty/en/Reports/Html/176.htm.

［59］Crist M R，Wilmer B，Aplet G H. Assessing the value of roadless areas in a conservation reserve strategy：Biodiversity and landscape connectivity in the Northern Rockies. Journal of Applied Ecology，2005，42：181-191.

［60］Czúcz B，Arany I，Potschin-Young M，et al. Where concepts meet the real world：A systematic review of ecosystem service indicators and their classification using CICES［J］. Ecosystem Services, 2018, 29: 145-157.

［61］Dadashpoor H, Azizi P, Moghadasi M. Land use change, urbanization, and change in landscape pattern in a metropolitan area［J］. Science of the Total Environment, 2018, 655: 707-719.

［62］Dade M C, Mitchell M G, Mcalpine CA, et al. Assessing ecosystem service trade-offs and synergies: the need for a more mechanistic approach［J］. AMBIO, 2018, 24（1）: 1-13.

［63］Daily G C. Nature's services: societal dependence on natural ecosystems［M］. Washington D C: Island Press, 1997.

［64］Daily G C. Securing nature and people: can we replicate and scale success. Potschin: Routledge Handbook of Ecosystem Services［M］. New York: Routledge, 2016.

［65］Dallimer M, Irvine K N, Skinner A M J, et al. Biodiversity and the feel-good factor: Understanding associations between self-reported human well-being and species richness［J］. Bioscience, 2012, 62: 47-55.

［66］Daniel T C, Muhar A, Arnberger A, et al. Contributions of cultural services to the ecosystem services agenda［J］. Proceedings of the National Academy of Sciences of the United States of America, 2012, 109: 8812-8819.

［67］Davies K K, Fisher K T, Dickson M E, et al. Improving ecosystem service frameworks to address wicked problems［J］. Ecology and Society, 2015, 20（2）: 37-47.

［68］Davtalaba J, Deyhimib S P, Dessic V, et al. The impact of green space structure on physiological equivalent temperature index in open space［J］. Urban Climate, 2020, 31: 100574.

［69］De Aga P M, Ortega M, de Pablo C L. A procedure of landscape services assessment based on mosaics of patches and boundaries［J］. Journal of Environmental Management, 2016, 180: 214-227.

［70］De Angelis D L, Yurek S. Spatially explicit modeling in Ecology: A review［J］. Ecosystems, 2017, 20（2）: 284-300.

［71］De Block G. Planning rural-urban landscapes: Railways and countryside urbanisation in south-west flanders, belgium（1830-1930）［J］. Landscape Research, 2014, 39（5）: 542-565.

［72］Dean J, Dooren K V, Weinstein P. Does biodiversity improve mental health in urban settings?［J］. Medical Hypotheses, 2011, 76（6）: 877-880.

［73］Debinski D M, Holt R D. A survey and overview of habitat fragmentation experiments［J］. Conservation Biology, 2000, 14: 342-355.

［74］Dorado M I A. Application of the landscape character assessment methodology in the study and treatment of the urban landscape. Estoa-Revista de la facultad de Arquitectura Y Urbanismo de la Universidad de

Cuenca, 2019, 8: 133-145.

［75］Duarte G T, Santos P M, Cornelissen T G, et al. The effects of landscape patterns on ecosystem services: meta-analyses of landscape services ［J］. Landscape Ecology, 2018, 33 (8): 1247-1257.

［76］Dumas E, Jappiot M, Tatoni T. Mediterranean urban-forest interface classification (MUFIC): A quantitative method combining SPOT5 imagery and landscape ecology indices. Landscape and Urban Planning, 2008, 84: 183-190.

［77］Ehrlich P R, Mooney H A. Extinction, substitution, and ecosystem services ［J］. Bioscience, 1983, 33 (4): 248-254.

［78］Elmqvist T, Andersson E, Frantzeskaki N, et al. Sustainability and resilience for transformation in the urban century ［J］. Nature Sustainability, 2019, 2 (4): 267-273.

［79］Ersoy E. Landscape Ecology practices in planning: landscape connectivity and urban networks ［J］. Sustainable Urbanization, 2016: 291-316.

［80］Ewing R, Hamidi S, Grace J B. Compact development and VMT--Environmental determinism, self-selection, or some of both? ［J］. Environment and Planning B: Planning and Design, 2015, 43: 737-755.

［81］Fahrig L. Effect of habitat fragmentation on the extinction threshold: a synthesis ［J］. Ecological Applications, 2002, 12: 346-353.

［82］Fahrig L. Effects of habitat fragmentation on biodiversity ［J］. Annual Review of Ecology, Evolution, and Systematics, 2003, 34: 487-515.

［83］Fahrig L. Rethinking patch size and isolation effects: the habitat amount hypothesis ［J］. Journal of Biogeography, 2013, 40: 1649-1663.

［84］Fahrig L. Ecological responses to habitat fragmentation Per Se ［J］. Annual Review of Ecology, Evolution, and Systematics, 2017, 48: 1-23.

［85］Fahrig L, Arroyo-Rodríguez V, Bennett J R, et al. Is habitat fragmentation bad for biodiversity? ［J］. Biological Conservation, 2019, 230: 179-186.

［86］Field R D, Parrott L. Multi-ecosystem services networks: A new perspective for assessing landscape connectivity and resilience ［J］. Ecological Complexity, 2017, 32: 31-41.

［87］Filbee-Dexter K, Wernberg T. Rise of Turfs: A New Battlefront for Globally Declining Kelp Forests ［J］. BioScience, 2018, 68 (2): 64-76.

［88］Finlay J, Franke T, McKay H, et al. Therapeutic landscapes and wellbeing in later life: Impacts of blue and green spaces for older adults ［J］. Health & Place, 2015, 34: 97-106.

［89］Fisher B, Turner R K, Morling P. Defining and classifying ecosystem services for decision making ［J］. Ecological Economics, 2009, 68（3）: 643-653.

［90］Folke C. Resilience（Republished）［J］. Ecology and Society, 2016, 21（4）: 44.

［91］Folke C. Resilience: The emergence of a perspective for social-ecological systems analyses ［J］. Global Environmental Change, 2006, 16（3）: 253-267.

［92］Forman R T T. Land mosaics: The ecology of landscapes and regions ［M］. Cambridge, UK: Cambridge University Press, 1995.

［93］Forman R T T. Some general principles of landscape and regional ecology ［J］. Landscape Ecology, 1995, 10（3）: 133-142.

［94］Forman R T T, Godron M. Landscape Ecology ［M］. New York, Wiley, 1986.

［95］Fountain T, Nieminen M, Siren J, et al. Predictable allele frequency changes due to habitat fragmentation in the Glanville fritillary butterfly ［J］. Proceedings of the National Academy of Sciences of the United States of America, 2016, 113: 2678-2683.

［96］Francis R, Bekera B. A metric and frameworks for resilience analysis of engineered and infrastructure systems ［J］. Reliability Engineering & System Safety, 2014, 121: 90-103.

［97］Fronhofer E A, Kubisch A, Hilker F M, et al. Why are metapopulations so rare ［J］? Ecology, 2012, 93: 1967-1978.

［98］Fu B, Wang S, Su C, et al. Linking ecosystem processes and ecosystem services ［J］. Current Opinion in Environmental Sustainability, 2013, 5（1）: 4-10.

［99］Fu B, Wang Y, Lu Y, et al. The effects of land-use combinations on soil erosion: a case study in the Loess Plateau of China ［J］. Progress in Physical Geography, 2009, 33（6）: 793-804.

［100］Fuller R A, Irvine K N, Devine-Wright P, et al. Psychological benefits of greenspace increase with biodiversity ［J］. Biology Letters, 2007, 3（4）: 390-394.

［101］Gabriel S A, Faria J A, Moglen G E. A multi-objective optimization approach to smart growth in land development. Socio-Economic Planning Sciences, 2006, 40: 212-248.

［102］Ghermandi A, Sinclair M. Passive crowdsourcing of social media in environmental research: A systematic map ［J］. Global Environmental Change, 2019, 55: 36-47.

［103］Gilchrist G, Mallory M, Merkel F. Can local ecological knowledge contribute to wildlife management? Case studies of migratory birds ［J］. Ecology and Society, 2005, 10.

［104］Gobster P H. Landscape and Urban Planning at 100: Looking back moving forward ［J］. Landscape and Urban Planning, 2011, 100: 315-317.

［105］Gobster P H, Nassauer J I, Daniel T C, et al. The shared landscape: what does aesthetics have to do with ecology? ［J］. Landscape Ecology, 2007, 22（7）: 959–972.

［106］Gobster P H, Xiang W N. A revised aims and scope for landscape and urban planning: An international journal of landscape science, planning and design ［J］. Landscape and Urban Planning, 2012, 106: 289–292.

［107］Goldstein J H, Caldarone G, Duarte T K, et al. Integrating ecosystem–service tradeoffs into land–use decisions ［J］. Proc Natl Acad Sci USA, 2012, 109（19）: 7565–7570.

［108］Granek E F, Polasky S, Kappel C V, et al. Ecosystem services as a common language for coastal ecosystem–based management ［J］. Conservation Biology, 2010, 24（1）: 207–216.

［109］GrÊt–regamey A, Weibel B, Kienast F. A tiered approach for mapping ecosystem services ［J］. Ecosystem Services, 2015, 13: 16–27.

［110］Griffiths G. Transferring landscape character assessment from the UK to the Eastern Mediterranean: challenges and perspectives ［J］. Land, 2018, 7（1）: 36.

［111］Grimm N B, Faeth S H, Golubiewski N E, et al. Global change and the ecology of cities ［J］. Science, 2008, 319（5864）: 756–760.

［112］Grimm V, Berger U, Bastiansen F, et al. A standard protocol for describing individual based and agent–based models［J］. Ecological Modelling, 2006, 198: 115–126.

［113］Grimm V, Railsback S F. Individual–based modeling and ecology ［M］. Princeton: Princeton University Press, 2005, 428.

［114］Guerrero P, Møller M S, Olafsson A S, et al. Revealing cultural ecosystem services through Instagram images: The potential of social media volunteered geographic information for urban green infrastructure planning and governance ［J］. Urban Planning, 2016, 1（2）: 1–17.

［115］Gunderson L H, Holling C S. Panarchy: understanding transformations in human and natural systems ［M］. Washington, DC: Island Press, 2001.

［116］Gunderson L, Cosens B, Chaffin B, et al. Regime shifts and panarchies in regional scale social–ecological water systems ［J］. Ecology and Society, 2017, 22（1）: 31–45.

［117］Haines–Young R, Potschin M. Common International Classification of Ecosystem Services（CICES, Version 4.1）［R］. Copenhagen: European Environment Agency, 2012.

［118］Hanski I, Eralahti C, Kankare M, et al. Variation in migration propensity among individuals maintained by landscape structure ［J］. Ecology Letters, 2004, 7: 958–966.

［119］Hanski I, Kuussaari M, Nieminen M. Metapopulation structure and migration in the butterfly Melitaea cinxia ［J］. Ecology, 1994, 75: 747–762.

［120］Hanski I, Moilanen A, Pakkala T, et al. The quantitative incidence function model and persistence of an endangered butterfly metapopulation [J]. Conservation Biology, 1996, 10: 578–590.

[121] Hanski I, Ovaskainen O. Extinction debt at extinction threshold [J]. Conservation Biology, 2002, 16: 666–673.

[122] Hanski I, Ovaskainen O. Metapopulation theory for fragmented landscapes [J]. Theoretical Population Biology, 2003, 64: 119–127.

[123] Hanski I, Ovaskainen O. The metapopulation capacity of a fragmented landscape [J]. Nature, 2000, 404: 755–758.

[124] Hanski I, Saccheri I. Molecular–level variation affects population growth in a butterfly metapopulation [J]. PLOS Biology, 2006, 4: 719–726.

[125] Hanski I, Singer M C. Extinction–colonization dynamics and host–plant choice in butterfly metapopulations [J]. American Naturalist, 2001, 158: 341–353.

[126] Hanski I, Zurita G A, Bellocq M I, et al. Species–fragmented area relationship [J]. Proceedings of the National Academy of Sciences of the United States of America, 2013, 110: 12715–12720.

[127] Hanski I. A practical model of metapopulation dynamics [J]. Journal of Animal Ecology, 1994, 63: 151–162.

[128] Hanski I. Metapopulation dynamics [J]. Nature, 1998, 396: 41–49.

[129] Hanski I. Metapopulation Ecology [M]. New York: Oxford University Press, 1999.

[130] Hanski I. Single species metapopulation dynamics: concepts, models and observations [J]. Biological Journal of the Linnean Society, 1991, 42: 17–38.

[131] Harrison P J, Hanski I, Ovaskainen O. Bayesian state–space modeling of metapopulation dynamics in the Glanville fritillary butterfly [J]. Ecological Monographs, 2011, 81: 581–598.

[132] Harrison S, Taylor A D. Empirical evidence for metapopulation dynamics. In: Metpopulation biology: ecology, genetics and evolution (eds. Hanski I A, Gilpin M E). New York: Academic Press, 1997, 27–42.

[133] Hassell M P, Comins H N, May R M. Spatial structure and chaos in insect population dynamics [J]. Nature, 1991, 353: 255–258.

[134] He J, Yan Z, Wan Y. Trade–offs in ecosystem services based on a comprehensive regionalization method: a case study from an urbanization area in China [J]. Environmental Earth Sciences, 2018, 77 (5): 179.

[135] Hein L, Koppen K V, Groot R S D, et al. Spatial scales, stakeholders and the valuation of ecosystem services [J]. Ecological Economics, 2006, 57 (2): 209–228.

[136] Heino M, Hanski I. Evolution of migration rate in a spatially realistic metapopulation model [J].

American Naturalist，2001，157：495–511.

［137］Hermann A，Schleifer S，Wrbka T. The concept of ecosystem services regarding landscape research：a review［J］. Living Reviews in Landscape Research，2011，5（1）：1–37.

［138］Hester R E，Harrison R M. Global Environmental Change［M］. Cambridge：Royal Society of Chemistry，2002.

［139］Hodgson S M，Maltby L，Paetzold A，et al. Getting a measure of nature：cultures and values in an ecosystem services approach［J］. Interdisciplinary Science Reviews，2007，32（3）：249–262.

［140］Holling C S. Resilience and Stability of Ecological Systems［J］. Annual Review of Ecology and Systematics，1973，4（1）：1–23.

［141］Holling C S. Simplifying the complex：The paradigms of ecological function and structure［J］. Futures，1994，26（6）：598–609.

［142］Holyoak M，Heath S K. The integration of climate change，spatial dynamics，and habitat fragmentation：A conceptual overview［J］. Integrative Zoology，2016，11（1）：40–59.

［143］Hong S K. Local activation using traditional knowledge and ecological resources of Korean islands［J］. Journal of Ecology and Environment，2015，38：263–269.

［144］Hu H，Fu B，Lü Y，et al. SAORES：a spatially explicit assessment and optimization tool for regional ecosystem services［J］. Landscape Ecology，2015，30（3）：547–560.

［145］Hughes T P，Kerry J T，Baird A H，et al. Global warming transforms coral reef assemblages［J］. Nature，2018，556（7702）：492–496.

［146］Isager L，Broge N H. Combining remote sensing and anthropology to trace historical land–use changes and facilitate better landscape management in a sub–watershed in North Thailand［J］. Landscape Research，2007，32（2）：147–169.

［147］Ives A R，Carpenter S R. Stability and diversity of ecosystems［J］. Science，2007，317（5834）：58–62.

［148］Jaarsveld A S，Biggs R，Scholes R J，et al. Measuring conditions and trends in ecosystem services at multiple scales［J］. The Southern African Millennium Ecosystem Assessment（SAfMA）experience. Philosophical Transactions of the Royal Society of London，2005，360（1454）：425–441.

［149］Javanroodiad K，Vahid M N，Mahdavinejadd M. A novel design–based optimization framework for enhancing the energy efficiency of high–rise office buildings in urban areas［J］. Sustainable Cities and Society，2019，49：101597.

［150］Jiang S. Therapeutic landscapes and healing gardens：A review of Chinese literature in relation to the studies in western countries［J］. Frontiers of Architectural Research，2014，3（2）：141–153.

[151] Jongman R H G. Nature conservation planning in Europe: developing ecological networks [J]. Landscape and Urban Planning, 1995, 32: 169-183.

[152] Jongman R H G, Bouwma I M, Griffioen A, et al. The pan European ecological network: PEEN [J]. Landscape Ecology, 2011, 26 (3): 311-326.

[153] Jongman R H G, Külvik M, Kristiansen I. European ecological networks and greenways [J]. Landscape and Urban Planning, 2004, 68: 305-319.

[154] Kabisch N, Frantzeskaki N, Pauleit S, et al. Nature-based solutions to climate change mitigation and adaptation in urban areas: Perspectives on indicators, knowledge gaps, barriers, and opportunities for action [J]. Ecology and Society, 2016, 21 (2): 39.

[155] Kareiva P, Tallis H, Ricketts T H, et al. Natural capital: theory and practice of mapping ecosystem services [M]. Oxford: Oxford University Press, 2011.

[156] Kareiva P, Watts S, Mcdonald R, et al. Domesticated nature: Shaping landscapes and ecosystems for human welfare [J]. Science, 2007, 316 (5833): 1866-1869.

[157] Kelly R, Macinnes L, Thackray D, et al. The Cultural Landscape: Planning for a sustainable partnership between people and place, London, ICOMOS-UK, 2001.

[158] Kenter J O, O'brien L, Hockley N, et al. What are shared and social values of ecosystems? [J]. Ecological Economics, 2015, 111: 86-99.

[159] Kimmel C, Perlstein A, Mortimer M J, et al. Sustainability of tourism as development strategy for cultural-landscapes in China: Case study of Ping'an Village [J]. Journal of Rural & Community Development, 2015, 10: 121-135.

[160] Klar N, Herrmann M, Henning-Hahn M, et al. Between ecological theory and planning practice: (Re-) Connecting forest patches for the wildcat in Lower Saxony, Germany [J]. Landscape and Urban Planning, 2012, 105 (4): 376-384.

[161] Klus A, Prange M, Varma V, et al. Spatial analysis of early-warning signals for a North Atlantic climate transition in a coupled GCM [J]. Climate Dynamics, 2019, 53 (1-2): 97-113.

[162] Knaapen J P, Scheffer M, Harms B. Estimating habitat isolation in landscape planning. Landscape and Urban Planning, 1992, 23: 1-16.

[163] Krogli S O, Dramstad W E, Skar B. World heritage and landscape change - heritage buildings and their changed visibility in the coastal landscape of Vega, Norway [J]. Norsk Geografisk Tidsskrift-Norwegian Journal of Geography, 2015, 69 (3): 121-134.

[164] Kumar M, Kumar P. Valuation of the ecosystem services: A psycho-cultural perspective [J]. Ecological Economics, 2008, 64: 808-819.

［165］Kuussaari M，Bommarco R，Heikkinen R K，et al. Extinction debt：a challenge for biodiversity conservation［J］. Trends in Ecology & Evolution，2009，24：564–571.

［166］Lafortezza R，Brown R D. A framework for landscape ecological design of new patches in the rural landscape［J］. Environmental Management，2004，34：461–473.

［167］Lambin E F，Meyfroidt P. Global land use change，economic globalization，and the looming land scarcity［J］. Proceedings of the National Academy of Sciences of the United States of America，2011，108（9）：3465–3472.

［168］Lande R. Extinction thresholds in demographic models of territorial populations［J］. American Naturalist，1987，130：624–635.

［169］Langemeyer J，Calcagni F，Baró F. Mapping the intangible：Using geolocated social media data to examine landscape aesthetics［J］. Land Use Policy，2018，77：542–552.

［170］Lee M，Jung I. Assessment of an urban stream restoration project by cost–benefit analysis：The case of Cheonggyecheon stream in Seoul，South Korea［J］. KSCE Journal of Civil Engineering，2016，20（1）：152–162.

［171］Levins R，Culver D. Regional coexistence of species and competition between rare species［J］. Proceedings of the National Academy of Sciences of the United States of America，1971，68：1246–1248.

［172］Levins R. Extinction. In：Gesternhaber M. Some Mathematical Problems in Biology. Lectures on Mathematics in the Life Sciences. Providence，Rhode Island，USA：American Mathematical Society，1970，77–107.

［173］Li H L，Li D H，Li T，et al. Application of least–cost path model to identify a giant panda dispersal corridor network after the Wenchuan earthquake–Case study of Wolong Nature Reserve in China［J］. Ecological Modelling，2010，221（6）：944–952.

［174］Li Y，Kappas M，Li Y F. Exploring the coastal urban resilience and transformation of coupled human–environment systems［J］. Journal of Cleaner Production，2018，195：1505–1511.

［175］Li Y，Li Y F，Kappas M，et al. Identifying the key catastrophic variables of urban social–environmental resilience and early warning signal［J］. Environment International，2018，113：184–190.

［176］Li Z，He F，Wu Q，et al. Analysis on sensitivity and landscape ecological spatial structure of site resources［J］. Journal of Environmental Sciences，2003，15：215–221.

［177］Li Z，Sun Z，Tian Y，et al. Impact of land use/cover change on Yangtze River Delta urban agglomeration ecosystem services value：Temporal–spatial patterns and cold/hot spots ecosystem services value change brought by urbanization [J]. International Journal of Environmental Research and Public Health, 2019, 16.

[178] Lin B, Petersen B. Resilience, regime shifts, and guided transition under climate change: Examining the practical difficulties of managing continually changing systems [J]. Ecology and Society, 2013, 18 (1): 28-38.

[179] Liu J, Daily G C, Ehrlich P R, et al. Effects of household dynamics on resource consumption and biodiversity [J]. Nature, 2003, 421 (6922): 530-533.

[180] Liu J, Li S, Ouyang Z, et al. Ecological and socioeconomic effects of China's policies for ecosystem services [J]. Proceedings of the National Academy of Sciences of the United States of America, 2008, 105 (28): 9477-9482.

[181] Liu Z, Lin Y L, De Meulder B, et al. Can greenways perform as a new planning strategy in the Pearl River Delta, China[J]. Landscape and Urban Planning, 2019, 187: 81-95.

[182] Loreau M, de Mazancourt C. Biodiversity and ecosystem stability: a synthesis of underlying mechanisms [J]. Ecology Letters, 2013, 16 (1): 106-115.

[183] Lusk M G, Toor G S, Inglett P W. Organic nitrogen in residential stormwater runoff: Implications for stormwater management in urban watersheds [J]. Science of the Total Environment, 2020, 707: 135962.

[184] MA. Ecosystems and human well-being: our human planet: summary for decision-makers [M]. Washington DC: Island Press, 2005.

[185] Ma S, Swinton S M. Valuation of ecosystem services from rural landscapes using agricultural land prices [J]. Ecological Economics, 2011, 70 (9): 1649-1659.

[186] Maes J, Egoh B, Willemen L, et al. Mapping ecosystem services for policy support and decision making in the European Union [J]. Ecosystem Services, 2012, 1 (1): 31-39.

[187] Martin-Lopez B, Iniesta-Arandia I, GARCIA-Llorente M, et al. Uncovering ecosystem service bundles through social preferences [J]. Plos One, 2012, 7 (6): e38970.

[188] Matlock M D, Morgan R A. Ecological Engineering Design: Restoring and Conserving Ecosystem Services [M]. Hoboken, N J, USA: John Wiley& Sons, 2011.

[189] Mazancourt C de, Isbell F, Larocque A, et al. Predicting ecosystem stability from community composition and biodiversity [J]. Ecology Letters, 2013, 16 (5): 617-625.

[190] Meehan K, Lunney T, Curran K, et al. Aggregating social media data with temporal and environmental context for recommendation in a mobile tour guide system [J]. Journal of hospitality and tourism technology, 2016, 7 (3): 281-299.

［191］Mele R，Poli G. The evaluation of landscape services：A new paradigm for sustainable development and city planning［C］//International Conference on Computational Science and Its Applications. Springer，Cham，2015：64-76.

［192］Mckenzie A J，Emery S B，Franks J R，et al. Landscape-scale conservation：collaborative agri-environment schemes could benefit both biodiversity and ecosystem services，but will farmers be willing to participate?［J］. Journal of Applied Ecology，2013，50：1274-1280.

［193］McHarg I L. Design With Nature［M］. New York：American Museum of Natural History，1969.

［194］McRae B H，Dickson B G，Keitt T H，et al. Using circuit theory to model connectivity in ecology，evolution，and conservation［J］. Ecology，2008，89：2712-2724.

［195］McWethy D B，Schoennagel T，Higuera P E，et al. Rethinking resilience to wildfire［J］. Nature Sustainability，2019，2：797-804.

［196］Milkoreit M，Hodbod J，Baggio J，et al. Defining tipping points for social-ecological systems scholarship—an interdisciplinary literature review［J］. Environmental Research Letters，2018，13（3）：033005.

［197］Moilanen A. Implications of empirical data quality to metapopulation model parameter estimation and application. Oikos，2002，96：516-530.

［198］Moilanen A. The equilibrium assumption in estimating the parameters of metapopulation models［J］. Journal of Animal Ecology，2000，69：143-153.

［199］Monberg R J，Howe A G，Kepfer-Rojas S，et al. Vegetation development in a stormwater management system designed to enhance ecological qualities［J］. Urban Forestry & Urban Greening，2019，46：126463.

［200］Montoya J M，Donohue I，Pimm S L. Planetary Boundaries for Biodiversity：Implausible Science，Pernicious Policies［J］. Trends in Ecology & Evolution，2018，33（2）：71-73.

［201］Mooney H，Larigauderie A，Cesario M，et al. Biodiversity，climate change，and ecosystem services［J］. Current Opinion in Environmental Sustainability，2009，1（1）：46-54.

［202］Morrison R，Barker A，Handley J. Systems，habitats or places：evaluating the potential role of landscape character assessment in operationalising the ecosystem approach［J］. Landscape Research，2018，43：1000-1012.

［203］Musacchio L R. Cultivating deep care：integrating landscape ecological research into the cultural dimension of ecosystem services［J］. Landscape Ecology，2013，28：1025-1038.

［204］Nassauer J I. Culture and changing landscape structure［J］. Landscape Ecology，1995，10：229-237.

［205］Nassauer J I, Opdam P. Design in science: Extending the landscape ecology paradigm［J］. Landscape Ecology, 2008, 23: 633-644.

［206］Naveh Z. Ecological and Cultural Landscape Restoration and the Cultural Evolution towards a Post-Industrial Symbiosis between Human Society and Nature［J］. Restoration Ecology, 1998, 6（2）: 135-143.

［207］Naveh Z. Interactions of landscapes and cultures［J］. Landscape and Urban Planning, 1995, 32（1）: 43-54.

［208］Naveh Z. Landscape Ecology as an emerging branch of human ecosystem science［J］. Advances in Ecological Research, 1982, 12: 189-237.

［209］Ndubisi F. Ecological planning: a historical and comparative synthesis. The Johns Hopkins University Press, 2002.

［210］Nelson E, Mendoza G, Regetz J, et al. Modeling multiple ecosystem services, biodiversity conservation, commodity production, and tradeoffs at landscape scales［J］. Frontiers in Ecology & the Environment, 2009, 7（1）: 4-11.

［211］Nesshöver C, Assmuth T, Irvine K N, et al. The science, policy and practice of nature-based solutions: An interdisciplinary perspective［J］. Science of the Total Environment, 2017, 579: 1215-1227.

［212］Norberg J, Cumming G. Complexity theory for a sustainable future［M］. New York: Columbia University Press, 2008.

［213］Ntupanyama Y M, Mwase W F, Stedje B, et al. Indigenous knowledge of rural communities in Malawi on socio-economic use, propagation, biology, biodiversity and ecology of Uapaca kirkiana Muell. Arg. African Journal of Biotechnology, 2008, 7: 2386-2396.

［214］Oteros-Rozas E, Martín-López B, González J A, et al. Socio-cultural valuation of ecosystem services in a transhumance social-ecological network［J］. Regional Environmental Change, 2014, 14（4）: 1269-1289.

［215］Ouyang Z Y, Zheng H, Xiao Y, et al. Improvements in ecosystem services from investments in natural capital［J］. Science, 2016, 352（1）: 1455-1459.

［216］Ovaskainen O, Hanski I. From individual behavior to metapopulation dynamics: unifying the patchy population and classic metapopulation models［J］. American Naturalist, 2004, 164: 364-377.

［217］Ovaskainen O, Hanski I. Spatially structured metapopulation models: global and local assessment of metapopulation capacity［J］. Theoretical Population Biology, 2001, 60: 281-302.

［218］Ovaskainen O, Hanski I. Transient dynamics in metapopulation response to perturbation［J］.

Theoretical Population Biology. 2002, 61: 285–295.

［219］Ovaskainen O, Rekola H, Meyke E, et al. Bayesian methods for analyzing movements in heterogeneous landscapes from mark-recapture data［J］. Ecology, 2008a, 89: 542–554.

［220］Ovaskainen O, Sato K, Bascompte J, et al. Metapopulation models for extinction threshold in spatially correlated landscapes［J］. Journal of Theoretical Biology, 2002, 215: 95–108.

［221］Ovaskainen O, Smith A D, Osborne J L, et al. Tracking butterfly movements with harmonic radar reveals an effect of population age on movement distance［J］. Proceedings of the National Academy of Sciences of the United States of America, 2008b, 105: 19090–19095.

［222］Ovaskainen O, Saastamoinen M. Frontiers in metapopulation biology: The legacy of Ilkka Hanski［J］. Annual Review of Ecology, Evolution, and Systematics, 2018, 49 (1): 231–252.

［223］Palang H, Külvik M, Printsmann A, et al. Revisiting futures: integrating culture, care and time in landscapes［J］. Landscape Ecology, 2019, 34: 1807–1823.

［224］Palang H. Humans in the Land: The ethics and aesthetics of the cultural landscape［J］. British Journal of Aesthetics, 2010, 17: 678–679.

［225］Pannell J R, Auld J R, Brandvain Y, et al. The scope of Baker's law［J］. New Phytologist, 2015, 208: 656–667.

［226］Pannell J R, Barrett S C H. Baker's law revisited: reproductive assurance in a metapopulation［J］. Evolution, 1998, 52: 657–668.

［227］Parry L, Peres C A. Evaluating the use of local ecological knowledge to monitor hunted tropical-forest wildlife over large spatial scales［J］. Ecology and Society, 2015, 20.

［228］Peng J, Yang Y, Liu Y, et al. Linking ecosystem services and circuit theory to identify ecological security patterns［J］. Science of the Total Environment, 2018, 644: 781–790.

［229］Peng J, Zhao S, Dong J, et al. Applying ant colony algorithm to identify ecological security patterns in megacities［J］. Environmental Modelling & Software, 2019, 117: 214–222.

［230］Petersen L M, Moll E J, Collins R, et al. Development of a compendium of local, wild-harvested species used in the informal economy trade, cape town, South Africa［J］. Ecology and Society, 2012, 17.

［231］Peterson G, Allen C R, Holling C S. Ecological resilience, biodiversity, and scale［J］. Ecosystems, 1998, 1 (1): 6–18.

［232］Plummer L. N, 周文斌. 水-岩相互作用地球化学模型的回顾与展望［J］. 华东地质学院学报, 1993, 16 (2): 128–135.

［233］Prugh L R, Hodges K E, Sinclair A R E, et al. Effect of habitat area and isolation on fragmented animal populations [J]. Proceedings of the National Academy of Sciences of the United States of America, 2008, 105: 20770-20775.

[234] Raei E, Alizadeh M R, Nikoo M R, et al. Multi-objective decision-making for green infrastructure planning (LID-BMPs) in urban storm water management under uncertainty [J]. Journal of Hydrology, 2019, 579: 124091.

[235] Ramsey M M, Muñoz-Erickson T A, Mélendez-Ackerman E, et al. Overcoming barriers to knowledge integration for urban resilience: A knowledge systems analysis of two-flood prone communities in San Juan, Puerto Rico [J]. Environmental Science & Policy, 2019, 99: 48-57.

[236] Ren Y, Wei X, Wang D, et al. Linking landscape patterns with ecological functions: A case study examining the interaction between landscape heterogeneity and carbon stock of urban forests in Xiamen, China [J]. Forest Ecology and Management, 2013, 293: 122-131.

[237] Reshmidevi T V, Eldhc T I, Jana R. A GIS-integrated fuzzy rule-based inference system for land suitability evaluation in agricultural watersheds [J]. Agricultural Systems, 2009, 101 (1-2): 101-109.

[238] Robertson G P, Swinton S M. Reconciling agricultural productivity and environmental integrity: a grand challenge for agriculture [J]. Frontiers in Ecology & the Environment, 2005, 3 (1): 35-38.

[239] Rockström J, Steffen W, Noone K, et al. A safe operating space for humanity [J]. Nature, 2009, 461: 472-475.

[240] Sadeghi SHR, Jalili Kh, Nikkami D. Land use optimization in watershed scale. Land Use Policy, 2009, 26: 186-193.

[241] Sajjad M, Li Y, Li Y F, et al. Integrating typhoon destructive potential and social-ecological systems toward resilient coastal communities [J]. Earth's Future, 2019, 7 (7): 805-818.

[242] Sauer C O. The morphology of landscape. California, University of California Press, 1974.

[243] Saunders C D, Brook A T, Myers O E. Using psychology to save biodiversity and human well-being [J]. Conservation Biology, 2006, 20: 702-205.

[244] Schaich H, Bieling C, Plieninger T. Linking ecosystem services with cultural landscape research [J]. GAIA-ecological perspectives for science and society, 2010, 19 (4): 269-277.

[245] Scheffer M, Bascompte J, Brock W A, et al. Early-warning signals for critical transitions [J]. Nature, 2009, 461 (7260): 53-59.

[246] Scheffer M, Carpenter S R, Foley J A, et al. Catastrophic shifts in ecosystems [J]. Nature, 2001, 413 (6856): 591-596.

[247] Schmidt K, Martín-López B, Phillips P M, et al. Key landscape features in the provision of

ecosystem services：Insights for management［J］. Land Use Policy，2019，82：353-366.

［248］Scholes R J. Climate change and ecosystem services［J］. Climate Change，2016，7（4）：537-550.

［249］Scholte S S K，van Teeffelen A J A，Verburg P H. Integrating socio-cultural perspectives into ecosystem service valuation：A review of concepts and methods［J］. Ecological Economics，2015，114：67-78.

［250］Schouten M，Opdam P，Polman N，et al. Resilience-based governance in rural landscapes：Experiments with agri-environment schemes using a spatially explicit agent-based model［J］. Land Use Policy，2013，30（1）：934-943.

［251］Seddon N，Turner B，Berry P，et al. Grounding nature-based climate solutions in sound biodiversity science. Nature Climate Change，2019，9：84-87.

［252］Sellberg M，Wilkinson C，Peterson G. Resilience assessment：a useful approach to navigate urban sustainability challenges［J］. Ecology and Society，2015，20（1）：43.

［253］Semeraro T，Giannuzzi C，Beccarisi L，et al. A constructed treatment wetland as an opportunity to enhance biodiversity and ecosystem services［J］. Ecological Engineering，2015，82：517-526.

［254］Seppelt R，Dormann C F，Eppink F V，et al. A quantitative review of ecosystem service studies：approaches，shortcomings and the road ahead［J］. Journal of Applied Ecology，2011，48（3）：630-636.

［255］Shaygan M，Alimohammadi A，Mansourian A，et al. Spatial multi-objective optimization approach for land use allocation using NSGA-II［J］. IEEE Journal of Selected Topics in Applied Earth Observations & Remote Sensing，2014，7（3）：906-916.

［256］Silvis H. The economics of ecosystems and biodiversity in national and international policymaking［J］. European Review of Agricultural Economics，2012，39（1）：186-188.

［257］Steffen W，Richardson K，Rockström J，et al. Planetary boundaries：Guiding human development on a changing planet［J］. Science，2015，347（6223）：1259855.

［258］Steiner F，Landscape ecological urbanism：Origins and trajectories［J］. Landscape and Urban Planning，2011，100：333-337.

［259］Steiner F. 生命的景观：景观规划的生态学方法［M］. 周年兴，李小凌，等. 北京：中国建筑工业出版社，2004.

［260］Stiles R. Landscape theory：A missing link between landscape planning and landscape design？［J］. Landscape and Urban Planning，1994，30：139-149.

［261］Stokman A，von Haaren C. Integrated science and creativity for landscape planning and design of urban areas［J］. Applied urban ecology：A global framework，2011，170-185.

［262］Su S, Xiao R, Jiang Z, et al. Characterizing landscape pattern and ecosystem service value changes for urbanization impacts at an eco-regional scale［J］. Applied Geography, 2012, 34（1）: 295–305.

［263］Sun D, Zhang P, Sun Q, et al. A dryland cover state mapping using catastrophe model in a spectral endmember space of OLI: a case study in Minqin, China［J］. International Journal of Remote Sensing, 2019, 40（14）: 5673–5694.

［264］Sun K Z. Research on the ecological strategies in landscape design and planning［J］. Applied Mechanics & Materials, 2011, 71–78: 1805–1808.

［265］Sundaram B, Krishnan S, Joseph H G, et al. Ecology and impacts of the invasive species, Lantana camara, in a social-ecological system in South India: Perspectives from local knowledge［J］. Human Ecology, 2012, 40（6）: 931–942.

［266］Szabo S, Csorba P, Szilassi P. Tools for landscape ecological planning-scale, and aggregation sensitivity of the contagion type landscape metric indices［J］. Carpathian Journal of Earth & Environmental Sciences, 2012, 7（3）: 127–136.

［267］Taleghani M, Clark A, Swan W, et al. Air pollution in a microclimate; the impact of different green barriers on the dispersion［J］. Science of The Total Environment, 2020, 711: 134649.

［268］Taylor E. Evidence-based Design and the Pebble Project［J］. Healthcare Design, 2012, 12（9）: 16.

［269］Termorshuizen J W, Opdam P. Landscape services as a bridge between landscape ecology and sustainable development［J］. Landscape Ecology, 2009, 24（8）: 1037–1052.

［270］Thom R. Topological models in biology［J］. Topology, 1969, 8（3）: 313–335.

［271］Thomas C D, Harrison S. Spatial dynamics of a patchily distributed butterfly species［J］. Journal of Animal Ecology, 1992, 61: 437–446.

［272］Thomas C D, Kunin W E. The spatial structure of populations［J］. Journal of Animal Ecology, 1999, 68: 647–657.

［273］Tischendorf L, Fahrig L. On the usage and measurement of landscape connectivity. Oikos, 2000, 90: 7–19.

［274］Tittensor D P, Walpole M, Hills L L, et al. A mid-term analysis of progress toward international biodiversity targets［J］. Science, 2014, 346（6206）: 241–244.

［275］Trop T. From knowledge to action: Bridging the gaps toward effective incorporation of landscape character assessment approach in land-use planning and management in Israel［J］. Land Use Policy, 2017, 61: 220–230.

［276］Tscharntke T, Klein A M, Kruess A, et al. Landscape perspectives on agricultural intensification and biodiversity, ecosystem service management ［J］. Ecology Letters, 2005, 8（8）: 857-874.

［277］Tscharntke T, Tylianakis J M, Rand T A, et al. Landscape moderation of biodiversity patterns and processes-eight hypotheses ［J］. Biological Reviews, 2012, 87（3）: 661-685.

［278］Tudor C, England N. An approach to landscape character assessment ［M］. London: The Stationery Office, 2014.

［279］Turner B L. Spirals, bridges and tunnels: Engaging human-environment perspectives in geography ［J］. Ecumene, 1997, 4: 196-217.

［280］Ungaro F, Zasada I, Piorr A. Mapping landscape services, spatial synergies and trade-offs. A case study using variogram models and geostatistical simulations in an agrarian landscape in North-East Germany ［J］. Ecological Indicators, 2014, 46: 367-378.

［281］Urban D, Keitt T. Landscape connectivity: a graph-theoretic perspective ［J］. Ecology, 2001, 82: 1205-1218.

［282］Valdes A, Lenoir J, De Frenn P, et al. High ecosystem service delivery potential of small woodlands in agricultural landscapes. Journal of Applied Ecology, 2020, 57: 4-16.

［283］van Berkel D B, Verburg P H. Spatial quantification and valuation of cultural ecosystem services in an agricultural landscape ［J］. Ecological Indicators, 2014, 37: 163-174.

［284］van der Sluis T, Pedroli B, Frederiksen P, et al. The impact of European landscape transitions on the provision of landscape services: an explorative study using six cases of rural land change ［J］. Landscape Ecology, 2019, 34（2）: 307-323.

［285］van Dyck H, Baguette M. Dispersal behaviour in fragmented landscapes: routine or special movements［J］. Basic and Applied Ecology, 2005, 6: 535-545.

［286］van Nouhuys S, Hanski I. Colonization rates and distances of a host butterfly and two specific parasitoids in a fragmented landscape［J］. Journal of Animal Ecology, 2002, 71: 639-650.

［287］van Strien M J, Gret-Regamey A. How is habitat connectivity affected by settlement and road network configurations? Results from simulating coupled habitat and human networks ［J］. Ecological Modelling, 2016, 342: 186-198.

［288］Vanos J K, Warland J S, Gillespie T J, et al. Review of the physiology of human thermal comfort while exercising in urban landscapes and implications for bioclimatic design ［J］. Int. J. Biometeorol, 2010, 54: 319-334//Verbeek P. Conservation psychology understanding and promoting human care for nature ［J］. Science, 2009, 325: 817-817.

［289］Vihervaara P, D'Amato D, Forsius M, et al. Using long-term ecosystem service and biodiversity data to study the impacts and adaptation options in response to climate change: insights from the global ILTER sites network [J]. Current Opinion in Environmental Sustainability, 2013, 5 (1): 53–66.

[290] Villegas-Palacio C, Berrouet L, López C, et al. Lessons from the integrated valuation of ecosystem services in a developing country: Three case studies on ecological, socio-cultural and economic valuation [J]. Ecosystem Services, 2016, 22: 297–308.

[291] von Haaren C, Warren-Kretzschmar B, Milos C, et al. Opportunities for design approaches in landscape planning [J]. Landscape and Urban Planning, 2014, 130: 159–170.

[292] Waldheim C A. 景观都市主义 [M]. 刘海龙, 刘东云, 等译. 北京: 中国建筑出版社, 2011.

[293] Waliszewski W S, Oppong S, Hall J B, et al. Implications of local knowledge of the ecology of a wild super sweetener for its domestication and commercialization in West and Central Africa [J]. Economic Botany, 2005, 59 (3): 231–243.

[294] Walker B H, Carpenter S R, Anderies J, et al. Resilience management in social-ecological systems: A working hypothesis for a participatory approach [J]. Conservation Ecology, 2002, 6 (1): 14–31.

[295] Walker B H, Hollin C, Carpenter S R, et al. Resilience, adaptability and transformability in social-ecological systems [J]. Ecology and Society, 2004, 9 (2): 5–14.

[296] Walker B H, Salt D, Reid W. Resilience thinking: Sustaining ecosystems and people in a changing world [M]. Washington, DC: Island Press, 2006.

[297] Walker B H, Salt D. Resilience practice: Building capacity to absorb disturbance and maintain function [M]. Washington, DC: Island Press, 2012.

[298] Wang Z. Evolving landscape-urbanization relationships in contemporary China [J]. Landscape and Urban Planning, 2018, 171: 30–41.

[299] Warntz W, Woldenberg M. Geography and the properties of surfaces: Concepts and applications-spatial order [D]. Harvard: Harvard University, 1967.

[300] Watson J E M, Venter E T, Williams B, et al. The exceptional value of intact forest ecosystems. Nature Ecology & Evolution, 2018, 2 (4): 599–610.

[301] Westerink J, Opdam P, van Rooij S, et al. Landscape services as boundary concept in landscape governance: Building social capital in collaboration and adapting the landscape [J]. Land Use Policy, 2017, 60: 408–418.

[302] Westphal C, Vidal S, Horgan F G, et al. Promoting multiple ecosystem services with flower strips and participatory approaches in rice production landscapes [J]. Basic and Applied Ecology, 2015, 16 (8): 681–689.

[303] Willemen L, Veldkamp A, Verburg P H, et al. A multi-scale modelling approach for analysing

landscape service dynamics［J］. Journal of Environmental Management，2012，100：86-95.

［304］Wintle B A，Kujala H，Whitehead A，et al. Global synthesis of conservation studies reveals the importance of small habitat patches for biodiversity. Proceedings of the National Academy of Sciences of the United States of America，2019，116：909-914.

［305］With K A，King A W. Extinction thresholds for species in fractal landscapes［J］. Conservation Biology，1999，13：314-326.

［306］Wu F. Changing urban landscape and culture in China［J］. Asia Pacific Viewpoint，2011，52（2）：229-230.

［307］Wu J. Key concepts and research topics in landscape ecology revisited：30 years after the Allerton Park workshop［J］. Landscape Ecology，2013，28（1）：1-11.

［308］Wu J. Landscape of culture and culture of landscape：does landscape ecology need culture?［J］. Landscape Ecology，2010，25（8）：1147-1150.

［309］Yu K. Security patterns and surface model in landscape ecological planning［J］. Landscape and Urban Planning，1996，36（1）：1-17.

［310］Yu K，Padua M G. China's cosmetic cities：Urban fever and superficiality［J］. Landscape Research，2007，32（2）：255-272.

［311］Yu K，Wang S，Li D. The negative approach to urban growth planning of Beijing，China［J］. Journal of Environmental Planning and Management，2011，54（9）：1209-1236.

［312］Zhang D，Huang Q，He C，et al. Planning urban landscape to maintain key ecosystem services in a rapidly urbanizing area：A scenario analysis in the Beijing-Tianjin-Hebei urban agglomeration，China［J］. Ecological Indicators，2019，96（1）：559-571.

［313］Zhang Y，Zhao S，Guo R. Recent advances and challenges in ecosystem service research［J］. Journal of Resources and Ecology，2014，5（1）：82-90.

［314］Zheng C，Ovaskainen O，Hanski I. Modelling single nucleotide effects in phosphoglucose isomerase on dispersal in the Glanville fritillary butterfly：coupling of ecological and evolutionary dynamics［J］. Philosophical Transactions of the Royal Society B，2009，364：1519-1532.

［315］Zoderer B M，Tasser E，Carver S，et al. Stakeholder perspectives on ecosystem service supply and ecosystem service demand bundles［J］. Ecosystem Services，2019，37：100938.

［316］鲍梓婷，周剑云. 英国景观特征评估概述——管理景观变化的新工具［J］. 中国园林，2015，31（3）：46-50.

［317］曾辉，陈利顶，丁圣彦. 景观生态学［M］. 北京：高等教育出版社，2017.

［318］曾黎，杨庆媛，杨人豪，等. 三峡库区生态屏障区景观格局优化——以重庆市江津区为例

［J］. 生态学杂志，2017，36（5）：1364–1373.

［319］常青，苏王新，王宏. 景观生态学在风景园林领域应用的研究进展［J］. 应用生态学报，2019，30（11）：3991–4002.

［320］陈利顶，李秀珍，傅伯杰，等. 中国景观生态学发展历程与未来研究重点［J］. 生态学报，2014，34（12）：3129–3141.

［321］陈昕，彭建，刘焱序，等. 基于"重要性—敏感性—连通性"框架的云浮市生态安全格局构建［J］. 地理研究，2017，36（3）：471–484.

［322］陈影，哈凯，贺文龙，等. 冀西北间山盆地区景观格局变化及优化研究——以河北省怀来县为例［J］. 自然资源学报，2016，31（4）：556–569.

［323］陈昭. 场所与空间：景观人类学研究概览［J］. 景观设计学，2017，5（2）：8–23.

［324］初亚奇，曾坚，石羽，等. 基于暴雨径流管理模型的海绵城市景观格局优化模拟［J］. 应用生态学报，2018，29（12）：4089–4096.

［325］戴尔阜，王晓莉，朱建佳，等. 生态系统服务权衡：方法、模型与研究框架［J］. 地理研究，2016，35（6）：1005–1016.

［326］杜悦悦，胡熠娜，杨旸，等. 基于生态重要性和敏感性的西南山地生态安全格局构建——以云南省大理白族自治州为例［J］. 生态学报，2017，37（24）：8241–8253.

［327］傅伯杰. 地理学综合研究的途径与方法：格局与过程耦合［J］. 地理学报，2014，69（8）：1052–1059.

［328］傅伯杰，陈利顶，马克明，等. 景观生态学原理及应用（第一版）［M］. 北京：科学出版社，2001.

［329］傅伯杰，陈利顶，马克明，等. 景观生态学原理及应用（第二版）［M］. 北京：科学出版社，2011.

［330］傅伯杰，田汉勤，陶福禄，等. 全球变化对生态系统服务的影响［J］. 中国基础科学，2017，19（6）：14–18.

［331］傅伯杰，于丹丹. 生态系统服务权衡与集成方法［J］. 资源科学. 2016，38（1）：1–9.

［332］傅伯杰，张立伟，王子龙，等. 土地利用变化与生态系统服务：概念、方法与进展［J］. 地理科学进展，2014，33（4）：441–446.

［333］高小莉，赵鹏祥，郝红科，等. 基于LANDIS-II的陕西黄龙山森林景观演变动态模拟［J］. 生态学报，2015，35（2）：254–262.

［334］葛荣玲. 景观人类学的概念、范畴与意义［J］. 国外社会科学，2014，（4）：109–118.

［335］巩杰，谢余初. 流域景观格局与生态系统服务时空变化：以甘肃白龙江流域为例［M］. 北京：科学出版社，2018.

［336］巩杰，徐彩仙，燕玲玲，等. 1997—2018 年生态系统服务研究热点变化与动向［J］. 应用生态学报，2019，30（10）：3265-3276.

［337］郭庭鸿，董靓. 重建儿童与自然的联系——自然缺失症康复花园研究［J］. 中国园林，2015，31（8）：62-66.

［338］韩会庆，张娇艳，马庚，等. 气候变化对生态系统服务影响的研究进展［J］. 南京林业大学学报：自然科学版，2018，42（2）：184-190.

［339］韩文权，常禹，胡远满，等. 景观格局优化研究进展［J］. 生态学杂志，2005，24（12）：1487-1492.

［340］河合洋尚，周星. 景观人类学的动向和视野［J］. 广西民族大学学报（哲学社会科学版），2015，37（4）：44-59.

［341］洪磊. 基于景观人类学的中国文化景观遗产特征与保护［J］. 河南教育学院学报（哲学社会科学版），2018，37（2）：23-28.

［342］胡洁. 唐山南湖：从城市棕地到中央公园的嬗变［J］. 风景园林，2012，4：164-169.

［343］黄从红，杨军，张文娟. 生态系统服务功能评估模型研究进展［J］. 生态学杂志，2013，32（12）：3360-3367.

［344］李建伟. 风景园林的内涵与外延［J］. 中国园林，2017，33（5）：41-45.

［345］李倞，徐析. 以发展过程为主导的大型公园适应性生态设计策略研究［J］. 中国园林，2015，31（4）：66-70.

［346］李奇，朱建华，肖文发. 生物多样性与生态系统服务——关系、权衡与管理［J］. 生态学报，2019，39（8）：38-46.

［347］李青圃，张正栋，万露文，等. 基于景观生态风险评价的宁江流域景观格局优化［J］. 地理学报，2019，74（07）：1420-1437.

［348］李树华，张文秀. 园艺疗法科学研究进展［J］. 中国园林，2009，25（8）：19-23.

［349］李双成. 生态系统服务地理学［M］. 北京：科学出版社，2014.

［350］李雄，刘尧. 中国风景园林教育 30 年回顾与展望［J］. 中国园林，2015，31（10）：20-23.

［351］林坚，吴宇翔，吴佳雨，等. 论空间规划体系的构建——兼析空间规划、国土空间用途管制与自然资源监管的关系［J］. 城市规划 2018，42（5）：9-17.

［352］刘滨谊，魏冬雪. 城市绿色空间热舒适评述与展望［J］. 规划师，2017，33（3）：102-107.

［353］刘抚英，邹涛，栗德祥. 后工业景观公园的典范——德国鲁尔区北杜伊斯堡景观公园考察研究［J］. 华中建筑，2007，25（11）：77-86.

［354］刘佳，尹海伟，孔繁花，等. 基于电路理论的南京城市绿色基础设施格局优化. 生态学报，2018，38（12）：4363-4372.

［355］刘建民. 生态与生计：广西大石山区石漠化治理研究——以马山县古寨瑶族乡古朗屯为例［J］. 广西民族研究，2013（3）：177-182.

［356］刘丽君，王思思，张质明，等. 多尺度城市绿色雨水基础设施的规划实现途径探析［J］. 风景园林，2017（1）：123-128.

［357］刘文平，宇振荣. 景观服务研究进展［J］. 生态学报，2013，33（22）：7058-7066.

［358］刘彦随. 土地利用优化配置中系列模型的应用——以乐清市为例［J］. 地理科学进展，1999（01）：28-33.

［359］刘源鑫，赵文武. 未来地球——全球可持续性研究计划［J］. 生态学报，2013，33（23）：7610-7613.

［360］陆林，凌善金，焦华富，等. 徽州古村落的景观特征及机理研究［J］. 地理科学，2004，21（6）：660-665.

［361］陆禹，佘济云，陈彩虹，等. 基于粒度反推法的景观生态安全格局优化——以海口市秀英区为例［J］. 生态学报，2015，35（19）：6384-6393.

［362］陆禹，佘济云，罗改改，等. 基于粒度反推法和GIS空间分析的景观格局优化［J］. 生态学杂志，2018，37（2）：534-545.

［363］罗康隆. 地方性知识与生存安全——以贵州麻山苗族治理石漠化灾变为例［J］. 西南民族大学学报（人文社科版），2011，32（7）：6-12.

［364］罗涛，杨凤梅，黄丽坤，等. 何处寄乡愁？——由厦门、新疆高中生景观偏好比较研究引发的思考［J］. 中国园林，2019，35（2）：98-103.

［365］吕一河，陈利顶，傅伯杰. 景观格局与生态过程的耦合途径分析［J］. 地理科学进展，2007，26（3）：1-10.

［366］马彦红，冷红. 面向可持续的区域景观规划中的生态规划决策探析［J］. 中国园林，2016，32（1）：47-51.

［367］梅亚军，温馨，沈关东. 景观服务评估与制图研究进展［J］. 中国人口·资源与环境，2016，26（5）：546-548.

［368］潘玉雪，田瑜，徐靖，等. IPBES框架下生物多样性和生态系统服务情景和模型方法评估及对我国的影响［J］. 生物多样性，2018，26（1）：89-95.

［369］彭建，杜悦悦，刘焱序，等. 从自然区划、土地变化到景观服务：发展中的中国综合自然地理学［J］. 地理研究，2017，36（10）：1819-1833.

［370］彭建，郭小楠，胡熠娜，等. 基于地质灾害敏感性的山地生态安全格局构建——以云南省玉溪市为例［J］. 应用生态学报，2017，28（2）：627-635.

［371］彭建，胡晓旭，赵明月，等. 生态系统服务权衡研究进展：从认知到决策［J］. 地理学报，

2017，72（6）：960-973.

［372］彭建，贾靖雷，胡熠娜，等. 基于地表湿润指数的农牧交错带地区生态安全格局构建——以内蒙古自治区杭锦旗为例［J］. 应用生态学报，2018，29（6）：1990-1998.

［373］彭建，李慧蕾，刘焱序，等. 雄安新区生态安全格局识别与优化策略［J］. 地理学报，2018，73（4）：701-710.

［374］彭建，赵会娟，刘焱序，等. 区域生态安全格局构建研究进展与展望［J］. 地理研究，2017，36（3）：407-419.

［375］宋章建，曹宇，谭永忠. 土地利用/覆被变化与景观服务：评估、制图与模拟［J］. 应用生态学报，2015，26（5）：1594-1600.

［376］苏常红，傅伯杰. 景观格局与生态过程的关系及其对生态系统服务的影响［J］. 自然杂志，2012，34（5）：277-283.

［377］孙学晖. 乡村生态系统文化服务指标体系构建及案例研究［D］. 山东大学，2017.

［378］唐丽，罗亦殷，罗改改，等. 基于粒度反推法和MCR模型的海南省东方市景观格局优化［J］. 生态学杂志，2016，35（12）：3393-3403.

［379］汪伦，张斌. 景观特征评估——LCA体系与HLC体系比较研究与启示［J］. 风景园林，2018，25（5）：87-92.

［380］王鹏，亚吉露·劳森，刘滨谊. 水敏性城市设计（WSUD）策略及其在景观项目中的应用［J］. 中国园林，2010，26（6）：88-91.

［381］王鹏飞. 文化地理学［M］. 北京：首都师范大学出版社，2012.

［382］王让会. 景观尺度、过程及格局（LSPP）研究的内涵及特点［J］. 热带地理，2018，38（4）：458-464.

［383］王云才. 景观生态化设计的空间图式语言初探［C］. 中国风景园林学会. 中国风景园林学会2011年会论文集（上册）. 中国风景园林学会，2011：573-579.

［384］王云才. 传统地域文化景观之图式语言及其传承［J］. 中国园林，2009，25（10）：73-76.

［385］王云才，石忆邵，陈田. 传统地域文化景观研究进展与展望［J］. 同济大学学报（社会科学版），2009，20（1）：18-241.

［386］王志芳，李明翰. 如何建构风景园林的"设计科研"体系?［J］. 中国园林，2016，32（4）：10-15.

［387］王志芳，沈楠. 综述地方知识的生态应用价值［J］. 生态学报，2018，38（2）：371-379.

［388］魏绪英，蔡军火，叶英聪，等. 基于GIS的南昌市公园绿地景观格局分析与优化设计［J］. 应用生态学报，2018，29（9）：2852-2860.

［389］邬建国，郭晓川，杨稢，等. 什么是可持续性科学?［J］. 应用生态学报，2014，25（1）：

1–11.

［390］邹建国. 景观生态学——格局、过程、尺度与等级（第一版）［M］. 北京：高等教育出版社，2000.

［391］邹建国. 景观生态学——格局、过程、尺度与等级（第二版）［M］. 北京：高等教育出版社，2007.

［392］吴隽宇，梁策. 风景园林视野下我国微气候研究概述与进展［J］. 南方建筑，2019，6：116-123.

［393］吴彤. 两种"地方性知识"——兼评吉尔兹和劳斯的观点［J］. 自然辩证法研究，2007，（11）：87-94.

［394］吴未，冯佳凝，欧名豪. 基于景观功能性连接度的生境网络优化研究——以苏锡常地区白鹭为例［J］. 生态学报，2018，38（23）：8336-8344.

［395］肖笃宁，李团胜. 试论景观与文化［J］. 大自然探索，1997，16（4）：68-71.

［396］肖笃宁，李秀珍，高俊，等. 景观生态学（第一版）［M］. 北京：科学出版社，2003.

［397］肖笃宁，李秀珍，高俊，等. 景观生态学（第二版）［M］. 北京：科学出版社，2010.

［398］谢莹. 基于CLUE-S模型和景观安全格局的重庆市渝北区土地利用情景模拟和优化配置研究［D］. 西南大学，2017.

［399］徐延达，傅伯杰，吕一河. 基于模型的景观格局与生态过程研究［J］. 生态学报，2010，30（1）：212-220.

［400］杨开忠. 论自然环境对人类社会发展作用方式［J］. 人文地理，1992，7（3）：64-70.

［401］杨锐. 论风景园林学发展脉络和特征——兼论21世纪初中国需要怎样的风景园林学［J］. 风景园林，2013，29（6）：6-9.

［402］杨庭硕. 本土生态知识引论［M］. 北京：民族出版社，2010.

［403］杨新军，石育中，王子侨. 道路建设对秦岭山区社会—生态系统的影响—— 一个社区恢复力的视角［J］. 地理学报，2015，70（8）：1313-1326.

［404］殷秀琴，宋博，董炜华，等. 我国土壤动物生态地理研究进展［J］. 地理学报，2010，65（1）：91-102.

［405］游俊，田红. 论地方性知识在脆弱生态系统维护中的价值——以石灰岩山区"石漠化"生态救治为例［J］. 吉首大学学报（社会科学版），2007，（2）：85-90.

［406］于冰沁，田舒，车生泉. 从麦克哈格到斯坦尼兹——基于景观生态学的风景园林规划理论与方法的嬗变［J］. 中国园林，2013，29（4）：67-72.

［407］余兆武，郭青海，孙然好. 基于景观尺度的城市冷岛效应研究综述［J］. 应用生态学报，2015，26（2）：636-642.

［408］俞孔坚. 中山岐江公园景观规划设计［J］. 城市环境设计，2010，10：188-191.

［409］俞孔坚，李迪华，袁弘，等. "海绵城市"理论与实践［J］. 城市规划，2015，39（6）：26-36.

［410］俞孔坚，许涛，李迪华，等. 城市水系统弹性研究进展［J］. 城市规划学刊，2015（1）：75-83.

［411］岳德鹏，王计平，刘永兵，等. GIS与RS技术支持下的北京西北地区景观格局优化［J］. 地理学报，2007，62（11）：1223-1231.

［412］岳德鹏，于强，张启斌，等. 区域生态安全格局优化研究进展［J］. 农业机械学报，2017，48（2）：1-10.

［413］张达，何春阳，邬建国，等. 京津冀地区可持续发展的主要资源和环境限制性要素评价——基于景观可持续科学概念框架［J］. 地球科学进展，2015，30（10）：1151-1161.

［414］张东旭，程洁心，邹涛，等. 基于多源数据的城市生境网络规划方法研究与实践［J］. 风景园林，2018，25（8）：41-45.

［415］张家宝，袁玉江. 试论新疆气候对水资源的影响［J］. 自然资源学报，2002，17（1）：28-34.

［416］张霞儿. 景观人类学视角的非遗特色小镇建构路径探析［J］. 贵州民族研究，2019，40（3）：80-84.

［417］赵明月，彭建，郑华，等. 自然资本科学和决策实践：宜居城市和可持续发展——2018年自然资本项目年会述评［J］. 生态学报，2018，38（13）：386-390.

［418］赵文武，刘月，冯强，等. 人地系统耦合框架下的生态系统服务［J］. 地理科学进展，2018，37（1）：139-151.

［419］郑华，欧阳志云，赵同谦. 人类活动对生态系统服务功能的影响［J］. 自然资源学报，2003，18（1）：118-126.

［420］中国生态学学会. 2016—2017景观生态学学科发展报告［M］. 北京：中国科学技术出版社，2018.

［421］周媛，石铁矛，胡远满，等. 基于城市气候环境特征的绿地景观格局优化研究［J］. 城市规划，2014，38（5）：83-89.

［422］朱磊，刘雅轩. 基于GIS和元胞自动机的玛纳斯河流域典型绿洲景观格局优化［J］. 干旱区地理，2013，36（5）：946-954.

［423］中华人民共和国住房和城乡建设部. 风景园林工程设计专项资质标准［M］. 北京：中国建筑工业出版社，2009.

第六章　面向国家需求的景观生态学实践应用

第一节　国土空间生态保护与修复

一、概念与实践需求

国土空间生态保护与修复是新时期国家生态文明建设的重要环节，旨在促进全域国土空间的安全保障与系统治理。近年来，大规模的城乡建设活动导致生态用地斑块破碎化严重，而人类对生态系统服务的需求不断增长，人地协同发展的矛盾突出，亟需进行国土空间生态保护与修复（Bryan 等，2018；Zhang 等，2019）。2012 年党的十八大提出大力推进生态文明建设，2015 年，中共中央、国务院发布《关于加快推进生态文明建设的意见》并提出四大建设目标，明确强调要进一步优化国土空间开发格局，改善生态环境质量。2017 年十九大报告提出要实行最严格的生态环境保护制度，统筹山水林田湖草系统治理，划定生态保护红线，优化生态安全屏障体系。2018 年第十三届全国人民代表大会第一次会议通过宪法修正案，生态文明首次写入宪法，同时国家机构改革方案通过，自然资源部正式成立，负责建立空间规划体系并监督实施，负责统筹国土空间生态修复，国土空间生态保护与修复的重要性日渐凸显。

国土空间生态保护与修复通过约束自然资源本底、权衡人类需求，耦合要素与过程，对处于不同生态系统健康水平的国土空间制定针对性的全域管理措施。国土空间生态保护旨在维系良好的自然本底条件，降低人类活动对生态用地的侵占与胁迫。国土空间生态修复则以受损生态系统为目标对象，通过系统治理恢复生态系统的良性循环。早期生态保护与修复主要关注水、大气、土壤以及生物等自然要素的个体保护与点状治理（Lu 等，2007；Miquelle 等，2015；Takić 等，2017），而近年来，国土空间生态保护与修复研究外延了保护与修复对象（自然生态系统到社会 – 生态系统）、保护与修复内容（生态系统内部到生态系统内外联动）、保护与修复尺度（从局地尺度到区域尺度），丰富了其理论内涵和实践价值（杜文鹏等，2019）。景观生态学作为地理学与宏观生态学的交叉学科，能够为国土空间生态保护与修复提供解决问题的多重视角，如景观的空间异质性、多功能性以及可持续性等（Peng 等，2016；Pickett 和 Cadenasso，1995；Wu，2013）。

　　景观生态学以综合视角研究景观的结构、功能、发生演变规律及其与人类社会的相互作用，进而探讨景观优化利用与管理保护的原理和途径（曾辉等，2017）。近年来，国土空间生态保护与修复作为重要国家需求之一，已逐渐成为景观生态学中的重要研究议题。"格局 – 过程 – 尺度"作为景观生态学的核心理论之一，强调景观格局与生态过程的相互作用及其尺度依赖，为国土空间生态保护与修复提供了内在理论支撑（邬建国，2000）。"斑块 – 廊道 – 基质"模式作为一种描述景观结构、功能与动态变化的空间语言，为国土空间生态保护与修复提供了空间表达方式（Forman，1995）。景观生态规划作为景观生态学的重要分支，强调自然生态系统和人类社会系统的耦合关联，从早期 Howard（1902）的田园城市构想，到 McHarg（1969）提出基于生态适宜性分析的"千层饼"规划模式，再到 Forman（1995）提出景观格局整体优化的途径，景观生态规划方法更加强调空间格局对生态过程的影响。因此，生态安全格局、生态网络、绿色基础设施等景观规划理念与方法在国内外逐渐兴起并得到广泛应用（Cook，2002；Tzoulas 等，2007；Yu，1996），为国土空间生态保护与修复提供了实践途径。

　　不同于欧洲与北美地区国家的管治背景，中国高强度的城市化进程伴随着大规模的城乡建设用地扩张，自然本底破碎化严重，而构建区域生态安全格局是我国实现国土空间生态保护与修复的有效途径之一（马克明等，2004；Su 等，2016）。生态安全格局通过识别对于维持区域生态系统存续与发展具有关键意义的点、线、面空间要素，提出保障生态系统功能和服务的时空量序格局（Peng 等，2019b）。生态安全格局面向保障区域生态安全这一现实问题，以生态系统综合管理视角保护关键生态要素的空间格局及重要生态过程，也是景观生态学中格局 – 过程耦合理论实践应用的典型案例。近年来，生态安全格局研究综合运用定点观测、地理信息系统、遥感技术以及模型模拟等方法，评估区域生态安全现状，识别关键生态源地、廊道和战略点，为国土空间生态保护与修复，特别是保护与修复优先区识别提供了理论与方法支撑（见图 6–1）。

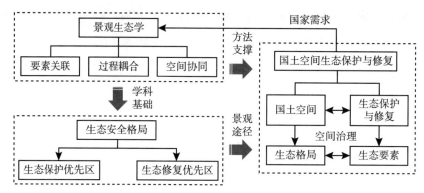

图 6-1　国土空间生态保护与修复和景观生态学、生态安全格局的关系

二、研究进展

依托景观生态学基本原理与方法，面向生态安全格局构建的国土空间生态保护与修复研究仍处于探索阶段，以国家需求为支撑，目前重点研究了生态保护与修复的内在机理、优先区识别、可持续性保障等。

1.　内在机理研究

国土空间生态保护与修复依托了景观生态学中的格局–过程互馈机制。景观格局一般强调景观组成单元的类型、数目以及空间分布与配置，与之相互作用的生态过程包括群落演替、物质循环、能量流动等。景观格局的异质性、破碎化以及边缘效应会对生态过程产生干扰，同时生态过程的动态平衡也会外在反映出景观格局的变化（Fahrig，2017；Turner，1989；邬建国，2000），这一互馈关系为国土空间生态修复优先区识别及格局优化提供了的科学支撑。此外，国土空间生态保护与修复要明晰生态阈值与恢复力的动态过程，特别是对国土空间生态修复而言，依生态安全水平和外界干扰程度可将其分为生态恢复和生态重建两个层面，前者强调自然演化，后者关注人为措施。判断外界干扰何时超过生态阈值从而需要人工干预，对保障景观的可持续性至关重要，也将是未来国土空间生态保护与修复内在机理研究的重点方向之一。

2.　生态保护优先区识别

通过区域生态安全格局识别国土空间生态保护与修复优先区的研究已有开展，并形成了"源地–廊道–战略点"的研究范式（彭建等，2017）。生态源地指对区域生态安全具有重要意义的关键斑块，生态廊道是具有重要连通作用的线状景观要素。战略点主要位于生态廊道内部，对保障廊道内物质与能量流动具有重要作用，一般可以分为两类：一类是生物或生态流集聚的斑块，应是国土空间生态保护的重点区域；另一类是严重阻碍廊道连通的斑块，应是国土空间生态修复的重点区域（Peng 等，2018）。

生态源地识别可以直接选取风景名胜区、自然保护区或者面积较大的生态用地斑块（Gao 等，2017），这种方法具有一定的便利性，但因为受行政边界限制以及人类活动的干扰，斑块破碎化严重，斑块内部生态系统功能与服务差异显著，因而现有研究多基于区域生态需求和自然本底条件构建综合评价体系。针对国土空间生态保护或生态修复目标的不同，应选取与区域自然和社会发展条件相一致的评价指标，主要包括生境重要性、景观连通性、生态敏感性等。生境重要性反映了斑块具有的生态系统功能的完整性及生态系统服务的供给能力，景观连通性表征了斑块的空间位置对区域生态系统健全的重要性，生态敏感性包括土壤侵蚀、地质灾害、石漠化等敏感类型。此外，Zhang 等（2017）还引入了人类生态需求评估识别生态源地，明确了人类活动对生态系统服务的实际需求程度，Peng 等（2018）以深圳市为研究区，不仅计算了生态用地斑块的生境质量与景观连通性，同时针对城市用地扩张问题评估了区域生态退化风险。识别生态源地的指标体系构建研究较多，但仍局限于生态要素评估并采用空间加和方式进行叠置，应进一步探究面向特定生态过程、社会 – 生态过程的区域生态安全格局构建。

生态廊道识别是保障生态源地间物质和能量流动、生态过程连续的关键环节。早期研究直接选取河流、林带等自然条带作为生态廊道（Bhowmik 等，2015），但仅能连接部分生态源地，随后，多种生态廊道的识别方法被提出并得到广泛应用。最小累计阻力模型（MCR）通过构建生态阻力面，识别从一个生态源地到另一个生态源地进行物种迁移或生态流的最低累计阻力路径，但该方法的识别结果更强调生态廊道的方向性，而忽视了宽度信息（Lin 等，2016）。电路理论通过模拟电子的随机游走来表征物种的不规则运动，识别生态源地间的高电流区域，即生态廊道（Fan 等，2019）。此外，有学者在 MCR 模型的基础上，综合蚁群算法、核密度估计等模型，提取了生态廊道的空间边界（Peng 等，2019）。无论选择何种生态廊道的识别方法，生态阻力面的构建都不可或缺。简单的生态阻力面可采用专家打分法对不同土地利用类型赋值得到，近年来也有学者引入夜间灯光强度、不透水表面指数、坡度坡长等指标对赋值得到的基础生态阻力面进行修正（Zhang 等，2017）。

目前战略点识别的方法还较少，有研究直接对由生态源地和生态廊道组成的生态安全格局进行判断，选取生态廊道内的部分生态用地斑块作为踏脚石，识别生态廊道内的间断点作为障碍点，但该方法主观性较强，同时识别结果常是点位信息，忽视了具有明确空间边界的面域，对国土空间规划的指导意义不足。有学者借助生态保护学模型或图论方法识别战略点，如应用电路理论提取生态廊道内的较高电流区域作为生态夹点，采用移动窗口搜索法识别对改善廊道连通性具有重要价值的区域作为障碍点（Peng 等，2018）。近年来，通过简化源地、廊道、战略点等要素而构建生态网络的研究也逐步开展，为促进区域可持续发展提供了理论和方法支撑。

3. 可持续性保障

国土空间生态保护与修复的实质是维持或改善景观所具有的能够长期保障生态系统功能完整与人类福祉供给的能力，即景观可持续性，这也是生态保护与修复工程实施后预期达到的效果。已有研究表明，景观具有多功能性，即景观在发挥其主要生态功能的同时，还兼具社会、经济、文化、历史和美学等其他功能的特性，因此景观供给的不同生态系统服务间存在着权衡与协同（Liu 等，2019），即一种生态系统服务实物量的增加可能会导致另一种生态系统服务实物量的增加（协同）或者减少（权衡），而权衡不同生态系统服务供给是促进景观可持续性的重要方面。基于生态系统服务权衡，以生态保护与修复为目标的景观多功能性优化研究已有开展。一方面，在不同发展情景下，分析生态系统服务间的权衡关系，能够识别景观功能均衡供给的生态保护或修复优先区。另一方面，针对特定的生态保护或修复目标，模拟多功能景观优化情景，选择目标效益最大化的优化情景（Peng 等，2019）。考虑尺度效应，在县域和流域尺度开展的多功能景观识别，同样丰富了国土空间生态保护与修复的研究视角。

目前，除了进行必要的可持续性评价和设计外，生态补偿制度也是保障生态修复实施后景观可持续性的重要手段（Salzman 等，2018）。由于部分生态系统服务的供给地和需求地存在空间不匹配的问题，而供给方通常无力承担生态修复的成本，因此需求方应通过生态补偿的方式支撑生态修复工程。这种通过生态系统服务与资金彼此交换流动的方式，保障了国土空间生态修复的长期、有效推进，进而实现景观功能的可持续性发展。

三、研究发展方向

国土空间生态保护与修复作为新时期的国家发展需求，核心关注要素关联、过程耦合、空间协同的系统保护与修复，景观生态学为其提供了方法支撑和景观途径。以往国土空间生态保护与修复研究主要关注保护优先区或修复优先区的空间识别，而且已经形成了基于生态安全格局构建、生态系统服务权衡、景观多功能性优化等方法的相关研究，但对生态阈值与恢复力、核心社会－生态过程以及保护与修复网络等核心议题的关注还较少。未来，国土空间生态保护与修复的重点研究方向包括：①识别关键生态要素；②厘定重要生态阈值；③耦合社会－生态过程；④优化区域生态网络（见图 6-2）。

1. 识别关键生态要素

（1）中短期目标——认知生态要素间的关联关系

生态要素通过发挥其重要的生态系统功能保障区域生态安全，识别关键生态要素是实现国土空间生态保护与修复的前提。以全域国土空间视角，明晰山、水、林、田、湖、草、矿山、土地以及海洋等关键生态要素的时空分布特征，认知生态要素间的系统性关联（宇振荣和郧文聚，2017）。具体而言，明晰城镇空间、农业空间以及生态空间的边界范围，从单要素的单一生态功能保护与修复走向单要素多功能权衡的保护与修复（如对耕地要进行生产功能与生态功能的协同保护），从局地单要素的保护与修复走向重要生态区域的保护与修复（如对某个湖泊的污染治理转向河流下游区域的系统修复），从单一系统内要素的保护与修复走向多系统间权衡与协同的保护与修复（如对某物种栖息地的局地保护应考虑邻域地区的气候变化、土地利用方式的影响），特别是国土空间生态修复，要以山水林田湖草、矿山整治、蓝色海湾、土地整治等四个方面为抓手，从末端治理、被动修复走向关联国土空间全要素的过程管控、源头治理。准确理解生态要素间的关联关系，不仅保障了国土空间生态保护与修复的要素形态系统性认知，同时能够在一定区域内，推进构建稳定的过程－响应系统乃至内外统筹的全域控制系统，从而真正实现全要素关联、全过程耦合、全空间协同的系统保护与修复目标。

（2）中长期目标——整合生态重要性、恢复力视角

在生态本底条件优越、人类活动干扰微弱的自然区域，生境斑块的生态重要性与恢复力往往呈现正比关系，通过评估区域生态重要性（生态系统功能水平或生态系统服务能力）便可以明确区域内的关键生态要素，进而可以分别识别出需重点保护的高生境质量斑块、需重点修复的低生境质量斑块，根据提取出的典型生境斑块，可以更具有针对性的制定国土空间生态保护与修复策略。上述方法也常用于城市生态安全格局的构建中，因林地、草地、耕地等生态要素所在区域一般都远离城市中心，人类

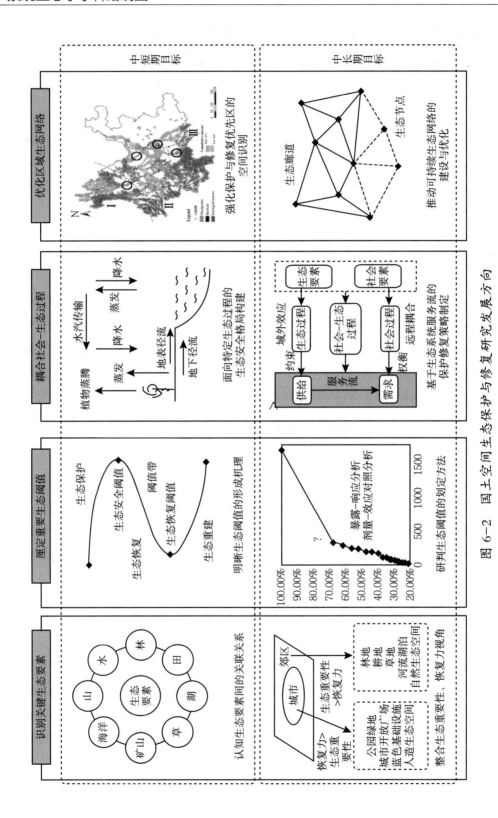

图 6-2 国土空间生态保护与修复研究发展方向

活动不频繁，所以从生态重要性视角评估得到的生态源地、廊道和战略点多位于城郊的生态用地。在景观异质性强、人类活动频繁的城市地区，往往会出现整体低生态重要性但存在局部高恢复潜力的现象，局部高恢复潜力的斑块在经过生态恢复或生态重建之后，同样能够提供良好的生态系统服务供给，而且由于这些城市内生态要素的地理位置优越，能更大程度地满足人类福祉的需求。因此，整合生态重要性、恢复力视角对实现国土空间生态保护与修复至关重要，特别是我国高度城市化地区，应更加着眼于人类生态需求，关注城市内部的开放绿地空间和蓝色基础设施（Colding 等，2013），探究生态要素与社会经济要素的时空关联，对具有良好恢复潜力的城市生态用地斑块采取针对性的保护与修复措施。

2. 厘定重要生态阈值

（1）中短期目标——明晰生态阈值的形成机理

厘定生态阈值的高低对确定是否采取国土空间生态保护与修复、应该采取何种程度的国土空间生态保护与修复直接相关，特别是生态安全阈值和生态恢复阈值。在国土空间生态保护与修复的语境中，生态安全阈值是稳定生态系统在生态保护的措施下能够抵抗外界干扰的临界值，生态恢复阈值则指非稳定生态系统在生态修复的措施下恢复至稳定状态的临界值。当生态系统状态优于生态安全阈值时，理论上均应采取生态保护措施，远高于生态安全阈值的区域，应作为生态保护优先区。Oliver 等（2015）通过探讨生态系统抵抗力和恢复力的关系（高抵抗力－低恢复力、低抵抗力－高恢复力、低抵抗力－低恢复力）分析了生态系统功能与外界环境干扰的相互作用特征，从一定程度上解释了生态阈值的形成原因。有研究以清水状态与浊水状态的相互转换为例，分析在生态安全阈值（Tipping point 1）和生态恢复阈值（Tipping point 2）这两个临界点存在突变效应，从而形成一定的阈值范围，因而生态阈值可分为生态阈值点和生态阈值带。生态阈值点强调系统在两个稳态之间的突然转变，即生态系统从量变到质变的转折点，而生态阈值带则强调系统两个稳态之间的跃升或下降经历的一个过渡区域（Dakos 等，2019），但是生态阈值点的突变机制、生态阈值带的形成原因尚不明晰。在国土空间生态修复中，生态阈值是判定采取生态恢复或生态重建的重要依据，当生态系统状态劣于生态恢复阈值时，更多或更强力度的人工干预措施可能更加有效，而当生态系统状态劣于生态安全阈值，但优于生态恢复阈值时（处于生态阈值带中），系统的自我恢复能力能够保证再次达到稳态。明晰生态阈值的形成机理并分析不同生态阈值对国土空间生态保护与修复的理论支撑是至关重要的，但仍需要更深入的科学研究与实践探索。

（2）中长期目标——研判生态阈值的划定方法

划定生态阈值是国土空间生态保护与修复的重要环节，直接关系到生态保护优先区或修复优先区的斑块规模、几何形状与空间分布。以往研究多基于传统数理统计方法，如在生态源地识别时，常根据不同面积大小的斑块数量变化或者所有斑块的面积大小变化划定生态阈值（Bai 等，2018），该阈值与生态安全、生态恢复等内在机理无关。同样在提取生态廊道边界时，基于累积的生态阻力值、模拟电流值、核密度估计值的频数分布划定的廊道宽度阈值，主观性较强，生态意义不足。有研究提出行星边界的思想，以阈值的形成定量刻画地球系统内各生物物理过程受人类干扰影响的风险高低及是否突破了安全边界（Steffen 等，2015），但仍有部分指标的核算方法及其阈值划定依据尚未明确。因此，在明晰了生态阈值形成机理的基础上，突破数理统计结果，如何厘定生态安全阈值或生态恢复阈值仍是未来国土空间生态保护与修复研究的重要议题。依托景观生态学的格局与过程互馈原理，重点关注如暴露－响应分析、剂量－效应对照分析等方法，探究核心生态过程的变化如何影响综合评估量的空间格局变化，以过程内变量为基本研究对象，划定综合评估量的重要生态阈值，为识别国土空间生态保护与修复整体格局提供理论与方法支持。

3. 耦合社会－生态过程

（1）中短期目标——面向特定生态过程的生态安全格局构建

构建区域生态安全格局作为识别国土空间生态保护与修复优先区的重要途径之一，已有研究通过选取并评估生态重要性（如土壤保持、粮食生产、水源涵养等）、生态敏感性（土壤侵蚀、石漠化等）、景观连通性等多角度指标，进而叠加指标层，识别生态源地、廊道和战略点。生态要素空间叠加的方法忽视了对特定生态过程的考量，依此构建的综合生态安全格局难以制定针对特定生态问题的、内在核心机制的保护或修复策略。有研究面向城市热岛效应缓解，分析森林和湿地两类生态要素在局地降温过程中的热量流动特征，识别梯度廊道、低温廊道、隔离廊道等重要降温廊道（滕明君，2011），但其他类似的生态安全格局研究还较少。未来，面向不同保护或修复目标（水质净化、大气污染、特定物种迁徙等），明晰对实现该目标具有关键影响的生态过程，打破传统基于要素叠加的综合生态安全格局构建，实现基于特定生态过程的生态安全格局构建。此外，应进一步关注生态过程间、生态过程与社会过程间的相互作用对国土空间生态保护与修复优先区识别的影响，实现从面向特定生态过程的生态安全格局构建转向基于社会－生态过程的综合生态安全格局构建的长远目标。

（2）中长期目标——基于生态系统服务流的保护修复策略制定

中国高度压缩的城市化进程，需要在有限自然资源供给的约束下，实现改善生态环境与满足人类需求的双赢目标。生态系统服务反映了自然生态系统对人类的惠益，有效促进了生态过程与社会过程的连接。山水林田湖草等生态要素彼此关联、相互作用形成若干生态过程，保障了自然生态系统的服务供给，人口、经济、文化等社会要素构成的社会经济活动产生了生态系统服务需求，生态系统服务流则反映了生态系统服务由供给地向需求地的空间移动，是促进资源合理配置的有效途径（Bagstad 等，2013）。在生态安全格局构建中，生态系统服务流的概念能够延伸"生态源地"为生态源与生态汇，通过分别提取高生态系统服务供给区、高生态系统服务需求区，进一步识别从供给地到需求地的定向生态廊道，并在服务流动方向中识别生态保护或修复优先区。因此，制定高效的国土空间生态保护与修复策略，应考虑社会－生态过程的耦合，强调生态系统服务在供给地与需求地间的空间流动。此外，在多要素的复杂耦合系统中，国土空间生态保护与修复不能局限于区域尺度（Sayles 等，2017），城市群、大湾区、国家等尺度的研究同样重要，特别是要突破行政边界的制约，关注域外效应与远程耦合，如水资源跨区调配、大气污染联防联控、稀缺物种异地保护等。生态补偿制度能够为基于生态系统服务流的保护与修复策略制定提供政策与经济保障，推动全域国土空间一体化的人地协同。

4. 优化区域生态网络

（1）中短期目标——强化保护与修复优先区的空间识别

生态保护与修复优先区识别仍是目前研究的热点和未来研究的重点。生态安全格局构建方面，狭义而言，生态保护与修复优先区识别一般属于战略点的研究范畴，指位于生态廊道内的关键区域，如分别应用电路理论和移动窗口搜索法可以得到生态夹点（保护优先区）与障碍点（修复优先区）。但以往基于 MCR、电路理论、蚁群算法等模型识别的生态廊道及战略点多是依据图论思想，如障碍点就直接表现出区域生态阻力值高，修复后能显著提升廊道连通性的特征（Peng 等，2018b），识别结果仍缺乏有效性验证，需进一步加强高质量的基础数据获取。广义上，生态源地与生态廊道都是国土空间生态保护与修复的优先保护对象。指标评估是生态源地识别的基础，部分指标（如生态敏感性）常采用专家打分法依据土地利用类型、地形地貌、植被覆盖情况进行主观赋值（Feng 等，2018；Zhao 等，2018），虽然该方法对数据要求较低，但评估结果的不确定性较高、难以验证，需加强基于过程的模型或模拟方法的设计与应用，如 InVEST 模型、SWAT 模型、RUSLE 模型等。以往研究对生态廊道空间边界的刻画方法尚未统一，探究耦合社会 – 生态过程的生态廊道识别方法，明晰廊道宽度的划定阈值，不仅直接提高国土空间生态保护与修复优先区识别结果的准确性，同时能够为区域国土空间规划提供科学支撑。

（2）中长期目标——推动可持续生态网络的建设与优化

面向要素与过程优化的生态网络建设是实现国土空间生态保护与修复的一体化景观综合途径。生态网络的概念在 20 世纪 80 年代得到推广与应用，但多集中在欧洲与北美洲的发达国家，国内仍缺乏相关研究与实践。Kong 等（2010）根据三种网络连接模式构建了不同情景下的济南市绿地生态网络。与生态保护与修复优先区不同，生态网络不仅强调离散生境斑块间的连通性，更加关注网络结构的稳定性。当自然生态系统受到人类活动干扰时，生物种群、信息以及能量能够在生态网络中流动，避免自然生态系统崩溃，通过自我调节能够重新恢复系统稳态。因此，从生态保护与修复优先区识别到生态网络构建，是被动保护措施向主动适应策略的转变，特别是在联合国可持续发展目标（Sustainable Development Goals，SDGs）的指引下，国土空间生态网络的构建是实现 SDG13（气候行动）、SDG14（水下生物）、SDG15（陆地生物）目标，应对气候变化风险，促进陆地和海洋生态系统可持续发展的有效途径。国土空间生态保护与修复研究中，保护与修复优先区可看作网络结构中的节点，不同保护与修复情景下的生态网络存在差异，可通过分析 α、β、γ 等指数以及连通性、鲁棒性等指标评估生态网络的空间连接特征（Minor 等，2007），从而制定最有效的生态保护与修复策略。

第二节　国土空间规划

我国的土地利用变化很大程度由规划引导和决定，科学合理的规划是保证生态安全和合理开发的保障。为解决以往各部门规划相互不一致，甚至相互冲突的问题，我国从 2017 年开始依托机构改革开展了国土空间规划，并明确了生态优先的地位。科学合理的规划需要景观生态学"格局对过程的影响""格局优化"等核心理论支撑。本节内容对国土规划相关概念进行了详细阐述，系统梳理了景观生态学与空间规划的研究进展，并重点对国土空间规划生态部分核心的承载力和生态适宜性分析进行了剖析。

一、相关概念及实践需求

国土空间规划是对国土空间的保护、开发、利用、修复做出的总体部署与统筹安排。与过去的城乡规划和土地利用规划相比，新时代国土空间规划有新目标、新使命，包括：①战略引领，统筹陆海、区域、城乡空间发展，优化国土空间开发格局；②开发布局，协调生产、生活、生态空间，形成合理的城镇、农业和生态空间；③底线管控，划定生态红线、基本农田保护红线、城乡开发边界并严格管理；④资源利用，统筹配置各类自然资源，控制开发强度；⑤公益保障，合理配置基础和公益设施空间；⑥国土整治，科学安排城乡土地综合整治和生态修复。它既是实施国土空间用途管制的基础，又是自然资源监管的源头（林坚，2018）。长期以来，我国的空间规划存在概念不清、重叠冲突、部门职责交叉重复等难题。为解决这一难题，2013年《中共中央关于全面深化改革若干重大问题的决定》首次提出建立空间规划体系，划定生产、生活、生态边界，将城镇空间、农业空间、生态空间并列为三大国土空间。2015年发布《生态文明体制改革总体方案》要求，要构建"以空间规划为基础，以用途管制为主要手段的国土空间开发保护制度"，推进"多规合一"，形成一个规划、一张蓝图；同时，要求树立"山水林田湖"是一个生命共同体的理念，编制前应当进行资源环境承载能力评价，完善生态文明绩效评价考核和责任追究制度。

国土空间是多种要素相互作用下的动态复杂系统，要素组成、空间格局与时空动态监测、空间结构配置合理性等是国土空间规划实践的科学内涵（甄峰等，2019）。国土空间是一个包含所有自然资源的内在有机整体，具有典型的景观综合体特性，是不同等级、不同尺度生态系统的载体。国土空间是一个具有明确边界、复杂的地理空间，包含了国土要素和空间尺度的核心特性，其中国土要素包含土地要素和海洋要素，主要是各类森林、湿地、荒漠、草原、农田等陆地生态系统类型及海洋生态系统类型；空间尺度则强调国土要素的空间边界及其空间关系特征，国土空间边界与生态学组织水平（群落、生态系统、景观、区域等）的尺度边界，空间关系则是国土空间所体现出的特定地理空间范围内响应的空间结构与空间格局（曹宇等，2019）。早期的国土相关研究主要关注土地资源的开发、利用与保护。近年来，国土空间的提出，注重了土地的多重功能和属性、空间格局、整体性和动态性特征。国土空间承载了人类文明演进的各项需求，也是维系可持续发展的实体（吴健生等，2020）。景观生态学以景观为研究对象，与国土空间具有高度关联，既注重资源的开发、利用与保护，又注重多功能性和空间格局等。20世纪60年代末至70年代初期形成的独立学科——景观生态学是生态学和地理学交叉融合形成的生态学分支学科，景观生态学强调景观的结构、功能、过程及其与人类社会的相互作用，正是国土空间规划面对的规划实体，能够为国土空间规划实践提供解决问题的重要视角（傅伯杰等，2011；Wu，2013）。

景观生态学在欧洲发展成一门独立学科过程中，是伴随着人口增长、粮食需求增加和资源环境问题显现，欧洲开始重视资源的合理开发利用与生态保护、景观管理与保护、协调自然与社会经济发展之间的矛盾而形成的。欧洲学派的景观生态学家大规模地参与到土地利用规划与评价、景观生态规划与景观规划等实践过程中，促进和提升了景观生态学的理论与应用研究。北美学派从20世纪80年代开始引入景观生态学与传统生态学结合，创新了景观生态学的方法论，建立了景观格局、景观动态模拟等特色研究方向，将研究工作应用于资源管理、生物多样性保护、全球环境变化等领域；而传统景观设计学的工作者更是推动景观安全格局构建这一应用发展（曾辉等，2017）。中国则最早在改革开放初期，国内将景观生态学引入到宏观生态学和综合自然地理学领域，经过了30余年的发展，已经形成不同于北美学派和欧洲学派的中国研究特色（陈利顶等，2014）。中国景观生态研究的在基于景观格局与过程的研究范式，以不同类型景观为研究对象，应用到不同尺度上的国家战略决策与空间规划中，取得了明显的社会和实践效果（中国生态学学会，2018）。

景观生态学基本理论和方法已广泛应用于自然资源开发与利用、生态环境评价、生态系统管理、自然保护区的规划与管理、生物多样性保护、城乡土地利用规划、城市景观规划设计、生态系统恢复与重建等诸多领域，其实践应用推动了景观生态学基础研究的发展，这种良性互动关系成为景观生态学发展的动力源泉。近年来，国土空间规划在构建以空间治理与空间结构优化为主的空间规划体系，作为新时期生态文明建设与体制改革的国家重大战略需求之一，将有可能成为景观生态学实践应用的重要学科方向。

二、相关研究进展

1. 国土空间规划理论相关进展

我国1987年颁布的《国土规划编制办法》提出国土规划是根据国家社会经济发展总的战略方向和目标以及规划区的自然、经济、社会、科学技术等条件，按规定程序制定的全国或一定地区范围内的国土开发整治方案。早期，涉及国土空间的规划主要有主体功能区规划、国土规划、城乡规划和土地利用规划。此外，各部门均有各自的专项规划，包括发改、住建、国土、环保、海洋和林业等；同时，规划又分为不同的等级体系；不同部门和层级的规划主导思想和重点不一致，导致难以形成统一的概念和框架。当前，以国家机构改革为契机，规划职能统一到自然资源部，从管理上理顺了规划实施主体。

国土空间规划实践自 2013 年明确提出以来，引起了地理学和规划界的重点关注对象，以国土空间规划为主题词，在 CNKI 库中检索相关学术论文，发现国土空间规划、空间规划、"多规合一"是重要的关键词节点（见图 6-3）。其中，国土空间、空间治理、空间规划体系、用途管制等受到较多的关注，该类研究主要集中于辨析国土空间规划的体系构成，强调空间特质。特别是与已有的规划衔接形成"多规合一"的一张图方面。国土空间的划定方法和"三线"的划定技术等。同时，学者也在探讨如何避免国土空间规划成为新瓶装旧酒式的实践。总体上，国土空间规划作为未来的统领性规划正处于起步阶段，不同于以往的土地利用规划，也不同于以往城乡规划。

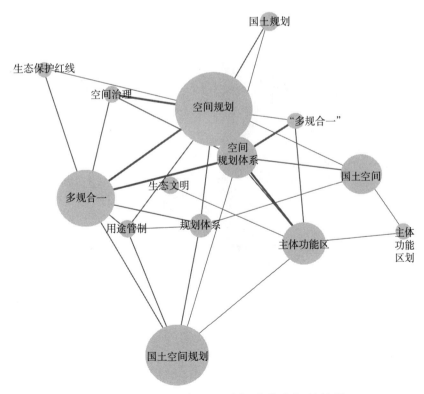

图 6-3 国土空间规划相关热点词链接图

国土空间规划的相关研究，从 2018 年开始大幅出现，2019 年呈现井喷现象一年就达到 1200 多篇（见图 6-4）。前五位的主题为：国土空间规划（31.74%）、国土空间（18.59%）、空间规划（12.21%）、空间规划体系（11.31%）和"多规合一"（8.64%）（见图 6-5）。

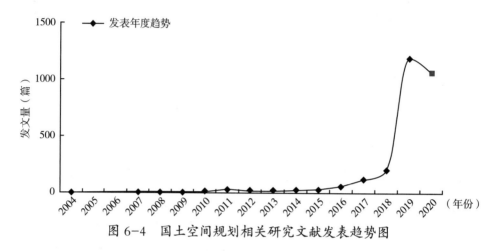

图 6-4　国土空间规划相关研究文献发表趋势图

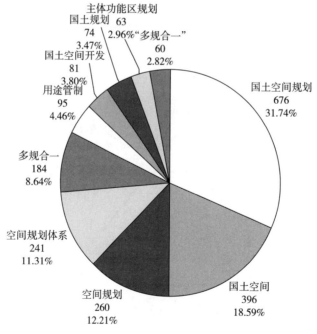

图 6-5　国土空间规划相关的前十位研究热词

国土空间规划实践是当前国土空间格局变化来到关键拐点时期，国家空间治理体系转型变革时期，国家空间规划类型整合创新时期，应运而生的国家重大战略实践需求（俞滨洋和曹传新，2018）；是实现国土空间格局结构高效、功能完善、交通通畅、环境优美、形象独特的生态文明建设和可持续发展的长远战略。国土空间规划涵盖了从以发展战略为目标的发展规划到注重空间管控的空间规划再到实施引导的专项规划，是一类多层级、多尺度、多类型的规划体系；景观生态学的理论关注景观的格局、过程、等级和尺度，是理解综合理解土地系统的重要途径。景观生态学考虑土地的空间结构、配置以及空间格局的生态环境效应，与国土空间规划实践需求密切关联，是国土空间规划的四大理论基础之一（曹宇等，2019）。景观生态规划与设计是景观生态学的理论与方法在空间规划领域的重要应用方向之一，也是景观生态学的理论源流之一。景观生态学在欧洲被认为是土地和景观规划、管理、保护、发展和可持续利用的科学基础。景观生态规划与设计综合考虑景观的生态过程、社会过程以及自然－人文过程的相互作用，通过规划和设计经营管理景观，维持景观的结构、功能和生态过程，满足土地的可持续利用目的。景观生态学发展的部分理论源自早期的景观规划实践，是地理空间与规划实践结合最为紧密的一类实践应用。景观生态规划的很多模式目前依然值得国土空间规划借鉴，例如 McHarg 基于适宜性分析形成的"千层饼"规划模式、Forman 的以格局优化为核心的景观规划模式等等。然而以"国土空间规划"加"景观"为主题词检索论文发现相关文献并不多，主要集中于生态空间，生态系统服务和生态文明建设。国土空间规划需要以生态为优先，以承载力为限制，以适宜性为基础，其研究理论基础离不开景观生态学的核心理论，特别是格局与过程的相关研究理论与范式。由此可见，巨大的国土空间规划实践应用潜力尚待景观生态学研究的参与。如何引入具有空间特质的景观生态学研究开展国土空间规划实践，诸多学者呼吁景观生态学研究者应及早加入到国土空间规划实践中。

2. 资源环境承载力评价研究进展

资源环境承载力是国土空间规划的科学基础和约束条件（郝庆等，2019）。自然资源部《资源环境承载能力和国土空间开发适宜性评价技术指南（征求意见稿）》（2019 年 3 月）定义资源环境承载能力为一定国土空间内自然、容量和生态服务功能对人类活动的综合支撑水平。资源环境承载能力实际评估中，更多是从国土空间能够承载人类生活生产活动的自然资源上限、环境容量极限和生态服务功能量底线视角操作（樊杰，2019）。

资源环境承载能力评价包含了单要素评价、多要素综合集成评价等，是承载力、生态承载力、资源（土地、水）承载力与环境承载力（或环境容量）的延伸与发展。然而，现有的资源环境承载力评价是对自然资源禀赋和生态环境本底的综合评估，确定国土空间在生态保护、农业生产城镇建设等功能指向下的承载力等级（樊杰，2019）。采用的方法为评价指标体系方法，按照评价对象和尺度差异遴选指标，分别开展土地资源、水资源、海洋（仅滨海地区）生态环境灾害等要素的单项评价（封志明，2017）。基于资源环境要素单项评价结果，开展生态保护、农业生产结果，开展生态保护、农业生产城镇建设不同功能指向下的资源环境承载力集成评价，根据集成评价结果，将相应的资源环境承载能力等级依次划分为高、较高、一般、较低和低 5 个等级（唐常春和孙威，2012；樊杰，2019）。承载力的评价中涉及土地资源、水资源、生态资源和环境质量评估（曲修齐等，2019）。其中，土地综合承载力评价作为资源环境承载力评价的重要内容之一，是指在一定空间区域内，一定的社会、经济、资源、生态、环境条件约束下，区域土地资源所能支撑的最大国土开发规模和强度。水资源承载力包括社会经济需水量、农业需水量和生态需水量。生态资源承载力研究中生态红线的划定是重要部分，生态红线前期评估中生态敏感性和生态脆弱性分析，如水源涵养功能、水土保持功能、防风固沙功能、生物多样性维护功能以及水土流失敏感性和土地沙化敏感性评价。资源环境承载力尚未形成被广泛接受的理论框架、指标体系和评价模型，评价结果的权威性和科学性尚存争议，作为国土空间规划的先导空间技术还需完善（岳文泽等，2018）。

水资源承载力、可持续发展、生态系统承载力、资源承载力、环境承载力和评价指标体系是当前资源环境承载力评价关注的热点。然而，此类研究中与国土空间规划相关的研究较少，多聚焦于国土空间规划与资源环境承载力的逻辑关系和理论探讨层面（岳文泽等，2018）。迄今为止，尚未找到非常可靠的空间指标体系来评价区域的资源环境承载力。景观生态学研究资源环境承载力，聚焦于景观要素的空间格局与区域特征。在研究方法方面，资源环境承载力研究亟待突破从分类到综合、从定性到定量、从基础到应用，发展一套标准化的评价方法（封志明和李鹏，2018）。资源环境承载力研究还需要对资源环境承载力的基本原理、理论基础、科学内涵、技术方法、不确定性以及模型参数等方面深入。在技术方法方面，则需要充分利用现代地学技术手段，如遥感、地理信息系统与大数据处理技术等，完善承载力定量评价方法。

3. 国土空间适宜性评价研究进展

国土空间开发适宜性评价是确定国土空间开发与保护功能类型的基础，是在资源环境承载潜力和社会经济发展基础上的，对城镇、农业、生态等各类开发与保护功能的适宜程度进行综合评价（樊杰，2019）。从国土空间规划要求看，国土空间适宜性评价主要服务于"三区三线"的划定，是面向国土空间用途管制的综合评价，侧重于宏观尺度的评价和区域国土空间的多用途综合评价。

自 20 世纪 80 年代以来，我国形成了一套相对完整的土地适宜性理论体系（倪绍祥和陈传康，1993），伴随国土开发与整治的开展，评价从单要素向多要素，从农用地、城建用地转向生态用地等。国土空间适宜性评价方法主要以多要素叠加综合分析、空间格局优化与模拟、生态位空间供需耦合分析、参与式综合评价等技术开展（喻忠磊等，2015）。土地利用、地理学、景观生态学和城市规划学等领域的学者针对不同地域类型和开发方式，基于不同尺度和评价单元开展了大量研究，评价方法不断得到改进，指标体系日趋完善（喻忠磊等，2015）。目前的国土空间开发适宜性评价以资源环境承载潜力、社会经济发展基础两个维度构建国土空间开发适宜性评价指标体系，然后从土地资源、水资源、环境、生态、灾害、海洋 6 项资源进行潜力要素开展单项评价；采用人口集聚水平、城镇建成区发展状态、经济发展水平、交通优势度及能源保障程度指标评价 5 项社会经济发展要素；再结合功能属性分别对城镇空间、农业空间和生态空间适宜区范围划分（樊杰，2019）。景观生态学研究对象为综合性的地表特征——景观为对象，评价指标体系类型多，可以与国土空间开发适宜性的评价指标体系结合改进，有助于评价结果的科学性。

三、国土空间规划实践中的景观生态学议题

景观异质性不仅构成了景观斑块空间镶嵌的复杂性，也决定了景观结构空间分布的非均匀性和非随机性，造成了景观内部的物质流、能量流、信息流和价值流，促进了景观的演化、发展和动态平衡，是景观生态区划的基础。景观生态区划是基于对景观生态系统的认识，通过景观异质性分析确定分区单元，结合景观发生背景特征与动态的景观过程，依据景观功能的相似性和差异性对景观单元划分的工作（李正国等，2005）。这是与主体功能区划具有相同性质的工作。景观生态网络是在"斑块 – 廊道 – 基质"模式，岛屿生物地理学理论与复合种群理论的基础上，以耦合景观格局与过程的景观连通度，以保障生态可持续性为目标的多种空间要素的配置组合方式（Opdam 等，2006）。景观生态网络是构建生态用地斑块及其之间的连接廊道组成的系统，强调对于以物种迁移、扩散为主的生态过程的维护及其在不同区域空间尺度的分布。景观生态网络研究既可以为国土空间规划中的非建设用地区的生态保护规划提供技术支持（傅强，2018），也可以为生态保护红线划定中的生物多样保护提供依据。构建

以自然资源保护为核心的国土空间规划体系，实现生态文明建设和以人为本的高质量发展主线，探索多规融合模式下的新型国土空间规划体系是当前国土空间规划领域的迫切技术需求。国土空间规划的"多规合一"，对编制统一的空间规划，健全国土空间用途管制制度，优化空间组织和结构布局，对生态保护红线、永久基本农田、城镇开发边界的划定，都有很多技术难题有待突破，特别是"三线"的划定精度在不同尺度空间上依然存在分歧，对划定后的生态环境效应分析不足，在整体的空间布局上尚缺少对整体安排格局的考虑，景观生态学的理论与方法可以为国土空间规划技术体系提供有效的支撑。其中技术规程部分中的很多技术体系需要景观生态学理论与方法支持，包括资源环境承载能力和国土空间开发适宜性评价、开发强度测算、三区三线划定技术等，而景观生态学可提供的工具库包含了格局与过程耦合的空间识别、景观动态模拟预测、景观生态网络和景观功能分区等理论和技术方法，可以为国土空间规划提供景观生态学学科支撑（见图 6-6）。

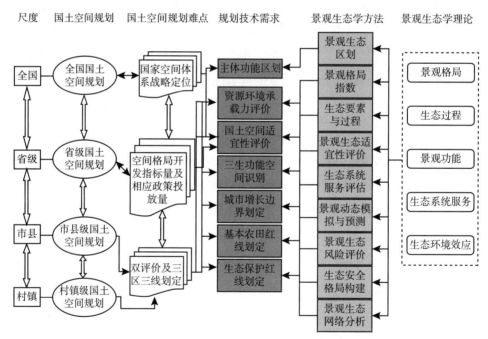

图 6-6　景观生态学方法体系对应国土空间规划技术需求的逻辑关系图

1. 资源环境承载力评价

（1）中短期目标——辨析资源环境承载力的景观要素内涵及评价方法

资源环境承载力评价尺度和单元决定了评价结果的适用性和可用性，也关联到适宜性评价结果在不同尺度之间的传导，景观单元可以看作是资源环境承载力的最佳单元，开展资源环境承载力评价，尚需清晰地揭示它的景观要素内涵。资源环境承载力评价主要任务在省级和市县级的国土空间规划，辅助省级和市县级国土空间开发与保护决策，然而当前对于国土空间规划的资源环境承载力的技术体系尚待完善，资源环境承载力评价方案设计，需要选择适宜的尺度，针对特点的规划目标，如何选择有效的差别化的指标，如何平衡权重，尚存争议（岳文泽等，2018）。资源环境承载力评价尚需要深入的理论进展、规范的技术流程和有效的评价指标体系，这些都是景观生态学可以深入挖掘并提供理论方法支持的重要方向。而在不同尺度上，省级和市县级尺度的国土空间规划对资源环境承载力评价和国土空间适宜性评价具有较高的标准，景观生态学中的生态要素与生态过程监测、景观生态适宜性评价，生态系统服务评估、景观动态模拟与预测、景观生态风险评价都可以为资源环境承载力评价的指标选取与计算、阈值率定、等级划分等方面内容提供方法支持，进而为构建基于景观的资源环境承载力评价体系奠定基础。

（2）中长期目标——明晰景观格局与资源环境承载力的动态关联关系

资源环境承载力涉及的土地资源、水资源、大气环境、水环境和生态环境等要素与景观这一地表综合体密切关联。从景观视角切入资源环境承载力评价，应用基于生态过程的空间模型预测，可以有效地将难以空间化的要素定量空间化，同时又可以有效地综合将多要素的综合评价落实到空间上，准确地解决区域复杂人地关系难以空间量化的难题。从技术层面来说，现有的技术操作中要素评价和综合评价都采用等级分等的操作模式，是一种以定性为主的技术体系，景观格局指数和景观功能定量评价的引入，可以有效地将等级分等模式转化为具有实际意义的定量化模式，特别是在指标计算、阈值率定、等级划分和尺度转换方面具有学科优势。但资源环境承载力会随时间和空间的景观要素变化而动态变化，因此明晰景观格局与资源环境承载力的动态关联，将会极大地促进国土空间规划中的资源环境承载力评价的科学性。

2. 国土空间适宜性评价

（1）中短期目标——建立国土空间适宜性的景观生态评价途径

国土空间开发适宜性评价现有的评价流程本质上都是采用静态的空间评价，以McHarg 的土地适宜性评价思想为基础拓展而来。景观生态学形成的景观适宜性评价与之同源，但拓展为动态评价过程（李猷等，2010），同时将评价对象拓展到物种迁移、物质的空间运移和能量的空间流动以及应对某些干扰（气候变化、洪涝灾害）等过程的空间扩散，动态的评价过程更有利于认识国土空间的适宜性动态。现有的国土空间开发适宜性评价在技术流程、评价指标选择、指标等级阈值、评价对象的动态过程都有待进一步提升，景观生态学在这些方面都有深入的研究基础，今后可以重点关注（见图6-7）。

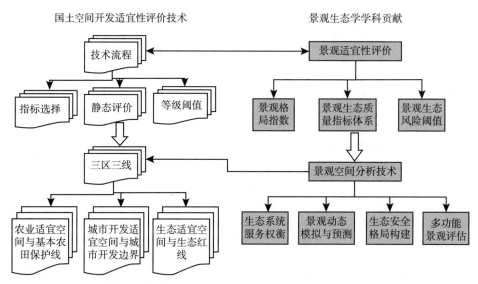

图6-7 景观生态学应用于国土空间开发适宜性评价的发展方向

其中，城市空间适宜性评价与城市开发边界划定也是国土空间规划的重要内容；现有的城镇开发边界划定比较刚性，缺少动态弹性空间（Peng等，2018）。景观生态学引入景观动态模拟和预测，结合形态学方法提取城市开发边界，是一种有效地、更科学地反映城市空间发展的内部规律和复杂特性（罗伟玲等，2019）。同时，应考虑城市三维空间格局规划，以更好地减缓城市生态环境问题（Liu等，2017）。农业空间适宜性评价与基本农田保护红线划定也是基础性内容之一。农业空间适宜性评价与农林渔牧的用地质量等级评价有密切关系。农业资源的数量、质量及组合匹配的特点，景观生态学中也有很多农业景观的相关评价，可以更好地关注到农业景观的多功能性（Peng等，2017），更有效地评价农业适宜性空间。生态空间适宜性评价与生态保护红线划定是新时期国土空间规划的重视对象。现有的方法以不同的生态系统服务评价为基础开展评价，然而景观结构和功能都是很重要的边界划定和适宜性评价要素；景观生态学形成的生态控制线、生态系统服务供需权衡和生态安全格局构建等技术方法（Peng等，2018）。

（2）中长期目标——明晰景观格局－国土空间适宜性－可持续景观的级联关系

国土空间多功能识别是实现国土空间综合区划的主要技术手段，是开展国土空间规划的基础性工作，也是国土空间分区管制的直接依据（彭佳捷和蔡玉梅，2018）。因此，精准识别国土空间主导功能，对制定并落实国土开发、保护与治理的差异化空间政策，促进形成协调可持续的国土空间开发格局有很大帮助。这其中，多功能景观分类、评价和制图能够为国土空间多功能识别提供理论基础和技术支撑（刘焱序等，2019）。景观格局体现的就是"三生空间"的空间关联和镶嵌，"三生空间"存在着多功能性和部分可替换性，高效的空间格局建构能更好发挥各自作用，该格局如何与空间适宜性评价，划线和管理措施关联起来，实现国土空间可持续发展，还需要长期的试验观测和研究。

3. 景观生态学理论发展与国土空间规划实践的互馈

（1）中短期目标——由静态走向动态评价，建立动态弹性的国土空间规划技术体系

景观生态学学科从产生之初，就是一门实践性非常强的学科。景观综合、空间结构、宏观动态、区域建设、应用实践是景观生态学的重要学科特点（Opdam等，2002）。这些鲜明特点可以为国土空间规划的理论体系、逻辑架构和技术突破等方面提供理论和方法支撑。特别是，人类及其活动已逐渐成为景观生态学研究的核心，近年来兴起的景观生态学热点话题中，大多数研究主题都与人为活动有关，城市化过程及其生态环境效应更是成为景观生态学研究的持续性热点领域。国土空间规划现有技术规程表明，该体系还是以刚性、静态方式为主，缺少动态和弹性的机制，今后需要加强推动静态向动态评价转向。

（2）中长期目标——明晰景观生态学理论与国土空间规划实践的互馈过程

景观生态学基于经典的"斑块－廊道－基质"理论，以景观格局指数分析为研究手段，以"格局－过程"为研究核心（陈利顶等，2014），提供了一整套的基于景观单元的资源空间配置理论与方法，可以为国土空间规划实践提供所需的方法技术支撑（见图6-8）。景观生态规划在发展的过程中，其理论与方法与景观规划（空间规划）、生态规划、环境影响评价、生态系统管理、城乡规划等方法相互融合、相互促进，不断提高规划的科学性和可操作性，有力地支撑了区域生态环境保护和管理的科学决策（曾辉等，2017）。正是这一类实践应用，使得景观生态学的理论和方法也得到极大的发展和促进，形成许多新的科学规律的认识，如斑块－廊道－基质模式、等级斑块动态范式、生态安全格局等。国土空间规划是应我国新时期国土空间规划体系改革，以

及新时代生产生活和发展方式变革而生的新事物，在支撑空间规划的新目标、切合空间治理的新模式、顺应空间治理的新手段等方面存在很强的实践操作层面和科学性方面的需求。面对新生事物，景观生态学结合实际需求，提供科学依据，必将产生新的理论、新的技术体系、新的方法论，甚至有可能突破现有景观生态学中一些难以解决的科学难题。例如，国土空间规划双评价的指标阈值确定是实际操作中的难点问题。国土空间规划强调综合性的等级，但等级阈值的设定缺少定量分析，以经验为主。景观生态学有多种方法确定景观阈值，可以引入到潜力评价中（Peng 等，2017；Liu 等，2013），更多科学的阈值研究是国土空间规划与景观生态学结合重要方向之一。

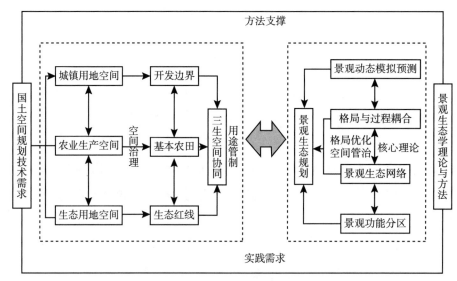

图 6-8　景观生态学理论与方法服务于国土空间规划实践的逻辑框架

景观生态学是一门新兴的交叉学科，它的一系列方法在研究景观的美化格局、优化结构、合理利用和保护方面都有独到之处（傅伯杰，1991），兼有地理学、生态学、环境科学、资源科学、规划科学、管理科学等许多现代大学科群系的多功能优点，适宜于组织协调跨学科多专业的区域生态综合研究和应用（肖笃宁，1999）。景观生态学形成的"格局－过程－功能－服务－效应"级联研究体系中，形成了一系列的以景观为对象的研究技术手段，其中景观格局分析是景观生态学分析的主要技术手段，包含了一系列的技术方法，如景观格局指数、生态过程监测、景观连通度与生态网络分析、景观动态模拟与预测、生态系统服务评估、景观生态风险评估、生态安全格局构建、景观生态区划等；这些技术手段可以进一步拓展应用于国土空间规划实践，将相对零散的技术方法通过国土空间规划的实践，构成一组面向国土空间规划的技术体系，针对不同尺度的国土空间规划需求，形成以景观为空间对象的技术规程，即有利于国土空间规划落实到空间尺度上，更有利于景观生态方法应用体系化。

第三节　乡村景观生态建设

一、问题与实践需求

乡村是具有自然、社会、经济特征的地域综合体，兼具生产、生活、生态、文化等多重景观功能，与城镇一起共同构成人类活动的主要空间。乡村景观是相对于城市景观而言的，泛指城市景观以外的具有人类聚居及其相关行为的景观空间，是包括乡村聚落景观、农业为主的生产景观、文化景观和自然景观构成的景观综合体（王云才和刘滨谊，2003；宇振荣和李波，2017）。根据第六次人口普查结果，乡村人口约占我国人口的50.3%，因此乡村在我国经济和社会发展、生产和生活中扮演重要的作用。虽然我国经济在过去几十年间获得高速发展，但乡村发展仍然滞后，部分地区甚至牺牲乡村的发展来推动城市的发展，导致城乡发展不平衡、不协调成为现阶段我国经济社会发展过程中最为突出的结构性矛盾。在此背景下，2018年国家对实现乡村振兴战略进行了全面部署，提出了"产业兴旺、生态宜居、乡风文明、治理有效、生活富裕"的20字总要求，其中开展乡村景观的生态建设是实现乡村振兴的重要内容和保障。在此过程中如何应用景观生态学的原理和方法指导乡村人居环境、生态环境的改善以及生产活动的可持续发展，成为景观生态学研究的重要内容和方向，也是推动景观生态学实践应用的重要契机。

1. 我国乡村景观生态建设的问题

改革开放以来，我国农村社会经济在获得巨大发展、乡村景观面貌发生巨大改变同时，集约化农业生产以及城镇化也快速发展，导致乡村土地利用和生态景观出现了一系列问题，主要体现在如下方面：

1）集约化农业生产带来的生态环境问题严重。改革开放以后，我国农业生产的集约化程度不断增加，农业生产过程中化肥、农药的投入量持续增加，畜牧业发展也带来畜禽粪便排放量持续增加，导致农业面源污染、土壤污染和退化、水体污染等问题严重，并由此引发生物多样性的丧失、生态系统服务下降等一系列问题。

2）人居环境恶化，景观风貌受损。在乡村发展过程中，农村基础设施建设、乡村生态环境建设滞后、城市化及城乡发展失衡等问题，导致农村居民点废弃、乡村居民点空心化、人居环境质量差；一些乡村建设过程中片面追求城市化或者盲目崇洋媚外，导致乡土景观风貌受损、乡土特色丧失，景观污染、"千村一面"等问题突出（宇振荣和李波，2017）。

3）自然性和生物多样性破坏严重，生态系统服务受损。我国乡村建设中为实现农业现代化和集约化生产，适应机械化作业，追求"田成方、路成网、渠相通、树成行"的标准化建设，通过推土机对土地进行过度改造。致使农田道路沟渠过度硬化，多样化的林地景观被破坏，水塘被填埋，河道被裁弯取直，出现"田园景观均质化"现象；农田中自然、半自然生境的大幅减少使得依赖这些生境的多种生物也随之明显降低，生态系统稳定性和抗干扰能力受损，天敌栖息地减少，野生生物多样性下降，也破坏了村落、农田、道路、河流、林地等景观要素之间的功能联系（宇振荣和李波，2017）。

2. 乡村生态景观建设的实践需求

为实现乡村振兴的目标，未来的乡村景观建设需要推动乡村在经济、生态、生活方面的发展和飞越，景观生态可以在其中提供重要的科学理论和技术支撑，具有重要的应用前景。乡村生态景观建设，在空间上，需要实现聚落空间、经济空间、社会空间和文化空间的多重叠加。国外乡村景观的研究已经实现了从物质层面到社会表征、从客体性空间到主体性空间、从静态单维空间到动态多维空间的转变，这也启示我国乡村景观的研究需要进一步开展跨学科研究和"社会－文化"研究，重视强调乡村空间的多功能性、尊重乡村空间的"地域性"和"差异性"、提升乡村景观的生态系统服务能力。

1）综合景观管理促进粮食安全和生态安全的双赢。农业生产的可持续发展既是乡村产业发展、人民生活富裕的需要，也是保障国家安全的需要。针对集约化农业带来的诸多弊端，未来农业生产需要转变生产模式，发展生态集约化农业、充分发挥生物多样性及其相关的生态服务，降低农业生产带来的负效应（Tscharntke等，2012；Bommarco等，2013）。传统的局部尺度的管理难以实现对农业生态环境问题的系统解决，还需要景观尺度的综合管理（Tscharntke等，2005；Reed等，2015）。应用景观生态学中格局－过程－功能的科学理论和认识，结合景观规划的方法，通过生态安全格局构建、作物种植强度和多样性规划、生态基础设施设计，通过景观综合管理，保护生物多样性、提高农业生态系统服务、减少农业对外界投入的需求及农业污染物的排放，缓解和适应气候变化的影响，构建更加稳定的乡村景观系统，促进农业综合生产力的提升，保障粮食和生态安全。

2）通过生态景观服务提升，改善乡村生态环境质量和人居环境。基于景观生态学对景观要素格局－过程－功能关系的认识，通过合理的保护、重建和配置生态缓冲带、野花带、农田边界带等景观要素，增加乡村景观对污染物进行拦截和吸附的能力，并带动气候调节、景观美化、休闲游憩等功能的提升；评估、挖掘乡村的自然、历史、文化价值，构建具有区域自然、历史和文化特色的田园景观，从而实现乡村生态环境质量在自然、文化、美学等方面的全面提升，提升乡村的多重价值，构建乡村生态安全格局，改善乡村人居环境，实现生态宜居。

3）城乡景观规划和设计促进乡村风貌改善与和谐发展。乡村振兴需要通过城乡合理布局，统筹城乡发展，构建城乡功能在经济、生态、生活、生产方面的优势互补。利用景观生态规划的方法和原理，合理布局城乡规模和空间格局，促进城市与乡村的协同发展，减少城乡发展矛盾；开展乡村景观设计，推动乡村村容村貌重建和提升，改善乡村景观风貌，构建具有自然、历史、文化特色的田园乡村风貌。

二、研究进展

有关乡村景观建设的研究可从基础理论、方法和技术体系、实践应用几个方面来概括。在基础理论方面，重点回答和揭示乡村景观格局与生态过程、功能关系，研究发展多功能农业景观的概念和内涵及其与乡村可持续发展的内在联系、研究乡村生态系统服务的现状及不同生态系统服务相互联系。在方法体系方面，研究乡村景观分类和评估的方法及乡村景观规划和设计的方法；在实践应用方面，研究将相关的基础理论应用于乡村景观管理和生态环治理中，探索乡村景观管理的方法和途径（见图6-9）。

1. 乡村景观格局与生态过程、功能关联

国际上，乡村景观格局的研究是乡村景观可持续发展的重要内容，欧美国家很早就关注到景观格局变化对乡村景观水土、生物过程和生态系统服务的影响。第二次世界大战后，集约化和规模化的农业生产导致地下水、土壤污染、景观均质化、破碎化严重，由此带来生物多样性的丧失和生态系统服务的降低、乡村美学价值受损。揭示乡村景观格局变化及其驱动力（Lawler等，2014），以及景观格局变化对重要的生态过程及功能，如水土和生物多样性过程及相关的生态系统服务的影响，成为乡

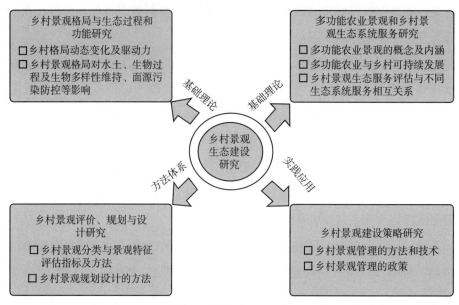

图 6-9 乡村景观生态建设研究的主要内容

村景观研究的重要内容。其中，欧洲主要侧重景观格局对生物多样性及生态系统服务影响研究，提出景观调节生物多样性及生态系统服务的系列科学假说（Tscharntke等，2012），并为欧盟农业环境政策（Agri-enviromental scheme）推动的促进生物多样性保护和生态系统服务恢复的景观管理措施奠定了科学基础。在北美，更多研究关注景观格局变化对于流域水质、面源污染的影响（Tim等，1995；Turner和Rabalais，2003），这些研究为美国流域面源污染防控中的景观管理措施制定提供了科学依据。我国在黄土高原不同尺度土地利用对水土养分影响的研究促进黄土丘陵地区土壤养分保持土地利用模式的提出，也在理论和方法上取得创新（Chen等，2009），有效地促进了该地区水土流失的治理。但是，目前国内对于乡村景观格局（尤其是不同种植管理模式和生态用地配置模式）对面源污染物的影响研究仍很不足。虽然国内也开展了不同时空尺度下景观格局对农业生物多样性及其分布的影响（Liu等，2015；Duan等，2019），但研究的生物类群广度和深度不够，对于农业景观格局对传粉、害虫生物控制等重要生态系统服务的影响研究也刚刚起步，尚需进一步地深入。

2. 多功能农业景观和乡村景观生态系统服务

1992年联合国环境与发展大会通过的《21世纪议程》中描述可持续农业与农村发展时首次提出了"农业多功能性"的概念。此后，这一概念多次出现在国际组织召开的会议中。20世纪90年代初期，农业多功能性已经出现在各国农业政策中，农业多功能性的概念得到不断地发展，多功能农业发展的理论和方法已经被普遍接受，并得到发达国家的高度重视。2003 年，欧盟开展了有 16 个国家 25 个研究机构开展的多功能农业研究计划，强调农业对于提高生物多样性、维持农业景观、保持农村活力、加强动物福利、保证食品安全和质量和保持生产力的作用（de Groot 等，2007），很多欧洲国家将多功能农业的概念纳入可持续发展和农村可持续发展体系（Kröger 和 Knickel，2005）。国内关于多功能农业的研究和实践始于 20 世纪 80 年代初期的城郊农业研究。20 世纪 90 年代初，北京市以城郊农业发展转变为切入点，率先提出建设都市型现代农业，开始重视农业生态、景观服务。此后，上海、苏州、无锡、常州等地也开始都市农业的规划和实践。相对于国外的多功能农业研究，国内对多功能农业的研究宏观较多，微观研究较少，实践多而理论研究少，对农业生产和经济指标评价研究较多，对生态景观、社会文化、人类感知的相关指标研究较少，特别是不同尺度生态景观评价指标大大不足（宇振荣和李波，2017）。

　　近些年来随着对生态系统服务的关注，开始关注农业景观生态系统服务评估，一方面是研究相关的评估方法，另一方面是通过评估农业景观的生态系统服务，为相关政策的制定提供依据（van Berkel 等，2014）。与此同时，随着生态系统服务研究的深入，科学家逐渐认识到生态系统服务的评估不仅包括供给的评估，也应当包括需求的评估（Stürck 等，2014），农业景观生态系统服务供需评估，成为当前的一大热点。此外，不同生态系统服务之间的相互关系（权衡与协同）（Power，2010），以及土地利用变化、社会经济因子对生态系统服务的影响也逐渐得到重视（Lawler 等，2014）。

　　3. 乡村景观评价、规划与设计

　　乡村景观分类与评价是乡村景观生态规划和景观管理策略制定的基础，通过景观评价可以对乡村景观资源现状、环境污染、生态退化等问题进行充分的识别，为景观规划与设计奠定基础。英国在 20 世纪 70 年代发展了一套较为完整的乡村景观分析评价方法和技术，并以乡村特征为框架，对全英国的景观进行调查，通过景观分类与评价相结合，提出景观特征评价方法（Landscape Character Assessment）。为推动欧洲景观公约，2003—2005 年欧盟开展了欧洲景观特征评价行动计划（European Landscape Character Assessment Initiative），并构建欧洲景观特征分类系统，绘制欧洲景观分类图，广泛应用于环境风险评价、监测，以及追踪环境变迁，落实农业环境政策实施情况评估等方面。近些年来，景观分类与评价开始重视文化与美学等特征和功能的评估，并重视将景观格局指标、生态学指标等应用到评价之中（Plieninger 和 Bieling，

2012；van Berkel 和 Verurg，2014）。

欧洲国家早在 20 世纪 50—60 年代就形成了乡村景观规划设计较为完整的理论和方法体系，如捷克斯洛伐克景观生态规划与优化研究方法（Landscape-ecological Planning，LANDEP）系统，德国 Haber 等人建立的以 GIS 与景观生态学的应用研究为基础的、用于集约化农业与自然保护规划的系统（Differentiated Land Use，DLU），这些策略在乡村景观规划和与城市土地利用协调、推动生态保护上发挥了重要作用。"国际土地多种利用研究组（The International Study Group on Multiple Use of Land）"提出了以"空间概念（Spatial Concepts）"和"生态网络系统（Ecological Network System）"等描述多目标乡村土地利用规划与景观生态设计的思想和方法论（Edward 等，1994）。随着景观生态学理论和方法的发展，Forman 基于生态空间理论提出最佳生态土地组合的乡村景观规划模型（Forman，1995），俞孔坚提出了景观空间安全格局规划思路（俞孔坚，2000）。随着可持续思想的不断深化，可持续景观设计、多功能景观设计研究受到广泛重视（Lovell 和 Johnston，2009；Musacchio，2009）。同时，自 20 世纪 90 年代开始，在乡村规划中引入参与式规划的方法和工具，以解决自上而下的规划很多时候难以达到预期水平的问题。随着乡村生态环境退化，国内乡村景观规划设计开始吸收生态学和景观生态学的理论和方法（宇振荣和李波，2017；王云才和刘滨谊，2003），在乡村景观规划设计更加强调景观生态学原理，重点分析农村居民点格局，并在美丽乡村规划设计中开始重视乡村景观的多功能性，恢复和提高乡村景观生态系统服务。

4. 乡村景观生态建设策略

在乡村景观修复和建设的策略方面，针对社会经济发展过程中生态环境恶化、生物多样性丧失、乡村衰落，在欧盟共同农业的框架下，欧盟各国推动了一系列乡村生态景观建设活动，建立了比较完备的乡村生态景观建设技术体系，如英国的农业环境入门管理计划和高级管理计划，每个计划均列出详细的多种景观管理技术指导。欧盟还给予农户必要的经济补贴，以提高整体环境和生态质量为核心，推动景观的管理和保护，同时也创造就业机会，提高农民收入，科学家也对这些政策实施的生态效果进行系统评价，不断推动这些措施的改进和完善（Batáry 等，2011）。美国在《农业法》的指导下，提出了内容广泛、针对各州各县的工程技术体系和标准。在亚洲，针对社会经济环境变化、人口老龄化导致的乡村景观遗弃、土地单一化及农村人口老龄化导致农村植被、生物多样性、景观退化的问题，1970 年韩国开展了乡村景观美化运动

（即新农村运动）以协调城乡土地利用之间的矛盾。为改善农村地区的经济，2000年韩国政府制定国家土地开发计划方案，鼓励在农村引入生态旅游，致力于提高乡村景观的愉悦性，推动乡村旅游；日本则颁布了《景观法》，重视地区特色自然景观的建设和发展，从1979年起推行"一村一品"运动，推动了农业与农村的并行发展，形成了自然与农业生产协调发展的田园景观（邱春林，2019）。此外，日本的乡村建设中也特别强调乡村生物多样性保护的重要性，强调对高生物多样性传统景观的保护（Katoh等，2009）。

随着对景观可持续性的重视，欧洲景观公约（European Landscape Convention）呼吁对景观的综合保护、规划以及管理（Jones等，2007），国外学术界也呼吁乡村景观管理的研究应该从传统的部门管理转移到对自然资源的综合景观管理（Integrated Landscape Approach）（Sayer等，2013）。我国景观生态建设对策的研究主要集中在城市，但对农业土地利用和生态系统恢复很早就引起学者的重视（肖笃宁等，1991），近些年对乡村景观建设的方法途径也有了较为深入的研究和探讨。目前，乡村振兴策略中，为实现"产业兴旺、生态宜居、乡风文明、治理有效、生活富裕"，田园综合体的概念内涵也受到重视，即注重以农业为基础、以休闲旅游为核心、以乡村综合发展为目标的景观管理策略的研究。但总体来说，针对乡村景观生态系统服务提升、生态修复、可持续生产的研究还处于初级阶段，对于乡村景观管理策略的制定也分散于各个管理部门，缺乏系统综合的景观管理措施的研究，也缺乏对相关生态景观建设政策和生态补偿政策的研究，缺乏在生态管理的同时如何同时实现对乡土文化保护、传承的研究，亟须进一步地深入探索。

三、研究发展方向

我国乡村景观建设中出现的问题，主要是源于缺乏对乡村景观的系统认知，尤其是乡村功能和价值的全面认识。基于国内外乡村建设研究现状及进展，应对乡村振兴和可持续发展的时代需求，未来乡村景观建设应该开展如下几个方面的研究。

1. 乡村景观格局–过程/功能–尺度关系

（1）中短期目标——乡村及城乡景观格局/功能特征、动态变化、驱动力及发展模拟

由于经济快速发展、城市化进程还将持续，未来我国农村仍将经历持续的变迁，使得在中短期内仍然需要从多时空尺度监测、评估乡村景观格局、过程功能特征的动

态变化及演变趋势，明晰乡村景观格局/功能特征动态变化的政治、经济、生态、文化驱动力，尤其需要加强对乡村土地废弃的范围、特征、过程、空间格局及驱动因子的研究，为乡村景观重构、乡村废弃土地的再野化、修复、再利用等奠定理论基础（Navarro and Pereira，2012）；为应对城乡一体化及生态环境问题综合治理的需求，需要将城乡作为整体来研究城市－乡村空间布局、功能特征的规律、动态变化，从多时空尺度研究影响城乡空间布局、功能特征及其动态的政治、经济、生态、文化驱动力。在此基础上，研究结合计算机、遥感技术的发展以及大数据技术发展乡村景观/土地利用、城乡空间格局的动态模拟方法或模型（Plieninger 等，2016），通过多时间尺度、不同空间尺度的海量数据分析、模拟和比较，预测未来不同情景下城乡景观空间格局变化趋势。

（2）中长期目标——乡村景观格局－过程关系、尺度效应及影响机制

景观格局对于生态过程的影响一直是景观生态学的核心议题，目前乡村景观生态学的研究对于景观格局－过程的研究相对薄弱，未来需要更多关注的是量化景观格局对乡村农业可持续发展、人类福祉密切相关的诸如水土保持、养分维持与吸附、水质净化、生物害虫控制、传粉等生态过程影响。其中需要重点解决保障生态过程完整性的生态景观要素的组成阈值的确定问题；加强乡村景观配置对生态过程影响的研究，重点构建具有明确生态意义、能够与景观设计实践衔接的景观配置指标并明晰与乡村生态过程的关系。就过程研究而言，迫切需要在过程的量化分析方法上有所突破，例如传粉过程的研究需要深入认识传粉昆虫的行为模式、传粉昆虫与植物的相互作用，生物控制控制过程需要深入认识植物、植食者、捕食者/寄生者，乃至高一级捕食者、超寄生者之间的相互作用，需要整合监控技术、分子生物技术、化学生态学等方法多种技术，甚至需要景观地理学、昆虫学、分子生态学、化学生态学等多学科的协作（Gurr 等，2017）。而格局与过程在很多时候是互为影响的，以往的研究更多强调格局对过程的影响，而忽略过程变化带来格局变化问题，未来需要加强格局－过程关系的相互作用问题，即关注格局、过程的变化如何互为影响（Alberti 等，2016）。同时，乡村景观格局和过程的互作具有尺度依赖性，未来需要深入研究不同时空尺度上乡村景观格局和生态过程的相互关系变化，不同尺度因子对生态过程影响作用大小、不同尺度因子与生态过程的交互作用的异同、不同尺度上影响生态过程的关键景观因子以及影响生态过程的关键尺度。结合多尺度研究，从不同尺度上分析、探讨景观格局－过程相互作用的生物、物理、经济、文化、社会因素，揭示景观格局－过程相互作用

关系的影响机制。

2. 乡村景观生态系统服务

（1）中短期目标——乡村景观生态系统服务的分类和量化评估

尽管目前国际上对于如何量化和评估生态系统服务已经开展了大量的研究，但是仍然存在如下几个方面问题需要加强研究。①由于生态系统服务分类与框架、学科方法和基本概念的差异，目前存在几个不同的生态系统服务分类系统（Haines-Young 和 Potschin，2017），如千年生态系统评价（Millennium Ecosystem Assessment，MA），生态系统与生物多样性经济学（The Economics of Ecosystems and Biodiversity，TEEB），通用国际生态系统服务分类系统（Common International Classification of Ecosystem Services，CICES），英国国家生态系统评价（UK National Ecosystem Assessment，UKNEA），美国国家生态系统服务分类系统（US National Ecosystem Services Classifications Systems，NESCS）等。中短期内，需要进一步厘清生态系统服务的分类系统，构建在乡村可持续生产、景观生态系统服务提升建设实践中更具可操作性的广为接受的、严格的生态系统服务分类系统，进一步挖掘和突出乡村景观的文化、教育、休闲、环境和生态调节、粮食安全、就业保障等方面的服务，以更好推动公众对乡村景观保护和建设重要性认知。同时，随着对乡村景观重要性认知的完善，也需要对乡村景观生态系统服务的分类和概念框架进行创新和完善。②虽然通过经济价值评估乡村生态系统服务有其好处，但是这种评价是不全面的，仅仅部分表征了生态系统服务的价值，整合生态和社会、文化价值应该得以考虑，是否以及能否采用统一的度量衡来汇总和解释多个生态系统服务的生态和社会价值仍未有定论，仍然需要进一步的探索。③乡村生态系统服务的评估不能忽略公众的感知，一些生态系统服务的评估需要来自公众评估，生态系统服务的管理和建设需要公众的选择和参与，将生态系统服务与人类福祉相联系需要考虑公众的感受，因此构建将公众的感知纳入生态系统服务评估的科学方法和途径也是未来研究的一个重要方向（Brown，2013）。④目前乡村生态系统服务的评估和监测大多仅是在较短的时间尺度上开展，从较长时间尺度下，监测、模拟乡村景观变迁、城乡一体化背景下生态系统服务变化趋势及动态是指导未来向乡村景观建设的基础，也是未来中短期重要的研究方向（van der Sluis 等，2018）。

（2）中长期目标——多重生态系统服务权衡-协同及需求-供给关系研究

可持续乡村景观的建设和发展，需要协调生产、生活、生态之间的关系，需要协同多种生态系统服务，构建多功能的乡村景观。如何实现生产、生活、生态的协调，需要深入理解乡村景观多重生态系统服务之间的关系，但是目前对于多个生态系统系统之间的关系研究仍然不足（Bennett 等，2009），早些的研究指出不同生态系统服务之间关系可能是依赖于特定背景或研究区（Howe 等，2014）。为探究不同生态系统服务之间关系的一般规律，近年来有学者提出"生态系统服务簇"（Ecosystem Bundles）的概念，即是在时间或空间上可重复的、内在一致的一系列生态系统服务（Raudsepp-Hearne 等，2010）。由于不同乡村自然、地理、社会、经济状况的不同，其景观建设的目标不同，景观服务建设和发展目标不同，有必要厘清不同乡村生态系统服务建设的内容和方向；在此基础上，研究多重生态系统服务或生态系统服务簇之间的关系、空间分布特征、长时间系列动态、时空关联性、尺度效应及气候变化、土地利用、社会经济因子等对生态服务簇的影响，阐明乡村建设、城市化进程、农业生产管理方式转变等对乡村多重生态系统服务或生态系统服务簇变化的影响（Quintas-Soriano 等，2019），构建整合多尺度、多类型生态服务相互作用综合模型，研究生产、生活、生态协同目标下乡村景观生态系统服务（包括粮食生产、生物多样性保护、水土资源保护、休闲教育等）权衡与协同的方法和途径（彭建等，2017；Spake 等，2017）。此外，生态系统服务的研究最终需要落实到对人类福祉需求的满足上，仅仅探讨生态系统服务的供给是不够的，还需要研究生态系统服务需求状况，研究景观生态系统服务的需求的量化方法，整合生态服务需求、供给来提升对多生态系统服务相互作用的理解（Schirpke 等，2019）。而乡村景观生态服务供给和需求可能存在空间匹配错位的问题，例如城市的持续发展可能依赖于乡村景观所提供的生态服务，因而有必要深入认识乡村景观不同生态服务的供给、需求的空间分布格局及规律，探索不同生态服务供给、需求空间格局的一致性或错位的状况；研究生态系统服务需求与供给的时空连接、生态服务流的产生、传输和使用的过程，探索生态系统服务时空错位导致的生态系统服务消费和补偿问题（彭建等，2017）。

3. 乡村景观评价、规划及设计

（1）中短期目标——加强乡村景观评价和空间规划

随着对乡村景观建设的重视，乡村景观评价的研究也越显重要，中短期乡村景观评价需要在如下几个方面加强和深入：①加强景观特征的评价研究，以往的乡村景观特征评价更多的是在中大尺度上进行。随着对乡村景观生态建设的深入，以恢复生态系统服务为目标的生态工程措施会不断加以实施，需要构建服务于中小尺度生态工程建设的景观特征评价方法体系（宇振荣和李波，2017）；②传统乡村景观的评价，更多强调自然特征，服务生产发展的需求，随着对可持续发展和景观多功能性的重视，需要加强乡村景观非生产性的人文、美学、视觉感知、生态调节、资源维持和物种保护等方面特征的挖掘与评价（Motloch，2018；Tribot 等，2018；Lopez-Contreras 等，2019），研究相关的评价单元、评价方法、评价指标体系等问题，创新相关的评价方法的基本原理与方法体系，并加强对景观评估的尺度效应及评估结果的不确定性研究（彭建等，2015；Tribot 等，2019）。

在空间规划方面，针对城市化加速、农村空心化加剧等问题，需要加强村庄演变规律、集聚特点和现状分布特征研究，结合经济发展现状及趋势，城乡人口流动特点，生产生活半径，农业生产、资源保护、土地适宜性等状况，研究乡村聚落数量和布局与功能关系，研究乡村聚落的合理撤并和空间布局；针对城乡建设土地资源节约和高效利用、"生产、生活、生态"和生态红线划定等需求，对乡村单元的承载力、土地利用适应性、生态风险、生态系统服务等空间特征及空间分异进行辨析，根据乡村生产、生活、生态发展定位及需求，研究土地单元的有效分工与优化的理论框架和方法体系，提出景观单元镶嵌的合理比例和空间配置，协同单一功能最大化及整体功能最优化，构建城乡格局优化的技术体系，推动可持续发展（吴健生等，2020）。

（2）中长期目标——整合生态系统服务的乡村景观规划和可持续景观设计

构建可持续和具有弹性、能够提供多种生态系统服务的乡村景观是乡村景观建设的最终目的，而景观生态系统服务的提升，也被视作是解决乡村发展，乃至目前人类发展面临的生态环境、粮食安全等困境的重要途径（Tscharntke 等，2012；Bommarco 等，2013）。因此，随着对生态系统服务的研究和深入，将生态系统服务的概念整合至乡村景观规划和可持续景观设计成为研究的重要内容和方向（Grêt-Regamey 等，2016）。除了揭示和认识景观结构和生态系统服务之间关系，需要开展如下几个方面的研究：①研究和开发将多个生态系统服务整合到乡村景观规划的概念和技术框架（Almenar 等，2018；Aude 等，2019），为乡村景观生态规划和设计提供方法和技术指导；②研究在乡村景观规划和可持续景观设计中整合公众观点及公众参与的方法与途径，整合理论、经验、公众感知，推动多方共赢的乡村景观规划和设计的实现；③不仅在规划与设计将生态系统服务纳入考虑，也要充分考虑生态系统的负服务（Disservice）；深入研究生态系统服务的维持或生态系统负服务消减的成本，研究将其纳入乡村规划与设计的方法和途径；④对与乡村发展和农业可持续发展密切关联重要的生态系统服务，如生物害虫控制、传粉服务、面源污染控制和水质净化（Sébastien

等，2017）、农业绿色生产、生物多样保护、休闲游憩等开展针对性的景观规划和设计研究，研究以不同生态系统服务提升为目标的景观要素组成、景观要素空间配置及乡村景观镶嵌体规划和设计原则和方法（Landis，2017），构建相应的技术框架和工作指南；⑤整合乡村景观格局和生态系统服务、乡村土地管理与生产力关系认知模型或框架，结合 GIS、数据库、三维可视化模拟、网络技术等，研究乡村的景观规划和设计的软件和工具。

4. 乡村景观建设策略及效益评估

（1）中短期目标——局地尺度乡村景观管理措施及效益评估

乡村景观的建设决策需要支撑国家乡村振兴和绿色发展战略。景观管理对于乡村振兴和绿色发展的重要性已经获得共识，但是为新时期景观生态学的创新研究提供了新机遇和新挑战。目前在乡村振兴和绿色发展方面，国内缺乏系统成型景观管理措施体系，迫切需要针对乡村发展的需求制定相应的管理措施清单及方法体系，包括局部生境管理、生境修复、生态基础设施建设以及景观尺度的生境网络、生态廊道网络建设等（Gurr 等，2017；Marini 等，2019）。所以需要开展相关景观措施研究涉及的热点领域包括面源污染防控、害虫生物控制、传粉服务提升、生物多样性保护、水土流失防控、农田微气候调节、文化功能提升、乡村景观生态修复、可持续农业生产等。此外，需要对这些措施实施应用背后的生态原理展开深入的研究探讨，发展和完善相关生态学理论（Tscharntke 等，2012；Gurr 等，2017），并评估相关措施的生态环境的效应及影响这些措施实施效果因子，为政府相关部门因地制宜地制定不同地区乡村景观管理策略提供科学依据。此外，很多景观管理措施的实施要达到其效果，需要持续、稳定的后期维护，也需要农户的参与和支持，迫切需要推动相关措施落实的生态补偿与农户激励政策研究（李黎和吕植，2019）。

（2）中长期目标——乡村综合景观管理途径研究

要实现未来乡村生产、生活、生态的协同发展和可持续目标，必须以系统的观点来指导乡村的发展，当前国家倡导的"山水林田湖草"综合治理的理念也是综合景观管理的具体体现。国际上也很早认识系统和整体管理在生态环境问题解决中的重要性，景观生态学科的发展推动了新的范式的出现，即综合景观管理途径（Integrated Landscape Approaches）（Reed 等，2015）。综合景观管理的目标是寻求解决超越传统管理边界应对日益复杂和广泛的环境、社会和政治挑战，旨在汇集来自多个部门的多个利益相关者，通过提供多尺度的解决方案，确保土地的公平和可持续利用，推动减轻贫困、保护生物多样性、保护森林、可持续地管理自然资源，同时维持粮食生产和缓解气候变化（Reed 等，2015）。虽然综合景观管理的理念代表了景观管理的重要方向，但是其成功应用仍然面临许多需要解决的问题（Reed 等，2016），包括其理论基础需要进一步完善，相关术语需要进一步厘清；需要充分识别乡村景观的动态性，研究应对随机、不可预测变化的工作机制；需要深入理解和认识乡村发展和生态保护之间的权衡，解决乡村景观管理多目标的协同和权衡问题；在实际应用中由于涉及部门较多及不同利益相关者，需要研究解决部门分割带来的实施障碍问题；需要研究推动更加公开和包容的、更好的考虑本地利益相关者的需求的方法和途径，以最小化取舍和最大化协同作用，并研究伴随权衡带来的补偿策略和机制；加强对景观综合管理方法实施效果的监测和评估，依照特定的景观背景，发展和完善高效的，包含社会、环境、生产和管理因素在内的监测和评估指标。

第四节　自然保护地体系与国家公园

我国自然保护地经过 60 余年发展取得了显著成效，各类自然保护地已逾 12000个，自然保护地作为高质量的生态空间，是人类不可或缺的绿色基础设施。自然保护地划分为国家公园、自然保护区、野生生物保护区、自然遗迹景观保护区、自然资源保育区和自然保护小区等 6 类。国家公园以保护自然生态系统的完整性、原真性为首要目标，能够涵盖最广泛的管理目标，将成为中国自然保护地体系的主体。目前，我国的自然保护地体系正在经历一场深刻的历史性变革——构建以国家公园为主体的自然保护地体系。党的十九大报告提出："构建国土空间开发保护制度，完善主体功能区配套政策，建立以国家公园为主体的自然保护地体系。"这是从可持续发展的高度提出的战略举措，对美丽中国建设具有十分重要的意义。这也意味着，我国的自然保护地体系将从目前的以自然保护区为主体，转变为今后的以国家公园为主体。

一、自然保护地体系相关概念

1. 自然保护地体系

自然保护地体系不同于单个自然保护地。单个的自然保护地功能有限，要形成体系才能最大化地发挥生态系统服务（陈飞等，2019）。根据唐芳林等（2018）对自然保护地体系的论述，体系是指若干有关事物或某些意识相互联系的系统而构成的一个有特定功能的有机整体，泛指一定范围内或同类的事物按照一定的秩序和内部联系组合而成的整体，体系具有系统性、完整性、联系性、功能性等特征。

世界自然保护联盟在 20 世纪 60 年代就提出了系统的自然保护地分类指南。按照 IUCN 的最新标准，根据保护地受人类干扰程度的不同，将自然保护地分为 7 类，即严格的自然保护地、荒野保护地、国家公园、自然文化遗迹或地貌、栖息地 / 物种管理区、陆地景观或海洋景观保护地、自然资源可持续利用保护地（朱春全，2018）。尽管世界自然保护联盟提出了较为完整的分类方案，但由于历史和国情的不同，各国建成的自然保护地体系在构成上不尽相同。

我国现有自然保护地体系包括自然保护区、风景名胜区、森林公园、地质公园、湿地公园、水利风景区、沙漠公园、海洋公园以及水产种质资源保护区等类型，分别保护着不同类别的自然景观和生态系统，以自然保护区为主。随着党的十九大提出"建立以国家公园为主体的自然保护地体系"的目标，我国现有以自然保护区为主体的自然保护地体系势必将面临调整。彭建等考虑到国家公园在我国自然保护地体系中的定位，在已有研究成果和观点的基础上，提出一个调整后的自然保护地体系方案，首先按照保护和利用的程度差异，将我国的自然保护地分为严格保护类、限制利用类和可持续利用类 3 个大类（彭建，2019）。严格保护类包括国家公园和自然保护区；限制利用类包括风景名胜区和自然公园，例如风景名胜区、森林公园、湿地公园和海洋公园等；可持续利用类包括观赏游憩类和资源利用类，例如水利风景区、国家天然林和国家公益林等。

2. 国家公园

国家公园是由国家划定和管理的保护区，旨在保护有代表性的自然生态系统，兼有科研、教育、游憩和社区发展等功能，是实现资源有效保护和合理利用的特定区（唐芳林，2015）。它既不同于严格的自然保护区，也不同于一般的旅游景区。

国家公园在理念上坚持生态保护第一。建立国家公园的目的是保护自然生态系统的原真性、完整性，始终突出自然生态系统的严格保护、整体保护、系统保护。国家公园既具有极其重要的自然生态系统，又拥有独特的自然景观和丰富的科学内涵，国民认同度高。以国家利益为主导，坚持国家所有，具有国家象征，代表国家形象，彰显中华文明。坚持全民公益性。国家公园坚持全民共享，着眼于提升生态系统服务功能，开展自然环境教育，为公众提供亲近自然、体验自然、了解自然以及作为国民福利的游憩机会。

在国家公园定位角度，国家公园是我国自然保护地最重要类型之一，属于全国主体功能区规划中的禁止开发区域，纳入全国生态保护红线区域管控范围，实行最严格的保护。国家公园的首要功能是重要自然生态系统的原真性、完整性保护，同时兼具科研、教育、游憩等综合功能（兰伟等，2018）。

在国家公园空间布局角度，需要制定国家公园设立标准，根据自然生态系统代表性、面积适宜性和管理可行性，明确国家公园准入条件，确保自然生态系统和自然遗产具有国家代表性、典型性，确保面积可以维持生态系统结构、过程、功能的完整性，确保全民所有的自然资源资产占主体地位，管理上具有可行性。研究提出国家公园空间布局，明确国家公园建设数量、规模。统筹考虑自然生态系统的完整性和周边经济社会发展的需要，合理划定单个国家公园范围。

以优化完善自然保护地体系为目标，需要改革分头设置自然保护区、风景名胜区、文化自然遗产、地质公园、森林公园等的体制，对我国现行自然保护地保护管理效能进行评估，逐步改革按照资源类型分类设置自然保护地体系，研究科学的分类标准，理清各类自然保护地关系，构建以国家公园为代表的自然保护地体系。进一步研究自然保护区、风景名胜区等自然保护地功能定位。

3. 以国家公园为主体的自然保护区体系

建立"以国家公园为主体的自然保护地体系"是新时期我国建设生态文明和"美丽中国"的重要抓手，也是未来我国自然保护地体系重构的方向和目标。根据世界自然保护联盟的定义，自然保护地（Protected Area）是指具有明确边界，经由法律或其他有效方式得到认可、承诺和管理，以实现对自然及其生态系统服务和文化价值的长期保护的地理空间（朱春全，2018）。自然保护地具有以下特征：以自然遗迹、自然生态系统或物种为主要保护对象，土地利用方向以保护为主，有专门的管理机构和经费投入，由政府审批认定，有明确的边界范围（唐芳林等，2018）。自党的十九大提出要"构建以国家公园为主体的自然保护地体系"以来，有学者对此有过一定的探讨（苏杨，2018a，2018b；唐芳林等，2018；王梦君和孙鸿雁，2018）。唐芳林等认为，与一般的自然保护地相比，国家公园范围更大、生态系统更完整、原真性更强、管理层级更高、保护更严格，在自然保护地体系中占有主体地位（唐芳林等，2018）。王梦君等认为，国家公园在未来自然保护地体系中的主体地位应体现在两方面，首先是国家公园的保护对象上，保护的是具有国家代表性、典型性的自然生态系统和自然遗产；其次是国家公园的面积应占所有自然保护地面积的一半以上（王梦君和孙鸿雁，

2018）。在未来的自然保护地体系中，国家公园的主体地位不应追求数量的扩张，要少而精。

基于前述学者的观点，结合我国国家公园体制建设的背景，彭建等认为，在未来的自然保护地体系中，国家公园主体地位的内涵主要体现在 5 个方面（彭建 2019）：①国家公园的保护对象是所有自然保护地中保护价值最高的；②国家公园是所有自然保护地中保护最严格的；③国家公园的保护等级高于其他自然保护地类型；④相较其他类型的自然保护地，国家公园是开展游憩活动和进行自然教育最主要的场所；⑤国家公园的主体地位还体现在其保护面积上。

关于建成统一规范高效的中国特色国家公园体制，《建立国家公园体制总体方案》中表示：到 2020 年，建立国家公园体制试点基本完成，整合设立一批国家公园，分级统一的管理体制基本建立，国家公园总体布局初步形成；到 2030 年，国家公园体制更加健全，分级统一的管理体制更加完善，保护管理效能明显提高。随着国家公园体制建设的推进和更多国家公园的建立，国家公园将逐渐取代自然保护区成为未来我国自然保护地体系的主体。

二、面向自然保护地体系建设的景观生态学原则

1. 自然保护地体系建设的景观生态学原则

（1）自然保护区功能分区与规划原则

一般按照"人与生物圈计划"将自然保护区划分为三个功能区：核心区、缓冲区和实验区（王晓峰，2011）。①核心区是自然保护区的精华所在，是被保护物种和环境的核心，需要加以绝对严格保护，一般将典型的森林植被和濒危动植物资源，认为干扰少，自然生态系统保存比较完好的区域化为核心区。根据景观生态学规划原理，核心区的面积一般不得小于自然保护区面积的三分之一。②缓冲区是指核心区外围为保护、防止和减缓外界对核心区造成影响和干扰所划出的区域。根据景观生态学的生态交错带的边缘效应，缓冲区的建立可根据边际效应影响程度来确定，缓冲区的设立应遵循以下两点：一是到每一个核心斑块的距离不低于某一特定值；二是缓冲区应该覆盖所有的斑块，我国规定自然保护区的缓冲区宽度不应低于 500 米。③实验区是指自然保护区内可进行多种科学实验的地区。它为核心区提供良好的缓冲条件，同时可开展科学实验、科考、珍稀动植物驯养繁殖、多种经营及生态旅游活动。

应用生态景观学原理在自然保护区的规划设计中，应该把握以下 4 个原则（刘亚

萍，2005）。①自然优先原则：进行自然保护区的规划建设，首先要考虑自然资源和生态环境的维系保护。保护原生态的自然景观、维持自然景观过程及功能，是自然保护区生物多样性以及自然景观资源得到合理开发和持续利用的基础。②多样性原则：景观中斑块多样性、类型多样性和格局多样性，构成了景观空间结构复杂的异质性。维持自然保护区景观生态的异质性，就能维护其生态系统的稳定性，对于自然保护区的生存发展有重要的意义。③持续性原则：自然保护区的景观规划应以可持续发展为基础，立足于景观资源的可持续利用和生态环境的维持改善，保证社会经济资源环境的可持续发展。④综合性原则：景观是由多个生态系统组成具有一定结构和功能的整体，是自然与文化的复合载体，这就要求景观生态规划必须从整体综合的角度出发，对整个景观进行综合分析，使保护区的景观结构、格局与保护区自然特征和经济发展相适应，谋求社会、经济、生态效益的协调统一，以达到景观的整体最优化利用。

（2）景观生态学的"斑块－廊道－基质"模式

景观生态学用斑块、廊道、基质这一基本模式来描述景观结构，较新的还提出了缘（徐煜，2008）。其中斑块指不同于周围背景的、相对均质的非线性区域，有着与周围基质不同的物种组成。斑块是物种的聚集地，它的大小、形状、类型、数量以及内部均质程度对自然保护区景观结构和多样性保护具有重要意义。斑块的最优设置是在几个大型自然植被斑块组合中，分散众多与之相联系的小斑块，形成一个有机的整体。对于保护区的设计规划时应该根据实际情况具体分析来设置斑块的数目。斑块的数目越多，景观和物种的多样性就越高；斑块数目小，就意味着物种生境的减少，物种灭绝的危险性将增大。一般而言，两个大型的自然斑块是保护某一物种的最低斑块数目，4~5个同类型斑块对维持物种的长期健康与安全较为理想。从旅游方面讲，斑块主要指游客的各消费场所，如景点、旅馆等；从旅游资源上讲，指自然景观或以自然景观为主的地域，如森林、湖泊等。

廊道是景观中与周围基质有显著区别的狭长带状景观，是联系斑块之间的纽带（王晓峰，2011）。在自然保护区中，可能是小溪、河流、道路、植被带等。从旅游区角度讲，廊道主要表现为旅游功能区之间的林带、交通线及其两侧带状的树木、草地、河流等自然要素。廊道的作用在很大程度上影响着斑块之间的连通性，同时影响着斑块间物种、物质、能量的交流。廊道的数目、构成、宽度、形状、格局等都是影响廊道作用发挥的重要因素。廊道能增加生境斑块的连接度，提高斑块间物种的迁移率，促进斑块间基因交换和物种流动，有利于物种的空间运动，增加物种重新迁入机会。同时，廊道在一定程度上分割生境斑块，造成生境破碎化，或引导外来物种及天敌的侵入，威胁乡土物种生存。因此，要求谨慎考虑如何使廊道有利于特殊物种的保护，其中最重要的一点是必须使廊道具有原始景观的本底及乡土特性，廊道应是自然的或是对原有自然廊道的恢复，任何人为设计的廊道都必须与自然的景观格局相适应。廊道的宽度，要根据规划目的和保护区的具体情况，确定适宜的廊道宽度。为游人修建的廊道，道路宽度在 1.5 ~ 2m 之间较为适宜，为一般动物修建的廊道宽度 1km 左右，而大型动物则需要几千米宽。

基质对于斑块嵌体等景观要素内的物质能量流动、生物迁移觅食等生态过程有着明显的控制作用，因此作为背景的基质对于自然保护区生物多样性保护以及生态功能过程的维持至关重要（王晓峰，2011）。在规划设计自然保护区时，对于同样类型的生境，应该选择大面积的保护区，同时尽可能保证本底基质的完整，避免破碎化，以便保护尽可能多的物种；对于已建立的自然保护区，可以通过扩大与保护区相连的其他土地来增加现存保护区的面积；保护区之间应该尽量距离靠近，呈拥簇状配置，以减少隔离程度，便于物种扩散。根据景观生态学与岛屿生物地理学理论，就自然保护区稀有性、多样性、脆弱性、自然型进行科学评价，在此基础上，进行保护区的功能分区，保护区基质形状最好符合同心圆状，中间是核心区，其次是缓冲区，外围是实验区，3 个区的面积从里向外逐步拓宽。此外，缘又称边缘带，主要指整个自然保护区的外围保护带或旅游斑的外围环境，其作用集中在边缘效应上。

（3）生态整体性与景观异质性原理

生态整体性和景观异质性原理是景观生态学的核心概念（徐煜，2008）。生态整体性认为景观是由景观要素组成的复杂系统，具有独立的功能特性和明显的视觉特征。这要求自然保护区在开发和设计时，必须考虑保护区内所有的自然和人文过程，亦即考虑生态、社会和经济的可行性。景观要素如基质、斑块、廊道、动植物等在景观中的时空分布总是不均匀的，这种不均匀构成了景观的异质性。自然保护区在功能上表现为自然生态过程与旅游者、旅游规划管理和经营者以及当地居民的人文活动过程的相互作用，从而构成一个空间异质性区域。根据生态整体性和景观异质性原理，自然保护区保护要在充分考虑景观美学价值的同时，以景观结构的优化、功能的完善和生态旅游产品的推出为目标，尤其是根据特定的地理背景，分地段设计独特的旅游产品，构成空间异质性的景观格局。

（4）多功能景观理论

多功能景观是指景观在发挥其主要生态功能同时，还兼具社会、经济、文化、历史和美学的等其他功能特性，且不同功能相互作用。多功能景观提供的景观服务是多重生态系统服务与社会经济功能在景观这一"社会－生态"综合体的耦合。多功能景观作为景观研究和管理的跨学科方法，其研究本质强调景观多重景观服务功能的时空协同，研究重点逐渐从多重景观功能耦合表征向景观多功能可持续性探讨转变（刘焱序和傅伯杰，2019）。对应多功能景观的自然景观功能，生态系统服务常常被视为景观功能研究的重点内容，纳入多功能景观识别框架。

我国国家公园的首要功能是重要自然生态系统的原真性、完整性保护，同时兼具科研、教育、游憩及不损害生态系统前提下协助社区发展等多种综合功能。科学合理的协同优化上述多种功能，无疑是理顺我国国家公园内部的复杂矛盾关系，实现区域协同可持续发展的重要研究切入点与突破口。多功能景观理论为协同优化国家公园的多种功能提供了全新的理论视角与方法工具。

国家公园作为被赋予特殊使命与多种功能要求的特定景观区域，其景观多功能性具有明显的时空差异性，在同一或不同时间、同一或不同空间单元，均具有不同类型的景观功能，且在景观功能综合指数中的重要性也会有所差异。对多功能景观规划与管理虽实现了从结构到功能的关注，但还缺乏多功能性整合路径。亟待构建中国国家公园多功能景观概念体系，分析其多功能性的变化影响因素与作用机理，优化不同利益群体的多功能景观决策，提出理想多功能组合模式。

另外，岛屿生物地理理论、集合种群理论也是陆域生物多样性保护体系构建的科学基础。

2. 基于景观生态学的自然保护地规划设计模式与途径

建设以国家公园为主体的自然保护地体系必须从维护国家生态安全、建设生态文明和美丽中国的战略高度统筹谋划，从功能定位、空间布局、体系建设等不同角度系统研究。景观生态学的原理与方法可以较好地结合现行保护地功能区划和管控要求及国家公园规划要求，通过科学规划空间布局，明确功能分区、功能定位和管理目标，统一用途管制与规范管理，系统保护自然生态系统和自然文化遗产的原真性与完整性。比如森林公园中的景观资源分布一般呈现点、线、面的空间格局关系，与景观生态学中的斑块、廊道和基质三大要素相对应。如何统筹生态三要素，科学合理地落实功能分区规划、游览道路规划和生态景观保护规划将成为解决森林公园生态环境问题的关键点。在诸多森林公园规划中，游览道路不合理、廊道网络导致景观割裂、功能分区中人为活动项目过多及生态保护区域界限模糊等一系列问题，给森林公园的生态环境造成了明显的干扰，破坏了森林公园的稳定性，而寻找这些问题的解决方法也正是景观生态学研究的内容之一。基于景观生态学理论的自然保护区规划设计方法主要包括：

（1）景观格局构建网络化

国家公园是一种非独立性的景观生态系统。系统中含有景点、设施、道路、河流、村庄、森林和山体等诸多景观资源要素，而景观格局的构建正是对诸多要素的重新组合与空间配置。在规划中，可以充分利用网络结构的构建，使同类景观要素相对集中，不同类景观要素相互联系，加强能量、物质和物种之间的流动，实现国家公园景观格局的网络化和安全性（王志玲等，2016）。

（2）斑块引入可持续化

国家公园生态系统在结构和功能方面会不断发生变化，这就要求规划建设必须走可持续利用的道路。斑块的引入要与本底环境相融合，真正做到人工的斑块与天然的斑块相协调；要对引入性景区和景点、旅游设施规模和性质、游客数量进行严格控制，并注意与当地的自然、文化景观相协调，保证合理的旅游生态容量和景观生态安全格局（王志玲等，2016）。

（3）廊道设置多样化

国家公园中含有大量的特色景观资源，多样化的自然资源和人文资源为特色旅游景观的塑造提供了基础。如何将特色景观资源更好地呈现出来，是国家公园规划的重点任务。因此，规划应维持景观的多样性，创造游览空间的多样化，通过多样化游赏廊道的建立，提高旅游景观的丰富性。

（4）基质构建整体化

国家公园中的植被、山体等自然景观资源作为生态基质要素，分布范围广、连接度最高，是在景观功能上起着优势作用的要素类型，决定了国家公园的生态系统抗干扰能力、恢复能力和系统稳定性。因此，规划应严格划定不同等级的保护区，落实大面积森林、植被的保护措施，保证国家公园的整体性。

（5）景观生态保护个性化与异质化

森林景观资源丰富，但资源分布不均匀，这种不均匀构成了景观的异质性。因此，规划应针对不同景观的个体特征采用不同的保护方法，避免典型景观的价值衰失。针对国家公园内不同区域的特色景观资源，如山谷石林、瀑布溪涧、古村落及稀有生物种群等，应采取个性化和异质化的保护方式，以保证生物景观的多样性（王志玲等，2016）。

（6）构建景观的复杂性与再野化

再野化的概念已经从最初强调为大型食肉动物提供大型连续的保护区演变为面向过程的、动态的方法。基于社会生态系统恢复力和复杂性理论的概念，将营养复杂性、随机扰动和扩散确定为自然生态系统动力学的三个关键组成部分。三个方面及其相互作用的恢复，可以提高生态系统的自我可持续性，应该是再野化行动的核心。基于这些概念，我们开发了一个框架用于设计和评估再野化计划。除了生态恢复目标之外，还强调人们对野生性的感知和体验，以及恢复自然的调节和物质贡献。这些社会因素是重要的结果，同时也是再野化倡议是否成功的关键因素。需要进一步确定当前社会对再野化的限制，并提出缓解这些限制的行动建议。

三、景观生态学在自然保护地的应用进展

1. 景观生态学在自然保护区规划中的应用进展

我国已建立了以自然保护区为主体的众多自然保护地，然而，孤立、零散的自然保护地不仅难以满足全方位的生态需求，还存在空间破碎、交叉重叠、保护空缺等诸多问题。自然保护区的发展至今已有100多年的历史，但在保护区开发建设和规划管理中，往往缺乏科学的理论指导，结果对生态系统和动植物生境造成很大破坏，极大地削弱了其保护功能的发挥（王晓峰，2011）。景观生态学给自然保护区研究带来了新思想、新理论和新方法，景观生态规划格局原理及干扰与生物多样性保护的相关性，为指导生物多样性保护、保护区设计、景观规划及土地开发提供相应的科学依据（巩杰等，2015）。

景观生态学属于宏观尺度研究范畴，并以空间研究为特色，其理论核心集中表现为空间异质性和生态整体性等方面，强调景观空间的异质性的维持和发展、生态系统间的相互作用、景观格局与生态过程的关系及人类对景观及其组分的影响。从某种意义上说，自然保护区规划就是对其景观组分进行调控和优化组合，运用景观生态学理论既可以为自然保护区规划设计提供新思维新方法，还可为保护区规划方案的改进和完善提供理论依据（朱军等，2017）。景观生态学不仅适合自然保护区的空间范畴，且与保护区所强调的生态保护和可持续发展内涵吻合，因此，将在我国自然保护地体

系建设中发挥重要作用。自然保护区是生态文明建设和可持续思想落地的空间载体。到目前为止，景观生态学在自然保护区的应用是比较成功的范式，景观生态学注重空间结构与生态过程的相互影响，强调生态整体性与空间异质性，可以揭示自然保护区的空间结构、生态过程及二者的相互关系，有助于加强管理者的认识的完善保护区的规划建设（黄晓园等，2019）。

基于景观生态学原理，从基质、斑块、廊道和景观格局等及几个方面设计和规划自然保护区的研究受到重视（高天等，2010）。在自然保护区的规划中，更多的是通过案例分析，开展相关的研究。在规划设计自然保护区，需要研究生境的选择，保护大面积栖息地，并尽可能保证本底基质的完整，避免破碎化，以便保护尽可能多的物种；对于已建立的自然保护区，可以通过扩大与保护区相连的其他土地来增加现存保护区的面积；保护区之间应该尽量距离靠近，呈拥簇状配置，以减少隔离程度，便于物种扩散。根据保护区的实际情况，建立大型斑块、小型斑块和圆形斑块的保护区，斑块的数目越多，景观和物种的多样性就越高。景观格局方面，集中和分散相结合是景观生态规划的基本格局，通过对自然保护区景观空间结构的调整，使各类斑块大集中、小分散，确立景观异质性来实现生物多样性以及自然景观的保护，以保证自然保护区景观生态的可持续发展。

在保护区规划建设中，景观生态学可以为规划设计者提供一系列方法和理论支撑。在自然保护区规划过程中应遵循景观生态系统的整体性和景观格局设计的异质性。功能分区方面，景观生态学理论中一般将自然保护区划分为三个功能区，即核心区、缓冲区和试验区。功能分区可以保护景观尺度上的自然栖息地和生物多样性，并且不危害敏感的栖息地和生物。同时在自然保护区景观生态规划是应遵循自然优先、多样性、持续性和综合性等原则，充分应用景观生态学原理。Gunn（1988）提出了国家公园分区模式，即划分为重点资源保护区、低利用荒野区、分散游憩区和旅游服务社区（黄丽玲等，2007）。该模式提出后被普遍采用，如何科学地确定分区界线，还存在一定的盲目性。目前，对于分区边界的划分受到重视，分区和边界划分是自然保护区或国家公园管理的重要手段，通常以行政区和自然地理边界为参考，较少考虑当地生态系统的完整性，而景观生态学理论结合低空遥感技术，可以在这一方面发挥作用。

2. 自然保护地体系廊道与网络的应用研究进展

物种不能离开栖息地而生存，自然保护区只有达到一定面积才能起到完整的生态保护功能，保护特有目标物种；当现存保护区面积不足以保护目标物种时，需要通过生态绿道连接不同自然保护区而成为一个生态绿道网络。因此，绿道网络建设可以解决单个自然保护区面积过小问题，例如我国大熊猫栖息地建设过程即建立生态绿道网络（李月辉等，1999）。不同自然保护地廊道与网络是形成完整体系的重要途径。人类活动所导致的生境破碎化是生物多样性面临的最大威胁，生境的重新连接是解决该问题的主要步骤。通过生境走廊可将保护区之间或与其他隔离生境相连，建设生境走廊的费用很高，同时生境走廊的利益可能也很大，只要有可能，就应当将主要的生境相连，生境走廊作为适应于生物移动的通道，把不同地方的保护区构成保护区网。多用途模块是指除一个保护得很好的核心区以外，在核心区与远离中心的人类利用土地之间的缓冲带，在核心区不允许开发，而缓冲带允许一定的人类活动与科学研究，允许进行与核心区生物多样性保护相兼容的活动，如教育、生境恢复生态旅游等。一个区域的保护区网包括核心保护区，生境走廊带和缓冲带，多用途区（见图6-10），一个真正的保护区网应包括多个保护区，内缓冲带应严格保护，而外缓冲带允许有各种人类活动（高天等，2010）。

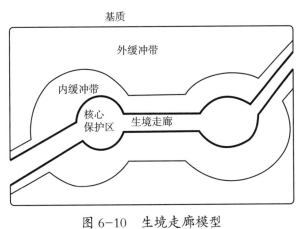

图6-10 生境走廊模型

目前，生境走廊的研究主要有如下内容：保护的目标生物的类型和迁移特性，保护区间的距离，在生境走廊会发生怎样的人为干扰，以及生境走廊的有效性等。针对不同的生物，需要考虑不同的生境走廊的宽度和特点，如大型的分布范围宽的动物，如肉食性的哺乳动物，为了进行长距离的移动需要有内部生境的走廊，如在50米宽的生境走廊中黑熊不可能移动多远距离，动物领域的平均大小可以帮助我们估计生境走廊的最小宽度。

而区域生态网络可将各种类型与等级的生态群落联结起来，组成一个相互连接的系统。一般意义上的网络是由斑块和廊道组成，位于广大的背景（基质）之上。北美的生态网络规划多关注乡野土地、自然保护区、历史文化遗产和国家公园的建设，注重生态网络的综合功能发挥。在绿道规划建设方面也一直处于世界领先水平，利用GIS技术对大尺度和多尺度上的景观定量化，在"斑块–廊道–基底"模式的指导下，形成多层次的、国土范围的绿道网络系统。欧洲的规划实践则更关注减轻人为干扰和生态系统保护，尤其是对生物多样性的维持和生境的保护，以及河流的生态环境恢复（Toccolini 等，2006）。亚洲的绿地生态网络规划尚处于起步阶段，多数研究仍处于建立廊道连接的初期，但也有城市绿地生态网络建设的实践（刘世梁等，2017）。

近年来，我国的生态网络规划尚不多见，在城市区域，研究绿地生态网络受到重视，国外的生态网络规划思想更多的是立足于生物多样性的保护，关注生物与其栖息环境之间的动态变化。实践证明，相比于小块分散分布的绿地斑块，大面积整块分布的模式能包容更多的物种，而斑块间适当的生态廊道则有助于物种的保护（刘世梁等，2017）。国内学者在此领域也有一定的研究成果，如李菲菲等基于图论法的面积权重指数（AWF）划定扎龙自然保护区丹顶鹤巢址的景观连接度等级（李菲菲等，2018）。欧洲国家在传统生态栖息地的保育上有诸多实践，如生物基因保留区（Biogenetic Reserves）、绿宝石栖息地网络（Emerald Network）与欧洲自然栖息地网等，并在 1995 年倡议构建泛欧洲生态网络（Pan-European Ecological Network，PEEN），以生态廊道联结各自孤立的栖息地以形成区域乃至国家之间的生态网络体系，对生物多样性的保护和景观整体格局的维护有重要意义（刘世梁等，2017）。我国在此方面也有涉足，如周睿等以世界自然保护联盟（IUCN）保护地体系标准，对我国境内的国家级自然保护区进行筛选，作为我国国家公园的备选单位，以此保护国家典型自然生态系统的完整性和特殊性（周睿等，2016）。

四、自然保护地体系与国家公园建设的主要研究议题

从上述理论梳理与研究进展来看，景观生态学相关理论与方法已在自然保护区、风景名胜区为代表的保护地建设实践中开展较多探索。我国建立国家公园体制并以此为契机明确保护地体系，旨在提高保护效率。目前，国家公园体制试点建设中尚缺乏相关技术标准。当前的自然保护理念更加关注生态整体性和生物多样性以及生态系统健康，保护地建设理论也逐渐由保护生态学、恢复生态转向景观生态学。基于国内外

景观生态学在保护地建设中的研究进展，服务以国家公园为主体的自然保护地体系的建设，未来景观生态学在自然保护地／国家公园建设中的应用应聚焦在边界（图底）划定、规划设计（图面／格局）、生物多样性保护（格局与过程／功能的关系）等方面的研究，具体展开如下：

1. 国家公园的边界划定

党的十九大报告中提出"构建国土空间开发保护制度，完善主体功能区配套政策，建立以国家公园为主体的自然保护地体系"，这表明我国的自然保护事业正逐渐从以自然保护区为主转向以国家公园为主体（唐小平和栾晓峰，2017）。《建立国家公园体制总体方案》指出，国家公园是指由国家批准设立并主导管理，边界清晰，以保护具有国家代表性的大面积自然生态系统为主要目的，实现自然资源科学保护和合理利用的特定陆地或海洋区域。国家公园应以维持生态系统完整性为前提，保护具有国家代表性的自然景观、野生生物和特殊生态系统，并强调自然资源有效保护与合理利用（唐小平，2014；虞虎等，2017）。作为国家公园总体规划的核心内容，边界划定是国家公园自然资源科学保护、管理与合理利用的重要手段，也是当前我国进行国家公园试点及国家公园建设面临的重要问题（付梦娣等，2017）。国家公园边界的科学划定，有助于将具重要价值的区域纳入自然保护地范围，并实现生态系统与濒危物种的保护、资源保护和社区发展的平衡（杨锐和曹越，2017）。

近年来，各类自然保护地及国家公园试点区的边界划定研究为国家公园建设提供了一定的经验借鉴，而国家公园试点区也尚处于探索实践阶段。目前，国家公园体制试点建设中边界与功能区划暂无统一的技术标准。国家公园试点区主要依托原有多类型保护地，其边界确定是原有保护地边界、区划和现实生态完整性等的协同考量，但笼统的沿用原有边界和分区既不符合生态系统原真性、完整性的保护目标，也忽略现有土地利用方式对保护目标的实现和社区经济发展的影响（何思源等，2019）。为了达到土地利用空间管制的目的，国家公园边界划定需要从区域整体入手，统筹自然生态保护和资源利用。目前，自然保护理念日益关注生物多样性和生态系统健康以及生态整体性（Frost 和 Hall，2009）。自然保护地建设的理论依据已转向景观生态学，由关注单个保护区向保护区整体网络发展（徐嵩龄，1993；何思源等，2019）。景观生态学作为现代地理学与生态学的交叉学科，主要研究宏观和中观景观结构和功能，具有整体性、区域性和综合性的特点。景观生态学视角下，可将自然保护地／国家公园看作生态系统构成的基质、斑块和廊道等景观组分，利用边界动力学进行几何设计，并结合自然景观单元、分水岭、水系和道路等，对国家公园内部核心区和缓冲区的格局和边界进行刻画和划分。同时，研究不同的生态问题时需采用不同的时空尺度，"斑块－镶嵌体"理论认为景观尺度上大镶嵌体（如国家公园），能够维持其中生态系统结构和功能的相对稳定，因此，景观尺度是国家公园研究中较适宜的尺度。从空间尺度看，目前 11 个国家公园体制试点区基于属于景观尺度范畴。可通过分析国家公园内各试点区人地互动关系的空间异质性，判断基于自然要素的物理边界是否可以成为具有社会经济乃至文化心理意义的国家公园管理边界。此外，国家公园边界划定过程中还需重点关注景观生态安全理念，国家公园边界的划定是从空间上保护生态系统的完整性、减少人类干扰、确保区域生态安全，但保障生态安全的同时，还需考虑生态系统提供的服务可否满足人的生存发展需求，这样才能构建人地关系和谐的生命共同体。因此，基于景观生态学相关原理和方法的国家公园边界划定的应用研究是一个新方向，也是自然保护地建设理论与实践探索值得深入研究的课题。

2. 国家公园/自然保护地的规划设计

建立以国家公园为主体的自然保护地体系，是推进我国生态文明建设的重要途径之一。国家公园的建设和自然保护地体系的重构和管理是一个在空间上调配资源的过程。国家公园／自然保护地的空间规划设计，将极大地促进保护效率的提升和保护目标的实现。20 世纪 70 年代，自然保护区规划设计主要根据岛屿生物地理学均衡理论和群落生态学提出了关于排列、面积和形状等六个原则，随后关于面积与保护效率的 SLOSS（Single Large or Several Small）达成了一定共识（Simberloff 和 Abele，1982）。80 年代，产生了利用种群生态学的种群生存力分析（Population Viability Analysis，PVA）来计算最小可存活种群（Minimum Viable Population，MVP）（王献溥，1988）。近年来，随着景观生态学的快速发展，其原理和方法在自然保护区和国家级各类公园规划设计的理论和工程实践中发挥了重要作用。自然保护地／国家公园的最优规划设计应由大型自然植被斑块作为本底，由分散其中的小斑块或廊道补充成为踏脚石（何思源等，2019）。

景观生态学作为一门研究景观空间配置、类型组成及其与生态过程相互作用的综合性学科，其景观格局、生态过程和尺度效应等核心研究内容以及景观生态保护与生态恢复理论对自然保护地／国家公园规划与设计将具有重要的指导意义。随着景观生态学的快速发展，其学科交叉与融合不断增强，并衍生新的学科生长点，如多功能景观、景观遗传学和景观可持续性科学研究等，这些研究成果也将逐渐应用到自然保护地/国家公园的规划设计中。未来在国家公园/自然保护地的建设中，应充分借鉴自然保护区、风景名胜区保护的理论经验和实践技术，在国家公园的功能区划和规划设计中积极引入景观格局分析、景观格局优化、景观生态保护、景观恢复力评估等方法，探索如何提高国家公园/自然保护地的规划设计的科学性，使规划方案更加生态化、人性化和特色化，实现国家公园/自然保护地的可持续发展。同时，这一研究方向也是推动景观生态学理论应用于实践和指导实践的重要探索。

3. 国家公园/自然保护地的生物多样性保护

建立以国家公园为主体的自然保护地体系，是推进我国生态文明建设的重要途径之一，以国家公园为主体的自然保护地是加强生物多样性保护的核心载体。从国外国家公园发展实践来看，建立自然保护地和国家公园是一种被全世界广泛认可的保护自然资源、生态系统和生物多样性的高效途径。

生物多样性消失，是全球最严重的生态问题。生物多样性保护是一项长期而艰巨的任务。20世纪20年代以来，保护生态学一直是自然保护区生物多样性保护相关工作的理论基础。随后，随着群落和生态系统层面的保护与修复日益受到重视，恢复生态学应运而生。80年代以来，自然生态系统和生物多样性保护越来越强调生境的完整性，更为综合地考虑不同尺度上的生物多样性格局，在物种保护的基础上考虑其所依存的景观系统的完整性。新兴的景观生态学为生物多样性保护提供了新理论、方法和技术手段，在当代生物多样性保护方面的作用越来越重要。生物多样性保护既是目前国家公园的重要功能，也是亟待解决的严峻问题。我国政府正积极推进以国家公园为主体的自然保护地体系的建立和管理，这一过程应主动融入景观生态学的相关理论和方法，借鉴景观生态学途径在生物多样性保护方面的成功经验，对国家公园进行合理的规划设计。生物多样性保护的关键在于景观要素间的配置和格局的整体设计，通过开展景观组成、景观格局、景观连接度与生物多样性的关系、人类活动与生物多样性保护绩效等方面的研究，结合多种景观生态规划途径（如景观稳定性途径、绿色廊道途径和焦点物种途径等），探索生物多样性保护的景观生态学新方法，并将其应用于国家公园/自然保护地内部生物多样性关键区域的识别、保护安全格局的构建，并提出相应的格局优化建议，这对生物多样性保护具有重要的指导意义。景观生态学的快速发展为生物多样性保护提供了新理论、方法和实践支持，如何将其科学合理地应用于国家公园/自然保护地生物多样性保护是一个值得探究的方向。

第五节 环境污染与治理

　　城市化和工业化等人类活动的加剧，深刻改变了地表组成及其空间结构，同时也造成了严重的环境污染。城市和产业发展与生态安全、人居环境健康的矛盾与日俱增，成为当前公众和管理部门极为关注的问题之一。尤其是城市的发展、人类活动的集聚对区域生态系统和环境带来了巨大的挑战，除了传统的污染物以外，药物和个人护理用品、抗生素抗性基因、微塑料、阻燃剂、饮用水消毒副产物等新型污染物随着社会的进步也不断涌现，并且对生态系统和人居环境健康产生了重要影响。景观生态学视角站在社会—经济—自然复合生态系统的角度重新审视环境污染及其治理问题，可以更为系统地探析城市与区域环境污染成因，基于景观格局的时空动态特征及其与环境污染的紧密联系，建立有效的环境污染模拟预测模型，以期从大的尺度上明确污染物的产生、迁移、转化过程及其对生态系统的影响，进而有针对性地对特定景观进行科学合理规划和整治，以期控制环境污染问题。

一、景观生态学与环境污染、治理

　　环境科学与景观生态学在研究对象、视角和方法等方面有较大的差异。环境科学及其技术方法在治理环境污染方面发挥了核心作用，不同于环境科学的学科范式和方法，景观生态学的理论范式与方法可为研究环境污染问题研究与污染治理提供一个系统性、全局性的视角。相比于传统的污染治理手段，景观生态学方法及理论强调景观的多功能性以及综合整体性，重视景观格局与生态过程的相互作用，能够解析景观单元内部空间配置对内部生态和环境过程的影响，同时反映景观格局与生态过程/环境过程协同演化的趋势，适合研究当前人类活动背景下景观格局演变与环境污染的交互作用的规律。景观生态学与环境科学在环境污染与治理研究中各有侧重。首先，在研究对象上面，环境科学强调对污染物的产生、转化的化学过程进行探究，强调从污染过程、生态毒理过程来解决问题，而环境污染与治理的景观生态学途径则强调耦合景观格局与污染物的迁移过程。其次，环境科学领域对污染物的分析侧重于点位尺度过程研究，而从景观生态学视角则更强调系统性、多功能性和整体性，会更多地考虑地理环境和人类活动及其尺度效应，相比环境科学和生物地球化学过程的研究，景观生态学视角更为强调人地耦合关系在污染物迁移转化过程中的驱动作用，从社会－经

济 – 自然复合生态系统的角度来解析环境污染物的时空分布、迁移转化过程，开展预测和模拟。最后，对于环境污染研究与环境污染治理的未来研究方向上，环境科学除解决环境中污染物的产生、迁移、转化、处理等问题外，还需要不断发掘环境中的新型污染物，明确其产生机制、环境过程、生态毒理效应和环境健康响应等，而景观生态学途径则更侧重于揭示复合生态系统中污染物时空格局、生态系统及其环境健康响应，构建模型进行时空模拟预测，在环境污染治理中考虑其权衡和协同效应及其综合生态效益，以求达到环境污染治理与社会、经济、生态的平衡。基于景观生态学视角的污染研究和治理手段能有效提升生态系统整体的环境效益，有助于构建环境友好型的社会 – 经济 – 自然复合生态系统（吕一河等，2007；Lei 等，2016）。并且，景观生态学"格局 – 过程 – 服务 – 可持续性"的理论能够为城市规划、土地利用规划、生态修复工程、环境管理以及区域可持续发展提供科学的参考（Golley 和 Bellot，1991；Mitsch，1992；Bell 等，1997；陈利顶等，2006；王军和钟莉娜，2017）。

二、国内外发展现状分析

景观生态学为环境污染的迁移过程、环境健康风险、模拟预测与治理实践提供了综合视角，社会–经济–自然复合生态系统理论和景观生态学中景观格局与过程耦合、"源 – 流 – 汇"景观调控等理论为分析环境污染的迁移过程和模拟预测提供了一个新的思路，而生态网络、区域生态安全格局、景观服务等理论为环境污染治理提供了理论支撑。当前，基于景观生态学方法的环境污染与治理中，已初步形成了环境污染"时空格局 – 生态响应 – 模拟预测 – 治理规划"的研究框架。

1. 基于景观生态学视角的环境污染研究

景观单元的组成及其空间配置会影响其内部的生态过程，例如地表径流、侵蚀、生物地球化学循环、能量交换与转化等过程，从而影响污染物的迁移和转化过程。国内外学者重点针对水体污染、土壤污染、大气污染、噪声污染及光污染等开展了大量研究。其中，基于景观格局指数的研究最为广泛。景观格局指数是反映景观结构组成、空间配置特征的量化指标，能有效反映一定范围内与环境污染密切相关的土地利用、人为干扰强度及类型、生态过程扰动等。此外，"源 – 流 – 汇"景观理论及其方法在厘清景观格局与环境污染物的关系也有许多重要应用。

（1）水体污染

通过分析陆地景观格局与水体污染的内在联系，能够揭示水体污染的成因以及影响污染程度的景观格局特征，景观格局与水污染关系的研究是目前景观生态学在环境污染与治理研究中最为集中的一个领域。现有研究通常认为农业景观及城市景观是水体污染的主要污染源，而绿地景观（包括林地及草地）及湿地景观（包括湿地、湖泊和河流）能够有效降低水体污染程度。农业景观及城市景观是水体污染的重要来源，也是水质恶化的重要原因（Maillard 和 Pinheiro Santos，2008；侯伟等，2009；项颂等，2018）。除重金属、水体富营养化、病原菌等污染以外，水体周边的城市景观也可能加剧水体热污染，导致水体温度及其热敏感性的上升（Ketabchy 等，2019）。一般而言，景观平均形状指数和景观多样性与水体富营养化指标多呈正相关关系，而蔓延度指数与最大斑块指数与水体富营养化指标多呈现负相关关系。随着人类活动的增强，农田和城市等污染"源"景观类型在景观中的优势度及主导作用增强，就容易导致水质恶化（Deng 等，2009；Cheng 等，2019）。而景观的斑块密度、边缘密度与水质的相关性在不同研究中则呈现不同的结果，表明水质与这些景观格局指数的相关性受地理环境背景的影响较大且具有明显的时空异质性（Lee 等，2009；Shen 等，2014）。例如，在农业景观为主导的生态系统内部，斑块密度和边缘密度越大表明流域内景观斑块数量越多，空间破碎化程度越高，景观形状越复杂，农田排放的易溶性氮磷在流域内的迁移路径和滞留时间更长，更有利于氮磷污染物的拦截（Ouyang 等，2014；宫殿林等，2017）；但在城市景观为主导的生态系统内部，斑块密度越大，破碎化的城市景观内存在大面积的不透水表面，导致大量地表径流冲刷地面，加剧水体污染（Zhou 等，2012）。值得注意的是，高强度的点源污染能够掩盖甚至逆转景观格局与水体污染之间的关联性，这是由于点源污染的排放量远高于生态系统的自净能力，干扰了污染物的生物地球化学循环（Zhou 等，2016；宫殿林等，2017），从而弱化了景观格局的影响。

（2）土壤污染

土壤污染的来源多样，污染物组成也极为复杂，传输路径也并不是十分明确，基于景观生态学视角的研究主要集中在景观格局与土壤重金属污染方面，而药物与个人护理用品、微塑料等新型污染物的研究相对较少，并且研究的尺度也主要集中于城市或景观尺度。景观的结构特征能够显著影响重金属的人为排放、截留以及沉降。与水体污染相似，农业与城市景观是土壤污染的主要来源，表明农业与城市景观内部的人类活动（如施肥、农业耕作等）能够加剧土壤重金属污染，而绿地景观能够截留大气中的气溶胶，降低重金属的沉降，缓和土壤污染（Li 等，2015）。与水体污染不同的是，部分研究发现湿地景观反而加剧了土壤重金属污染，表明污染水体也是土壤重金属污染的一个重要来源，土壤单元与污染水体的邻近度也是重金属污染的一个重要指标（Li 等，2017）。随着城镇化的快速发展，区域景观破碎度与多样性上升，而优势度下降，多样性的景观结构导致区域内多种污染源的存在，进而导致严重的土壤重金属污染；同时不透水表面的增加（如工业用地面积、工业用地斑块数等）导致降雨后地表径流冲刷地面进入周边土壤，进一步加剧了土壤污染（Lin 等，2002；Sabin 等，2005；Christoforidis 和 Stamatis，2009；赵方凯等，2018）。

（3）大气污染

下垫面是区域大气环境的重要影响因素，区域景观的组分与格局形成了不同的局地大气环境效应，改变了大气环境中的物质和能量的分布及迁移转化，从而促进了多尺度上的大气运动造成的能量和物质交换（丁宇等，2011；Pope 和 Wu，2014）。区域大气污染主要由城市和工业活动、交通运输、农业活动等引起的，尤其是城市生态系统内不连续的建成区通常是冬季大气污染物的主要排放源（Łowicki，2019），近年来基于景观生态学视角的大气污染研究主要集中在土地利用、建设用地、景观格局等与大气环境、空气污染的关系探讨上。研究发现，大气污染物浓度与城市景观比例、建筑密度以及道路密度呈正相关。同时城市化导致的景观多样性上升，以及高层建筑面积的上升，阻碍了大气的流动以及污染物的迁移扩散，在一定程度上加剧了大气污染物的浓度（Łowicki，2019）。一般而言，绿地植被能够有效消减大气化学污染，滞留大气可吸入颗粒物，改善大气环境质量（Yim 等，2014）。另外，绿地景观通过改变地表温度以及能量流动影响大气环流、湍流等运动方式，加强了绿地植被对大气污染物的消减效果（Escobedo 和 Nowak，2009），如果景观内部具有较大的斑块周长面积比，能够增加下垫面的粗糙度，降低大气颗粒物含量（Barnes 等，2014；Łowicki，2019）。例如，有研究发现珠三角地区森林下垫面对大气中 SO_2、NO_2、PM_{10} 浓度的消减率分别达到了 1.3%、0.7% 和 4.1%（丁宇等，2011）。

（4）噪声污染

道路交通以及城市施工等是噪声污染的主要来源，基于景观生态学视角的噪声污染研究案例相对较少。城市景观比例及其空间布局、建筑密度以及道路密度导致高强度的车流量，给周边环境带来较高的噪声等级（Weber 等，2014）。同时在城市生态系统中，居住区斑块密度及边缘密度的上升意味着集聚的人口密度及高强度的人类活动，也伴随着较高的噪声污染（Weber 等，2014）。研究发现，尽管高层建筑会导致大气污染的加剧，但其同时也阻碍了噪声的传播，能显著降低噪声污染（Weber 等，2014b）。绿地植被同样能够降低周边环境的噪声等级，已有研究表明植被能够有效吸收噪声，同时通过改变大气流动，影响噪声传播，从而降低噪声污染（Margaritis 和 Kang，2017），因此不同区域绿地景观比例差异越大，区域之间噪声等级的差异也随之上升。

（5）光污染

夜间光污染主要来源于夜间道路照明及建筑物照明。随着城市化发展，照明设施的大面积使用导致了严重的光污染问题（Hale 等，2013；Levin 和 Zhang，2017），可对区域动、植物群落、人居环境健康等产生一系列影响，夜间光污染已经成为城市生态系统中亟待解决的一个生态问题（Longcore 和 Rich，2004）。与噪声污染类似，基于景观生态视角的光污染研究案例也相对较少，相关研究主要集中在景观组成与结构、建筑密度和道路密度与光污染的关系探讨方面。例如，Ma 等（2012）研究发现我国 68% 的城市存在夜间照明区域和城市景观面积的强烈正相关，表明城市化过程会带来的大面积光污染现象。城市农业及绿地植被可以通过植物枝叶遮挡、掩盖夜间灯光辐射，是光污染防治的重要景观类型。同时大面积的绿地植被具有较低的反射率，能够减少夜间灯光向周边环境的反射，缓解光污染（Levin 和 Zhang，2017）。

总体而言，基于景观生态学视角的环境污染研究主要集中在景观组成及其空间格局与污染物时空分布的关系探讨上，采用的方法也多为传统的景观格局指数，密切联系景观格局与过程关系的研究相对不足，环境污染物的产生、迁移、转化机制与景观格局的关系在机理上的探讨还极为有限，对景观格局与污染关系尺度效应的探讨也较为有限，基于景观生态学视角的环境污染问题研究还需要在研究对象与研究方法上做出更多的工作。

2. 基于景观生态学视角的环境污染时空模拟

景观格局时空动态的直接表现是由人类活动导致的生态系统内下垫面的性质与空间配置的变化，其体现了人类活动在有限空间的集聚，以及生态过程所受到的干扰程度与演化方向。因此，基于景观格局与环境污染在空间和时间上的内在联系，可以建立基于景观格局动态的环境污染预测模型。构建基于景观格局与环境污染物时空分布特征的模型能够识别导致环境污染的主要景观类型，以及关键景观的构型和空间配置，进而为区域环境污染物拦截、景观评价、管理和规划提供科学依据。

（1）水体污染

对于水体污染而言，基于景观格局/土地利用的统计回归模型相较于复杂的分布式水文模型，计算更为简便，数据更易获取，其应用范围也较为广泛，模拟精度也能达到较高的水平。尤其是景观模型在非集水单元或者缺失监测资料地区的水质模拟和预测方面具有较大的优势。例如，琼斯等（Jones 等，2001）对美国多个流域的研究发现，流域内部的景观格局可以解释 75% 以上的水质变化。但是，基于景观格局的水体污染统计模型的模拟精度具有明显的时空异质性，从而导致了模拟结果的不确定性，影响了模型的通用性。研究发现，在城市化小流域中，景观格局回归模型可以解释当地雨季 47% 的水质变化，而雨季之后景观格局的解释度只有 25%（Shen 等，2014）。农业活动为主导的流域中，景观格局可以解释 71% 的旱季河流水质变化，但在雨季却只能解释 55% 的水质变化（Wu 和 Lu，2019）。景观模型对水体污染的模拟与关键影响范围密切相关。例如，巴斯内特等（Basnyat 等，1999）通过景观模型研究发现河岸景观格局对河流水质的解释度超过了 90%，高于流域景观格局的解释度（66% ~ 76%）。虽然美拉德和桑托斯（Maillard 和 Santos，2008）同样发现了河岸景观格局对水质的强烈影响，但是其结果发现河岸景观格局和流域景观格局的解释度相差较小，尤其是在雨季，流域景观格局的解释度反而超过了河岸景观格局。

（2）土壤污染

景观的时空动态可以影响污染物的输入和沉降，同时改变下垫面特征，以及大气、水文、土壤、生物过程等显著影响土壤污染物的生物地球化学循环过程（Lin 等，2002；Liu 等，2016）。根据景观格局和土壤污染的空间异质性构建统计模型来识别土壤污染高风险区域也是当前基于景观生态学视角的环境污染模拟研究的重要方面。然而，相比水体污染、大气污染、噪声污染等，景观模型对土壤污染的模拟精度相对较低，这可能是由于土壤景观单元显著的空间异质性导致的。另外，土壤污染不同于水体污染、大气污染存在比较剧烈的空间迁移过程，土壤污染物受周边景观格局的影响更为显著，景观格局对不同污染物影响的关键范围，仍需要进一步探讨。例如，弗里奇（Fritsch）等（2010）发现冶金厂周边景观格局对土壤重金属总量影响较大，而对其可提取态含量影响较小；相较而言，Cd 受到景观格局的影响较大（60%），高于 Pb（50%）和 Zn（48%）。Zhao 等（2020）研究发现样点周边 350 米范围内景观组成对土壤抗生素污染的影响最大。相对于最小二乘法回归，地理加权统计回归能够显著提高景观格局对土壤污染 30% ~ 67% 的解释度（Li 等，2017）。另外，土壤污染物重要环境过程参数的引入，也能在一定程度上提升景观格局对环境污染物的模拟精度。例如，Zhao 等（2020）在主成分回归模型中添加了距道路距离这一重要参数，显著提高了对土壤抗生素污染的模拟精度。

（3）大气污染

景观单元对大气环境的影响是通过组分的物理属性之间的差异带来的对大气环境中物质能量交换过程的影响，因此，通过输入景观变量（包括交通、土地利用、地形等参数），构建多元线性回归模型（即土地利用回归模型，Land Use Regression，LUR）可以预测和模拟大气污染情况。相较于普通的大气污染物扩散模型，土地利用回归模型不需要大量高精度的模型参数，并且能够提供较高的模拟精度，因此具有较高的适用性。土地利用回归模型的模拟精度可以达到约 73%，已经被广泛用于多尺度多区域的大气污染预测，包括全球尺度（Larkin 等，2017）、大陆尺度（Vizcaino 和 Lavalle，2018）、国家尺度（Chen 等，2018）以及区域和城市尺度（Hoek et al.，2008；Muttoo 等，2018）。土地利用回归模型可以揭示大气污染的主要地表因素，例如，全球尺度的土地利用回归模型表明 50 千米范围内的水体面积比例是大气 NO_2 的主要抑制因素，每增加 10% 的水体面积比例，大气中 NO_2 浓度下降 0.39 ppb（Larkin 等，2017）。美国的研究发现大气 NO_2 浓度与 100 米范围的道路密度密切相关，而 1000 米范围内的绿地则是主要的大气污染"汇"景观（Novotny 等，2011）。

（4）噪声污染

噪声污染主要受到车流量、道路景观特征、距道路距离以及周围建筑密度和高度的影响。目前用于预测噪声强度的景观模型的研究相对较少，预测变量难以获取以及噪声监测的困难都是制约噪声预测模型发展的因素。随着城市化的发展和人口的进一步集聚，基于景观生态学视角的噪声污染模拟与治理将会是未来一个重要研究方向。现有研究中，托里哈和鲁伊兹（2015）通过机器学习的方法利用大量预测变量数据能够精准地模拟城市噪声污染，模型精度最高可达 94%。艾哈迈德和普拉丹（2019）通过神经网络的方法使用较少的预测变量，基于道路形态、距离以及建筑高度预测和模拟居住区交通环境噪声污染，其模型准确度也达到了 78%。有研究认为，基于景观格局指数的统计模型也能够有效预测居住区环境噪声强度，尤其是在噪声监测资料缺失的地区。为满足未来城市规划设计需要，面向噪声污染模拟的景观模型将会面临更多的需求。

（5）光污染

城市光污染主要来自道路和建筑物的夜间灯光照明，与城市发展密切相关，其空间分布也与城市景观格局存在紧密联系，建成区面积比例是城市夜间光污染强度景观模型的重要参数。例如，Hale等（2013）发现在城市尺度上，建成区面积比例与光污染强度的关联性最强，其中4平方千米范围内建成区面积对光污染的解释度达到了85%，高于1平方千米以及0.25平方千米范围内建成区面积比例的作用。莱文和张（2017）发现通过广义线性模型模拟全球夜间照明强度，发现主干道密度以及城市面积比例是主要光污染来源，其模型决定系数为46%～63%。社会—经济—自然复合生态系统理论指出，社会因素和经济因素是自然生态系统演变的重要驱动，在城市生态系统这种人类活动密集的区域，耦合社会因素和经济因素的景观模型是解析区域生态过程和环境问题的重要方向。例如奥尔森等（2014）通过模拟美国国家尺度上的夜间灯光污染发展，当地经济发展情况是光污染的主要原因，道路密度主要影响当地光污染，而对不同地区的光污染差异没有显著影响。

总体而言，基于景观生态学视角的环境污染时空动态模拟在研究方法上多集中在统计回归模型上，虽然当前已经有智能神经网络、随机森林等模拟方法的应用，但仍需要多种模拟预测方法的尝试与改进，尤其是需要逐步建立地表景观格局与不同环境污染过程的定量关系，发展和完善模拟预测方法。基于景观格局的回归模型参数简单、易于计算，在揭示景观空间格局与污染过程的关系上起到重要作用，但较难以反映时间动态特征，因而也难以进行动态模拟。回归模型与污染物在环境中产生、迁移、转化的物理、化学和生物过程结合的并不十分紧密，成为目前景观格局与环境污染研究的重要制约。尤其是对于土壤污染来说，当前景观格局与土壤污染的研究集中在重金属污染方面，研究对象较为集中，并且模拟研究的精度相对较低，模拟方法还亟待改进。

3. 基于景观生态学理论与方法的环境污染治理

景观生态学的相关理论和方法为环境污染治理与环境管理提供了新的视角，如景观生态廊道理论中生态廊道可以过滤和阻断环境污染物的流动过程；通过"源－流－汇"景观调控理论识别污染物迁移转化中的功能景观，从而进行空间优化配置，指导景观规划；区域景观生态安全格局理论则为综合平衡与协调自然、经济与社会发展三者之间的关系，促进景观多样性及景观服务提升，提高景观可持续性提供了科学指引。

（1）景观生态廊道理论

廊道是指空间中与相邻两侧景观要素不同的线性或带状景观要素（Forman，1995），其既连通景观要素，是生态流的通道，能够维护和传递生态功能；又切割了景观要素，可以屏蔽、过滤和阻断部分生态流的负面作用（郑好等，2019）。基于生态要素构建的生态廊道被视为是具有保护生物多样性、过滤和降解污染物、调节气候等生态功能的多功能景观类型，并且不同的廊道类型能够提供多样的环境效益及生态系统服务。对于环境污染治理而言，生态廊道景观可以是污染物的"汇"，大面积的植被覆盖以及较高的生物多样性使生态廊道具有较强的污染物消减能力，也可以是污染物的"流"，通过控制污染物在环境中的传输速度，降低其在极端事件下的生态风险和健康风险。例如，Zhang 等（2010）研究发现生态廊道对农业非点源污染中泥沙、农药、N、P 的平均去除效率分别达到了 86%、88%、68%、72%。生态廊道可以改变景观结构，从而改变生态过程，进一步增强了其对污染物的过滤、缓冲和净化功能。例如，人工湿地、河岸植被缓冲区以及沟道廊道改变了水文路径和水文过程，可以减少径流，增加水流在廊道内的滞留时间，促进污染物的消减。有研究发现，城市通风廊道改变了当地微气候以及能量流动，促进了大气污染物迁移，并且可以影响噪声传播，改善城市热环境（Wong 等，2010；Weber 等，2014a；Yim 等，2014）。道路附近的绿地植被除了降低城市交通导致的大气污染以外，还可以减少城市交通造成的噪声传播，以及消减或阻挡道路交通照明造成的光污染（Pathak 等，2011；Hale 等，2013）。

（2）"源 – 流 – 汇"景观调控理论

从环境污染的角度出发，"源 – 流 – 汇"景观调控理论认为异质景观对于某一生态过程而言可以分为三种类型，"源"景观是指那些加剧污染程度或促进污染物迁移的景观类型，"汇"景观是那些能阻止或延缓环境污染发展的景观类型，而"流"景观则主要是污染物迁移的通道（陈利顶等，2006；Chen 等，2019）。通过对"源 – 流 – 汇"景观的识别，可以有针对性地对环境污染进行治理或拦截。基于"源 – 流 – 汇"景观调控理论，一方面可以对"源 – 流 – 汇"景观进行针对性管理，降低"源"景观的污染排放，或者促进"汇"景观的过滤、缓冲和净化功能；另一方面可以通过调整景观用途，人为减少"源"景观或增加"汇"景观的面积，科学合理的调整"源 – 流 – 汇"景观的空间配置，进而有效控制环境污染（陈利顶等，2006；韦薇和张银龙，2011）。例如，章明奎等（2007）通过小区试验表明，将农田利用方式转变为蔬菜地（旱地）–

稻田－茭白系统、蔬菜—稻田系统和蔬菜地—水塘系统等农业景观可明显降低农田生态系统中的磷流失。韦薇和张银龙（2011）研究发现通过"源－汇"景观规划控制减少了天津于桥水库49%的氮入库量。在城市生态系统中，"源－流－汇"景观调控理论同样可以用于优化设计区域景观格局以降低环境污染。城市生态系统中的非点源污染主要是由大面积不透水表面导致的径流冲刷建筑物屋顶和地表导致的污染物迁移，"汇"景观能够有效截留地表径流降低环境污染，"流"景观作为物质迁移的关键节点，对其进行科学的管理也能有效降低污染物在环境中的浓度（Sharley 等，2017；Yao 等，2018）。同时，同一景观对于不同污染物来讲，其"源－流－汇"功能也不一致，例如，城市绿色屋顶是氮的"汇"景观的同时也是磷和重金属的"源"景观（Wang 等，2017）。因而，对"源－流－汇"景观的管理和空间优化需要根据具体的环境污染治理需求制定科学合理的方案。

（3）区域景观生态安全格局理论

景观生态安全格局理论认为环境污染的治理不是一个孤立的过程，而是一个多尺度的区域性、综合性问题，需要同时考虑以人为本的原则以及生态安全格局构建的一般原则等，以达到人与自然和谐相处的目标（Yu，1996；Zhang 等，2017；陈利顶等，2018）。为了维持生态系统多功能性，需要构建多功能景观，以降低生态风险，保证环境与社会、经济可持续发展（Lovell 和 Johnston，2009）。例如，通过在农业生态系统中修建生态景观型灌排系统，涵盖稻田—萍—鱼—蔬菜种植以及非点源污染防治系统，实现了农业生产和可持续发展的共赢模式，其中非点源污染的平均去除效率达到了 70% ~ 79%，同时生态景观型灌排系统带来的整体生态效益提升了 14%，尤其是显著提升了水源涵养功能、生物多样性以及景观美学功能（张雅杰等，2015）。优化景观配置也可以促进区域景观生态安全。例如，Femeena 等（2018）通过优化农业流域内的作物配置，能够在保证至少 90% 的作物产量的同时，生产约 4×10^6 立方米乙醇，并且能够降低流域内 14% 的 NO_3–N 排放以及 22% 的磷排放。而对于城市生态系统而言，更需要平衡与协调自然生态、经济与社会发展三者之间的关系，权衡污染物治理与社会—经济发展的机会成本，构建景观生态安全格局，维持城市生态系统的可持续发展（Chang 等，2011）。城市化和工业化导致环境污染的加剧，景观多样性以及生态系统服务多样性的丧失，居民幸福度也会随之下降，构建景观生态安全格局以保证生态安全和提升居民福祉是景观生态学的一个重要研究任务（陈利顶等，2014；Arnaiz-Schmitz 等，2018；赵方凯等，2018）。

三、发展方向展望

在环境污染研究与环境污染治理中融入景观生态学理念能够推动生态、环境与社会的可持续发展，当前研究主要集中在探讨景观格局与环境污染之间的联系，初步形成了基于景观生态学理论的环境污染成因分析、模拟预测、治理和规划的研究方法与范式，积累了相当的研究案例，但景观格局对污染物产生、迁移、转化和时空分布的影响机制和过程并不十分清楚，两者之间也存在尺度不匹配的现象。同时，复合污染特征也加剧了厘定景观格局影响的难度，随着气候变化和人类活动的加剧，面向生态安全和人居环境健康的环境污染治理之间的权衡和协同关系也是未来景观规划的重要议题（见图 6-11）。基于对当前研究进展的总结，将景观生态学在环境污染和治理的研究发展方向分解为景观格局与环境污染尺度匹配，景观格局对复合污染的作用机制，基于环境污染治理的协同与权衡关系的景观规划，据此相应分解得出中短期与中长期研究议题。

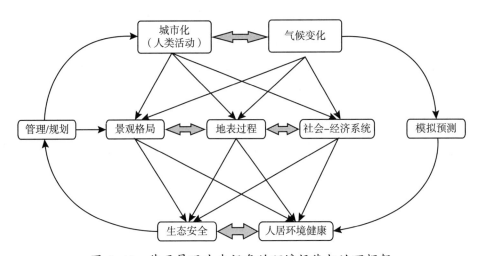

图 6-11　基于景观生态视角的环境污染与治理框架

1. 景观格局与环境污染研究的尺度匹配

（1）中短期目标——景观格局与环境污染之间的多尺度耦合机制

尽管景观格局与环境污染之间存在紧密的内在联系，但是两者均具有明显的尺度依赖性，以至于尺度效应以及多尺度耦合成为研究景观格局与环境污染关系研究的难点。在不同尺度上，特定景观指数与环境污染指数之间的相关性也不相同（Zhou 等，2012；de Souza 等，2018）。当前的研究主要集中在流域尺度及城市尺度，对于其他尺度上的研究仍旧较为缺乏。环境污染治理需要根据具体问题进行合理的尺度划分，治理尺度太大会带来较大的投入支出，且不能有效控制污染物的迁移传播，而尺度太小则会严重影响治理的效果。因此未来的研究中需要针对具体问题，明确景观格局对环境污染的关键作用范围，阐明环境污染与治理的多尺度耦合机制，识别不同尺度景观格局对污染过程作用的关键范围，揭示景观格局与特定环境污染之间关联性的尺度效应。

（2）中长期目标——景观格局与环境污染关系的时空异质性

除了尺度效应以外，景观格局与环境污染均表现出极为显著的时空异质性，因此景观格局与环境污染之间的关联性也表现出明显的时空分异特征，尤其是区域地理环境、气候特征、社会经济活动特征的驱动作用使得这种关联性显得极为复杂多变。例如，道路交通是我国光污染的关键风险源，然而在美国道路密度与光污染之间没有显著相关性（Ma 等，2012；Olsen 等，2014）。沿城乡梯度，城市、城郊、农村大气污染与景观格局的相关性也发生了明显变化（Vizcaino 和 Lavalle，2018）。并且不同区域的气候条件、水文条件、地形特征和经济文化状况等具有明显的特异性，在环境污染研究与治理中，不能原封不动地将某一区域的预测模型及管理措施应用在其他区域。景观格局与环境污染关系的时空异质性研究将会是一个长期的话题。

2. 景观格局对复合污染的作用机制

（1）中短期目标——区域复合污染特征的时空异质性

复合污染是指生态系统中多种化学污染物同时存在，且各污染物之间发生相互作用或反应，从而影响它们在环境中的各种行为及毒性的污染现象，如土壤生态系统中抗生素往往与重金属形成复合污染（Zhao 等，2018）。在大气污染、土壤污染、水体污染中复合污染普遍存在，复合污染来源复杂、作用关系复杂且污染修改极为困难。单一污染物的来源、迁移转化过程不同，景观格局对其作用机制也不尽相同。不同污染物分布具有明显的时空差异，而在同一时空尺度下的多种污染物之间相互作用影响对其复合特征产生新的影响。未来研究中有必要剖析不同的复合污染物的景观来源、空间分布特征及其时间动态，明确不同复合污染物研究的适宜时空尺度，为进一步理清景观格局对复合污染物的时空分布的影响奠定基础。

（2）中长期目标——耦合多过程的景观格局对复合污染时空分布的影响机制

受全球变化影响，当前极端气候事件逐渐增多，全球变化对生态系统的影响已经开展了长期、大量的研究，然而全球变化影响下的环境污染与治理仍缺乏系统的研究，尤其是极端气候事件对污染物产生、迁移、转化过程以及对生态系统和人居环境的研究极为缺乏，变化环境下景观格局与环境污染的关系是未来景观生态学研究的一个重要议题。在研究景观格局与单一污染物之间的关系时，前人研究已基本建立了景观格局特征与单一污染物分布的定量关系，为理解景观格局对复合污染物时空分布的影响提供了参考依据。复合污染不同于单一污染物，其复合共现涉及复杂的物理、化学、生物过程。复合污染的时空分布特征有别于单一污染物，基于复合污染对生态系统作用的物理过程、化学过程和生物过程，充分考虑全球变化的未来影响，建立变化环境下景观格局与复合污染物分布特征的定量关系，识别和发展可以定量刻画复合污染物过程的景观格局指数或多参数景观模型，是建立环境污染演变预警机制的关键步骤，也可为因地制宜开展科学的景观规划设计，优化区域景观格局，保障区域生态安全与提升生态系统服务提供定量依据。

3. 基于环境污染治理协同与权衡关系的景观规划设计

（1）中短期目标——厘清环境污染治理的协同和权衡关系

在城市、产业发展和人类活动的影响下，同一区域内可能存在环境多介质污染问题，需要根据当地具体情况，识别关键风险源，并进行针对性景观管理。不同类型污染之间存在权衡或协同的关系，如高层建筑的存在会加剧大气污染，但会减轻噪声污染（Weber等，2014b），而绿地不仅具有滞尘作用，也可以吸收其他大气污染物，因此有必要综合解析不同景观类型对多种污染物的影响过程，明确景观格局对多种污染物的影响，厘清景观格局对多种污染物的治理的协同与权衡关系。另外，基于景观生态学理论和复合生态系统理论，在强调环境治理措施生态效益的同时，也需要考虑景观生态修复与治理带来的生态系统服务权衡关系，其与社会、经济系统的权衡和协同关系。需要分析不同区域景观生态修复对生态系统服务的冲突与协同关系，开展区域生态系统服务集成与优化，服务于区域景观生态规划设计，促进生态环境与社会、经济的协同可持续发展。

（2）中长期目标——发展面向生态安全与环境健康的景观模型

从生态系统服务与可持续性出发，深入探讨不同时空尺度上景观格局对环境污染的影响规律，耦合多过程，辨析景观格局对环境污染的形成、扩散、迁移、消减机理，面向区域生态安全和人居环境健康，为景观规划和管理提供定量依据是未来的重要发展方向。同时，发展基于景观格局与污染过程的模型，按照不同情境对景观格局进行合理布设，探讨不同地理空间尺度上的结果差异，明确不同规划方案下环境污染及其生态系统响应；探讨科学合理的生态用地布局以进一步优化空间格局保障生态安全，直接服务于定量化的景观规划现实需求，为居民创造更适宜的生产、生活环境，增进人类福祉。

参考文献

［1］ Alberti M. Cities that think like planets：complexity，resilience，and innovation in hybrid ecosystems ［M］. Seattle：University of Washington Press，2016.

［2］ Almenar J B，Rugani B，Geneletti D，et al. Integration of ecosystem services into a conceptual spatial planning framework based on a landscape ecology perspective ［J］. Landscape Ecology，2018，33 （12）：2047-2059.

［3］ Arnaiz-Schmitz C，Schmitz M F，Herrero-Jáuregui C，et al. Identifying socio-ecological networks in rural-urban gradients：Diagnosis of a changing cultural landscape ［J］. Science of the Total Environment，2018，612：625-635.

［4］ Aude V，Barnaud C，Blanco J，et al. A conceptual framework for the governance of multiple ecosystem services in agricultural landscapes ［J］. Landscape Ecology，2019，34（7）：1653-1673.

［5］ Bagstad K J，Johnson G W，Voigt B，et al. Spatial dynamics of ecosystem service flows：a comprehensive approach to quantifying actual services ［J］. Ecosystem Services，2013，4：117-125.

［6］ Bai Y，Wong C P，Jiang B，et al. Developing China's Ecological Redline Policy using ecosystem services assessments for land use planning ［J］. Nature Communications，2018，9（1）：3034.

［7］ Barnes M J，Brade T K，MacKenzie A R，et al. Spatially-varying surface roughness and ground-level air quality in an operational dispersion model ［J］. Environmental Pollution，2014，185：44-51.

［8］ Basnyat P，Teeter L D，Flynn，K M，et al. Relationships between landscape characteristics and nonpoint source pollution inputs to coastal estuaries ［J］. Journal of Environmental Management，1999，23（4）：539-549.

［9］ Batáry P，Báldi A，Kleijn D，et al. Landscape-moderated biodiversity effects of agri-environmental management-a meta-analysis ［J］. Proceedings of the Royal Society B-Biological Sciences，2011，278（1713）：1894-1902.

［10］ Bell S S，Fonseca M S，Motten L B. Linking restoration and landscape ecology ［J］. Restoration Ecology，1997，5（4）：318-323.

［11］ Bhowmik A K，Metz M，Schäfer R B. An automated，objective and open source tool for stream threshold selection and upstream riparian corridor delineation ［J］. Environmental Modelling & Software，2015，63：240-250.

［12］ Bommarco R，Kleijn D，Potts S G. Ecological intensification：harnessing ecosystem services for food security［J］. Trends in Ecology & Evolution, 2013, 28（4）: 230–238.

［13］ Brosi B J, Armsworth P R, Daily G C. Optimal design of agricultural landscapes for pollination services［J］. Conservation Letters, 2008, 1（1）: 27–36.

［14］ Brown G. The relationship between social values for ecosystem services and global land cover: an empirical analysis［J］. Ecosystem Services, 2013, 5: 58–68.

［15］ Bryan B A, Gao L, Ye Y, et al. China's response to a national land–system sustainability emergency ［J］. Nature, 2018, 559（7713）: 193.

［16］ Chang H, Li F, Li Z, et al. Urban landscape pattern design from the viewpoint of networks: A case study of Changzhou city in Southeast China［J］. Ecological Complexity, 2011, 8（1）: 51–59.

［17］ Chen L, Gao S, Zhang H, et al. Spatiotemporal modeling of $PM_{2.5}$ concentrations at the national scale combining land use regression and Bayesian maximum entropy in China［J］. Environment International, 2018, 116: 300–307.

［18］ Chen L, Tian H, Fu B, et al. Development of a new index for integrating landscape patterns with ecological processes at watershed scale［J］. Chinese Geographical Science, 2009, 19（1）: 37–45.

［19］ Cheng X, Chen L, Sun R. Modeling the non–point source pollution risks by combing pollutant sources, precipitation, and landscape structure［J］. Environmental Science and Pollution Research, 2019, 26（12）: 11856–11863.

［20］ Christoforidis A, Stamatis N. Heavy metal contamination in street dust and roadside soil along the major national road in Kavala's region, Greece［J］. Geoderma, 2009, 151（3–4）: 257–263.

［21］ Colding J, Barthel S. The potential of "Urban Green Commons" in the resilience building of cities［J］. Ecological Economics, 2013, 86: 156–166.

［22］ Cook E A. Landscape structure indices for assessing urban ecological networks［J］. Landscape and Urban Planning, 2002, 58（2–4）: 269–280.

［23］ Countryside Agency. Landscape character assessment topic paper 6: technique and criteria for judging capacity and sensitivity［M］. London: Countryside, 2002.

［24］ Dakos V, Matthews B, Hendry A P, et al. Ecosystem tipping points in an evolving world［J］. Nature Ecology & Evolution, 2019, 3: 355–362.

［25］ de Groot R S, Alkemade R, Braat L, et al. Challenges in integrating the concept of ecosystem services and values in landscape planning, management and decision making［J］. Ecological Complexity, 2010, 7（3）: 260–272.

［26］ de Souza R V, de Campos C J A, Garbossa L H P, et al. Optimising statistical models to predict faecal pollution in coastal areas based on geographic and meteorological parameters［J］. Marine Pollution

Bulletin, 2018, 129 (1): 284–292.

[27] Deng J S, Wang K, Hong Y, et al. Spatio-temporal dynamics and evolution of land use change and landscape pattern in response to rapid urbanization [J]. Landscape and Urban Planning, 2009, 92 (3–4): 187–198.

[28] Duan M C, Hu W H, Liu Y H, et al. The influence of landscape alterations on changes in ground beetle (Carabidae) and spider (Araneae) functional groups between 1995 and 2013 in an urban fringe of China [J]. Science of the Total Environment, 2019, 689: 516–525.

[29] Edward A, Cook H N, van Lier. Landscape planning and ecological networks [M]. Amsterdam: Elsevier, 1994.

[30] Escobedo F J, Nowak D J. Spatial heterogeneity and air pollution removal by an urban forest [J]. Landscape and Urban Planning, 2009, 90 (3–4): 102–110.

[31] Eveliene G S, Geertsema W, Walter K R E van Wingerden. Designing agricultural landscapes for natural pest control: a transdisciplinary approach in the hoeksche waard (the netherlands) [J]. Landscape Ecology, 2010, 25 (6): 825–838.

[32] Fahrig L. Ecological responses to habitat fragmentation per se [J]. Annual Review of Ecology, Evolution, and Systematics, 2017, 48: 1–23.

[33] Femeena P V, Sudheer K P, Cibin R, et al. Spatial optimization of cropping pattern for sustainable food and biofuel production with minimal downstream pollution [J]. Journal of Environmental Management, 2018, 212: 198–209.

[34] Feng Y, Yang Q, Tong X, et al. Evaluating land ecological security and examining its relationships with driving factors using GIS and generalized additive model [J]. Science of the Total Environment, 2018, 633: 1469–1479.

[35] Forman R T T. Some general principles of landscape and regional ecology [J]. Landscape Ecology, 1995, 10 (3): 133–142.

[36] Forman R T. Land mosaics, the ecology of landscape and Regions [M]. Cambridge: Cambridge University Press, 1995.

[37] Forman R T. Land mosaics: The ecology of landscapes and regions 1995 [M]. Island Press, 2014.

[38] Fritsch C, Giraudoux P, Cœurdassier M, et al. Spatial distribution of metals in smelter-impacted soils of woody habitats: Influence of landscape and soil properties, and risk for wildlife [J]. Chemosphere, 2010, 81 (2): 141–155.

[39] Frost W, Hall C M. Tourism and national parks: International perspectives on development, histories and change [M]. New York: Routledge, 2009: 30–44.

［40］Gao Y，Ma L，Liu J，et al. Constructing ecological networks based on habitat quality assessment：a case study of Changzhou，China［J］. Scientific reports，2017，7：46073.

［41］Golley F B，Bellot J. Interactions of landscape ecology，planning and design［J］. Landscape and Urban Planning，1991，21：3–11.

［42］Grêt-Regamey A，Altwegg J，Sirén E A，et al. Integrating ecosystem services into spatial planning — a spatial decision support tool［J］. Landscape and Urban Planning，2017，165：206–219.

［43］Groot J C J，Rossing W A H，Jellema A. Exploring multi-scale trade offs between nature conservation，agricultural profits and landscape quality–A methodology to support discussions on land-use perspectives［J］. Agriculture，Ecosystems and Evironment，2007，120：58–69.

［44］Gurr G M，Wratten S D，Landis D A，et al. Habitat management to suppress pest populations：progress and prospects［J］. Annual Review of Entomology，2017，.62（1）：91–109.

［45］Haines-Young R，Potschin M. Categorisation systems：The classification challenge［M］. Cambridge：Cambridge University Press，2017.

［46］Hale J D，Davies G，Fairbrass A J，et al. Mapping lightscapes：Spatial patterning of artificial lighting in an urban landscape［J］. Plos One，2013，8（5）：e61460.

［47］Hoek G，Beelen R，de Hoogh K.，et al. A review of land-use regression models to assess spatial variation of outdoor air pollution［J］. Atmospheric Environment，2008，42（33）：7561–7578.

［48］Howard E. Garden cities of tomorrow［M］. London：S. Sonnenschein & Co.，1902.

［49］Howe C，Suich H，Vira B，et al. Creating win-wins from trade-offs？ Ecosystem services for human well-being：a meta-analysis of ecosystem service tradeoffs and synergies in the real world［J］. Global Environmental Change，2014，28：263–275.

［50］Jones K B，Neale A C，Nash M S，et al. Predicting nutrient and sediment loadings to streams from landscape metrics：A multiple watershed study from the United States Mid-Atlantic Region［J］. Landscape Ecology，2001，16（4）：301–312.

［51］Jones M，Howard P，Olwig K R，et al. Multiple interfaces of the European landscape convention［J］. Norwegian Journal of Geography，2007，61：207–215.

［52］Katoh K，Sakai S，Takahashi T. Factors maintaining species diversity in satoyama，a traditional agricultural landscape of japan［J］. Biological Conservation，2009，142（9）：1930–1936.

［53］Ketabchy M，Sample D J，Wynn-Thompson T，et al. Simulation of watershed-scale practices for mitigating stream thermal pollution due to urbanization［J］. Science of the Total Environment，2019，671：215–231.

［54］Kong F，Yin H，Nakagoshi N，et al. Urban green space network development for biodiversity conservation: Identification based on graph theory and gravity modeling [J]. Landscape and Urban Planning, 2010, 95 (1–2): 16–27.

[55] Larkin A, Geddes J A, Martin R V, et al. A global land use regression model for nitrogen dioxide air pollution [J]. Environmental Science & Technology, 2017, 51 (12): 6957–6964.

[56] Landis D A. Designing agricultural landscapes for biodiversity–based ecosystem services [J]. Basic and Applied Ecology, 2017, 18: 1–12.

[57] Lawler J J, Lewis D J, Nelson E, et al. Projected land–use change impacts on ecosystem services in the united states [J]. Proceedings of the National Academy of Sciences of the United States of America, 2014, 111 (20): 7492–7497.

[58] Lee S W, Hwang S J, Lee S B, et al. Landscape ecological approach to the relationships of land use patterns in watersheds to water quality characteristics[J]. Landscape Urban Planning, 2009, 92(2): 80–89.

[59] Lei K, Pan H, Lin C. A landscape approach towards ecological restoration and sustainable development of mining areas [J]. Ecological Engineering, 2016, 90: 320–325.

[60] Levin N, Zhang Q. A global analysis of factors controlling VIIRS nighttime light levels from densely populated areas [J]. Remote Sensing of Environment, 2017, 190: 366–382.

[61] Li C, Li F, Wu Z, et al. Effects of landscape heterogeneity on the elevated trace metal concentrations in agricultural soils at multiple scales in the Pearl River Delta, South China [J]. Environmental Pollution, 2015, 206: 264–274.

[62] Li C, Li F, Wu Z, et al. Exploring spatially varying and scale–dependent relationships between soil contamination and landscape patterns using geographically weighted regression [J]. Applied Geography, 2017, 82: 101–114.

[63] Lin Q, Mao J, Wu J, et al. Ecological security pattern analysis based on InVEST and Least–Cost Path model: a case study of Dongguan Water Village [J]. Sustainability, 2016, 8 (2): 172.

[64] Lin Y P, Teng T P, Chang T K. Multivariate analysis of soil heavy metal pollution and landscape pattern in Changhua county in Taiwan [J]. Landscape and Urban Planning, 2002, 62 (1): 19–35.

[65] Liu R, Wang M, Chen W, et al. Spatial pattern of heavy metals accumulation risk in urban soils of Beijing and its influencing factors [J]. Environmental Pollution, 2016, 210: 174–181.

[66] Liu M, Hu Y M, Li C L. Landscape metrics for three–dimensional urban building pattern recognition [J]. Applied Geography, 2017, 87: 66–72.

[67] Liu Y H, Duan M, Zhang X, et al. Effects of plant diversity, habitat and agricultural landscape structure on the functional diversity of carabid assemblages in the north China plain [J]. Insect

Conservation & Diversity, 2015, 8（2）: 163-176.

［68］Liu Y H, Duan M, Yu Z. Agricultural landscapes and biodiversity in China［J］. Agriculture, Ecosystems & Environment, 2013, 166: 46-54.

［69］Liu Y, Li T, Zhao W, et al. Landscape functional zoning at a county level based on ecosystem services bundle: Methods comparison and management indication［J］. Journal of Environmental Management, 2019, 249: 109315.

［70］Liu Z, Wang Y, Li Z, et al. Impervious surface impact on water quality in the process of rapid urbanization in Shenzhen, China［J］. Environmental Earth Science, 2013, 68（8）: 2365-2373.

［71］Longcore T, Rich C. Ecological light pollution［J］. Frontiers in Ecology & the Environment, 2004, 2（4）: 191-198.

［72］Lopez-Contreras C, Chavez-Costa A L C, Barrasa-Garcia S. Conceptual framework and methods for the visual assessment of landscapes［J］. Agrociencia, 2019, 53（7）: 1085-1104.

［73］Lovell S T, Johnston D M. Creating multifunctional landscapes: how can the field of ecology inform the design of the landscape?［J］. Frontiers in Ecology & the Environment, 2009, 7（4）: 212-220.

［74］Łowicki D. Landscape pattern as an indicator of urban air pollution of particulate matter in Poland［J］. Ecological Indicators, 2019, 97: 17-24.

［75］Lu D, Batistella M, Mausel P, et al. Mapping and monitoring land degradation risks in the Western Brazilian Amazon using multitemporal Landsat TM/ETM+ images［J］. Land Degradation & Development, 2007, 18（1）: 41-54.

［76］Ma T, Zhou C, Pei T, et al. Quantitative estimation of urbanization dynamics using time series of DMSP/OLS nighttime light data: A comparative case study from China's cities［J］. Remote Sensing of Environment, 2012, 124: 99-107.

［77］Maillard P, Santos N A P. A spatial-statistical approach for modeling the effect of non-point source pollution on different water quality parameters in the Velhas river watershed -Brazil［J］. Journal of Environmental Planning and Management, 2008, 86（1）: 158-170.

［78］Margaritis E, Kang J. Relationship between green space-related morphology and noise pollution［J］. Ecological Indicators, 2017, 72: 921-933.

［79］Marini L, Bartomeus I, Rader R, et al. Species-habitat networks: A tool to improve landscape management for conservation［J］. Journal of Applied Ecology, 2019, 56（4）: 923-928.

［80］Maxted J T, Diebel M W, Zanden M J V. Landscape planning for agricultural non-point source pollution reduction. ii. balancing watershed size, number of watersheds, and implementation effort［J］. Environmental Management, 2009, 43（1）: 60-68.

［81］McHarg I L. Design with nature［M］. New York：University of Pennsylvania，1969.

［82］Minor E S，Urban D L. Graph theory as a proxy for spatially explicit population models in conservation planning［J］. Ecological applications，2007，17（6）：1771–1782.

［83］Miquelle D G，Rozhnov V V，Ermoshin V，et al. Identifying ecological corridors for Amur tigers（Panthera tigris altaica）and Amur leopards（Panthera pardus orientalis）［J］. Integrative Zoology，2015，10（4）：389–402.

［84］Mitsch W J. Landscape design and the role of created，restored，and natural riparian wetlands in controlling nonpoint source pollution［J］. Ecological Engineering，1992，1：27–47.

［85］Motloch J. The assessment of German cultural landscape：Evidence from three regions located in the metropolitan area of Hamburg［M］. Springer，2018.

［86］Musacchio L R. The scientific basis for the design of landscape sustainability：a conceptual framework for translational landscape research and practice of design landscapes and the six Es of landscape sustainability［J］. Landscape Ecology，2009，24：993–1013.

［87］Muttoo S，Ramsay L，Brunekreef B，et al. Land use regression modelling estimating nitrogen oxides exposure in industrial south Durban，South Africa［J］. Science of the Total Environment，2018，610：1439–1447.

［88］Nakagoshi N，Hong S K. Vegetation and landscape ecology of East Asian "Satoyama"［J］. Global Environmental Research，2001，5：171–181.

［89］Navarro L M，Pereira H M. Rewilding abandoned landscapes in Europe［J］. Ecosystems，2012，15（6）：900–912.

［90］Novotny E V，Bechle M J，Millet D B，et al. National satellite–based land–use regression：NO_2 in the United States［J］. Environmental Science & Technology，2011，45（10）：4407–4414.

［91］Oliver T H，Heard M S，Isaac N J B，et al. Biodiversity and resilience of ecosystem functions［J］. Trends in ecology & evolution，2015，30（11）：673–684.

［92］Olsen R N，Gallaway T，Mitchell D. Modelling US light pollution［J］. Journal of Environmental Planning and Management，2014，57（6）：883–903.

［93］Opdam P，Foppen R，Vos C. Bridging the gap between ecology and spatial planning in landscape ecology［J］. Landscape Ecology，2002，16（8）：767–779.

［94］Opdam P，Veboom J，Powels T. Ecological networks：A spatial concept for multi–actor planning of sustainable landscapes［J］. Landscape and Urban Planning，2006，76（3–4）：322–332.

［95］Ouyang W，Song K，Wang X，et al. Non–point source pollution dynamics under long–term agricultural development and relationship with landscape dynamics［J］. Ecological Indicators，2014，

45: 579-589.

[96] Pathak V, Tripathi B D, Mishra V K. Evaluation of Anticipated Performance Index of some tree species for green belt development to mitigate traffic generated noise [J]. Urban Forestry & Urban Greening, 2011, 10 (1): 61-66.

[97] Peng J, Chen X, Liu Y, et al. Spatial identification of multifunctional landscapes and associated influencing factors in the Beijing-Tianjin-Hebei region, China [J]. Applied geography, 2016, 74: 170-181.

[98] Peng J, Hu X, Wang X, et al. Simulating the impact of Grain-for-Green Programme on ecosystem services trade-offs in Northwestern Yunnan, China [J]. Ecosystem Services, 2019a, 39: 100998.

[99] Peng J, Hu Y, Liu Y, et al. A new approach for urban-rural fringe identification: Integrating impervious surface area and spatial continuous wavelet transform [J]. Landscape and Urban Planning, 2018, 175: 72-79.

[100] Peng J, Liu Y, Liu Z, et al. Mapping spatial non-stationarity of human-natural factors associated with agricultural landscape multifuncationality in Beijing-Tianjin-Hebei region, China [J]. Agriculture, Ecosystems & Environment, 2017, 246: 221-233.

[101] Peng J, Pan Y, Liu Y, et al. Linking ecological degradation risk to identify ecological security patterns in a rapidly urbanizing landscape [J]. Habitat International, 2018a, 71: 110-124.

[102] Peng J, Yang Y, Liu Y, et al. Linking ecosystem services and circuit theory to identify ecological security patterns [J]. Science of the total environment, 2018b, 644: 781-790.

[103] Peng J, Zhao S, Dong J, et al. Applying ant colony algorithm to identify ecological security patterns in megacities [J]. Environmental Modelling & Software, 2019b, 117: 214-222.

[104] Perfecto I, Vandermeer J. Agroecological matrix as alternative to the land-sparing/agriculture intensification model [J]. Proceedings of the National Academy of Sciences of the United States of America, 2010, 107 (13): 5786-5791.

[105] Phalan B, Onial M, Balmford A, et al. Reconciling food production and biodiversity conservation: land sharing and land sparing compared [J]. Science, 2011, 333 (6047): 1289-1291.

[106] Pickett S T A, Cadenasso M L. Landscape ecology: spatial heterogeneity in ecological systems [J]. Science, 1995, 269 (5222): 331-334.

[107] Plieninger T, Bieling C. Resilience and the cultural landscape. Understanding and managing chance in human-shaped environments [M]. Cambridge: Cambridge University Press, 2012.

[108] Plieninger T, Draux, Hélène, et al. The driving forces of landscape change in Europe: a systematic review of the evidence [J]. Land Use Policy, 2016, 57: 204-214.

［109］Pope R，Wu J. Characterizing air pollution patterns on multiple time scales in urban areas：a landscape ecological approach［J］. Urban Ecosystems，2014，17（3）：855-874.

［110］Power A G. Ecosystem services and agriculture：tradeoffs and synergies［J］. Philosophical Transactions of the Royal Society B：Biological Sciences，2010，365（1554）：2959-2971.

［111］Quintas-Soriano C，García-Llorente M，Norström A，et al. Integrating supply and demand in ecosystem service bundles characterization across Mediterranean transformed landscapes［J］. Landscape Ecology，2019，34：1619-1633.

［112］Raudsepp-Hearne C，Peterson G D，Bennett E M. Ecosystem service bundles for analyzing tradeoffs in diverse landscapes［J］. Proceedings of the National Academy of Sciences of the United States of America，2010，107：5242-5247.

［113］Reed J，Deakin L，Sunderland T. What are "Integrated Landscape Approaches" and how effectively have they been implemented in the tropics：a systematic map protocol［J］. Environmental Evidence，2015，4：1-7.

［114］Reed J，van Vianen J，Deakin E L，et al. Integrated landscape approaches to managing social and environmental issues in the tropics：learning from the past to guide the future［J］. Global Change Biology，2016，22（7）：2540-2554.

［115］Sabin L D，Lim J H，Stolzenbach K D，et al. Contribution of trace metals from atmospheric deposition to stormwater runoff in a small impervious urban catchment［J］. Water Research，2005，39（16）：0-3937.

［116］Salzman J，Bennett G，Carroll N，et al. The global status and trends of payments for ecosystem services［J］. Nature Sustainability，2018，1（3）：136.

［117］Sayer J，Sunderland T，Ghazoul J，et al. Ten principles for a landscape approach to reconciling agriculture，conservation，and other competing land uses［J］. Proceedings of the National Academy of Sciences of the United States of America，2013，110：8349-8356.

［118］Sayles J S，Baggio J A. Social-ecological network analysis of scale mismatches in estuary watershed restoration［J］. Proceedings of the National Academy of Sciences of the United States of America，2017，114（10）：E1776-E1785.

［119］Schirpke U，Candiago S，Vigl L E，et al. Integrating supply，flow and demand to enhance the understanding of interactions among multiple ecosystem services［J］. Science of the Total Environment，2019，651：928-941.

［120］Sébastien B，Allard V，Amélie C，et al. Designing mixtures of varieties for multifunctional agriculture with the help of ecology. a review［J］. Agronomy for Sustainable Development，2017，

37（2）：13.

［121］Sharley D J, Sharp S M, Marshall S, et al. Linking urban land use to pollutants in constructed wetlands: Implications for stormwater and urban planning［J］. Landscape Urban Planning, 2017, 162: 80–91.

［122］Shen Z, Hou X, Li W, et al. Relating landscape characteristics to non-point source pollution in a typical urbanized watershed in the municipality of Beijing［J］. Landscape Urban Planning, 2014, 123: 96–107.

［123］Simberloff D, Abele L G. Refuge design and island biogeographic theory: effects of fragmentation［J］. The American Naturalist, 1982, 120（1）: 41–50.

［124］Spake R, Lasseur R, Crouzat E, et al. Unpacking ecosystem service bundles: towards predictive mapping of synergies and trade-offs between ecosystem services［J］. Global Environmental Change, 2017, 47: 37–50.

［125］Steffen W, Richardson K, Rockström J, et al. Planetary boundaries: Guiding human development on a changing planet［J］. Science, 2015, 347（6223）: 1259855.

［126］Stürck J, Poortinga A, Verburg P H. Mapping ecosystem services: The supply and demand of flood regulation services in Europe［J］. Ecological Indicators, 2014, 38: 198–211.

［127］Su Y, Chen X, Liao J, et al. Modeling the optimal ecological security pattern for guiding the urban constructed land expansions［J］. Urban Forestry & Urban Greening, 2016, 19: 35–46.

［128］Takić L, Mladenović-Ranisavljević I, Vasović D, et al. The assessment of the Danube river water pollution in Serbia［J］. Water, Air, & Soil Pollution, 2017, 228（10）: 380.

［129］Tim U S, Jolly R, Liao H H. Impact of landscape feature and feature placement on agricultural non-point-source-pollution control［J］. Journal of Water Resources Planning and Management, 1995, 121（6）: 463–470.

［130］Toccolini A, N Fumagalli, G Senes. Greenways planning in Italy: the Lambro River Valley Greenways System［J］. Landscape and Urban Planning, 2006, 76（1–4）: 98–111.

［131］Tribot A S, Deter J, Mouquet N. Integrating the aesthetic value of landscapes and biological diversity. Proceedings of the Royal Society［J］. Biological Sciences, 2018, 285（1886）: 20180971.

［132］Tscharntke T, Clough Y, Wanger T C, et al. Global food security, biodiversity conservation and the future of agricultural intensification［J］. Biological Conservation, 2012, 151: 53–59.

［133］Tscharntke T, Klein A, Kruess A, et al. Landscape perspectives on agricultural intensification and biodiversity-ecosystem service management［J］. Ecology Letter, 2005, 8: 857–874.

［134］Tscharntke T, Tylianakis J M, Rand T A, et al. Landscape moderation of biodiversity patterns and processes–eight hypotheses [J]. Biological Reviews，2012，87：661–685.

[135] Turner M G. Landscape ecology：the effect of pattern on process [J]. Annual Review of Ecology and Systematics，1989，20（1）：171–197.

[136] Turner R E，Rabalais N N. Linking landscape and water quality in the mississippi river basin for 200 years [J]. BioScience，2003，53（6）：563–572.

[137] Tzoulas K，Korpela K，Venn S，et al. Promoting ecosystem and human health in urban areas using Green Infrastructure：A literature review [J]. Landscape and Urban Planning，2007，81（3）：167–178.

[138] van Berkel D，Verburg P. Spatial quantification and valuation of cultural ecosystem services in an agricultural landscape [J]. Ecological Indicators，2014，37：163–174.

[139] van der Sluis T，Pedroli B，Frederiksen P，et al. The impact of European landscape transitions on the provision of landscape services：an explorative study using six cases of rural land change [J]. Landscape Ecology，2018，34（2）：307–323.

[140] van Zanten B T，Verburg P H，Espinosa M，et al. European agricultural landscapes，common agricultural policy and ecosystem services：a review [J]. Agronomy for Sustainable Development，2014，34（2）：309–325.

[141] Vidon，P G F，Hill，A R. Landscape controls on nitrate removal in stream riparian zones [J]. Water Resources Research，2004，40：W03201.

[142] Vizcaino P，Lavalle C. Development of European NO_2 land use regression model for present and future exposure assessment：Implications for policy analysis [J]. Environmental Pollution，2018，240：140–154.

[143] Wang H，Qin J，Hu Y. Are green roofs a source or sink of runoff pollutants？ [J]. Ecological Engineering，2017，107：65–70.

[144] Weber N，Haase D，Franck U. Assessing modelled outdoor traffic–induced noise and air pollution around urban structures using the concept of landscape metrics [J]. Landscape and Urban Planning，2014a，125：105–116.

[145] Weber N，Haase D，Franck U. Traffic–induced noise levels in residential urban structures using landscape metrics as indicators [J]. Ecological Indicators，2014b，45：611–621.

[146] Wong M S，Nichol J E，To P H，et al. A simple method for designation of urban ventilation corridors and its application to urban heat island analysis [J]. Building & Environment，2010，45（8）：1880–1889.

[147] Wu J，Lu J. Landscape patterns regulate non–point source nutrient pollution in an agricultural

watershed [J]. Science of the Total Environment, 2019, 669: 377-388.

[148] Wu J. Landscape sustainability science: ecosystem services and human well-being in changing landscapes [J]. Landscape Ecology, 2013, 28 (6): 999-1023.

[149] Xu J, Fan F, Liu Y, et al. Construction of ecological security patterns in nature reserves based on ecosystem services and circuit theory: A case study in Wenchuan, China [J]. International Journal of Environmental Research and Public Health, 2019, 16 (17): 3220.

[150] Yao L, Wei W, Yu Y, et al. Rainfall-runoff risk characteristics of urban function zones in Beijing using the SCS-CN model [J]. Journal of Geographical Sciences, 2018, 28 (5): 656-668.

[151] Yim S H L, Fung J C H, Ng E Y Y. An assessment indicator for air ventilation and pollutant dispersion potential in an urban canopy with complex natural terrain and significant wind variations [J]. Atmospheric Environment, 2014, 94: 297-306.

[152] Yu K. Security patterns and surface model in landscape ecological planning [J]. Landscape and Urban Planning, 1996, 36 (1): 1-17.

[153] Zhang D, Huang Q, He C, et al. Planning urban landscape to maintain key ecosystem services in a rapidly urbanizing area: A scenario analysis in the Beijing-Tianjin-Hebei urban agglomeration, China [J]. Ecological Indicators, 2019, 96: 559-571.

[154] Zhang L, Peng J, Liu Y, et al. Coupling ecosystem services supply and human ecological demand to identify landscape ecological security pattern: A case study in Beijing-Tianjin-Hebei region, China [J]. Urban Ecosystems, 2017, 20 (3): 701-714.

[155] Zhang X, Liu X, Zhang M, et al. A review of vegetated buffers and a meta-analysis of their mitigation efficacy in reducing nonpoint source pollution [J]. Journal of Environment Quality, 2010, 39 (1): 76.

[156] Zhao C, Wang C, Yan Y, et al. Ecological Security Patterns Assessment of Liao River Basin [J]. Sustainability, 2018, 10 (7): 2401.

[157] Zhao F, Chen L, Yen H, et al. An innovative modeling approach of linking land use patterns with soil antibiotic contamination in peri-urban areas [J]. Environmental International, 2020, 134: 105327.

[158] Zhao F, Yang L, Chen L, et al. Co-contamination of antibiotics and metals in peri-urban agricultural soils and source identification [J]. Environmental Science & Pollution Research, 2018, 25 (34): 34063-34075.

[159] Zhou P, Huang J, Pontius R G, et al. New insight into the correlations between land use and water quality in a coastal watershed of China: Does point source pollution weaken it? [J]. Science of the

Total Environment，2016，543：591-600.

［160］Zhou T，Wu J，Peng S. Assessing the effects of landscape pattern on river water quality at multiple scales：A case study of the Dongjiang River watershed，China［J］. Ecological Indicators，2012，23：166-175.

［161］曹宇，王嘉怡，李国煜. 国土空间生态修复：概念思辨与理论认知［J］. 中国土地科学，2019，33（7）：1-10.

［162］陈飞，唐芳林，孙鸿雁，等. 构建西藏以国家公园为主体的自然保护地体系思考［J］. 林业建设，2019（3）：11-15.

［163］陈利顶，傅伯杰，赵文武. "源""汇"景观理论及其生态学意义［J］. 生态学报，2006，26（5）：1444-1449.

［164］陈利顶，景永才，孙然好. 城市生态安全格局构建：目标、原则和基本框架［J］. 生态学报，2018，38（12）：4101-4108.

［165］陈利顶，李秀珍，傅伯杰，等. 中国景观生态学发展历程与未来研究重点［J］. 生态学报，2014，34（12）：3129-3141.

［166］丁宇，李贵才，路旭，等. 空间异质性及绿色空间对大气污染的削减效应——以大珠江三角洲为例［J］. 地理科学进展，2011，30（11）：1415-1421.

［167］杜文鹏，闫慧敏，甄霖，等. 西南岩溶地区石漠化综合治理研究［J］. 生态学报，2019，39（16）：5798-5808.

［168］樊杰. 资源环境承载能力和国土空间开发适宜性评价方法指南［M］. 北京：科学出版社，2019：1-70.

［169］封志明，李鹏. 承载力概念的源起与发展：基于资源环境视角的讨论［J］. 自然资源学报，2018，33（9）：1475-1489.

［170］封志明，杨艳昭，闫慧敏，等. 百年来的资源环境承载力研究：从理论到实践［J］. 资源科学，2017，39（3）：379-395.

［171］付梦娣，田俊量，朱彦鹏，等. 三江源国家公园功能分区与目标管理［J］. 生物多样性，2017，25（1）：71-79.

［172］傅伯杰，陈利顶，马克明，等. 景观生态学原理及应用［M］. 第二版. 北京：科学出版社，2011：1-26.

［173］傅伯杰. 景观生态学的对象和任务 // 肖笃宁. 景观生态学：理论、方法及应用［M］. 北京：中国林业出版社，1991：26-29.

［174］傅强. 非建设用地生态保护规划方法研究 // 顾朝林，武廷海，刘宛. 国土空间规划前沿［M］. 北京：商务印书馆，2019：158-168.

［175］高天，邱玲，陈存根.生态单元制图在国外自然保护和城乡规划中的发展与应用［J］.自然资源学报，2010，25（6）：978-989.

［176］宫殿林，洪曦，曾冠军，等.亚热带典型农业流域河流水质多元线性回归预测［J］.生态与农村环境学报，2017，33（6）：509-518.

［177］巩杰，李秀珍.跨越尺度、跨越边界：面向复杂挑战的全球方法——2015年第九届国际景观生态学大会述评［J］.生态学报，2015，35（18）：6233-6235.

［178］郝庆，邓玲，封志明.国土空间规划中的承载力反思：概念、理论与实践［J］.自然资源学报，2019，34（10）：2073-2086.

［179］何思源，苏杨，闵庆文.中国国家公园的边界、分区和土地利用管理——来自自然保护区和风景名胜区的启示［J］.生态学报，2019，39（4）：1318-1329.

［180］侯伟，李法云，马溪平，等.土地利用变化对流域面源污染的累积生态效应影响［J］.干旱区资源与环境，2009，23（7）：117-120.

［181］黄丽玲，朱强，陈田.国外自然保护地分区模式比较及启示［J］.旅游学刊，2007，22（3）：18-25.

［182］黄晓园，区智，彭建松，等.普者黑省级自然保护区土地利用及景观格局变化研究［J］.西部林业科学，2019，48（4）：27-32.

［183］靳利飞，刘天科，周璞.新形势下我国国土资源环境承载能力研究进展［J］.国土资源情报，2018，8：18-23.

［184］兰伟，陈兴，钟晨.国家公园理论体系与研究现状述评［J］.林业经济，2018，40（4）：3-9.

［185］李菲菲，马社刚，李浩，等.扎龙自然保护区丹顶鹤巢址景观连接度评价［J］.野生动物学报，2018，39（2）：323-328.

［186］李黎，吕植.土地多重效益与生物多样性保护补偿［J］.中国国土资源经济，2019，32（7）：12-17.

［187］李良涛，王浩源，宇振荣.农田边界植物多样性与生态服务功能研究进展［J］.中国农学通报，2018，34（19）：26-32.

［188］李猷，王仰麟，彭建，等.基于景观生态的城市土地开发适宜性评价——以丹东市为例［J］.生态学报，2010，30（8）：2141-2150.

［189］李月辉，常禹，胡远满，等.人类活动对森林景观影响研究进展［J］.林业科学，2006，42（9）：119-126.

［190］李正国，王仰麟，张小飞，等.景观生态区划的理论研究［J］.地理科学进展，2006，25（5）：10-20.

［191］林坚，吴宇翔，吴佳雨，等.论空间规划体系的构建——兼析空间规划、国土空间用途管制

与自然资源监管的关系 [J]. 城市规划，2018，42（5）：9-17.

[192] 刘孟媛，范金梅，宇振荣. 多功能绿色基础设施规划——以海淀区为例 [J]. 中国园林，
2013，29（7）：61-66.

[193] 刘世梁，侯笑云，尹艺洁，等. 景观生态网络研究进展 [J]. 生态学报，2017，37（12）：
3947-3956.

[194] 刘亚萍. 景观生态学原理和方法在规划设计自然保护区中的应用 [J]. 贵州科学，2005，23
（1）：62-66.

[195] 刘焱序，傅伯杰. 景观多功能性：概念辨析、近今进展与前沿议题 [J]. 生态学报，2019，
39（8）：2645-2654.

[196] 刘依婧. 基于景观生态学理论的城市公园设计研究 [D]. 江西师范大学，2018.

[197] 罗伟玲，吴欣昕，刘小平，等. 基于"双评价"的城镇开发边界划定实证研究 // 顾朝林，武
廷海，刘宛. 国土空间规划前沿 [M]. 北京：商务印书馆，2019：144-157.

[198] 吕一河，陈利顶，傅伯杰. 景观格局与生态过程的耦合途径分析 [J]. 地理科学进展，2007，
26（3）：1-10.

[199] 马克明，傅伯杰，黎晓亚，等. 区域生态安全格局：概念与理论基础 [J]. 生态学报，2004，
24（4）：761-768.

[200] 倪绍祥，陈传康. 我国土地评价研究的近今进展 [J]. 地理学报，1993，48（1）：75-83.

[201] 彭佳捷，蔡玉梅. 国土空间生产 - 生活 - 生态功能识别与评价 // 顾朝林，武廷海，刘宛. 国土
空间规划前沿 [M]. 北京：商务印书馆，2019：93-106.

[202] 彭建，赵会娟，刘焱序，等. 区域生态安全格局构建研究进展与展望 [J]. 地理研究，2017，
36（3）：407-419.

[203] 彭建. 以国家公园为主体的自然保护地体系：内涵、构成与建设路径 [J]. 北京林业大学学
报（社会科学版），2019，18（1）：38-44.

[204] 邱春林. 国外乡村振兴经验及其对中国乡村振兴战略实施的启示——以亚洲的韩国、日本为
例 [J]. 天津行政学院学报，2019，21（1）：81-88.

[205] 曲修齐，刘森，李春林. 生态承载力评估方法研究进展 [J]. 气象与环境学报，2019，35（4）：
113-119.

[206] 沈春竹，谭琦川，王丹阳，等. 基于资源环境承载力与开发建设适宜性的国土开发强度研
究——以江苏省为例 [J]. 长江流域资源与环境，2019，28（6）：1276-1286.

[207] 苏杨. 大部制后三说国家公园和既有自然保护地体系的关系——解读《建立国家公园体制总
体方案》之五（上）[J]. 中国发展观察，2018a，（09）：44-47.

[208] 苏杨. 大部制后三说国家公园和既有自然保护地体系的关系——解读《建立国家公园体制总

体方案》之五（下）[J].中国发展观察，2018b，（10）：46-51.

[209]唐常春，孙威.长江流域国土空间开发适宜性综合评价[J].地理学报，2012，67（12）：1587-1598.

[210]唐芳林，王梦君，孙鸿雁.建立以国家公园为主体的自然保护地体系的探讨[J].林业建设，2018（1）：1-5.

[211]唐芳林.国家公园定义探讨[J].林业建设，2015（5）：19-24.

[212]唐小平，栾晓峰.构建以国家公园为主体的自然保护地体系[J].林业资源管理，2017（6）：1-8.

[213]唐小平.中国国家公园体制及发展思路探析[J].生物多样性，2014，22：427-430.

[214]滕明君.快速城市化地区生态安全格局构建研究[D].华中农业大学，2011.

[215]王军，钟莉娜.景观生态学在土地整治中的应用研究进展[J].生态学报，2017，37（12）：3982-3990.

[216]王梦君，孙鸿雁.建立以国家公园为主体的自然保护地体系路径初探[J].林业建设，2018，（3）：1-5.

[217]王献溥.自然保护区简介（七）——自然保护区建立的原则和方法[J].植物杂志，1988（5）：4-5.

[218]王晓峰.景观生态学原理在自然保护区规划中的应用[J].黑龙江环境通报，2011，35（4）：67-70.

[219]王云才，刘滨谊.论中国乡村景观及乡村景观规划[J].中国园林，2003，19（1）：55-58.

[220]王志玲，王万军，邓倩.基于景观生态学理论的森林公园规划设计——以广西元宝山国家森林公园总体规划为例[J].规划师，2016，32（S1）：22-26.

[221]韦薇，张银龙.基于"源—汇"景观调控理论的水源地面源污染控制途径——以天津市蓟县于桥水库水源区保护规划为例[J].中国园林，2011，27（2）：71-77.

[222]邬建国.景观生态学：格局、过程、尺度与等级[M].第一版.北京：高等教育出版社，2000.

[223]吴健生，王仰麟，张小飞，等.景观生态学在国土空间治理中的应用[J].自然资源学报，2020，35（1）：14-25.

[224]吴良镛.广义建筑学[M].北京：清华大学出版社，2011.

[225]项颂，庞燕，窦嘉顺，等.不同时空尺度下土地利用对洱海入湖河流水质的影响[J].生态学报，2018，38（3）：876-885.

[226]肖笃宁.景观生态、理论及应用[M].北京：中国林业出版社，1991.

[227]肖笃宁.景观生态学研究进展[M].长沙：湖南科学技术出版社，1999.

［228］徐嵩龄.自然保护区的核心区、缓冲区和保护性经营区界定——关于中国自然保护区结构设计的思考［J］.科技导报，1993，11（1）：21-24.

［229］徐煜.景观生态学理论及其在自然保护区建设中的应用［J］.林业勘查设计，2008（4）：27-29.

［230］杨锐，曹越.怎样推进国家公园建设？科学意识提升科学研究支撑［J］.人与生物圈，2017，（4）：28-29.

［231］俞滨洋，曹传新.国家空间规划体系的构建∥顾朝林，武廷海，刘宛.国土空间规划前沿［M］.北京：商务印书馆，2019：13-23.

［232］俞孔坚.生物多样性保护的景观生态安全格局［A］.景观：文化、生态与感知［M］.北京：科学出版社，2000.

［233］虞虎，陈田，钟林生，等.钱江源国家公园体制试点区功能分区研究［J］.资源科学，2017，39：20-29.

［234］宇振荣，李波.生态景观建设理论和技术［M］.北京：中国环境出版社，2017.

［235］宇振荣，郧文聚."山水林田湖"共治共管"三位一体"同护同建［J］.中国土地，2017（7）：8-11.

［236］喻忠磊，张文新，梁进社，等.国土空间开发建设适宜性评价研究进展［J］.地理科学进展，2015，34（9）：1107-1122.

［237］岳文泽，代子伟，高佳斌，等.面向省级国土空间规划的资源环境承载力评价思考［J］.中国土地科学，2018，32（12）：66-73.

［238］曾辉，陈利顶，丁圣彦.景观生态学［M］.北京：高等教育出版社，2017.

［239］章明奎，王丽平，张慧敏.利用农田系统中源汇型景观组合控制面源磷污染［J］.生态与农村环境学报，2007，23（3）：46-50.

［240］赵方凯，杨磊，陈利顶，等.城郊生态系统土壤安全：问题与挑战［J］.生态学报，2018，38（12）：4109-4120.

［241］甄峰，张姗琪，秦萧，等.从信息化赋能到综合赋能：智慧国土空间规划思路探索［J］.自然资源学报，2019，34（10）：2060-2072.

［242］郑好，高吉喜，谢高地，等.生态廊道［J］.生态与农村环境学报，2019，35（2）：137-144.

［243］中国生态学会.2016—2017景观生态学学科发展报告［M］.北京：中国科学技术出版社，2018.

［244］周睿，钟林生，刘家明，等.中国国家公园体系构建方法研究——以自然保护区为例［J］.资源科学，2016，38（4）：577-587.

［245］朱春全.IUCN自然保护地管理分类与管理目标［J］.林业建设，2018（5）：19-26.